BIBLIOTHÈQUE DES SCIENCES INDUSTRIELLES ET AGRICOLES
2e SÉRIE. — ARTS ET MÉTIERS.

CHAUFFAGE ET VENTILATION

DES

ÉDIFICES PUBLICS & PRIVÉS

CHAUFFAGE DES SERRES

PRÉCÉDÉ D'UNE

ÉTUDE PRATIQUE SUR LES COMBUSTIBLES

PAR

M. A. WAZON,
Ingénieur civil.

DEUXIÈME ÉDITION

1 vol. gr. in-8, 242 pages, 81 figures et 7 planches.

PRIX : 8 FRANCS.

PARIS
LIBRAIRIE SCIENTIFIQUE, INDUSTRIELLE ET AGRICOLE
EUGÈNE LACROIX ET Cie, ÉDITEURS,
112, boulevard de Vaugirard, 112
(Anciennement 54, rue des Saints-Pères, et 15, quai Malaquais).

1886

CHAUFFAGE

ET

VENTILATION

Le présent ouvrage est extrait de la *Nouvelle Technologie des Arts et Métiers*, 2e partie, tome IV. Ci-après la Table des Matières complète dudit tome IV.

Tous les articles formant la Nouvelle Technologie se vendent séparément.

Paris. — Typ. Deurbergue, boulevard de Vaugirard, 113.

BIBLIOTHÈQUE DES SCIENCES INDUSTRIELLES ET AGRICOLES
2e SÉRIE. — ARTS ET MÉTIERS.

CHAUFFAGE ET VENTILATION

DES

ÉDIFICES PUBLICS & PRIVÉS

CHAUFFAGE DES SERRES

PRÉCÉDÉ D'UNE

ÉTUDE PRATIQUE SUR LES COMBUSTIBLES

PAR

M. A. WAZON,
Ingénieur civil.

DEUXIÈME ÉDITION

1 vol. gr. in-8, 242 pages, 81 figures et 7 planches.

PARIS
LIBRAIRIE SCIENTIFIQUE, INDUSTRIELLE ET AGRICOLE
EUGÈNE LACROIX ET Cie, ÉDITEURS,
112, boulevard de Vaugirard, 112
(Anciennement 54, rue des Saints-Pères, et 15, quai Malaquais).

1886

ÉTUDES SUR L'EXPOSITION DE 1878

TOME IV

CHAUFFAGE ET VENTILATION. — LA SERRURERIE.
LES CARTES ET LES GLOBES. — L'ENSEIGNEMENT. — L'ÉCLAIRAGE.
L'HABILLEMEMT DES DEUX SEXES.
NOTES SOMMAIRES.

TABLE DES MATIÈRES

Chauffage et Ventilation des édifices privés et publics, par M. A. WAZON, ingénieur civil (pages 1 à 27 et 131 à 327, fig. 1 à 51).

	Pages.
PREMIÈRE PARTIE. — *Études pratiques sur les combustibles.*	
Considérations sur l'origine et l'économie du combustible. .	1
I. *Combustibles solides.*	
Bois.	5
Charbon de bois.	7
Tourbe	9
Charbon de tourbe.	10
II. *Combustibles fossiles.*	
Lignites	11
Houilles. Anthracites.	11
Houille	12
Agglomérés	15
Briquettes perforées	17
Charbon de Paris	17
Carbonisation des houilles . Coke	17
Carbonisation en fours. . . .	18
Combustibles liquides. Pétroles bruts.	19
Combustibles gazeux	21
Gazogènes	22
Puissance calorifique des gaz.	23
Gaz de l'éclairage ou gaz-lumière	23
Fumivorité.	24
Valeur comparée des combustibles.	26

	Pages.
DEUXIÈME PARTIE. — *Chauffage, Principes, Appareils et systèmes.*	
Origine du chauffage.	131
Nécessité du chauffage	132
Pertes de chaleur. — Moyens de les diminuer.	134
Calcul des pertes de chaleur . .	136
Formules de Péclet. — Murailles.	136
Vitrages	136
Pertes par la ventilation	136
Application des formules. . . .	137
Chauffage direct. — Braseros .	138
Cheminées	
Origine de la cheminée.	139
Cheminée Savot.	143
Foyer de Dalesme.	144
Cheminée de Gauger	144
— de Franklin	146
— de Montalembert. . .	147
— de Rumfort	147
— de Péclet n° 1	148
— de Péclet n° 2	149
— de Belmas	150
— de Belmas, type Doulas Galton.	151
Proportions des orifices et des conduits pour le passage de l'air.	153
Effets de l'appareil	153
Cheminée Fondet.	154

Pages.
Cheminée Basana. 154
— Berne 154
— Joly 155
— Wazon. 155
Poêles 159
Poêles métalliques. —Poêles dits de faïence. 161
Poêles de fonte 161
— de Vendeuvre 163
— calorifères 164
— — Gurney 164
— — Cuau aîné 164
— — français, Geneste et Herscher 165
Poêle calorifère Musgrave . . . 166
Calorifères à air chaud . . . .
Calorifères à air chaud. 166
— de Chabannes. . . . 167
— modernes 168
— Peclet 171
— Cuau aîné 172
— Nicora 173
— Gurney 173
— Musgrave de Belfast. 173
— Piet 173
— thermostat Bolo de Sevray. 174
Calorifère Staib (Werbel-Briquet à Genève). 174
Calorifère Gaillard et Haillot . . 174
Calorifères à eau chaude . . .
Thermosyphons à basse pression 179
Système Duvoir Leblanc 181
— René Duvoir. 182
— d'Hamelincourt, (successeur de René Duvoir) hydro-calorifère 182
Système Savalle. 183
Calorifère à eau chaude, à haute pression, système Perkins . . 185
Calorifères à vapeur . . . . . .
HISTORIQUE. 187
Dispositions principales. 188
Calorifère à vapeur, système Sulzer frères 190
Calorifère à vapeur, système Genest 190
Calorifère à vapeur et à eau chaude, système Grouvelle. . 191
Autres appareils exposés, France 192
— — G^de^-Bretagne 192
— — Belgique . . 193

Pag
Autres appareils Hongrie. . . . 19
Autres poêles, France. 19
— Belgique. 19
— Suède 19
— Russie. 19
— Autriche. 19
— Suisse. 19
— Danemark . . . 19
Autres calorifères. 19
TROISIÈME PARTIE : *Ventilation, Principes, Systèmes, Applications. Principe de ventilation.*
Origine de la ventilation 19
Nécessité de la ventilation . . . 19
Composition de l'air 20
Proportions d'acide carbonique de l'air libre (en volumes) et sur 10,000 parties d'air. . . . 20
Respiration 20
Influence des miasmes organiques. 20
Acide carbonique produit par la respiration 20
Influence de l'âge. 20
Influence de l'état de veille ou de sommeil 20
Influence du travail musculaire 20
— de la température . . 20
— des maladies 20
Volume d'air nécessaire à la respiration 20
Vapeur d'eau produite par la respiration et la transpiration. 21
Chaleur produite par l'homme. 21
Volume d'air nécessaire à l'éclairage : 1° éclairage par bougie de l'Étoile. 21
2° Éclairage à l'huile de Colza. 21
3° — au gaz ordinaire . 21
4° — au gaz oxyhydrique 21
5° — à l'électricité . . . 21
Extraction de l'air vicié. 21
Analyses de l'air confiné 21
Conséquences 21
Introduction de l'air pur 21
Systèmes de ventilation.
Ventilation naturelle 21
— par aspiration. . . . 22
— par pulsion 22
— par pulsion et aspiration combinées 22

	Pages.
Appareils d'observation.	
Anémomètres Combes	222
— Morin	222
— totalisateur Morin, à compteur électrique.	225
Tube de Pitot et manomètres	226
Hygromètres	228
— de Saussure	228
— Monnier	228
Appareils de ventilation.	
Cheminée d'appel	229
Appareils de ventilation par entraînement par l'eau.	
Trompes	231
Entraînement par l'air. — Appareils à air comprimé	232
Appareils agissant par entraînement.	
Entraînement par la vapeur. — Injections à vapeur	233
Ventilateur à hélice	234
— Motte	234
— Pasquet	235
— Lesoinne	235
— Guérin	235
— Howorth	236
— Heger	236
— Durenne	236
— Geneste et Herscher	237
Théorie du ventilateur hélice	237
Ventilateur hélice Wazon à section constante et récupérateur de force vive	237
Ventilateurs centrifuges	239
— Combes	240
Expériences de Dollfus	242
— du général Morin	242
Llyod soufflant	243
Ventilateur Gwyne	244
— Golay	244
— Cyclops	245
— Guibal	245
— Schiele	245
— double de Perrigault	245
Théorie du ventilateur centrifuge	246
Ventilateur centrifuge Wazon	246
Appareil ventilateur et rafraîchisseur d'air, Garlandat et Nézereaux	249
QUATRIÈME PARTIE : *Applications Considérations générales*	253
Habitations privées	254
Chambres à coucher	254
Salles à manger	255
Salons de réception	256
Cuisines	258
Water-Closets	259
Égouts. — Orifices de décharge	261
Ventilation des égouts	263
Appartements de location	264
Maisons d'ouvriers	264
Crèches, asiles, écoles primaires	265
Écoles de dessin	269
Lycées et collèges	269
Amphithéâtres	272
— du Conservatoire des Arts-et-Métiers	273
Description des appareils du grand amphithéâtre	274
Admission de l'air nouveau	275
Bibliothèques publiques	277
Bureaux	277
Ateliers, Usines	278
Ventilation du tissage d'Arlen	283
Waters-Closets des usines	283
Casernes, Postes	284
Casemates	287
Hôpitaux	289
Mortalité des malades dans les hôpitaux généraux de Paris	294
Hôpital de Guy à Londres	295
Ambulances temporaires	301
Maternités, système Tarnier	301
— de St-Pétersbourg	302
Notice et résultats d'observations sur le chauffage et la ventilation de la maison d'accouchement de St-Pétersbourg, par M. le baron de Derschau	305
Hospices, asiles de retraites et d'aliénés	306
Prisons	306
Dispositions des bâtiments	307
Principe du chauffage	307
Ventilation	307
Disposition des appareils dans les bâtiments	307
Églises	311
Salles de bal, de concert, de grandes réunions, cirques, théâtres	311
Système d'Arcet	312
Chauffage	312

	Pages.
Ventilation	312
Système du général Morin, appliqué aux théâtres Lyrique et du Châtelet	313
Système d'Hamelincourt appliqué à l'Opéra	314
Système Saxe	314
— Bohm appliqué à l'Opéra de Vienne et à l'Opéra de Londres	314
Système Bourdais et Davioud. — Palais du Trocadéro	318
Chauffage des serres.	
Considérations générales	320
Systèmes Mathian, système vertical	323
Systèmes Mathian, système horizontal	324
Système Michel Perret	324
— Barillot et Berger	324
— Lebœuf Gervais	325
— Vendeuvre	325
— de Mastaing	325
Thermosyphons anglais, système Keith's	326
Système Harlow's	326
Renseignements supplémentaires.	
Foyer fumivore	326

La Serrurerie, par M. François Husson, architecte (pages 29 à 76 et 329 à 371, fig. de 1 à 35).

	Pages.
Avant-propos	29
I. *La serrurerie et ses objets d'art.*	
La serrurerie dans l'antiquité	30
Etat de la serrurerie au moyen-âge	35
Époque de la Renaissance	38
Les XVIIe et XVIIIe siècles	40
La serrurerie au commencement du XIXe siècle	43
État actuel de la serrurerie d'art. — Les serrures de nos jours	45
La serrure de précision actuelle et les ferrures ornées du commerce	49
Les portes et les croisées en fer, les serres, etc.	51
II. *Grosse ferronnerie. Charpentes en fer.*	
Historique	54
Les planchers	58
Les colonnes	61
Les poitrails et filets	61
Les combles	62
Les poutres et les poutrelles	64
Les pans de fer	66
Composition d'un pan de fer	67
Les constructions métalliques.	
Habitations, usines, églises, marchés, etc., etc.	69
La serrurerie à l'Exposition de 1878	329
Les sections étrangères dans le palais du Champ-de-Mars	
1° La section Anglaise	331
2° — des États-Unis	334
3° La Suède et la Norwège	335
4° L'Italie	335
5° Le Japon et la Chine	336
6° L'Espagne	337
7° L'Autriche-Hongrie	338
8° La Russie	340
9° La Suisse	341
10° La Belgique	341
11° Les sections étrangères à la suite des précédentes	342
La serrurerie étrangère dans les jardins de l'Exposition	343
La serrurerie française à l'Exposition	344
La serrurerie et la charpente en fer, dans les bâtiments consacrés au génie civil. (*Dans la 1re salle*)	356
(*Dans la 2me salle*)	358
La bibliothèque technologique	368
La serrurerie dans les galeries de l'art rétrospectif au palais du Trocadéro	369

Les Cartes et les Globes, par MM. Léon CHATEAU et Ch. LETORT (pages 77 à 97, figures 1 à 3).

	Pages.
PREMIÈRE PARTIE : *Résumé historique de la cartographie par* M. Léon CHATEAU, *directeur de l'École professionnelle d'Ivry.*	
La géographie chez les Hébreux, les Phéniciens et les Grecs	77
Hérodote	78
Pythéas	78
Ptolémée	79
La cartographie jusqu'aux successeurs de Charlemagne	79
Les Arabes	79
Les Catalans	80
Monuments cartographiques du XIVe siècle	80
Pinelli, le XVe siècle	80
Le XVIe siècle	81
Sébastien Munster, Gérard Mercator, Abraham Ortelius	81
Nicolas Sanson	81
Les Delisle	82
Danville	82
Les Cassini	83
Le dépôt de la guerre	83
Le dépôt de la marine	85
Construction des cartes	86
Diverses projections	86
II. *Les appareils de cosmographie par* M. Ch. LETORT *de la Bibliothèque nationale. Définition de la cosmographie*	88

L'enseignement agricole, par M. DAHMER, ancien élève d'Hoffwill (pages 99 à 130 et de 373 à 377).

	Pages.
PRÉLIMINAIRES	99
A. *Enseignement général*	
1° Écoles primaires	100
2° Écoles normales, lycées, collèges, séminaires	101
3° Université, Facultés, Muséum, Conservatoire des Arts-et-Métiers	105
B. *Enseignement spécial*	
1° Fermes-écoles, écoles de bergers, etc.	106
2° Chaires départementales d'agriculture	108
3° Écoles nationales ou régionales d'agriculture	110
4° Institut agronomique	116
5° Institutions complémentaires — Laboratoires départementaux de chimie	117
Chaires départementales de chimie	118
Stations agronomiques	118
RÉSUMÉ	119
DE L'ENSEIGNEMENT PRIMAIRE, SECONDAIRE ET SUPÉRIEUR.	
I. *Education de l'enfant. — Enseignement primaire. — Enseignement des adultes.*	120
II. *Organisation et matériel de l'enseignement secondaire.*	123
Écoles industrielles et commerciales	125
III. *Organisation, méthodes et matériel de l'enseignement supérieur*	126
Théologie catholique	127
Théologie protestante	127
Droit	127
Médecine	127
Pharmacie	128
Lettres	128
Sciences	129
Enseignement supérieur libre	129
DEUXIÈME PARTIE : *L'enseignement agricole*	373

Eclairage, par M. SERVIER, ingénieur civil (pages 379 à 404, fig. 1 à 11).

	Pages.
L'industrie du gaz	379
Fours à gazogène et récupérateurs	382
Légendes explicatives des planches II et III	384
Appareils Orsat	385

	Pages.
Pyromètre Siemens	389
Fermetures des cornues par des tampons sans lut	394
Condensateur Pelouze et Audouin	395
Extraction à jet de vapeur	396
Épuration	398
Gazomètre	399
Canalisation	400

Habillement des deux sexes, produits et procédés de fabrication,
par M. BARDIN, ingénieur civil (pages 405 à 518, fig. 1 à 48).

	Pages.
PREMIÈRE PARTIE : *Habillement des deux sexes. Produits.*	
I. *Fleurs artificielles*	
Origine de cette industrie	405
Industrie actuelle	406
Fleurs artistiques	409
Fleurs et plantes d'appartement et fleurs d'église	409
Examen des produits à l'Exposition de 1878	410
II. *Du vêtement*	
Vêtements de dames	412
Travail de la couturière autrefois	412
Progrès de l'industrie de la couture	413
Spécialité de confections pour dames	413
Formes successives des vêtements d'hommes	415
Origine de la confection	416
Industrie actuelle des tailleurs	416
Les magasins de confection	417
La machine à coudre	418
III. *Chapellerie*	
PRÉLIMINAIRES	419
Chapellerie de feutre	419
Examen de l'Exposition de 1878	421
Chapeaux de paille	422
Chapeaux de paille tressée	422
Tresse de riz	423
Fabrication des tresses en Angleterre	424
Fabrication des tresses en Suisse	424
Fabrication des tresses en Belgique	424
Fabrication des tresses en France	424
Fabrication des chapeaux en tresses de paille	425
Couture à la main	425
— à la machine	425
Apprêt, repassage et ornementation	426
Examen de l'Exposition	426
Chapeaux nattés fabriqués avec des produits exotiques	426
Matières premières	426
Chapeaux de lataniers	427
— de panama	427
Préparation des matières	427
Récolte et préparation du latanier	427
Récolte et préparation du panama	428
Tisssage du latanier et du panama	428
Travail dans la famille	428
Blanchiment, apprêt et repassage	429
Chapellerie de soie, diverses fabrications	430
Chapeaux de soie à liens souples	431
IV. *Chaussures :*	
Chaussures de dames	433
— pour hommes	434
DEUXIÈME PARTIE : *Machines servant à la confection des vêtements.*	
PRÉLIMINAIRES	437
I. *Chapellerie : progrès réalisés depuis 1867*	438
Préparation du poil	439
Fabrication du feutre	440
Simoussage et foulage	443
Apprêts	450
Machines à dresser	452
II. *Machines employées dans la fabrication des chaussures*	455
Formes, calibres, patrons	456
Emporte-pièce et découpoir	457

	Pages.
Cambreuses et apprêteuses. .	458
Machines à monter	459
Fixation des semelles et machines à visser	459
Machines à fraiser les talons.	460
Outillage divers.	463
Exposition américaine en 1878.	464
III. *Machines à coudre des ateliers et machines spéciales* .	
Progrès réalisés depuis 1867 .	468
HISTORIQUE.	469
Perfectionnements apportés aux machines-type pour la lingerie, la confection, les ouvrages de tailleurs et de cordonniers.	474
Machines à point de chaînette simple, à point de chaînette double et à point de navette.	475
Machine dans laquelle la navette est remplacée par une bobine fixe	480
Machines à entraînement spécial pour gros travaux . . .	483
Machines à broder	489
Machines à coudre les tresses pour chapeaux de paille . .	491
Machines à coudres les gant.	496
— Vecker de Berlin. . .	497
— Bergmann et Huttemeyer 1872.	497
— de M. Onfray	498
— de MM. Jouvin et Henriksen	498
— cousant sur l'épaisseur	499
— de MM. C. Peugeot et Cie	499
Machines de MM. Kluc et Schultheiss de Vienne .	499
— de M. Strock.	499
— à coudre au fil poissé	502
— de MM. Hurtu et Hautin	503
— à coudre les semelles de M. Goodwin . .	503
— de M. Lipper aîné à coudre les semelles à l'intérieur au point de chaînette .	504
— Blake.	504
— à coudre les trépoints.	504
Petits moteurs pour machines à coudre	505
Pédales de M. Bourdin	506
Moteurs à ressorts	508
— à gaz.	510
— à eau.	511
Transmission à vitesse variable de MM. Bataille et Bloom	512
IV. *Diverses machines et accessoires employés à la confection du vêtement.*	
Machines à plisser.	513
— de M. Jeanseaume. .	513
— de M. Barthélemy. .	514
— anglaises	515
— à couper les étoffes. .	515
— de M. Gérard	515
— de M. Duplessis. . .	517
— de M. Langlois . . .	517
Fers et machines à presser et repasser pour tailleurs et lingerie	517
Machine de M. Brunswick . . .	518
— de M. Hayem	518

Notes sommaires.

	Pages.
L'Algérie.	
INDUSTRIE, AGRICULTURE, STATISTIQUE.	
1° *Tissus, vêtements et accessoires*	
Fils et tissus de coton, de lin, de chanvre, etc.	519
Fils et tissus de laine peignée. .	519
Soies et tissus de soie, dentelles, tulles, broderies et passementeries	520
Articles de bonneterie et de lingerie.	520
Habillement des deux sexes. . .	520
Joaillerie et bijouterie	521
Armes portatives	521
Objets de voyage et de campement.	522

	Pages.
Statistique	522
II. *Outillage et procédés des industries mécaniques*	523
III. *Mobilier et accessoires.*	
Meubles, verrerie, céramique, tapis, coutellerie, parfumerie	525
Tabletterie et vannerie	526
Statistique	526
IV. *Les produits alimentaires.*	
Les céréales, les froments, l'orge indigènes	527
Les légumes secs et les légumes verts	528
La vigne	528
Statistique	529
V. *Éducation et enseignement; matériel et procédé des arts libéraux*	529
Enseignement primaire, secondaire et supérieur	530
VI. *L'Agriculture*	531
Tableau des produits des céréales dans les dix dernières années	534

France.

	Pages.
I. *Habillement des deux sexes.*	
Fleurs artificielles	537
Confections pour dames et enfants	537
Habillements d'hommes	537
Chapellerie	538
Cheveux	538
Modes	539
Chaussures, vêtements, gants	540
II. *Tapis, tapisseries et autres tissus d'ameublements*	541
III. *Ouvrages du tapissier et du décorateur*	542
Ouvrages du sculpteur marbrier	542
Ouvrages du sculpteur ornemaniste	544
Ouvrages du sculpteur décorateur pour l'art religieux	544
IV. *Carrosserie et charronnage*	545

ARCHITECTURE.

Le pavillon de la Ville de Paris	547

TABLE DES FIGURES

Chauffage et ventilation.

Figures.		Pages.
1.	— Cheminée normale	141
2.	— — française	142
3.	— — Savot	143
4.	— — Franklin	146
5.	— — de Montalembert	147
6.	— — de Rumfort	148
7.	— — Belmas, type Douglas Galton	152
8.	— Poêle Kessler	160
9.	— Poêle calorifère français	165
10.	— Conduite d'air mélangé	171
11.	— Calorifère Gaillard et Haillot. Section horizontale	175
12.	— — — Section verticale	175
13.	— Thermosyphon	180
14.	— Chaudière de thermosyphon pour serres	181
15.	— Calorifère Savalle	184
16.	— Calorifère Perkins	186
17.	— Joints Perkins	186
18, 19.	— Compensateur	189
20.	— Souffleur	189

Figures. Pages.
21. — Reniflard. 190
22. — Anémomètre Morin, plan. 223
23. — — — coupe 224
24. — Manche d'anémomètre 224
25. — Anémomètre électrique 225
26. — Détails de l'anémomètre électrique. 225
27, 28. — Détails de l'anémomètre électrique. 226
29. — Compteur électrique, élévation. 227
30. — — — plan 227
31. — Ventilateur hélice Guérin 235
32. — — centrifuge. 242
33. — — Lloyd, aspirant 243
34. — — Lloyd, soufflant.. 244
35. — Rafraîchisseur d'air Garlandat Nézereaux. 250
36. — Calorifère à eau de l'hôpital de Guy 295
37. — Tuyau de vapeur armé d'ailettes pour le chauffage de l'air par contact 295
38. — Coupe verticale pour les cheminées générales d'introduction et d'extraction 296
39. — Hôpital Guy. Plan du comble, coupe verticale. 297
40. — — — Plan du premier étage 297
41. — — — Plan du sous-sol. 297
42. — Maternité de Saint-Pétersbourg. Ventilation, système Derschau. 303
43. — Maternité de Saint-Pétersbourg. Plan des chambres. . . . . . de 4 lits. 304
44. — — — — plan des calorifères 304
45. — Prison de Mazas, chauffage 308
46. — — ventilation. 309
47. — Théâtre Lyrique, ventilation 313
48. — Opéra de Vienne. 315
49. — Palais du Trocadéro, ventilation. 318
50. — Foyer fumivore. 326
51. — Coupe du foyer fumivore 327

Serrurerie.

Figures. Pages.
1. — Clef romaine trouvée à Pompéï. 34
2. — Clovis laconica. 34
3. — Clef romaine. 34
4. — Peinture de l'Eglise de Sainte-Odile, près Barr. 37
5. — Serrure du XIe siècle à Sainte-Odile. 38
6. — Marteau ou heurtoir de porte (XVe siècle). 39
7. — Ancre orné du XVe siècle 40
8. — Rampe en fer forgé et repoussé (XIXe siècle) 45
9. — Balcon en fer. 45
10. — Ancre en fer forgé. 46
11. — Balcon en fer forgé 47
12. — Panneau de porte découpé. 47
13. — Entretoise à agrafe 58
14. — Assemblage des entretoises 59
15. — — du plancher en fer. 59

Figures. Pages.
16, 17. — Poutrelles ajourées. 65
18. — Poutre tubulaire. 65
19. — Clef de M. Chubb. 332
20. — Etau Stephens 332
21. — Mordage oblique de l'étau Stephens. 332
22. — Etables à porcs en fer et fonte. 334
23. — Ferme-porte suisse. 341
24. — Lanterne Louis XIII en fer forgé 346
25. — Landiers en fer forgé 347
26. — Chandelier en fer forgé.. 348
27, 28. — Spécimens d'ouvrages courants en métal découpé 351
29. — Coupe transversale du pavillon du Ministère des travaux publics. 352
30, 31. — Coupe des colonnes du précédent. 352
32, 33. — Ferme et pannes du comble du pavillon précédent 353
34. — Pilastre de rampe de l'hôtel Demidoff 365
35. — Heurtoir en fer. 371

Cartes et globes.

Figures. Pages.
1. — Globe terrestre à la Bibliothèque nationale de Paris 91
2. — Globe terrestre de Genex. 94
3. — Appareil cosmographique. 95

Eclairage.

Figures. Pages.
1. — Appareil Orsat.. 386
2. — Autre disposition de l'appareil Orsat 388
3. — Bobine pyrométrique. 391
4. — Voltamètre différentiel. 392
5. — Marche des courants. 393
6. — Système de fermeture Morton. 394
7. — Disposition des plaques du condensateur Pelouze et Audouin. 395
8. — Extracteur Bourdon 397
9. — — Kœrting 398
10, 11. — Joint Lavril 403

Habillement.

Figures. Pages.
1. — Machine à bastir.. 442
2. — Machine à cailloter. 444
3. — Machine à fouler, élévation du foulon. 445
4. — — — coupe du foulon 445
5. — Grand foulon avec machine adhérente 446
6. — Ensemble de la dresseuse.. 447
7. — Dresseuse pour les fonds. 448
8. — — pour les bords. 448
9. — Machine à faire les bords cintrés 449
10. — Presse à apprêter. 450
11. — Dresseuse d'appropriage 451
12. — Machine à dresser de M. Legat. 453

Figures. Pages.
13. — Accumulateur automatique. 454
14. — Cambreuse Nardi 458
15. — Machine à laiton. 460
16. — Machine à fraiser de M. Dalloux. 462
17. — — — de M. Pinède 463
18. — Machine à coudre Fischer. 471
19. — Navette Fischer 471
20. — Entrainement Fischer. 473
21. — Machine Leconte. 480
22. — Machine Smith. Vue de Face 481
23. — Machine Smith. Vue de côté 481
24. — Machine Hurtu et Hautin. Élévation. 482
25. — — coupe horizontale 482
26. — Machine Pearce. 483
27. — Machine à ouater Hurtu 485
28. — Appareil à fixer le tissu 486
29. — Machine à coudre les voiles de M. Coignard 487
30. — Pince pour l'entraînement 488
31. — Appareil à broder de M. Mason. 491
32. — Machines à coudre les tresses de paille 494
33, 34. — Machine à coudre les tresses de paille 495
35. — Machine à coudre les gants. Élévation 500
36. — — — Coupe horizontale. 501
37. — Machine à coudre au fil poissé. 503
38. — Pédale Bourdin 506
39. — Pédale de M. Bourdin 507
40, 41. — Moteur à ressort Schreiber. 509
42. — Machine horizontale Lenoir. 510
43. — Machine verticale Langen. 510
44. — — à gaz Bischop. 511
45. — — Barthélemy. 514
46. — — à couper les tissus de M. Gérard. 516
47. — — — de M. Langlois 516
48. — Machine à repasser Ruger. 517

TABLE DES PLANCHES

Chauffage et ventilation.

Planches.
I. — Cheminées.
II. — Poêles et calorifères.
III. — Calorifères à air chaud.
IV. — Appareils de ventilation.
V. — Figure 1 Plan général des appareils de chauffage et de ventilation au grand amphithéâtre des Arts et métiers.
— 2 Section verticale longitudinale.
— 3 Plan du comble.
VI. — Applications aux édifices publics.
VII. — Thermosyphons pour serres.

Serrurerie.

Planches.
I. — Rampes d'escaliers et détails divers.
II. — Planchers en fer.
III. — Fermes et combles.
IV. — Halle basilique.
V. — Figure 1 Élévation transversale d'une usine en fer à Noisel.
— 2 Coupe transversale.
VI. — Grilles en fer forgé.
VII. — Figure 1 Vérandah en fer.
— 2 Rampe en fer.
— 3 Rosace du plafond du théâtre de la Renaissance.
— 4 Kiosque.
— 5 Chiffre.
VIII. — Pavillon de M. Maison.

Les cartes et les globes.

I. — Figure 1 Région nord-est de l'Amérique méridionale.
— 2 Mappemonde du VIIIe siècle.
— 3 Zodiaque arabe.
— 4 Astrolabe français du XVIIe siècle.

Eclairage.

I. — Aspiration d'entrée et de sortie de l'usine à gaz d'Ivry.
II. — Fours à 8 cornues. Cie du gaz de Dessau.
Figure 1 Façade d'un four.
— 2, 3, 4, 5, 6, 7 Coupes d'un four.
III. — Fours à 6 cornues.
Figure 1 Coupe verticale.
— 2 Four. Coupe transversale.
IV. — Installation d'un épurateur.
V. — Figure 1 Condensateur Plouze. Élévation.
— 2 — — Plan.
— 3, 4, 5 Four Muller.

Habillement des deux sexes.

I. — Moteur pour machine à coudre.

Architecture. Art du bâtiment.

I. — Le bâtiment de la ville de Paris, face transversale.
II. — — — — face longitudinale.
III. — — — — coupe longitudinale d'une travée (vue de l'intérieur).
IV. — — — — plan.

FIN DES TABLES DU TOME IV.

CHAUFFAGE & VENTILATION

DES ÉDIFICES PRIVÉS ET PUBLICS

PAR M. A. WAZON, INGÉNIEUR CIVIL

Obtenir le maximum d'effet avec le minimum de dépense.
(LAVOISIER.)

PREMIÈRE PARTIE

ÉTUDES PRATIQUES SUR LES COMBUSTIBLES

PREMIÈRE PARTIE. — *Sommaire* : Considérations sur l'origine et l'économie du combustible. — Combustibles solides. Bois. — Charbon de bois. Tourbe. — Charbon de tourbe. Combustibles fossiles. — Lignites. Houilles. Anthracites. — Agglomérés. Briquettes perforées. — Charbon de Paris. Cokes. — Combustibles liquides. Pétroles. — Combustibles gazeux. Gazogènes. Puissances calorifiques des gaz. Fumivorité. — Valeur comparée des combustibles.

Considérations sur l'origine et l'économie du combustible.

Dans la pratique industrielle on comprend sous le nom de combustibles, toutes les matières capables de produire de la chaleur à un prix modéré, en s'unissant chimiquement avec l'oxygène de l'atmosphère. Cette combinaison est ordinairement désignée sous le nom de combustion. L'oxygène de l'air étant répandu avec abondance dans toute l'atmosphère, on n'a point à se préoccuper de sa valeur commerciale. Mais il n'en est pas de même pour les matières combustibles, car leur production est lente, les réserves limitées, et de plus la répartition fort inégale de ces réserves pour les différents pays, oblige souvent à des transports longs et coûteux qui en augmentent fortement le prix de revient.

Les combustibles employés en économie domestique et industrielle ne se composent en effet que de produits d'origine végétale.

Ils sont donc produits lentement et grâce à l'aide de la radiation du Soleil, dont les rayons chimiques ont seuls la puissance et l'énergie nécessaires pour faire produire la réduction de l'acide carbonique par les parties vertes des végétaux. Cette réduction donne lieu à deux phénomènes principaux : Exhalaison d'oxygène et d'ozone par les plantes, ce qui contribue à maintenir l'atmosphère constamment respirable pour les animaux et les hommes; et combinaison du carbone devenu libre, avec les tissus cellulaires des plantes et des arbres dont il forme la matière principale. Le carbone ainsi fixé par les arbres, représente une partie de l'énergie solaire qui s'y est accumulée sous la forme chimique. Il y a donc dans les bois et les forêts d'énormes sommes d'énergie en repos, en tension; cette énergie est toute prête à fournir à l'humanité la force dont elle peut avoir besoin, sous toutes ses formes : Action chimique, chaleur, mouvement, électricité, lumière. Il en est de même pour les tourbes et les combustibles fossiles : lignites, houilles, anthracites qui contiennent l'énergie solaire des anciens jours.

Car on est aujourd'hui certain que tous ces combustibles sont produits par la transformation lente des végétaux, accumulés depuis des temps incalculables. La terre recèle donc dans ces précieux dépôts fossiles, une somme d'énergie en tension, de beaucoup supérieure à celle contenue dans toutes les forêts existantes, et il y a là une colossale source de force qu'on pourrait croire inépuisable. Il importe beaucoup cependant de n'en point exagérer l'importance et d'en étudier l'étendue et la répartition sur les différentes contrées. Il est certains pays privilégiés tels que l'Amérique du Nord, la Chine, qui possèdent d'immenses étendues en terrains houillers, dont l'exploitation pourrait alimenter de puissantes industries pendant des milliers d'années; mais ces pays ainsi favorisés sont en bien petit nombre, et tel n'est point le cas pour la France, l'Angleterre, la Belgique, etc., pays essentiellement industriels, où une exploitation énorme s'est rapidement développée.

Si en particulier nous considérons l'Angleterre, dont les houilles fort estimées donnent lieu à une exportation considérable, et dont la production intéresse par là tous les états qui importent ces houilles, nous apprenons avec inquiétude que les savants anglais, économistes et géologues éminents : Jevons, Hull, etc. sont parfaitement d'accord pour prédire que dans un siècle ou deux tout au plus, les mines de houille de l'Angleterre seront épuisées, si l'extraction annuelle suit les mêmes accroissements qu'aujourd'hui. Rien du reste ne permet de faire supposer le contraire, car les applications de la force deviennent tous les jours plus nombreuses et plus variées.

Nous n'avons pas à faire le tableau de ce que deviendrait l'Europe privée de combustible à bon marché. On pense bien que ce serait là une cause de mort ou tout au moins d'un immense abaissement pour son industrie. S'il fallait tirer les houilles de l'Amérique du Nord, elles seraient grevées de frais de transport si énormes, qu'il vaudrait mieux transporter en Amérique la plus grande partie de nos usines.

Quant à tirer des houilles de Chine, il n'y faut pas songer à cause de son trop grand éloignement de l'Europe.

On croit assez généralement que d'ici à l'épuisement des houillères anglaises, il se fera quelque brillante découverte donnant le moyen de produire la chaleur à bon marché. C'est là une erreur grave, qu'il est fort important de dissiper, car elle nous conduirait fatalement à épuiser notre précieuse réserve en combustibles fossiles, avec la prodigalité excessive que nous y mettons depuis longtemps et qu'il faut empêcher au moyen de toutes les ressources que la science nous offre, et qu'on néglige comme à plaisir, en transformant en gaz inertes, d'immenses sommes de force qui disparaissent pour toujours, sans profit pour l'humanité.

Essayons donc de dissiper cette grave erreur, qui fait croire à la découverte de nouveaux combustibles sur notre globe. Et d'abord étudions la composition générale de ce globe formé d'eau et de terre.

L'eau qu'on a souvent proposée comme propre à donner des gaz combustibles, n'est-elle pas déjà un corps oxydé ou brûlé ; sa composition chimique, HO, n'indique-t-elle pas qu'on a simplement affaire à de l'oxyde d'hydrogène, que nous obtenons tous les jours si abondamment dans les locaux éclairés au gaz. Certes on pourra toujours tirer de cette eau, du gaz hydrogène et la décomposer en ses éléments H et O, mais cette décomposition, on le sait, exigera la même somme d'énergie que celle que procurerait sa recomposition par la combustion. Donc du côté de l'eau, il n'y a aucune chance de trouver une nouvelle source de chaleur, on en a la certitude absolue.

Examinons maintenant la composition de la terre. Son écorce solide se compose de rocs calcaires, dolomitiques et silicieux, (elle recèle en outre les métaux ordinaires, fer, zinc, etc.; à l'état d'oxydes, c'est-à-dire de corps brûlés non combustibles). La pierre calcaire est composée de chaux, oxyde de calcium, combinés avec de l'acide carbonique, sa composition est donc complètement exempte de corps combustibles ou oxydables, puisqu'ils sont déjà oxydés. Les roches dolomitiques sont composées de chaux et de magnésie, la magnésie n'est que de l'oxyde de magnésium, métal qui donne en brûlant une brillante lumière. Les dolomies sont donc complètement incombustibles. Les rocs silicieux sont composés de silice, qui n'est elle-même que l'oxyde du silicium, et n'est point oxydable.

Ainsi l'écorce terrestre est presque entièrement composée de corps oxydés, c'est-à-dire brûlés, et les débris végétaux, tourbes, houilles, anthracites, en forment presqu'exclusivement la portion combustible, (auquel il faut joindre les pétroles d'origine volcanique). Ce n'est donc point dans l'écorce terrestre, ni dans l'océan qu'on peut espérer jamais de découvrir une nouvelle accumulation de combustibles ou une nouvelle source de chaleur. Nous croyons cette vérité parfaitement évidente. Il y a bien comme ressource la radiation solaire qu'on pourrait utiliser en plantant de grandes étendues de forêts, qui donneraient lieu à une production abondante de carbone. Mais l'immense étendue des terres qu'il faudrait ainsi planter, diminuerait les productions alimentaires dans une énorme proportion et comme elles sont déjà insuffisantes, il ne faut guère songer à cette ressource que pour utiliser les sols pauvres et montagneux que le reboisement enrichira, en les couvrant d'humus et en régularisant l'écoulement des eaux. La radiation solaire pourrait être aussi, en quelques contrées chaudes, utilisée sous sa forme calorifique. Des essais ont été faits en Amérique par Ericson, en Algérie et en France par Mouchot, et ils ont fait espérer quelques ressources de ce côté pour les contrées chaudes et lumineuses. Mais il n'est pas besoin d'insister pour faire sentir l'impossibilité d'appliquer ces procédés dans nos froides et brumeuses contrées du Nord de l'Europe. De tout cela il faut conclure qu'il n'y a point à espérer de nouvelles ressources en combustibles terrestres; ni à compter sur la radiation calorifique du soleil, et que nos contrées du Nord de l'Europe sont menacées dans un siècle ou deux, de n'avoir plus assez de combustible pour alimenter une industrie florissante.

Il est donc de la plus haute importance pour l'avenir des peuples de l'Europe, de se préoccuper de cette fort grave question et d'y apporter dès à présent le seul remède pratiquement possible, qui consiste uniquement dans la suppression du gaspillage des combustibles, qui se produit sur une échelle immense et dont nous allons essayer de donner un aperçu sommaire.

Les pertes commencent déjà pendant l'exploitation des houillères, on estime souvent en effet le déchet en menus abandonnés au fond de la mine à 20 %.

Il serait cependant possible d'extraire ces menus et d'en former des briquettes agglomérées qui se vendent fort cher et donnent d'excellents résultats calorifiques, on utiliserait donc aisément ainsi la somme totale fournie par les couches exploitées. Examinons maintenant les pertes qui se font dans les opérations industrielles et domestiques.

L'industrie emploie la houille en quantités énormes pour les opérations métallurgiques. Les appareils ordinairement employés donnent lieu à des pertes colossales. Ainsi on a calculé (W. Siemens) que le four à fusion de Sheffield employé à la fonte des fers et aciers n'utilise que la $^{1}/_{70}{}^{e}$ partie de la chaleur du combustible.

Une réforme fondamentale est donc urgente de ce côté et nous croyons qu'il y a là une source importante d'économies faciles à réaliser. Il faudra naturellement employer des récupérateurs de chaleur, ne laissant point perdre les gaz à une trop haute température dans l'atmosphère et échauffant avant leur combinaison les gaz combustibles produits dans des gazogènes et l'air destiné à oxyder ces gaz, on obtient ainsi une température plus élevée et plus régulière. Ces appareils demandent il est vrai, de l'espace et coûtent assez cher de construction.

Mais il n'y a point à hésiter et le moment est venu d'entrer largement dans cette voie rationnelle, pour toutes les industries qui demandent de hautes températures, telles que la métallurgie, la céramique, les verreries, etc.

Le combustible nécessaire à la production de la vapeur et de la force, peut être économisé en suivant deux voies différentes. On peut perfectionner les fourneaux et les générateurs servant à produire la vapeur; et on peut aussi perfectionner la machine à vapeur afin qu'elle utilise mieux l'énergie que contient la vapeur d'eau. Les perfectionnements qu'il est urgent d'apporter à beaucoup de générateurs consistent dans un plus long parcours à donner aux gaz chauds, afin d'avoir un contact plus étendu avec les surfaces de chauffe, de façon à rejeter les gaz dans la cheminée à la plus basse température possible. On obtient ce résultat en ajoutant aux bouilleurs ordinaires, des bouilleurs réchauffeurs. Il est également très-nécessaire d'avoir des générateurs et des fourneaux bien enveloppés, car on a constaté (Société industrielle de Mulhouse) des pertes de 20 % causées par la conductibilité des parois des fourneaux et des chaudières. Il faut aussi envelopper avec un grand soin les conduites de vapeur mettant les moteurs en communication avec les générateurs. Enfin le dernier perfectionnement consiste dans l'emploi de bonnes machines à détente et condensation, dont l'usage permet des économies fort élevées.

Une autre et énorme cause de perte de combustible de toute espèce, est causée par le chauffage domestique. La France, l'Angleterre et la Belgique emploient pour ce chauffage, des cheminées ouvertes dont l'utilisation n'est souvent que de 6 à 10 %, il y a donc au moins 90 % de combustible perdu pour toujours par suite de cet usage insensé. Il est vrai que ces cheminées sont infiniment plus salubres que les poêles et les calorifères, car elles renouvellent l'air des pièces par une abondante ventilation, et elles enlèvent l'humidité si préjudiciable à la santé. Elles donnent de plus une chaleur lumineuse, qui n'est pas sans influence sur le physique et le moral de l'homme. Il faudrait donc conserver tous ces avantages en y joignant de grandes économies sur le combustible brûlé. La seule voie à suivre dans ce cas, consiste à faire récupérer par l'air de la pièce, la chaleur inutilement enlevée par la fumée. Un grand nombre d'inventeurs ont fait faire de sérieux progrès aux appareils basés sur ce principe, et il est aujourd'hui facile de trouver dans le commerce, des cheminées à la fois hygiéniques et économiques.

Mais il faut bien le proclamer, cette nécessité n'est point comprise par la grande majorité des architectes et des propriétaires, qui laissent ces prétendus détails à la charge du locataire, qui ne peut bien entendu dans un immeuble dont il n'a que la coûteuse et courte jouissance, faire exécuter les travaux de pose et d'installation nécessités par toute bonne cheminée. Pour réaliser cette importante amélioration il est donc urgent que les architectes étudient ces questions avec le même soin qu'ils apportent aux autres parties des constructions qu'ils élèvent.

Les fourneaux de cuisine dits *économiques*, sont au contraire presque toujours la cause d'une grande perte de combustible, même dans les grands établissements tels que les hôpitaux, lycées, etc.

M. le professeur Muller cite un hospice de Paris, où le remplacement d'un ancien fourneau de cuisine dit économique, par un fourneau bien étudié, amena une économie de 400 kil. par jour sur 800 kil., soit 50 %, ce qui pour un seul établissement diminuait la dépense de 6000 fr. l'an. Cet exemple suffit pour prouver la valeur des économies à réaliser de ce côté.

Nous croyons avoir établi que la science nous offre, dès à présent, un grand nombre de procédés et d'appareils, à l'aide desquels il est facile de réaliser d'immenses économies dans l'emploi des combustibles. Ces moyens déjà nombreux et efficaces le seraient bien plus encore si les inventeurs étaient secondés et encouragés par l'industrie, qui trop souvent les repousse au lieu de les accueillir et de stimuler leurs efforts par un bienveillant appui.

Nous avons la conviction qu'il n'y a que cette unique et seule route à suivre pour éviter le prompt épuisement de nos réserves de combustibles, précieux dépôt d'énergie accumulé par les végétaux depuis d'innombrables années, et que notre ignorante imprévoyance dissipe avec une prodigalité impardonnable, qu'il est absolument nécessaire de faire cesser.

I. — COMBUSTIBLES SOLIDES.

Bois. — Les bois secs sont principalement composés de carbone, qui en forme environ la moitié en poids, soit 50 %, d'hydrogène 6, et d'oxygène 44 en moyenne. On admet généralement que ces deux derniers corps sont fournis par l'assimilation de l'eau. Quant à l'assimilation du carbone, nous savons qu'elle est produite par l'action des rayons solaires agissant chimiquement sur les feuilles et les parties vertes des végétaux, dont la chlorophyle ou véridine, a le singulier pouvoir de décomposer, en présence des rayons solaires, l'acide carbonique de l'air, ainsi que celui produit par la respiration végétale; décomposition qui laisse libre l'oxygène de l'acide qui s'échappe dans l'atmosphère condensé sous la forme d'ozone. Le carbone de l'acide est fixé au contraire par la plante et par une série de transformations et de circulations dont la connaissance complète est encore fort obscure, arrive enfin à former la principale partie du tissu ligneux des arbres, et y dépose ainsi une partie de l'énergie solaire (1) sous la forme chimique, dépôt de force qui devient ainsi désormais à notre disposition pour la *transformer* sous toutes les formes qui nous sont utiles. Nous insistons sur ce mot transformer, car il faut bien nous persuader que nous ne pouvons que transformer la matière et la force, et qu'il nous est impossible de créer l'une ou l'autre.

Ne pouvant créer ni la matière ni la force, il est de notre devoir de ménager et d'économiser ces dons de la nature, et en particulier il est surtout nécessaire d'économiser les bois dont la croissance est fort lente, ce qui oblige à leur consacrer de vastes étendues de terre qu'on soustrait ainsi à la culture des plantes alimentaires, malgré l'insuffisance bien reconnue en céréales et en viandes alimentaires.

On divise les bois en deux grandes classes : Bois durs, bois tendres.

Les bois durs comprennent le charme, le chêne, le frêne, le hêtre, l'orme, etc. dont la pesanteur est plus forte que celle des bois suivants : aune, bouleau, peuplier, pin, saule, sapin, tremble, etc., qui sont classés comme bois tendres.

La composition chimique de la partie combustible des deux classes est à peu près identique ainsi qu'on peut le voir par le tableau ci-après qui contient les analyses de M. Chevandier.

(1) Grâce aux admirables travaux de Robert Mayer et de Joule, on sait maintenant que chaque kilogramme de carbone ainsi fixé, contient assez d'énergie pour pouvoir élever à 1 mètre de hauteur un poids égal à 8080 × 425 = 3,434,000 kil

Bien que cette composition soit identique, la différence profonde qui existe dans le mode de combustion des bois durs et tendres, est tellement importante en industrie, qu'il y a presque toujours des motifs pour faire préférer l'une ou l'autre classe suivant l'effet à produire. Les bois durs ne brûlent d'abord qu'à la surface, les gaz combustibles se dégagent rapidement et brûlent dès le commencement de la combustion, il reste donc un charbon compacte et volumineux qui brûle sans flammes et donne une chaleur lente et prolongée. Il en est tout autrement pour le mode de combustion des bois tendres et légers qui brûlent rapidement avec une flamme continue, à cause de leur grande porosité offrant un accès facile à l'oxygène, le carbone y brûle donc en même temps que l'hydrogène et il ne se forme que peu de charbon. Ces bois tendres conviennent donc tout particulièrement aux industries qui réclament une chaleur très-élevée et une flamme longue et continue, tel est le cas pour les verreries et les manufactures de porcelaine.

	Carbone.	Hydrogène libre.
Charme.	0,486	0,006
Chêne.	0,496	0,006
Hêtre	0,492	0,006
Aune	0,509	0,011
Bouleau.	0,508	0,011
Pin	0,511	0,009
Sapin	0,509	0,009
Saule	0,500	0,006
Tremble.	0,493	0,009

Les bois durs sont au contraire préférés par les industries qui demandent une température moins élevée, et où une flamme longue et continue n'est pas nécessaire.

Les bois récemment abattus contiennent jusqu'à 45 % d'eau, après deux ans de coupe ils en contiennent en moyenne 15 % et parfois 30 %.

L'écorçage des bois en facilite singulièrement la dessiccation. Uhr a fait à ce sujet des expériences intéressantes et il a trouvé qu'au bout de trois mois de coupe, le bois écorcé avait perdu 40 % de son poids, tandis que le bois garni de son écorce n'avait perdu que moins de 1 %. Il est donc nécessaire de fendre et d'écorcer les bois aussitôt leur abatage.

La puissance calorifique des bois varie avec la quantité d'eau qu'ils contiennent, qui non-seulement n'est pas combustible, mais doit encore être vaporisée, ce qui exige environ 606 calories par kilog. d'eau.

(Nous rappelons qu'une calorie ou unité de chaleur représente la quantité de chaleur nécessaire pour élever de 1 degré centigrade 1 kilogramme d'eau).

Pour faire ressortir la différence considérable en puissance calorifique fournie par le bois à l'état humide ou à l'état de sécheresse complète, nous prendrons pour exemple la puissance calorifique du chêne sec, comparée à celle du chêne mouillé : 1 kilog. de chêne sec équivaut, d'après Payen, à un poids de $0^k,475$ gr. de carbone ; la puissance calorifique du carbone étant égale à 8080 calories, cela produit 3837 calories pour le chêne sec.

Si nous prenons le même bois mouillé il contiendra $0^k,450$ gr. d'eau qu'il faudra vaporiser aux dépens du carbone du bois. Pour vaporiser ces 450 gr. il faudra $0,450 \times 606^{cal.} = 272$ calories. D'un autre côté le kilogramme de chêne mouillé au lieu d'être équivalent à $0^k,475$ de carbone ne vaudra plus que $0,55 \times 0,475 = 0,261$ gr., ce qui n'équivaut plus qu'à $8080 \times 0,261 = 2108$ calories desquelles il faut encore retrancher les 272 calories qui ont été consommées par la vaporisation de l'eau de mouillage, ce qui donne enfin 1836 calories seulement pour la puissance calorifique du kilogramme de bois de chêne mouillé. Nous avons trouvé plus haut que le même bois sec produit 3837 calories le rapport $\frac{3837}{1836} = 2{,}08$, ce qui prouve que la puissance calorifique du bois sec est plus que double de celle du même bois mouillé. Il y a donc pour l'acheteur de bois, un intérêt considérable dans les achats faits au poids, à tenir sérieusement compte de la proportion d'eau qu'on achète et qu'on paie au prix du bois sec. Il faut compter pour le bois de chêne desséché 3837 calories, pour le chêne à 15 % d'eau, 3200 calories; chêne à 30 % d'eau, 2500 calories et chêne à 45 % d'eau, 1836 calories. Les autres essences de bois ayant comme on l'a vu la même composition chimique, ont à peu près la même puissance calorifique, les proportions d'eau étant supposées égales.

Quand les bois sont secs il importe beaucoup de les tenir non-seulement à couvert, mais encore dans un local très-sec, car ils absorbent facilement une assez grande quantité d'eau dans les temps humides.

Ainsi, avant d'emmagasiner les bois il faut bien s'assurer que l'humidité qu'ils contenaient en a été expulsée, et que le magasin n'est point humide; car il suffirait d'un faible degré d'humidité intérieure pour amener la pourriture et la carie des bois. Certaines essences, tel que le hêtre, sont surtout exposées à ces accidents.

Bethell et Deckher ont proposé pour ces bois un mode de dessiccation artificielle qui offre quelques avantages; il consiste à faire circuler dans le séchoir, pendant un certain temps, de l'air chargé de fumée de bois dont on connait depuis longtemps l'action antiseptique. La sève humide évaporée est donc dans ce procédé, remplacée en partie par la créosote, qui empêchant toute fermentation assure ainsi efficacement la longue conservation des bois.

Il est cependant bon de faire observer que ce mode d'opérer ne suffirait pas pour obtenir une dessiccation complète, car la fumée de bois contient de la vapeur d'eau en quantité notable.

Il faudrait donc vers la fin de l'opération, faire passer pendant quelque temps de l'air chaud et sec à travers le séchoir, ce qui compléterait cet ingénieux procédé et en assurerait le succès.

On trouve dans le commerce, des bois flottés dont on a formé des radeaux qui séjournent parfois plusieurs mois dans les rivières, Ces bois sont d'une conservation difficile, et la quantité considérable d'eau qu'ils renferment les rend peu économiques. Il serait bien désirable qu'on renonçât le plus possible à ce défectueux mode de transport des bois.

Charbon de bois. — Le but qu'on se propose en carbonisant les bois, est d'en chasser toutes les matières volatiles, et d'obtenir ainsi un combustible dont la combustion ne produise ni fumée, ni odeur, tout en donnant pour certaines industries une chaleur plus forte que le bois.

Cette préparation donne lieu à une perte considérable d'éléments combustibles, car de 100 kil. de bois on n'obtient généralement que 17 kil. de charbon. Il importe donc de restreindre le plus possible l'emploi de ce combustible et d'un autre côté d'appliquer à sa production les procédés les plus perfectionnés. Ces procédés sont basés sur quelques principes forts simples : Il est d'abord nécessaire de disposer le tirage pendant la carbonisation, pour que l'air d'accès passe du bois frais au bois carbonisé, car les produits volatils étant brûlés par l'air d'accès, celui-ci se trouve entièrement dépouillé de son oxygène quand il arrive au contact du bois déjà carbonisé et il ne peut ainsi brûler le carbone solide en le transformant en acide carbonique.

La carbonisation doit être aussi opérée lentement et à basse température car on a observé qu'une combustion vive ne donne en charbon qu'environ 15 %. Tandis qu'une combustion lente des mêmes bois porte le rendement à 25 % (Karsten).

L'avantage d'une température modérée est également profitable ; à une température trop élevée et malgré l'absence d'oxygène, les gaz produits par distillation se chargent de vapeur de carbone, ainsi que l'ont prouvé les expériences de Pettenkofer sur la fabrication du gaz de bois, et il en résulte forcément une diminution importante du charbon, qui s'échappe inutilement dans l'atmosphère sous forme d'oxyde de carbone et d'hydrogène carboné.

Deux systèmes de carbonisation sont employés dans nos forêts ; ce sont les meules horizontales et les meules verticales. Nous ne parlerons que du second mode, le plus généralement suivi et le plus facile à décrire. Pour former un meule verticale, dont la forme est toujours celle d'un cône tronqué, on commence par choisir un terrain à l'abri des eaux, bien sec et abrité des grands vents.

Au centre de la meule, on plante trois ou quatre pieux laissant entre eux un vide de $0^m,50$ qui servira de cheminée et qu'on remplit de matières très-inflammables qui serviront à l'allumage du feu. Autour de cette cheminée on dispose le bois à carboniser, debout et par couches concentriques, le plus gros bout en bas et l'écorce en dehors, puis les morceaux fendus de façon à laisser le moins de vide possible, le bois doit être incliné à 45° de façon à bien s'arc-bouter et à fournir une inclinaison assez douce pour que l'enveloppe en terre ne glisse pas. Les plus gros morceaux doivent être placés au centre, lieu de plus forte chaleur. On garnit avec des petits bois. On donne à la partie supérieure la forme arrondie et on recouvre le tout d'une couche de gazon et de feuilles sur laquelle on étend enfin un mélange de terre argileuse et de poussier de charbon. On procède ensuite à l'allumage par la cheminée centrale, en donnant accès à l'air par la base de la meule sur tout son pourtour. D'épaisses fumées se dégagent et une condensation de vapeurs se forme à l'extérieur ; elle arrive à percer l'enveloppe et à la faire *suer*. Les fumées s'éclaircissent enfin quand la carbonisation centrale est opérée ; on renforce le dôme pour ralentir le tirage et la carbonisation du pourtour s'effectue alors par l'action de la chaleur accumulée au centre, qu'on augmente en ouvrant des évents en haut du pourtour, évents qu'on bouche quand ils ne donnent plus qu'une fumée légère et qu'on remplace alors par d'autres, ouverts plus bas, en continuant ainsi jusqu'à la base de la meule.

L'enveloppe finit par rougir au moment du *grand feu*, on bouche alors toutes les ouvertures, la meule est recouverte de terre pour arrêter la combustion, et on attend l'extinction complète pour recueillir le charbon produit, qui dépasse rarement 17 % en poids du bois employé ; résultat bien mince pour un travail si chanceux, et qui appelle de grands perfectionnements.

Une telle manière de procéder est en effet bien imparfaite, car les vents plus ou moins violents, l'attention et l'intelligence des ouvriers ont une influence considérable sur le rendement.

On a quelque peu perfectionné ces procédés rudimentaires, en abritant les meules avec des enceintes en bois et clayonnages, on obtient ainsi un tirage plus régulier et le rendement en charbon qui sans ces abris est de 17, % arrive à 23 %, dans quelques cas bien dirigés. Ce rendement pourrait cependant être doublé et porté à 35 % en employant la méthode Chinoise, qui consiste à carboniser le bois dans une sorte de douve ou cuve creusée dans la terre, munie d'une cheminée centrale percée de trous à sa base, et d'évents au pourtour.

Les Chinois empilent le bois debout dans cette excavation, ils le recouvrent d'une forte couche de terre, et ils allument par la cheminée comme dans nos meules verticales, en ne laissant que peu de section aux arrivées d'air du pourtour. Quand la fumée sort transparente, on juge que la combustion des parties volatiles est achevée, et on bouche alors hermétiquement la cheminée et toutes les ouvertures. Au bout de quelques jours on peut recueillir un charbon d'excellente qualité sans aucun fumeron, dur et sonnant, et dont les petits rameaux ont conservé leurs formes. Il est donc désirable de voir ce procédé si simple appliqué en Europe, puisqu'il donne d'excellents produits et un rendement double de celui que nous obtenons, 35 % au lieu de 17.

Le charbon de bois ordinaire renferme environ 7 % de cendres et 7 % d'eau. Sa puissance calorifique est alors de 7000 calories par kilogramme (Péclet), mais il faut avoir soin pour lui conserver toute cette puissance, de bien l'abriter de la pluie et de l'humidité qu'il peut absorber en quantité notable.

Tourbe. — La tourbe est produite par la fermentation et la décomposition des plantes et des végétaux des terrains humides. On la rencontre en bancs compactes sur le bord de certaines rivières, dans les marais, les dépressions de terrain où l'eau séjourne. On la trouve aussi parfois sur les hauts plateaux où elle est formée par la décomposition des mousses qui condensent l'eau de l'atmosphère.

Elle se présente partout en bancs horizontaux parfois fort épais, et placés peu au-dessous de la surface du sol. La hauteur de ces bancs dépasse rarement 10 mètres.

On y rencontre parfois de nombreux débris de l'industrie humaine, médailles, épées de bronze ; qui prouvent son origine toute moderne, et la persistance de sa formation à l'époque actuelle.

On distingue deux variétés de tourbe ; celle de récente formation, d'un brun clair, où les débris végétaux ne sont pas encore entièrement transformés, elle est légère et spongieuse. La tourbe d'ancienne formation est plus foncée et plus compacte.

La succession des couches de tourbe est continue, et la décomposition marche dans ces couches en s'accroissant de haut en bas. On extrait la tourbe de deux façons différentes qui sont commandées par la situation immergée ou émergée de la tourbière.

Quand la tourbière ne peut être desséchée, il faut avoir recours à un bateau dragueur, qui rejette la tourbe extraite dans des barques, qui la transportent sur un terrain sec, où on la moule en briquettes.

Quand au contraire il est possible de dessécher la tourbière, on creuse des canaux d'écoulement et on extrait ensuite la tourbe en mottes, au moyen de louchets. La principale difficulté à vaincre dans cette industrie, consiste dans le dessèchement des briquettes et des mottes. De nombreuses tentatives de dessèchement en étuve, par la chaleur de combustion d'une partie de la tourbe, ont donné lieu à des résultats peu encourageants. Il faut bien remarquer en effet que la tourbe à l'état primitif contient souvent 90 % d'eau, qu'après un drainage, elle en contient encore 84 %. Ainsi, dans tout procédé où l'on opérerait sur la matière première à l'état naturel, il faudrait extraire et préparer 10 tonnes de tourbe naturelle, pour en obtenir une de sèche.

Il faut donc nécessairement opérer sur de la tourbe desséchée naturellement par son exposition à l'air. Or, cette dessiccation naturelle est très-lente et parfois impossible, à cause de la trop grande épaisseur des mottes. Il faudrait donc extraire la tourbe par tranches minces offrant une grande surface d'évaporation. Ce procédé essayé en Irlande, y a obtenu un succès complet, grâce à l'emploi de machines spéciales mues par la vapeur et supportées par des voies de fer mobiles.

Le même procédé est employé en Allemagne aux environs de Munich, il y réussit également bien.

Quand cette dessiccation est ainsi obtenue, on possède un combustible qui peut être employé en fragments sur des grilles à gradins, comme la sciure de bois. Mais pour d'autres dispositions de foyers, il est nécessaire de comprimer la tourbe en poudre desséchée, et d'en former des briquettes moulées; ce qui s'obtient facilement en employant des presses analogues à celles qu'on emploie pour agglomérer les menus de houille.

La puissance calorifique de la tourbe desséchée est, d'après M. Regnault, d'environ 5300 calories.

Les tourbes longtemps exposées à l'air renferment encore 30 % d'eau et leur puissance calorifique n'est que d'environ 3750 calories (Péclet).

Les tourbes superficielles contiennent parfois jusqu'à 20 % de cendres. Les couches plus profondes n'en donnent souvent que 7 à 8 % et sont naturellement les plus estimées. En pratique on admet qu'il faut deux tonnes de tourbe, non desséchée artificiellement pour égaler l'effet calorifique d'une tonne de houille, sous les générateurs de vapeur.

La tourbe brûle avec flamme en donnant une fumée épaisse et une odeur fort gênante; inconvénients qu'il faut éviter dans certains cas et qu'on réussit à supprimer en opérant la carbonisation de la tourbe.

Charbon de Tourbe. — La tourbe carbonisée comme le bois, en meules ou en fosses, donne un charbon léger, spongieux, qui contient beaucoup de cendres. Il brûle lentement en produisant une flamme légère et ne dégage aucune fumée ni aucune odeur. Il peut donc être employé dans les foyers domestiques, où il donne une combustion prolongée, grâce à la couche de cendres qui l'enveloppe en le protégeant contre l'accès facile de l'oxygène.

Les procédés de carbonisation de la tourbe offrent une grande analogie avec ceux employés pour obtenir le charbon de bois. On en forme le plus souvent des meules verticales, et on dirige l'opération comme il a été dit plus haut.

Il est cependant nécessaire de prendre plus de précautions pour le démontage de la meule, car le charbon de tourbe est difficile à éteindre et à extraire, parce qu'il s'émiette facilement, en donnant un poussier sans valeur. Le procédé des meules verticales donne un rendement moyen de 25 % avec des tourbes sèches.

Ce rendement pourrait être augmenté et porté à 50 % en employant des tourbes noires et en les carbonisant dans des fosses analogues à celles que les Chinois emploient pour le charbon de bois. Ces fosses que nous avons décrites plus haut, sont employées en Angleterre où elles procurent un rendement élevé et une plus grande facilité pour la conduite régulière de la carbonisation de la tourbe.

La puissance calorifique du charbon de tourbe varie avec la quantité de cendres qu'il contient, quantité qui peut s'élever à 35 %. Celui d'Essone en renfermant 18 % peut produire environ 6600 calories par kilogramme (Péclet)

II. — COMBUSTIBLES FOSSILES

Lignites. — Les combustibles fossiles comprennent les lignites, les houilles et les anthracites. Les lignites se rencontrent dans les terrains postérieurs à la craie. Les houilles et anthracites lui sont au contraire antérieurs.

Les couches de lignites sont principalement composées de troncs d'arbres parfaitement reconnaissables; on y distingue facilement des aunes, érables, noyers, sapins, etc. Ces troncs sont généralement empilés en couches horizontales qui paraissent avoir été formées par d'immenses inondations précédées de tempêtes dont la violence a dû renverser des forêts entières, ces débris recouverts par les eaux ont subi une transformation analogue à celle que nous observons dans la formation de la tourbe, qui renferme souvent des troncs d'arbres fossiles comparables aux lignites.

Ce combustible brûle facilement en donnant une flamme longue, il produit une fumée noire d'une odeur forte et désagréable. Il donne un charbon analogue à celui du bois, non collant et sans boursouflures.

Les lignites perdent promptement leur principes combustibles par l'exposition à l'air et la dessiccation.

La puissance calorifique des lignites est très-variable, son minimum est d'environ 5,000 calories et le maximum peut atteindre 8000 calories, soit une puissance calorifique moyenne égale à 6,500 calories par kilogramme.

Houilles. Anthracites. — La houille est formée d'amas de végétaux, et on a fort justement dit que le charbon de terre n'était que du charbon de bois provenant des forêts primitives.

Il semble difficile, à première vue, d'admettre cette origine, car les houilles laissent rarement apercevoir des traces d'organisation végétale. Un examen plus attentif conduit cependant à cette constatation pour certaines variétés de houille, qui observées au microscope, présentent tous les caractères de la plante fossile.

En explorant les bancs de schiste ou de grès qui supportent ou qui recouvrent les couches de houilles, on reconnait facilement entre les feuillets de schiste, des débris de plantes, fougères, lycopodes, assez bien conservés. L'empreinte de chaque feuille se reconnait dans la roche et la feuille elle-même est transformée en une mince couche de charbon. Plus on examine un point rapproché de la couche de houille, et plus les pellicules charbonneuses sont multipliées, jusqu'à ce qu'enfin la roche interposée venant à disparaître, il ne reste plus que les feuillets de charbon réunis et confondus formant un banc compacte de houille plus ou moins épais. La houille est donc bien formée par une accumulation de plantes ayant subi des fermentations, des compressions et des effets calorifiques dont l'ensemble a lentement produit une transformation profonde des tissus végétaux.

On désigne sous le nom d'anthracites, certaines variétés de houille plus anciennes de formation, où cette transformation des tissus organiques est arrivée à sa phase extrême.

Les anthracites ne renferment pas d'éléments volatils et sont toujours entièrement privés de débris végétaux. Leur puissance calorifique égale 8000 calories par kil. en moyenne.

Leur combustion est souvent difficile à cause de leur facilité à décrépiter au feu en se réduisant en petits fragments qui s'opposent au passage de l'air comburant, aussi ne sont-ils guère employés en Europe. Les américains du Nord ont cependant réussi à employer l'anthracite dans toutes leurs industries aussi bien qu'au chauffage domestique, à l'aide de foyers spéciaux qu'on pourrait certainement introduire en Europe.

Houille. — Les houilles se divisent en trois classes : houilles sèches, houilles maigres et houilles grasses. La houille grasse présente une cassure brillante d'un beau noir, elle a un éclat gras bien accusé, elle brûle rapidement en dégageant une flamme longue et blanche, elle se gonfle, se ramollit et s'agglutine de manière à ne former qu'une seule masse poreuse. Le coke qui en provient est de la meilleure qualité, léger et poreux, il ne laisse que peu de résidus en cendres après son entière combustion. La grande porosité du coke que fournissent les houilles grasses, leur a valu le nom de houilles à coke boursouflé.

La houille maigre présente une cassure moins brillante et mélangée de parties mates, elle est plus dure que la houille grasse et s'enflamme moins aisément, elle s'agglutine faiblement sans augmenter de volume. Elle donne un coke compacte et de bonne qualité dont l'aspect particulier lui a fait donner le nom de houille à coke fritté.

La houille sèche est plus lourde que les variétés précédentes, elle est aussi plus dure, présente une cassure éclatante quoique moins foncée. Elle s'enflamme difficilement, brûle avec une flamme bleuâtre, et se contracte au feu au lieu d'y gonfler comme les houilles précédentes. Elle fournit un coke très-compacte, lourd, ne brûlant qu'à une haute température, laissant souvent beaucoup de cendres, et dont la forme a fait donner à cette houille le nom de houille à coke pulvérulent. Ces diverses variétés de houille peuvent être distinguées au moyen d'essais au creuset. A cet effet on réduit la houille en poudre et on la chauffe au creuset couvert. La poudre de houille grasse se coagule, entre en fusion pâteuse en augmentant considérablement de volume, et se moule de manière à épouser la forme du vase. La houille maigre se coagule sans augmentation et parfois même avec diminution de volume, et produit du coke en masse frittée assez ferme. La houille sèche ne se coagule pas, et laisse un coke en poudre sans cohésion. Les houilles ont d'autant plus de valeur qu'elles donnent moins de cendres. Il y a sous ce rapport des différences considérables. Ainsi certaines houilles laissent à peine 2 $^0/_0$ de cendres, et d'autres variétés en produisent 20 $^0/_0$. Pour essayer la houille sous le rapport de son contenu en cendres il suffit d'en brûler une quantité connue et de peser le résidu terreux obtenu. La nature des cendres de houilles est assez variable, elles sont presque toujours argileuses; on y rencontre aussi de l'oxyde de fer, du carbonate et du sulfate de chaux.

La composition des cendres est souvent telle qu'elles fondent pendant la combustion de la houille et forment un verre, laitier ou mâche-fer qui obstrue la grille.

Les cendres constituent une véritable perte puisqu'elles sont composées d'éléments incombustibles ne pouvant fournir aucune quantité de chaleur; elles entraînent de fréquents tisonnages qui font tomber une certaine partie du charbon en menus. Les mâche-fers ont un effet encore plus fâcheux; ils se soudent aux parois des foyers et aux barreaux des grilles, qu'ils détruisent rapidement, ils forcent d'ailleurs à nettoyer le feu par dessus la grille, ce qui donne lieu à des introductions d'air froid par l'ouverture des portes de foyers, qui refroidit les surfaces de chauffe et fatigue leurs rivures.

L'oxyde de fer contenu dans les cendres de houille, provient de la pyrite de fer qui se rencontre fréquemment dans ce combustible et nuit beaucoup à sa qualité.

La pyrite se trouve disséminée en petits cristaux à peine visibles, entre les feuillets de la houille.

Par le contact de l'air humide la pyrite se change en sulfate, et il en résulte une expansion qui fait tomber la houille en poussière. Quand cette transformation se produit dans les mines ou à bord des navires chargés de houille, le dégagement de chaleur produit par cette combinaison peut être assez élevé pour que la houille prenne feu, ce qui peut causer d'épouvantables explosions.

Une proportion trop grande de pyrites dans la houille est une source d'inconvénients graves pour les barreaux des grilles et les autres parois des foyers. Les pyrites dégagent en effet au feu des vapeurs de soufre, qui au contact des barreaux chauffés au rouge, donnent naissance à du monosulfure de fer très-fusible. Cette attaque est parfois assez puissante pour donner naissance à des stalactites à la partie inférieure des grilles. Ces vapeurs sulfurées attaquent et corrodent même les fonds de chaudières.

La quantité d'eau hygrométrique contenue par les houilles est généralement peu élevée, elle peut n'être parfois que de 1 %, mais elle atteint dans certains cas exceptionnels jusqu'à 18 %.

La composition moyenne des houilles sèches peut être représentée par carbone 80, hydrogène 8, azote 1, oxygène 6, soufre 1, cendres 4 = 100.

La houille est vendue en fragments de grosseur différente dont la dimension influe beaucoup sur la valeur. On appelle tout-venant, la houille telle qu'elle sort de la mine et sans aucun triage; les gros morceaux sont désignés sous le nom de roche ou gros; ceux de la grosseur du poing forment la gaillette, les plus petits la gailleterie; enfin les très-petits morceaux constituent le menu, le fin et le poussier.

La houille étant en général d'autant plus pure qu'elle est en plus gros morceaux, le prix du gros est plus élevé que celui de la gaillette, et le menu est généralement à bas prix, car outre les impuretés qu'il contient, il est d'une conservation difficile et il se comporte mal sur les grilles, qu'il encombre sans laisser passer assez d'air pour sa bonne combustion. On peut aujourd'hui utiliser les menus en les agglomérant sous forme de briquettes qui se comportent parfaitement bien au feu, et donnent des résultats calorifiques aussi élevés que les gros morceaux.

Le poids de l'hectolitre de houille varie suivant la grosseur des morceaux, leur inégalité, la manière de mesurer, l'humidité plus ou moins forte, et enfin la provenance.

Voici quelques chiffres moyens :

Houille du Creuzot.	=	79	kilog. l'hect.
Houille de Mons	=	80	— —
Houille de Decize	=	83	— —
Houille de Saint-Etienne.	=	84	— —
Houille de Lataupe.	=	85	— —
Houille de Combelle.	=	86	— —
Houille de Blanzy	=	87	— —
Houille de Labarthe.	=	88	— —

Les quantités de cendres que produisent les houilles dans les foyers industriels et domestiques excèdent de beaucoup celles qui sont données par les analyses chimiques, à cause des escarbilles qui se trouvent mélangées aux substances minérales.

Voici un tableau qui résume une série d'expériences faites avec soin à la manufacture des tabacs de Paris.

Quantité de cendres, scories et escarbilles produites par différentes houilles à l'état de gaillettes :

Houille nouvel Anzin	0,007	par kilog.
Houille de Newcastle	0,071	—
Houille ancien Anzin	0,079	—
Houille de Denain	0,082	—
Houille de Flenu	0,095	—
Houille de Mathon	0,095	—
Houille de Decize	0,101	—

Les houilles extraites et conservées à l'air libre subissent parfois de profondes modifications qui en altèrent la puissance calorifique dans une proportion fort élevée. Depuis longtemps l'expérience des usines à gaz a fait ressortir une différence notable au point de vue de la production en gaz, entre les houilles fraîchement extraites et les houilles conservées.

De même dans la fabrication du coke, on a observé que les houilles conservées deviennent moins collantes et arrivent à se comporter comme des charbons maigres.

Mais à côté de ces changements dans ses propriétés et sa nature, la houille paraît en outre diminuer de poids dans une proportion notable. Cette perte se produit par une sorte de destruction spontanée de la substance de la houille ; il s'en dégage des gaz combustibles. Cette décomposition se produit surtout très-activement quand la température s'élève et lorsque les houilles sont amassées en tas volumineux, ou sous la forme de menus.

On a même constaté (Grundmann) qu'une houille qui était restée neuf mois sur le carreau de la mine avait perdu 58 % de sa puissance calorifique primitive. Ce résultat ayant rencontré beaucoup d'incrédules, les expériences furent reprises en 1872, en Allemagne, par le Dr Warrentrapp qui constata que l'anthracite est la variété qui souffre le moins de son exposition à l'air. En expérimentant sur des houilles le Dr Warrentrapp, put se convaincre qu'après quelques mois d'exposition à l'air, leur faculté de produire du gaz avait diminué de 45 % et que la puissance calorifique avait perdu 47 % ; tandis que la même houille couverte, n'avait perdu que 24 % en puissance productive de gaz, et 12 % seulement en pouvoir calorifique ; M. Commines de Marsilly, directeur des mines d'Anzin, s'est également occupé de cette importante question : Deux gros morceaux de houille de Bellevue, extraits depuis six jours, arrivant directement de la fosse, ont été pulvérisés rapidement ; la poussière a été placée dans un grand vase que l'on a recouvert d'une cloche de forme conique ; au bout de douze heures, en enlevant la cloche et en approchant une allumette enflammée, il se produisait une flamme longue et éclairante. L'expérience a été répétée avec succès sur les charbons de Ferrand et de l'Agrappe (Mons). Quand ces charbons avaient été *plusieurs jours* exposés à l'air, il ne se dégageait plus de gaz inflammable.

Quand cette exposition a duré *plusieurs mois*, on ne retire plus de gaz hydrogène carboné, même en chauffant la houille jusqu'à 300°.

Ainsi, 500 gr. de houille du Nord de Boussu ont été réduits en poussière et laissés pendant cinq mois exposés à l'air ; au bout de ce temps, chauffés au bain d'huile jusqu'à 300°, il s'est dégagé du gaz, mais ce gaz n'était plus inflammable. Des expériences semblables faites sur les charbons gras de Bellevue et d'Ellonges, ont donné les mêmes résultats ; le charbon frais donnait toujours du gaz inflammable et le charbon vieux n'en donnait jamais.

Les expériences qui précèdent sont suffisantes pour faire apprécier la grande importance qu'on doit attacher à ne se servir que de charbons conservés à l'abri de l'air et de l'humidité atmosphérique. On ne saurait donc prendre trop de soins pour se procurer d'abord du combustible fraîchement extrait de la mine, et ensuite pour son emmagasinement méthodique, afin d'éviter les pertes énormes mises en lumière par les expériences ci-dessus; expériences que nous avons cru devoir décrire longuement afin d'en faire ressortir l'importance exceptionnelle au point de vue de nos études qui doivent surtout porter et insister sur l'économie des combustibles.

La puissance calorifique des houilles moyennes est évaluée à 8000 calories par kilogramme (Péclet).

Agglomérés. — Les expériences que nous venons de décrire établissent d'une façon très-nette qu'en peu de temps les *menus* charbons perdent la plus grande partie de leur pouvoir calorifique; de plus leur état pulvérulent s'oppose énergiquement au passage de l'air entre les barreaux des grilles de foyers; il en résulte une combustion très-imparfaite, donnant beaucoup de fumée et produisant une grande quantité de gaz oxyde de carbone, qui s'échappe sans s'enflammer en donnant lieu à une perte considérable, puisqu'il contient environ les $^2/_3$ de la puissance du carbone qui lui est combiné. Tous ces inconvénients bien constatés avaient fait baisser le prix des menus à des taux tels, qu'on préférait éviter les frais de transport et que le carreau des mines était autrefois envahi par de véritables montagnes de menus et de poussier de houille. La plus grande partie n'était même pas remontée au jour, et servait de remblais pour remplir et consolider les galeries des mines.

On faisait ainsi d'énormes pertes allant parfois à 20 et 25 $^0/_0$ du cube mis en œuvre.

Le haut prix des charbons fit cependant songer à l'immensité des pertes qu'on subissait ainsi volontairement depuis des siècles, et après de nombreux essais on est enfin parvenu à pouvoir utiliser tous ces menus en les comprimant dans des moules, avec ou sans mélange de brai, sous la forme de briquettes cylindriques ou cubiques, d'un arrimage facile, et dont la combustion excellente donne des résultats calorifiques très-élevés.

La conservation de ces briquettes agglomérées est facilement assurée pour un temps suffisant, sans qu'il soit besoin de soins exceptionnels.

Ainsi, en Angleterre, on fabrique des briquettes destinées aux chemins de fer de l'Inde, qui pendant une longue traversée ne subissent aucune détérioration.

La conservation et la puissance calorifique des agglomérés sont tellement bien assurées que certaines industries, les compagnies de bateaux à vapeur, les chemins de fer, etc., donnent parfois la préférence aux briquettes sur le gros charbon. L'arrimage en est plus facile et moins encombrant, elles ne donnent que peu de menus et de poussier; enfin on peut même augmenter leur puissance calorifique dans une forte proportion en y mélangeant des huiles lourdes et des pétroles bruts. La compagnie Transatlantique française a obtenu de ce dernier mélange, des résultats excellents et elle se propose de développer cette fabrication.

On peut par cet ingénieux procédé utiliser les combustibles les plus pauvres et les plus difficiles à brûler, tels que les lignites et les anthracites qui se délitent sur les grilles. Les houilles en couches minces alternées avec des couches de schiste, ont pu être exploitées; il a suffi de les débarrasser par un simple lavage, de ces éléments étrangers. On a pu aussi utiliser complétement l'immense quantité de menus et de poussier qui se forme au fond des cales des navires affectés aux transports de houille.

Des usines spéciales ont été installées dans ce but dans la plupart de nos grands ports et elles ont donné d'excellents résultats. La marine française exige des agglomérés durs, sonores, homogènes, peu hygrométriques, à peu près sans odeur, fabriqués avec des menus de récente extraction, lavés avec soin; ils doivent renfermer comme matière agglomérante 8 % de brai sec, leur poids ne doit pas dépasser 8 kilog. et leur densité doit être au moins égale à 1,2. Ils doivent s'allumer facilement et brûler avec un flamme vive et claire, sans se désagréger au feu, et ne produire qu'une légère fumée grise. Soumis pendant vingt-quatre heures à une température de 60° dans une étuve, ils ne doivent pas éprouver de ramollissement sensible; ils doivent avoir une puissance calorifique aussi élevée que les meilleures houilles en roches; enfin la proportion des cendres et des résidus de combustion ne doit pas excéder 10 %.

La condition de ramollissement est essentielle pour la marine, par suite de la température élevée des soutes à charbon.

Les briquettes susceptibles de se ramollir, offriraient le double inconvénient de se souder entre elles et de dégager des huiles volatiles très-nuisibles à la santé des chauffeurs.

Les compagnies de chemins de fer, dont la consommation en agglomérés est considérable, demandent simplement des briquettes solides, donnant peu de déchet et tenant bien au feu. Les briquettes préparées au brai sec avec des houilles bien lavées, l'emportent par leur effet calorifique sur le coke et la houille en roche de même provenance. Cette supériorité tient à ce que les briquettes permettent de marcher avec une couche mince dans le foyer, ce qui rend la combustion complète, tandis qu'il faut accumuler le coke sur une forte épaisseur, ce qui produit de l'oxyde de carbone qui s'échappe sans brûler en perdant les $^2/_3$ de la puissance de son carbone.

L'agglomération peut s'obtenir de deux manières; par compression simple pour les menus de houilles grasses et collantes; ou à l'aide d'un ciment destiné à relier les différentes parties lorsqu'il s'agit des lignites, des houilles maigres et des anthracites.

On emploie généralement à cet usage le brai sec, qu'on obtient en débarrassant le goudron, par une température de 300°, de toutes les matières volatiles à froid.

Le brai sec étant devenu rare et cher, on a dû chercher d'autres produits pouvant remplir l'office de ciment agglutinant. Un chimiste français, M. Vassart établi en Angleterre, emploie avec un grand succès le silicate de soude, qui présente de nombreux avantages; résistance au choc, à l'humidité et absence de fumée, tout en donnant une puissance calorifique très-élevée.

Pour satisfaire aux usages industriels, les agglomérés doivent réaliser plusieurs conditions essentielles; ils doivent être durs et tenaces, faciles à arrimer et d'un poids assez faible pour qu'on n'ait pas à les concasser avant leur emploi.

La pression donnée par la machine de compression, doit atteindre au moins 100 kilog. par centimètre carré.

Au point de vue de l'uniformité de la densité, la forme la plus avantageuse est évidemment la forme circulaire cylindrique; et dans le cas où on emploie des moules rectangulaires il convient d'en arrondir les angles.

La compression s'opère par des machines à moules ouverts, ou à moules fermés. Les appareils à moules fermés dus à MM. David, Jarlot, Marsais, Mazeline, Révollier, etc., permettent de pousser la pression jusqu'à 150 kilog. par c^{m2}. Les uns donnent des briquettes de 5 à 10 kilog., d'autres donnent des blocs de 650 kilog. qu'il faut ensuite débiter au marteau. Les appareils à moules ouverts, dus à M. Evrard, fournissent des briquettes cylindriques de $0^m,08$ diamètre, homogènes, d'une densité de 1,36, rarement atteinte par les appareils à moules fermés.

Rendement des machines à briquettes.

David. . . .	4	chevaux-vapeur par tonne et par heure.
Marsais. . .	5	— — — —
Jarlot. . . .	6	— — — —
Mazeline . .	6	— — — —
Revollier . .	6	— — — —
Evrard . . .	7 à 8	— — — —

La machine David est donc celle qui demande le moins de force et qui paraît la plus avantageuse pour les petites briquettes.

La puissance calorifique des agglomérés de houille étant au moins égale à celle de la houille moyenne, on peut l'estimer en général à 8000 calories par kilogramme.

Briquettes perforées. — Ces briquettes destinées au chauffage domestique par foyers découverts, n'ont qu'un avantage, c'est de tenir longtemps au feu; mais l'abondance de cendres qu'elles produisent en diminue le pouvoir calorifique, qui, par cette cause ne doit pas être supérieur à celui du coke de gaz = 6000 calories, leur fabrication est identique à celle des agglomérés.

Charbon de Paris. — On désigne sous ce nom un combustible formé par l'agglomération et la carbonisation de débris divers de bois, tannée, poussier de charbon de bois et de tourbe, sciure de bois, débris de coke et de houille. Ces matières sont d'abord carbonisées, puis broyées et réduites en pâte mélangée de goudron. La pâte charbonneuse est ensuite moulée, par procédés mécaniques, sous forme de petits cylindres. Ces cylindres moulés sont ensuite introduits dans des caisses en fonte qu'on enfourne dans des fours disposés pour être chauffés par les gaz qui s'échappent de la pâte pendant sa calcination, qui dure environ douze heures. Le charbon ainsi obtenu est peu friable et peut être transporté à de grandes distances sans un déchet notable. Il s'embrase facilement quand il est conservé dans un lieu bien sec, il brûle sans flamme ni fumée, avec une grande lenteur en se recouvrant d'une épaisse couche de cendres qui le protégent contre l'accès direct de l'air comburant. Une fois allumé il continue à brûler à l'air. Cette lenteur de combustion rend le charbon de Paris particulièrement propre aux usages domestiques. Il produit de 20 à 22 $^0/_0$ de cendres, ce qui diminue fortement son pouvoir calorifique et le porte tout au plus à 6000 calories par kilogramme.

Carbonisation des houilles. Coke. — Le coke ne diffère chimiquement de la houille que par l'absence de matières volatiles enlevées par distillation ou par carbonisation. Il peut être produit par deux procédés généraux très-différents. Dans le premier on soumet la houille à une distillation conduite de façon à recueillir les produits volatils expulsés de la houille, dont les éléments forment le gaz-lumière; ce qui reste dans les cornues est un résidu connu sous le nom de coke de gaz. Dans le second cas on laisse souvent perdre les gaz produits, et parfois on les utilise à chauffer, par un circuit en retour, la sole des fours de carbonisation. On obtient par ce second procédé, du coke de four, dont la puissance calorifique est notablement plus élevée que celledu coke de gaz, il est aussi plus lourd, et il brûle plus lentement.

Le coke de four est employé dans les industries métallurgiques, parce que la plus grande partie du soufre et du phosphore en a été chassée par la chaleur, et que ces corps sont fort nuisibles dans certaines opérations métallurgiques. La carbonisation procure en outre un combustible brûlant sans fumée, qualité fort estimée pour les locomotives et quelques industries placées dans des centres d'habitation.

A la suite des données acquises sur la présence des schistes argileux, des pyrites, etc., dans les houilles on a été amené à réaliser dans les procédés de carbonisation un progrès essentiel : la préparation de la houille par voie humide. Cette amélioration présentait un grand intérêt pour la métallurgie; car elle constitue encore la meilleure méthode de désulfuration de la houille.

Dans la fabrication du coke en grand, on a affaire non-seulement aux matières minérales de la houille, mais encore aux schistes des parois, aux pyrites des filons, qu'il est impossible d'éliminer complétement dans l'extraction.

Il est donc fort rationnel d'avoir appliqué à ces produits le traitement employé depuis des siècles pour la préparation par voie humide des minerais. La préparation humide ou lavage de la houille est fondée sur la différence de densité existant entre la houille pure et les matières étrangères qui l'accompagnent. Pendant que la densité de la houille n'est que de 1, celle du quartz, du spath calcaire, des schistes, est de 2 à 2,7, celle des pyrites de 3 à 4. Il en résulte que dans un courant d'eau, ces dernières matières seront entraînées moins loin et se déposeront plus tôt que la houille.

D'autre part, si on les jette dans un réservoir, en vertu de leur densité plus grande, elles atteindront le fond plus tôt que la houille. On effectue donc à l'aide de la simple différence de densité et de l'action de l'eau un triage mécanique, produit maintenant par de nombreux appareils laveurs tels que ceux de Baetmadoux, Lacretelle, Meynier, Bessemer, etc.

Nous n'avons pas à traiter ici les procédés de fabrication du coke de gaz lumière, obtenu par distillation en cornues. Nous ne devons nous occuper que de la fabrication par carbonisation en meules et en fours.

Dans les anciennes meules, la houille est réduite en morceaux d'un décimètre cube, qu'on range sur un plan horizontal, de façon à former un cône tronqué, qu'on recouvre de terre humide et qu'on dispose à peu près comme les meules de bois dans les forêts. Au bout de quelques jours de feu, on obtient 40 % de coke. Mais ce procédé ne peut être appliqué qu'à des houilles grasses. On peut cependant le perfectionner et le rendre propre à la carbonisation des houilles sèches en employant une disposition due à Wilkinson; consistant dans l'adjonction d'une cheminée centrale en maçonnerie, percée de trous à sa base. Le feu est mis à la houille par cette cheminée et les produits de la combustion suivent exactement la même marche que celle décrite pour les fosses chinoises à carboniser les bois, le courant d'air frais marche donc du combustible extérieur au combustible central, cet air étant privé d'oxygène en arrivant vers le centre ne peut oxyder ni brûler trop rapidement cette partie centrale. Aussi on obtient par ce procédé un rendement qui s'élève à 60 %.

Carbonisation en fours. — Les fours qu'on emploie à cet usage sont construits en suivant deux principes différents. Ils sont construits sans circulation et sans utilisation de la chaleur des gaz produits; ou bien cette chaleur est utilisée pour chauffer la houille à carboniser au moyen de conduits passant sous la sole du four et dans ses parois verticales.

Les fours sans circulation rendent environ 45 % et les fours à soles chauffées donnent en moyenne 75 %.

Les méthodes les plus perfectionnées donnant encore une perte de 25 % du poids de la houille, il est fort désirable de voir les emplois du coke restreints aux seules industries qui ne peuvent s'en passer, et on doit chercher par tous les moyens pratiques, à remplacer ce coûteux combustible par la houille ou les agglomérés. La substitution de ces derniers combustibles au coke anciennement consommé par les locomotives, a permis aux compagnies des chemins de fer français, de réaliser près de 50 % d'économie sur la dépense du combustible, (Jacqmin).

Cette économie considérable ainsi officiellement bien constatée, indique assez toute l'importance des bénéfices à réaliser de ce côté pour beaucoup d'industries employant le coke sans une nécessité bien reconnue. Le mètre cube de coke de four pèse ordinairement 400 kilog. A Paris le coke de gaz pèse de 300 à 350 kilog. le mètre cube.

La composition des cokes dépend des houilles dont ils proviennent. On peut compter cependant qu'ils contiennent en général 85 % de carbone.

La teneur en cendres est très-variable elle s'abaisse à 2 %, et atteint parfois 28 % pour les cokes de gaz de Paris, ce qui est très-élevé.

D'après M. de Marsilly, le coke convenablement éteint ne contient que 2 à 3 % d'eau. Complétement sec il n'absorbe que 2 % d'humidité dans l'air humide.

Mais ce qui est fort remarquable, c'est qu'il peut absorber par arrosage ou immersion jusqu'à 51 % d'eau.

On comprend toute l'importance de ce fait pour les achats de coke traités au poids, et la diminution considérable causée par l'eau à la puissance calorifique du coke humide.

On admet que la puissance calorifique du coke sec est égale à la quantité de carbone qu'il contient. Les cokes de four produisant de 2 à 15 % de cendres leur puissance calorifique varie de 6800 à 7900 calories le kilogramme, soit en moyenne 7350.

La puissance calorifique du coke de gaz de Paris peut à cause de sa grande teneur en cendres, 28 %, s'abaisser jusqu'à 5800 calories seulement par kilog.

Nous admettons 6000 calories par kilog., comme pouvoir calorifique moyen du coke de gaz.

Combustibles liquides. Pétroles bruts (1). — On admet généralement que le pétrole est d'origine organique, et qu'il aurait été produit par la décomposition des végétaux. Cette opinion est fondée sur la composition chimique du pétrole qui contient des carbures d'hydrogène en quantité considérable, tandis que les proportions d'oxygène et d'azote y sont faibles. Cependant si le pétrole avait bien une origine organique et s'il s'était réellement formé dans les gisements où on l'exploite, on devrait rencontrer dans ces gisements une grande quantité de débris organiques. Or, c'est précisément ce qui n'a pas lieu. Un savant chimiste russe, M. Mendeleeff, après un examen microscopique des pétroles récemment extraits n'y a même jamais constaté la moindre trace de tissus organiques ou cellulaires, et il s'est convaincu par de longues études faites en Europe et en Amérique, que le pétrole est un produit d'origine volcanique et minérale.

Un savant géologue français, M. de Chancourtois, a été conduit à la même hypothèse, par l'étude des directions des alignements des principaux gîtes de naphte, de pétrole et d'asphalte, des diverses parties du globe, qui suivent un tracé conforme aux théories géologiques de M. Elie de Beaumont.

Une expérience récente, due à un chimiste français, M. Byasson, vient également appuyer cette hypothèse. M. Byasson prend un tube de fer qu'il chauffe

(1) Consulter au sujet des pétroles raffinés, des huiles minérales et des goudrons, les articles de MM. Servier et Guerout, sur l'*Éclairage* et la *Teinture*.

au rouge blanc, après y avoir introduit du fer; il fait passer à travers ce tube rougi un mélange de vapeur d'eau, d'acide carbonique et d'hydrogène sulfuré, et il obtient en opérant ainsi, une certaine quantité de carbures liquides, comparables en tout au pétrole naturel.

Le pétrole d'Amérique au moment où il sort du sol, possède une température de 30°. Sa densité varie entre 0,8 et 0,9. Il est ordinairement trouble, sa coloration est brune. L'odeur forte et pénétrante qu'il exhale provient des combinaisons sulfurées, phosphorées et arsénicales associées au pétrole dont l'odeur masque celle de l'huile. Le pétrole du Canada d'une teinte foncée est surtout remarquable par sa viscosité et son odeur repoussante. Le pétrole de Pensylvanie généralement plus léger, est plus transparent et plus fluide; sa couleur varie du vert au brun olivâtre. En certains points il est même naturellement clair et limpide, et on peut l'employer à l'éclairage, sans épuration. Certaines variétés d'huiles de pétrole ne fournissent pas de gaz, tandis que d'autres en dégagent à 40°, et même à la température ordinaire.

Ces gaz sont très-inflammables et donnent avec l'air des mélanges détonants qui peuvent se former rapidement par simple évaporation, comme le prouvent les résultats suivants : Du pétrole brut de Pensylvanie, exposé à l'air libre dans une chambre maintenue à 16° avait perdu de son poids, 25 °/₀ en huit jours, 30 °/₀ en quinze jours, et 35 °/₀ en six semaines. A partir de ce moment le poids resta constant.

Dans un local à 7° seulement, la perte fut de 6 °/₀ le premier jour, de 20 °/₀ en quatorze jours et resta ensuite insensible. Ces expériences mettent en évidence le danger que peuvent courir les personnes qui pénètrent avec une lumière dans les dépôts de pétrole.

Une autre série d'accidents redoutables peut être causée par la grande dilatation des huiles de pétrole, dont le coefficient est beaucoup plus fort que celui des autres liquides (S. C. Deville).

Il résulte de là qu'il est essentiel de ne pas remplir entièrement les barils destinés aux transports du pétrole. Car si le liquide occupait tout l'espace par un temps froid, il arriverait forcément que par un temps chaud, le pétrole venant à se dilater avec une force énorme, romprait en éclats les fûts les plus solides et que la chaleur produite par l'explosion du fût serait plus que suffisante pour enflammer le pétrole et amener un embrasement général du dépôt tout entier. Nous avons été personnellement témoin de deux accidents terribles produits dans le port du Havre sur des chalands chargés de pétrole, dont l'explosion eut lieu à quelques jours d'intervalle pendant les grandes chaleurs et tous deux à la même heure, midi environ, instant du maximum de rayonnement solaire, et il ne nous paraît pas douteux que la dilatation du pétrole n'ait seule pu causer ces redoutables incendies d'une violence inouïe.

Le pétrole et les huiles minérales se brûlent dans des foyers spéciaux dont le principe est dû à M. Audoin, qui fit les premiers essais de chauffage industriel en France. Cet appareil modifié par S. C. Deville, consiste en une plaque de fonte qui prend la place de la porte du foyer. Cette plaque est percée de fentes verticales donnant accès à l'air comburant; l'huile distille sur la paroi intérieure de la plaque munie de rigoles où elle s'écoule en filets réglés en vitesse et en volume au moyen de robinets.

L'air qui afflue dans le foyer détermine la production d'une flamme vive et courte, dont la température est fort élevée, car à une distance assez grande en dehors de cette flamme on peut encore porter le platine au rouge.

Les essais faits à bord du Puebla, ont montré que ces foyers sont d'une conduite facile et qu'ils procurent une vaporisation abondante et rapide,

S. C. Deville, a fait sur les machines locomotives du chemin de fer de l'Est, des essais qui ont obtenu un succès complet.

Quand les mécaniciens savent manœuvrer le robinet d'introduction de l'huile et le clapet d'air, on obtient des résultats véritablement extraordinaires. Aucune fumée ne sort de la cheminée, la vaporisation marche avec une grande facilité et augmente avec la vitesse de la machine.

Il est infiniment plus facile de régler la combustion des huiles de pétrole que celle de la houille, et on arrive ainsi à des résultats industriels très-favorables à l'emploi du pétrole. S. C. Deville estime qu'avec 1 kilogramme d'huile de pétrole on peut vaporiser 16 kilogrammes d'eau, c'est-à-dire le double de ce qu'on obtient avec la houille.

La puissance calorifique des huiles de pétrole est d'environ 10,000 calories par kilogramme (S. C. Deville).

Combustibles gazeux. — Il est prouvé par les résultats de nombreuses analyses, qu'il est impossible de brûler les combustibles solides, de manière à transformer tout leur carbone en acide carbonique, sans appeler dans le foyer beaucoup plus d'air que n'en exigerait théoriquement cette transformation. Plusieurs causes en effet s'opposent à ce qu'il en soit ainsi. D'abord l'air comburant et le combustible ne sont pas de même nature physique, et leur mélange n'est point complet, l'air filtre à travers les morceaux de combustible en filets plus ou moins volumineux dont le contour extérieur est seul en contact avec le combustible. La partie centrale et froide de ces filets d'air ne touchant pas le combustible peut s'échapper sans s'y être mélangée ou combinée.

Il en est de même des filets de gaz combustible qui distille sur la grille, leur partie extérieure est seule en contact avec l'air, et le centre du filet de gaz combustible ne peut entrer en combinaison puisqu'il est séparé de l'air comburant par une gaîne d'acide carbonique.

Il en résulte que l'affinité chimique des gaz est fortement empêchée par la présence de ces gaînes de gaz inertes, qui forment chacune un obstacle sérieux à la combinaison des gaz et à leur combustion.

Il suit de là qu'il est impossible avec les combustibles solides de réaliser les hautes températures que l'on obtiendrait si on pouvait les brûler complétement avec le volume d'air rigoureusement nécessaire à la combustion. Ainsi en brûlant la houille, on ne peut guère développer dans les foyers ordinaires qu'une température d'environ 1500°, tandis que si la combustion pouvait avoir lieu sans excès d'air, on réaliserait facilement des températures de 2000 à 2500°.

Les combustibles gazeux n'ont pas ces défauts, ils brûlent complétement sans qu'on soit obligé de les mettre en contact avec un excès d'air; car leur nature physique étant la même que celle de l'air, le mélange est intime et l'affinité chimique est fortement augmentée par le contact rapproché des molécules à combiner.

Le combustible étant déjà à l'état de vapeur il n'y a pas non plus alors une disparition de chaleur causée par le passage de combustible de l'état solide à l'état gazeux et par suite la température de combinaison est plus élevée et elle se soutient plus longtemps, ce qui aide beaucoup à la combustion complète, car l'affinité chimique est fortement augmentée par une bonne température (1). On voit donc que les conditions nécessaires à une bonne combustion : contact intime, haute température et affinité chimique sont complétement réalisées par

(1) Il ne saurait être question ici des températures extrêmes où commence et se produit la dissociation.

l'emploi des combustibles gazeux, et on comprend l'intérêt qui s'attache à ces combustibles et aux appareils gazogènes qu'on emploie pour les obtenir.

Gazogènes. — L'ingénieur français Philippe Lebon, est le premier qui ait cherché à produire et à utiliser industriellement les gaz obtenus par la distillation des bois.

Il se proposait en effet de réaliser non-seulement l'éclairage artificiel, dont nous n'avons pas à nous occuper ici, mais encore il voulait obtenir de son *thermolampe*, de la chaleur et de la force motrice. Lebon, assassiné à Paris en 1804, n'eut pas le temps de réaliser ce vaste programme, et ce fut l'anglais Murdoch, qui eut la gloire de produire par ses appareils, un gaz éclairant tiré de la houille.

Mais ce gaz était d'un prix trop élevé pour qu'on pût s'en servir économiquement comme moyen de chauffage.

Il restait donc à trouver des procédés et des appareils plus simples et moins coûteux, produisant des gaz non épurés, à un prix assez bas pour les applications industrielles du chauffage.

Deux ingénieurs français, Thomas et Laurens, ont les premiers trouvé des appareils pratiques et suffisamment économiques pour produire des gaz à bon marché.

Voici la disposition de leurs appareils : Le combustible est placé dans un fourneau ayant intérieurement la forme d'un cylindre vertical, fermé à la partie supérieure et muni d'une trémie destinée à opérer le chargement sans produire d'interruption dans l'écoulement du gaz. L'air comprimé par une soufflerie est lancé dans une ou plusieurs tuyères établies au bas du fourneau, où il se combine avec le charbon, en formant principalement de l'oxyde de carbone.

Le fourneau du générateur de gaz doit avoir assez de hauteur pour que tout l'oxygène de l'air se transforme en oxyde de carbone. Cette hauteur varie entre 1 et 3 mètres; la plus petite convient au charbon de bois, à la tourbe, au coke, aux anthracites, aux houilles sèches, lignites, et même aux houilles demi-grasses. Les houilles grasses qui s'agglomèrent fortement au feu doivent être mélangées avec du coke ou des houilles maigres.

Un ingénieur français, Ebelmen, qui a beaucoup contribué à perfectionner ces gazogènes, avait établi aux forges d'Audincourt, des appareils marchant uniquement avec des déchets de halle à charbon et des résidus combustibles presque sans valeur, produisant ainsi du gaz dans des conditions très-économiques.

Malgré les avantages que présente la formation directe des gaz, ce mode de combustion se propageait difficilement à cause de la quantité notable de force motrice exigée par la soufflerie d'air, et des dépenses considérables causées par l'installation de cette soufflerie qui devait marcher à des pressions élevées, 25 à 40 centimètres d'eau. Mais les récents travaux de Siemens, Ponsard, Périssé, Lencauchez, Fichet et Muller; ayant nettement prouvé qu'avec leurs appareils de production et de chauffage au gaz, on pouvait se passer complétement de soufflerie, il y a maintenant un mouvement prononcé dans beaucoup d'industries vers l'application générale du chauffage au gaz.

On obtient en effet par ce chauffage rationnel, de nombreux et puissants moyens de produire avec économie des températures fort élevées, de grandes facilités pour la conduite régulière et constante de la combustion, une fumivorité parfaite et enfin ce qui est le plus important une combustion complète, c'est-à-dire l'utilisation méthodique de la totalité du pouvoir calorifique des combustibles, même des plus pauvres, tels que la tourbe et les escarbilles.

Pour obtenir le tirage nécessaire à tous ces nouveaux gazogènes, on les établit en contre-bas des foyers de chauffage, ce qui donne aux gaz produits une certaine pression, suffisante pour les faire parvenir aux brûleurs, où ils se mélangent, soit à l'air froid comburant, soit à de l'air comburant chauffé par des récupérateurs qui empruntent eux-mêmes leur chaleur à celle des gaz de la combustion qui circulent dans leurs galeries avant de s'échapper dans l'atmosphère.

On obtient par ces appareils, des résultats économiques déjà très-satisfaisants et que nous croyons encore susceptibles d'amélioration, car on travaille de toute, part à perfectionner ces méthodes de combustion, qui paraissent appelées à remplacer les systèmes actuels de chauffage dans un grand nombre d'industries.

Puissances calorifiques des gaz. — La composition des gaz produits par les gazogènes varie avec l'espèce et la qualité des combustibles employés, et par suite, il en est de même pour la puissance calorifique totale des gaz obtenus, dont on ne peut connaître la valeur précise que par des analyses nombreuses; analyses rendues fort commodes et très-promptes par l'emploi de l'appareil de l'ingénieur Orsat, qui rend de grands services dans ces recherches, devenues tellement faciles, grâce à cet appareil, qu'on peut maintenant les faire opérer par de simples ouvriers.

Cet appareil si précieux vient d'être récemment perfectionné par l'ingénieur Salleron, qui l'a rendu plus maniable et d'un transport plus facile.

Les gaz produits dans les gazogènes se composent pour la plus grande partie d'oxyde de carbone CO, dont la puissance calorifique est égale à 2403 calories le kilogramme. Ils contiennent en outre les gaz suivants :

L'hydrogène H, dont la puissance calorifique est égale à 34462 calories le kilogramme, vapeur condensée, et égale à 29000 calories seulement le kilogramme, quand on ne condense pas la vapeur d'eau produite par sa combinaison avec l'oxygène.

L'hydrogène carboné C^2H^4, dont la puissance calorifique est égale à 13063 calories le kilogramme, avec condensation, et à 11700 calories le kilogramme, sans condensation.

L'hydrogène bicarboné, C^4H^4, dont la puissance calorifique est égale à 11857 le kilogramme, avec condensation de la vapeur formée, et à 11080 le kilogramme, sans condensation de la vapeur.

Gaz de l'éclairage ou gaz-lumière. — Malgré son prix fort élevé $0^f,30$ le mètre cube à Paris, on emploie beaucoup aujourd'hui le gaz-lumière pour le chauffage domestique, la cuisine et dans la petite industrie.

Nous croyons donc utile de faire connaître la puissance calorifique de ce gaz. Sa composition chimique est à peu près constante, car elle est l'objet de fréquentes vérifications officielles, on peut donc aussi compter sur la constance de son pouvoir calorifique. Payen a donné dans son *Précis de chimie industrielle*, les résultats de cinq analyses de ce gaz dont la composition moyenne donne :

Pour 100 volumes :

$$C^4H^4 = 8,8;\ C^2H^4 = 57,7;\ H = 21,2;\ CO = 7,7;\ Az = 4,6.$$

Ce qui produit en poids :

$$C^4H^4 = 11,052;\ C^2H^4 = 41,947;\ H = 1,901;\ CO = 9,671;\ Az = 5,796.$$

En multipliant ces poids par les puissances calorifiques de chacun des gaz, on obtient, en ajoutant les produits, le nombre 7684 calories. On peut donc admettre que la puissance calorifique du mètre cube du gaz de l'éclairage de Paris est très-voisine de 7700 calories, en condensant les vapeurs produites par la combustion de l'hydrogène.

Le poids de ce mètre cube égale environ $0^{k},700$ grammes (Payen), il en résulte que le kilogramme du gaz parisien donne une puissance calorifique égale à $\frac{7700}{0,7} = 11,000$ calories, vapeurs condensées. Sa densité égale $\frac{0,7}{1,3} = 0,538$.

Si la vapeur produite par la combustion de l'hydrogène s'échappait sans être condensée, ce qui se produit assez fréquemment dans les appareils de chauffage, il faudrait pour obtenir la puissance calorifique du gaz parisien, multiplier les poids ci-dessus par les puissances calorifiques des gaz indiqués pour ce cas. Il viendrait alors comme somme des produits le nombre 6814 calories, qui représente la puissance calorifique du mètre cube de gaz parisien sans condensation de la vapeur.

En divisant ce nombre par $0^{k},7$, on obtient enfin 9734 calories pour la puissance calorifique du kilogramme de gaz parisien sans condensation de la vapeur (A. Wazon).

Nous nous sommes un peu appesanti sur ces calculs pour faire comprendre qu'ils sont très-simples et qu'avec un peu d'ordre, il est facile de calculer rapidement la puissance calorifique des gaz, dont la composition est aujourd'hui facilement et rapidement obtenue à l'aide de l'appareil Orsat-Salleron, qui donne en pratique des résultats très-suffisants pour les industriels appelés à s'en servir pour les analyses des gaz de la combustion dans tous les foyers, les cheminées et les gazogènes. Il est en effet de la plus haute importance d'étudier la marche et les produits de la combustion dans tous les appareils destinés à produire ou utiliser la chaleur, ces études permettent seules de bien se rendre compte des pertes souvent très-élevées causées par une combustion défectueuse et incomplète. Il faut bien se persuader qu'une cheminée, tout en pouvant donner issue à des gaz incolores qu'on pourrait croire parfaitement brûlés, peut cependant laisser passer des gaz hydrogène et oxyde de carbone *tout à fait transparents*, et cependant très-riches en éléments combustibles. Nous rappellerons en effet en y insistant tout particulièrement, qu'un kilogramme de carbone produit par sa combustion complète une puissance de 8080 calories, quand il est transformé entièrement en acide carbonique, CO^2; et que le même kilogramme de carbone auquel l'oxygène a manqué et qui n'a pu que se transformer en oxyde de carbone, CO, ne donne que 2473 calories.

Ainsi par cette mauvaise combustion, ce manque d'air ou d'oxygène, non-seulement on fabrique en abondance de l'oxyde de carbone, qui est un gaz délétère très-pernicieux, mais encore on perd par kilogramme de carbone consumé, une quantité de chaleur capable d'élever de 1 degré un volume de 5607 litres d'eau; c'est-à-dire que l'on perd plus *du double* de ce que l'on recueille en chaleur, et que *2473 kilogrammes* de charbon se brûlant complétement en se transformant en *acide carbonique* produisent juste autant de chaleur que *8080 kilogrammes* qui ne se convertiraient qu'en *oxyde de carbone* (Silbermann).

Ces graves considérations sur l'économie du combustible sont, nous le croyons, assez importantes pour décider les industriels à faire pratiquer fréquemment les analyses des gaz de leurs appareils de chauffage, afin d'être éclairés sur les pertes qui pourraient s'y produire et d'être à même d'y porter remède en les supprimant méthodiquement.

Fumivorité. — La théorie de la formation de la fumée est encore fort obscure. On admet qu'il doit y avoir plusieurs causes principales qui seraient : le manque d'air, le refroidissement rapide des gaz à combiner, ce qui amène l'extinction de la flamme, ou le refroidissement des gaz combinés produisant des dissociations donnant lieu à des dépôts de carbone. Il peut aussi se produire des combinaisons nouvelles parmi les gaz qui distillent, et ces nouvelles combinaisons d'atomes peuvent laisser libres des parcelles de carbone qui n'auraient pu trouver place dans les nouveaux groupements atomiques.

Il est à peu près certain que toutes ces causes interviennent et qu'il faut éviter le manque d'air, et le refroidissement des gaz avant leur complète combustion. Pour éviter le manque d'air il faut charger les grilles à intervalles rapprochés et par petites charges, il faut bien veiller au nettoyage des grilles et enfin pour les grands foyers il faudrait introduire de l'air en dessus du combustible du côté de l'autel, afin de pouvoir oxyder les gaz distillés qui s'échappent vers la cheminée. Il faut cependant bien veiller à ne pas introduire cet air en excès, car il y aurait là une cause de refroidissement assez intense. Pour éviter le refroidissement des gaz avant leur complète combustion, il faut bien se garder de les mettre en contact des corps à échauffer pendant toute la durée de leur combustion, il faut donc ménager pour ces gaz des espaces assez vastes pour que la combustion puisse s'y faire complétement avant la mise en contact des corps à échauffer, d'où la nécessité des *chambres de combustion*, où les gaz à brûler sont maintenus très-chauds pendant toute la durée de la combustion.

On obtient ces espaces ou ces chambres par différents procédés qui dépendent de la nature des combustibles employés. Ainsi, on a reconnu que les générateurs de vapeur chauffés au bois doivent avoir des grilles de foyer placées à une distance relativement grande des surfaces de chauffe des bouilleurs et des chaudières, $1^{m},20$. Si on rapproche ces grilles à bois, l'effet utile diminue fortement et il se produit de la fumée causée par le refroidissement des gaz avant leur combustion complète.

Il peut se produire les mêmes effets dans les foyers à houille, où les grilles sont en général placées beaucoup trop près des surfaces des bouilleurs. M. l'ingénieur Quéruel a obtenu d'excellents résultats d'une chaudière placée très-loin de la grille, avec échappement des gaz au niveau du sol. Un grand nombre de foyers pourraient être ainsi améliorés, rien qu'en abaissant leurs grilles et cendriers, ce qui est presque toujours facile, et peut donner lieu à d'importantes économies de combustible.

Ces chambres de combustion sont même nécessaires dans le chauffage au gaz. MM. les ingénieurs Muller et Fichet, ont été amenés à la suite de leurs études expérimentales, à brûler les gaz dans des chambres en terre réfractaire, avant de les mettre en contact avec les parois des générateurs ; si cette disposition était négligée on obtiendrait des pertes de gaz combustibles et même de la fumée, en employant le chauffage au gaz, qui est cependant le chauffage méthodique par excellence, et qu'il suffit d'employer avec intelligence pour obtenir une fumivorité complète. Les industries métallurgiques et céramiques sont largement entrées dans cette voie, elle leur permet depuis quelques années d'obtenir une fumivorité absolue et des économies notables.

La quantité de noir de fumée lancée dans l'atmosphère par les foyers non fumivores paraît à la première vue très-considérable, elle est cependant minime.

M. Scheurer-Kestner a pu la mesurer avec précision, grâce à d'ingénieux procédés, et il ne l'estime qu'à 1 $^0/_0$ au maximum avec des houilles très-fumeuses chargées en grandes quantités. Il y a loin de ce faible chiffre aux économies énormes promises par les inventeurs d'appareils fumivores, qui prétendent obtenir 25 et 50 $^0/_0$ de bénéfice.

Il y a cependant lieu de tenir compte de l'influence fâcheuse causée par les dépôts de fumée et de suie sur les parois des générateurs et réchauffeurs. Ces dépôts de suie non conductrice ont en effet assez d'influence sur la production de la vapeur.

M. W. Grosseteste, à la suite d'expérience spéciales sur l'effet utile d'un réchauffeur de Green, a pu en évaluer l'importance, et il a trouvé que les dépôts de suie produits sur le réchauffeur seulement, diminuaient de 8 % le rendement total du générateur.

Si la surface totale de ce générateur avait été constamment tenue propre, il est probable que le rendement total eut été augmenté de 10 à 12 %; augmentation assez importante pour qu'il y ait lieu d'y avoir égard et qui vient encore à l'appui du chauffage obtenu sans fumée, car les nettoyages à moins d'être *absolument continus*, n'empêchent point cette perte.

M. W. Grosseteste s'est en effet assuré expérimentalement, qu'en quelques heures seulement, le dépôt de suie atteint son maximum d'effet nuisible; les nettoyages ordinaires sont donc tout à fait insuffisants, et pour empêcher cette perte, il n'y a guère d'autre procédé pratique que la combustion opérée sans fumée dans des foyers bien disposés.

Nous ne pouvons entrer ici dans la description des appareils fumivores, car il nous faudrait des volumes pour en parler avec les détails suffisants.

Il n'est peut-être pas de question qui ait donné lieu à plus d'inventions, dans tous les pays industriels, elles se comptent par milliers de brevets et il nous est impossible, on le comprend, d'en parler même sommairement ici.

VALEUR COMPARÉE DES COMBUSTIBLES.

Pour comparer les combustibles sous le rapport de leur prix de revient, il faut considérer leur puissance calorifique spéciale par kilogramme, et la valeur commerciale de ces combustibles sur le marché que l'on a en vue.

Nous indiquons dans le tableau ci-dessous la puissance calorifique et la valeur vénale des principaux combustibles employés à Paris.

	PUISSANCES calorifiques.	PRIX du kilogr. à Paris.
Bois moyen à 30 % d'eau	2,500 cal.	0f048
Charbon de bois	7,000	0,18
Charbon de tourbe	6,600	0,12
Houille	8,000	0,048
Coke de four	7,350	0,07
Coke de gaz = 2f,35 l'hecto de 32k,5	6,000	0,072
Agglomérés	8,000	0,048
Briquettes perforées	6,000	0,053
Charbon de Paris	6,000	0,12
Pétrole brut	10,000	0,15
Pétrole raffiné	10,000	0,60
Gaz-lumière	7,700 le m³	0,30 le m³

A l'aide de ces chiffres nous avons formé le tableau suivant, qui donne le prix de revient de dix mille calories, à Paris, pour les combustibles considérés, et le rapport de ce prix à celui de la houille, le moins cher de tous.

Prix de revient de 10,000 calories à Paris.

	LES 10,000 calories.	RAPPORT avec le prix de la houille pris pour unité.
Bois.	0f200	R = 3,2
Charbon de bois.	0,257	R = 4,3
Charbon de tourbe.	0,182	R = 3
Houille..	0,06	R = 1
Coke de four.	0,095	R = 1,58
Coke de gaz..	0,12	R = 2
Agglomérés.	0,06	R = 1
Briquettes perforées.	0,088	R = 1,46
Charbon de Paris.	0,20	R = 3,33
Pétrole brut..	0,15	R = 3,1
Pétrole raffiné.	0,60	R = 10
Gaz-lumière.	0,39	R = 6,5

Il résulte des chiffres ci-dessus, des conséquences importantes pour le choix des combustibles à employer. Ainsi, nous voyons d'abord que la houille et ses agglomérés sont les combustibles les moins chers. Que le coke de gaz dont on vante souvent le bon marché, est au contraire deux fois plus cher que la houille, tout en étant plus encombrant par son volume. Nous pouvons constater aussi que le bois moyen, coûte 3,2 fois plus que la houille.

Si donc on l'emploie dans les foyers ouverts de nos cheminées ordinaires d'appartement, ne chauffant que par simple rayonnement, il coûtera 6,4 fois plus cher que la houille; car on sait qu'il rayonne deux fois moins que cette dernière, 0,25 au lieu de 0,5 (Péclet).

Si dans ces mêmes cheminées on voulait employer le gaz-lumière dont le rayonnement des flammes n'est que de 0,17 environ soit 1/3 seulement du rayonnement de la houille, il reviendrait à un prix = 6,5 × 3 = 19,5 soit près de 20 fois le prix de la houille. Ce résultat théorique qui paraît surprenant, est cependant confirmé par l'expérience.

Ainsi, un constructeur de Paris, fort intelligent et fort instruit sur ces matières, M. Wiesnegg, nous a dit avoir été forcé de renoncer à chauffer son magasin de la rue Gay-Lussac, au moyen d'une cheminée à gaz de son invention, fort ingénieuse et parfaitement combinée pour le rayonnement; il s'est vu forcé, bien malgré lui, de remplacer cet ingénieux appareil par une simple grille à houille.

Enfin, si on voulait chauffer ces cheminées en employant le pétrole raffiné dont le rayonnement des flammes n'est aussi que le 1/3 de celui de la houille, le prix de revient deviendrait égal à 10 × 3 = 30 fois celui de la houille.

On saisit donc, à l'aide de ces quelques exemples pratiques, toute l'importance qu'il peut y avoir au point de vue économique, d'un choix raisonné des combustibles suivant leurs emplois distincts et spéciaux.

Nous terminerons donc ici la 1re partie de ces Études, en insistant sur l'attention toute particulière qu'on doit apporter au choix raisonné et à l'emploi rationnel et méthodique des combustibles, afin d'éviter d'inutiles dépenses et de ménager nos précieuses réserves fossiles, dont la disparition anticipée entraînerait forcément la chute de nos grandes industries Européennes.

CHAUFFAGE & VENTILATION

DES ÉDIFICES PRIVÉS ET PUBLICS

PAR M. A. WAZON, INGÉNIEUR CIVIL

DEUXIÈME PARTIE

CHAUFFAGE

DEUXIÈME PARTIE (1). — *Sommaire :* Origine du chauffage. — Nécessité du chauffage. — Pertes de chaleur, moyens de les diminuer. — Calcul des pertes. — Formules de Péclet, murailles, vitrages. — Ventilation. — Application des formules, — Chauffage direct. — Braseros. — Chauffage direct au gaz. — Cheminées. — Poêles. — Calorifères à air chaud. — Calorifères à eau chaude, à haute et basse pression. — Calorifères à vapeur. — Calorifères à vapeur et circulation d'eau.

PRINCIPES, APPAREILS ET SYSTÈMES

Origine du chauffage. — L'origine du chauffage, de même que celle du feu, se perd dans la nuit des temps préhistoriques. Dès l'époque miocène nous trouvons l'homme en possession du feu, puisqu'on rencontre des débris de foyers, charbons, cendres et ossements, dans les sables de cette époque reculée.

Le mystère qui couvre l'origine du feu dans l'humanité laisse cependant place à de nombreuses légendes (2), ayant presque toutes pour origine commune, un mythe védique, qui nous représente le dieu *Agni*, ou le feu céleste (en latin *Ignis*) comme blotti dans une cachette d'où *Matarichvan* le force à sortir pour le communiquer au premier homme *Manou*. La fable de *Prométhée*, qui va le chercher dans l'olympe même, n'est rien autre chose que ce mythe indien.

Le nom de Prométhée a une origine toute védique, et rappelle le procédé employé par les anciens Brahmines pour obtenir le feu sacré. Ils se servaient, dans ce but, d'un bâton qu'ils appelaient *matha* ou *pramatha*, le préfixe *pra* ajoutant l'idée de ravir *avec force* à l'idée contenue dans la racine *matha* du verbe mathnâmi, qui signifie produire dehors au moyen de la friction. Prométhée est donc celui qui découvre le feu, le fait sortir de sa cachette, le ravit et le communique aux hommes. De *Pramathâ*, celui qui creuse en frottant, qui dérobe le feu ; la transition est facile et naturelle, et il n'y a qu'un pas à franchir pour arriver du Pramathâ indien au Prométhée des grecs qui déroba le feu du ciel pour allumer l'étincelle de l'âme dans l'homme formé d'argile. Cette découverte fut pour les hommes la source de toute la civilisation. Avec

(1) Pour la première partie. Voir p. 1 à 27.

(2) Dr N. Joly. Revue scientifique, 1873.

lui sont nés tous les arts, toutes les industries; le foyer domestique devient même le symbole de la famille, qui se réunit désormais autour de sa vivante flamme. La découverte du feu est donc certainement la plus importante de toutes; et si par la pensée nous en supprimons toutes les applications, nous détruisons presque tous les éléments matériels de notre civilisation. Aussi conçoit-on sans peine que le feu ait été et soit encore, chez un grand nombre de peuples, l'objet d'un culte particulier (Prêtres de Baal, Guebres, Brahmines de l'Inde. Vestales à Rome, Prêtresses du soleil au Pérou, etc.)

Cette profonde admiration de la puissance du soleil, ne doit pas nous étonner; elle semble indiquer, de la part de nos ancêtres, une sorte d'intuition mystérieuse des vérités admirables révélées par la science moderne au sujet de la puissance et de l'énergie solaire.

Nous savons d'abord que la terre n'est qu'une des humbles planètes qui gravitent autour de ce centre de force.

La puissance thermique du soleil se constate d'ailleurs facilement dans le phénomène de l'évaporation de l'eau, source de toutes les rivières, de tous les fleuves, dont la force vive est utilisée par les moteurs hydrauliques et par la navigation fluviale.

Les mouvements de l'air sont également causés par la chaleur solaire et la rotation terrestre, et la force vive de l'air, que nous utilisons par les moteurs à vent et les voiles du navire, est encore une force produite par le soleil.

La puissance chimique du soleil est indispensable à la réduction de l'acide carbonique et de l'eau par les végétaux, qui fixent la carbone et l'hydrogène. Donc sans soleil point de végétaux, point de combustibles, point de chaleur de combustion et point de force motrice pour nos moteurs thermiques, donc sans soleil point de force. D'un autre côté l'homme ne peut s'alimenter qu'avec des végétaux ou des animaux en ayant consommé, donc sans le soleil point d'alimentation pour l'homme et l'animal, et absence complète de vie et de mouvement sur notre globe.

L'homme est donc bien le fils du soleil, et il ne saurait exister sans lui, la science moderne le prouve clairement.

Il est curieux de comparer ce résultat capital de la synthèse scientifique moderne, avec la mystérieuse intuition de nos ancêtres.

Peut-être faut-il voir dans cette intuition sublime, comme une sorte de tradition confuse et à demi effacée, dernière trace légendaire d'une science antérieure déjà fort avancée, dont le souvenir complet n'existait plus, mais dont le principe supérieur et synthétique avait survécu, grâce au persistant éclat de son brillant symbole.

Nécessité du chauffage. — La température normale du corps de l'homme en santé est d'environ 37° en moyenne. Elle se maintient à ce même point sous tous les climats chauds et froids, grâce à l'action du système nerveux qui agissant sur les nerfs vaso-moteurs augmente ou ralentit la production de chaleur interne. Production de chaleur due comme on le sait depuis les admirables recherches de Lavoisier, à une oxydation ou combustion lente du carbone, de l'hydrogène et des matières complexes contenues dans le sang et les tissus.

Ainsi, pour maintenir notre corps à une température constante sous des climats fort différents et par des températures qui peuvent varier de plus de 100°, il est nécessaire de faire varier l'activité des combustions internes en proportion de la chaleur à fournir pour faire équilibre aux pertes dues au rayonnement du corps, et au contact de l'air plus ou moins froid et plus ou moins agité.

Mais la source où nous puisons le carbone et l'hydrogène nécessaires à l'entretien de notre chaleur interne n'est autre que l'alimentation, et on conçoit que si les combutions internes augmentent par l'action du froid extérieur, il nous faudra nécessairement augmenter la quantité d'aliments ingérés, dans une même proportion. Il en résultera d'abord une respiration plus active, car il faudra plus d'oxygène pour oxyder les corps combustibles qui seront plus abondants, et il faudra en même temps que la respiration nous débarasse de l'excès d'acide carbonique et de vapeur d'eau produits. Cette plus grande activité respiratoire nous expose à une plus grande fatigue des organes de la respiration, et elle peut devenir la source d'affections funestes. D'un autre côté la somme d'aliments ingérés fatiguera tous les organes de la digestion et de l'alimentation et les prédisposera également à certaines affections. Enfin, la masse d'aliments étant augmentée, il y aura une plus grande dépense à faire pour l'achat des substances alimentaires. Toutes ces conséquences fâcheuses de la diminution de température sont basées sur des expériences précises. La première appartient à Lavoisier, qui put constater qu'un homme au repos et à jeun, par une température de + 15°, consomme 26 litres 66 d'oxygène; tandis que le même homme n'en consomme plus que 24 litres, par une température de + 32°.

Barral, à également prouvé qu'un homme, par une température extérieure de de 0, brûle 14 grammes de carbone par heure, et que le même homme n'en brûle plus que 10 grammes par une température de + 20°. Ces différences déjà notables deviennent considérables quand on étudie l'influence des températures très-froides. Les esquimaux de l'île Melville, par exemple, supportent pendant l'hiver un froid qui descend jusqu'à — 46° soit une différence de + 37 à — 46 = 83°. Les pertes par rayonnement et par contact de l'air froid doivent être énormes, malgré l'abri de leurs épais vêtements fourrés, aussi ces peuples de l'extrême Nord arrivent-ils à consommer jusqu'à 12 livres de viandes grasses, dans leurs journées de chasse où ils sont soumis à l'influence du froid extérieur, (Hayes). Il en est de même des chasseurs du haut Canada où le froid est également fort rigoureux.

On pourrait supposer qu'il existe pour ces habitants du Nord, des habitudes de gloutonnerie non justifiées par un réel besoin de calorification. Mais les expéditions d'exploration du pôle Nord nous ont appris que les marins européens et américains, les plus sobres, sont forcés d'adopter peu a peu ces rations alimentaires à mesure qu'ils avancent vers le Nord et en proportion du froid extérieur. Hayes dit en effet (1): plus nous nous accoutumions au régine des esquimaux, « plus nous devenions capables de supporter avec facilité les basses températures. Nous étions insatiables de nourriture animale et surtout de graisses qui, dans nos latitudes, nous semblent si dégoutantes. L'huile de baleine gelée, elle-même, me paraissait un mets agréable. »

Cette alimentation à doses si élevées est donc de toute nécessité, et elle s'impose on le voit à tous les hommes qui sont exposés à des froids excessifs.

Ainsi, il est parfaitement démontré par la science et l'expérience pratique, que le froid nous oblige à consommer une plus grande quantité d'aliments, et à respirer plus activement afin de faire équilibre aux pertes de chaleur causées par le rayonnement de notre corps et par le contact plus ou moins direct de l'air froid.

Pour éviter à la fois les inconvénients de fatigue de nos organes et de plus grandes dépenses en substances alimentaires, il suffira donc d'augmenter artificiellement la température de l'air qui nous enveloppe; tel est le but principal du chauffage des habitations. On conçoit facilement qu'il est toujours moins

(1) Fonssagrives, *Hygiène navale*, p. 364, 2e édition

coûteux, plus agréable et plus hygiénique, de réchauffer l air qui nous enveloppe dans nos habitations, au moyen de combustibles à bon marché, que d'être obligé de consommer une grande quantité d'aliments, plus coûteux, fatiguant par leur masse les organes digestifs et forçant les organes respiratoires à produire un travail excessif.

Ce régime alimentaire exagéré ne saurait d'ailleurs être pratiqué par tout le monde, et il est clair que l'enfant, le malade et le viellard n'y pourraient être soumis.

On voit donc enfin que le chauffage artificiel de nos habitations est une nécessité de premier ordre, forcément imposée par les principes économiques, et plus impérieusement encore par les préceptes de l'hygiène.

Pertes de chaleur. Moyens de les diminuer. — Chauffer un édifice à une température donnée, c'est lui fournir une quantité de chaleur suffisante pour égaler la somme des pertes de chaleur causées: 1° par le rayonnement et la conductibilité de ses parois extérieures, murs, vitrages, toitures, etc.; 2° par la chaleur contenue dans le volume d'air nécessaire à la ventilation de cet édifice ; volume d'air qui est toujours extrait à une température au moins égale a celle qu'on veut maintenir à l'intérieur. La perte de chaleur causée par la ventilation de l'édifice étant proportionelle au volume d'air extrait, on voit de suite qu'il est nécessaire de réduire la ventilation au volume rigoureusement nécessaire à la salubrité.

Les pertes de chaleur causées par le rayonnement et la conductibilité des murs extérieurs sont proportionnelles à l'étendue superficielle de ces murs, d'où la nécessité, pour les pays très-froids, de réduire cette surface à un minimum, en évitant les constructions allongées et applaties en plan ou en hauteur; il faut éviter aussi les angles rentrants et les contours et enhachements à ressauts, l'idéal serait, en plan, la forme circulaire qui offre le moins de contour extérieur pour une surface donnée. Mais cette forme n'étant pas souvent convenable sous d'autres points de vue, il faut simplement chercher à s'en rapprocher le plus qu'il sera possible, pour les habitations exposées à des froids excessifs. La quantité de chaleur perdue par les murs étant inversement proportionnelle à leur épaisseur, il faut, pour la réduire à un minima convenable, augmenter cette épaisseur autant qu'il se pourra. Il faut également employer à la construction de ces murs, des matériaux ayant un faible pouvoir conducteur pour la chaleur, c'est-à-dire des matériaux opposant par leur structure interne une résistance maxima aux vibrations calorifiques; car on sait, depuis les mémorables expériences de Rumford, que la chaleur n'est qu'une forme particulière de la force, et qu'elle se propage par une suite de vibrations de forme spéciale, qui, pour cette raison, sont nommées vibrations calorifiques.

Il faudrait donc employer pour la construction des murs extérieurs, les matières les plus difficiles à faire vibrer sous l'influence de la chaleur.

Mais en consultant les traités de physique on constate que les matières qui arrêtent le plus efficacement les vibrations calorifiques, sont tout a fait impropres, pour d'autres causes, à constituer des murailles résistantes. En effet, les matières les moins vibrantes sont d'abord les matières filamenteuses: Molleton de laine, Edredon, Papier, coton, etc., dont le pouvoir conducteur C. varie de 0,024 à 0,05 et qui ne peuvent être employées pour garantir du froid que sous la forme de vêtements, tentures, rideaux ou tapis.

A la suite des matières filamenteuses viennent les matières pulvérulentes: sables, C, = 0,27; brique en poudre, C = 0,139; craie en poudre, C = 0,086; cendres de bois, C = 0,066; coke pulvérisé, C = 0,16; charbon de bois en poudre, C = 0,079.

Toutes ces matières ne peuvent évidemment constituer des murailles solides. Mais il est cependant possible, dans certaines constructions, d'utiliser les faibles pouvoirs vibratoires des matières pulvérulentes, en les employant comme garnissages de cavités ménagées dans les murailles de pierre, ou de briques. Pour éclaircir cette question nous empruntons à Péclet, le tableau ci-dessous qui donne les pouvoirs de conduction des vibrations calorifiques pour les matériaux ordinaires.

POUVOIRS DE CONDUCTION C DES VIBRATIONS CALORIFIQUES :

Cuivre	C = 64,	Terre cuite	C = 0,63
Fer	C = 29,	Sapin suivant les fibres	C = 0,17
Zinc	C = 28,	— perpendiculaire —	C = 0,093
Étain	C = 22,	Chêne —	C = 0,21
Plomb	C = 14,	Noyer —	C = 0,10
Charbon de cornue	C = 4,94	Noyer suivant, fibres	C = 0,17
Marbre grain fin	C = 3,48	Liége	C = 0,145
— gros grain	C = 2,78	Caoutchouc	C = 0,17
Pierre calcaire grain fin	C = 2,08	Gutta-percha	C = 0,172
— moyenne —	C = 1,7	Verre lourd	C = 0,88
— gros grain	C = 1,32	— léger	C = 0,75
Plâtre fin, gaché	C = 0,52	Air stagnant	C = 0,04
— ordinaire —	C = 0,33		

En étudiant ce tableau on s'assure aisément que pour empêcher la conduction et les pertes de chaleur, il est surtout nécessaire d'employer des matériaux peu vibrants et peu conducteurs du son, car les vibrations calorifiques pour être spéciales à la chaleur n'en ont pas moins un rapport très-étroit avec les autres modes vibratoires: vibrations sonores, lumineuses, électriques; toutes ces vibrations spéciales ne sont au fond que du mouvement, sous une forme plus ou moins rapide et plus ou moins étendue; il ne faut donc pas s'étonner qu'un morceau de cuivre, par exemple, vibre à la fois très-facilement sous l'influence du son, de la chaleur et de l'électricité, et qu'un morceau de verre dont la constitution moléculaire et la densité sont différentes du cuivre, vibre au contraire très-difficilement sous les mêmes influences, aussi emploie-t-on le verre pour isoler les pianos, pour les poignées de portes de four et pour former des bagues isolantes aux conducteurs des paratonnerres. C'est là un exemple frappant de l'harmonie vibratoire qui lie certainement entre-elles toutes les formes différentes, en apparence, des forces naturelles. Il faut donc, pour empêcher la propagation des ondes vibratoires, employer des matériaux difficiles à mettre eux-mêmes en vibration, c'est-à-dire légers, poreux suffisamment épais, et à fibres courtes ou rompues.

On constate en effet que les vibrations calorifiques se transmettent dans les bois beaucoup plus facilement dans le sens de la longueur des fibres, que dans le sens perpendiculaire. Il est donc préférable d'employer les bois dans ce dernier sens.

Nous avons mentionné comme cause spéciale de perte de chaleur celle qu'il faut attribuer aux surfaces vitrées, fenêtres et vitrages. Elle est en effet presque toujours fort élevée malgré le faible pouvoir vibratoire du verre. Il faut donc surtout en trouver la cause principale dans le peu d'épaisseur des vitres. On parvient à réduire cette perte en employant des glaces épaisses, ou, mieux, des doubles vitrages laissant entre eux une couche d'air stagnant dont le pouvoir conducteur est faible.

Calcul des pertes de chaleur. — La quantité Q de chaleur émise par les murs et vitrages maintenus à une température constante, dépend du rayonnement R, et du contact de l'air A; on a donc $Q = R + A$: La quantité de chaleur par rayonnement par mètre carré et par heure (l'heure est prise pour unité de temps dans tous ces calculs) est indépendante de la forme et de la grandeur du corps, pourvu que la surface n'offre pas de parties rentrantes, elle ne dépend que de la nature de la surface et de l'excès de sa température sur la température extérieure.

Valeurs de R pour différentes matières:

Cuivre rouge	= 0,16	Charbon en poudre	= 3,42
Zinc	= 0,24	Sable fin	= 3,62
Laiton poli	= 0,25	Peinture à l'huile	= 3,71
Étain	= 0,21	Papier peint	= 3,77
Tôle polie	= 0,45	Noir de fumée	= 4,01
— plombée	= 0,65	Pierre calcaire	= 3,60
— ordinaire	= 2,77	Plâtre	= 3,60
— oxydée	= 3,36	Brique	= 3,60
Fonte neuve	= 3,17	Bois	= 3,60
— oxydée	= 3,36	Etoffes de laine	= 3,68
Verre	= 2,91	Eau	= 5,31
Craie en poudre	= 3,32		

Valeurs de A, perte par le contact de l'air: La perte de chaleur provenant du contact de l'air est indépendante de la nature de la surface des murailles ou parois, elle ne dépend que de l'excès de la température des parois sur celle de l'air extérieur, de la forme et des dimensions des parois extérieures et de la vitesse du vent; cette valeur A peut varier entre les nombres $A_1 = 3$ et $A_2 = 6$, c'est cette dernière valeur que nous emploierons.

Formules de Péclet. Murailles. — Après des recherches nombreuses, le professeur Péclet, est arrivé à la formule suivante pour la valeur M des pertes de chaleur, en calories, par mètre carré de murailles et par heure:

$$M = \frac{CQ \times T}{2C + Qe}$$

la lettre C désigne le pouvoir de conduction des matériaux du mur; la lettre Q est égale à la valeur de $R + A$; la lettre T désigne l'excès de température intérieure du local sur la température extérieure, et enfin la lettre e l'épaisseur du mur en mètres.

Vitrages. — Pour trouver les quantités de chaleur perdues par M^2 et par heure par les vitrages, on peut aussi se baser sur les chiffres suivants dûs également à Péclet, qui les a obtenus par des expériences directes:

Une seule vitre	$M = 4 \times T$,
Une vitre recouverte de mousseline	$M = 3 \times T$,
Deux vitres en contact	$M = 2,5 \times T$,
— à une distance de $0^m,02$	$M = 1,7 \times T$,
— à — de $0^m,04$	$M = 1,7 \times T$,
— à — de $0^m,05$	$M = 2,0 \times T$,

Pertes par la ventilation. — La perte par l'air extrait pour la ventilation est évidemment égale au poids moyen $1^k,3$ de cet air multiplié par sa chaleur spécifique $= 0^{cal},237$, par le nombre de mètres cubes extraits, et par T on a donc en général $V = 1^{k},3 \times 0^{cal},237 \times M^3 \times T$.

Application des formules. — A l'aide de ces trois formules, fort simples et suffisamment exactes en pratique, il est facile de calculer rapidement les pertes de chaleur de toutes les parois extérieures des édifices et celle causée par la ventilation; ainsi qu'on peut s'en assurer par le cas suivant:

Prenons pour exemple la recherche des pertes qui peuvent se produire dans une salle d'hôpital, type Lariboisière, de Paris. La température intérieure devant être maintenue à $+ 15°$, et la température extérieure pouvant s'abaisser la nuit à $- 15°$, la différence totale pourra s'élever à $+ 30°$. Le nombre de lits étant de 32, à 60 M^3 d'air par heure et par lit les pertes de ventilation donnent: $Q = 30° \times 1^{k},3 \times 0^{cal},237 \times 60\,M^3 \times 32^{l} = 17730$ calories par heure. La longueur d'une salle $= 38^{m},6$, largeur $= 9^{m}$, hauteur $= 5^{m},2$; nous obtenons pour surfaces des parois verticales 495 M^2 environ. Les fenêtres ont hauteur 3^{m} larg. 1,5, surfaces pour $16 = 72$M vitres; il vient pour surface de murailles: 423 M^2. Les vitres étant simples nous aurons $FM = 4 \times 30° \times 72$. Les pertes F par vitres donneront donc par heure $F = 8640$. La formule de Péclet pour les murailles donne:

$$M = \frac{CQ \times 30°}{2C + Qe}.$$

Le tableau C nous donne pour conductibilité calorifique de la pierre calcaire une moyenne $= C = 1,7$, l'épaisseur de ces murs $= 0^{m},8$; on sait que $Q = R + A$; $A = 6$ au maximum ; le tableau R nous donne pour valeur du rayonnement de la pierre calcaire $R = 3,6$; il vient donc $Q = 6 + 3,6 = 9,6$. Remplaçant dans la formule les lettres par leurs valeurs il vient:

$$M = \frac{1,7 \times 9,6 \times 30°}{2 \times 1,7 + 9,6 \times 0,8} = \frac{489}{11} = 44^{cal},5 = M.$$

la perte par M^2 de murailles en pierre calcaire de $0^{m},8$ épaisseur pour une différence de 30° est donc égale a $44^{cal},5$ par heure ; pour la surface totale des murs de notre salle on trouve $423\,M^2 \times 44^{cal},5 = 20,823$ calories perdues par heure.

En récapitulant toutes ces pertes spéciales nous trouvons:

Pertes par ventilation . . . . . . =	V = 17730 calories par heure
Pertes par les vitres des fenêtres =	F = 8640 — —
Pertes par les murs de $0^{m},8$ . . =	M = 20823 — —
Et pour pertes totales	P = 47193 calories par heure.

Nous n'avons pas compris dans ces calculs les pertes par le plafond, dont l'épaisseur nous est inconnue, mais il serait facile d'en tenir compte par le calcul, l'épaisseur étant donnée. Cette perte ainsi que celle produite par le sol est généralement peu élevée et on peut souvent la négliger à cause du faible pouvoir conducteur des planchers.

On voit par cet exemple suffisamment complexe, qu'il est facile de se rendre compte des pertes de chaleur qui peuvent se produire dans des édifices quelconques. Nous croyons donc qu'on devrait renoncer a évaluer ces pertes en bloc comme on le fait d'ordinaire, en se basant sur le volume total ou cube de l'édifice, ce n'est point en effet le volume qu'il faut considérer mais bien la surface totale des parois extérieures exposées au rayonnement d'une part, et au contact de l'air plus ou moins agité d'autre part.

Chauffage direct. Braseros. — Le procédé de chauffage le plus simple et le plus naturel consiste à placer les matières combustibles sur le sol en les disposant de manière à donner un accès facile à l'air comburant, et à permettre à la combustion de persister spontanément pendant un certain temps. Ce procédé de chauffage tout primitif, serait certainement le plus énergique, si on pouvait le pratiquer sans introduire dans les pièces habitées les gaz provenant des combinaisons effectuées pendant la combustion plus ou moins complète. Le feu placé sur le sol au milieu des pièces les échaufferait rapidement et avec économie, car toute la chaleur rayonnée par le foyer serait utilisée directement pour l'échauffement des murailles, et il en serait de même de la chaleur des gaz de la combustion. Mais les combinaisons formées dans les gaz par la combustion donnent malheureusement lieu à une production continue et abondante de gaz éminemment toxiques.

Il y a production d'acide carbonique, et nous savons que ce gaz est impropre à entretenir la respiration ou la combustion respiratoire, puisqu'il est lui-même un produit déjà brûlé et comburé. Mais ce gaz n'est pas celui qu'on doit le plus craindre ici; car on a en outre à se défendre, dans ce procédé de chauffage direct, contre les effets souvent funestes de l'action du gaz oxyde de carbone, le plus redoutable des gaz produits par la combustion, et qu'on rencontre toujours en quantité suffisante pour qu'il puisse devenir la cause des accidents les plus terribles.

Les expériences de Tourdes, de Strasbourg, en 1841, ont dévoilé pour la première fois la puissance éminemment toxique de ce gaz ; il a constaté qu'un lapin mis sous une cloche renfermant $^1/_{30}$ d'oxyde de carbone, tombait comme foudroyé, en deux minutes; un pigeon respirant un mélange à la dose de $^1/_{30}$ tombe en convulsions en une minute, et meurt au bout de trois minutes.

Ces faits qui mettent hors de doute l'action énergique de l'oxyde de carbone, ont été confirmés en 1842, par Félix Leblanc, à Paris; ce chimiste s'est assuré en effet qu'à la faible dose de 4 $^0/_0$ dans l'air, ce gaz fait périr, *instantanément* un moineau. Un $^1/_{100}$ mêlé à l'air détermine la mort d'un oiseau au bout de deux minutes. D'après Félix Leblanc il suffirait même de la très-faible dose de 1 millième seulement dans l'air pour causer la mort. Les travaux de Claude Bernard, ont fait connaître la cause de ces accidents rapidement funestes. Cet éminent physiologiste a démontré que l'oxyde de carbone chasse l'oxygène du sang, et prend sa place en se fixant sur les globules rouges. Les combustions internes devenant impossibles, il en résulte un arrêt des fonctions respiratoires et vitales, et le sujet succombe à l'asphyxie, par manque d'oxygène dans le sang. Le chauffage direct par un combustible versant les gaz de la combustion dans la pièce à chauffer est donc extrêmement dangereux et son usage doit être rigoureusement interdit dans toutes les parties des édifices, même dans les pièces ouvertes ; car il n'est pas nécessaire qu'une pièce soit hermétiquement close pour que la vapeur de charbon fasse ressentir ses funestes effets.

L'influence des courants d'air est démontrée par le fait suivant cité par le professeur Tardieu: Dans un restaurant d'une des barrières de Paris, une cuisine assez vaste était éclairée et aérée par une croisée *ouverte*. A l'extrémité opposée se trouvait une porte fermée. Les cuisiniers et leurs aides étaient occupés près des fourneaux. La porte s'ouvre, et l'on voit six personnes tomber les unes après les autres, asphyxiées par le courant de gaz toxiques qui faisait retour sur eux.

On a souvent cité en faveur du mode de chauffage direct, ses emplois nombreux et inoffensifs dans les pays méridionaux où il est pratiqué depuis l'antiquité sans causer d'accidents funestes. Mais il faut bien remarquer que le trépied grec, le foculus romain, le mangal des orientaux et le brasero espagnol, étaient, ou sont mis en usage dans de vastes pièces non closes, et fort élevées, ce qui permet à l'oxyde de carbone produit par la combustion de s'échapper par le haut des pièces, car on sait qu'étant plus léger que l'air il a une tendance prononcée à s'élever et à disparaître par les ouvertures supérieures.

Il ne faut donc pas s'appuyer sur ces applications des braseros à des pièces hautes et ouvertes, pour en conclure à leur emploi inoffensif dans nos pièces basses et bien closes où ils ont souvent causé des accidents funestes.

Chauffage direct par combustion du gaz lumière. — Les observations qui précèdent touchant les dangers que présentent les braseros, sont en grande partie applicables au chauffage direct par le gaz lumière, sans évacuation méthodique des produits de la combustion, qui sont également toxiques, car ils peuvent renfermer de l'oxyde de carbone provenant d'une combustion imparfaite, qui se produit souvent avec des brûleurs non enveloppés d'une cheminée de verre réglant l'accés de l'air comburant et abritant la flamme contre les courants d'air.

Un chimiste français, Kulmann, analysant les produits de la combustion du gaz lumière, y a constaté la présence de l'acide cyanhydrique, un des toxiques les plus violents qu'on connaisse.

Toutes ces causes réunies font que le chauffage direct par le gaz lumière, sans évacuation des produits de sa combustion plus ou moins complète, est un chauffage éminemment dangereux et insalubre qui doit être absolument proscrit de nos habitations, sous cette forme incomplète et rudimentaire ; on pourrait cependant, dans quelques rares occasions, utiliser pour le chauffage la chaleur produite par des becs d'éclairage bien disposés, abrités par des cheminées de verre et dont la combustion régulière et complète serait assurée au moyen d'un régulateur de pression ; mais, même dans ce cas, on ne pourrait se passer d'ouvertures d'évacuation pour les gaz comburés, qui sont irrespirables et chargés de vapeur d'eau ; on voit donc enfin, que même en se plaçant dans le cas le plus favorable d'une combustion parfaite au moyen des appareils d'éclairage, il ne serait pas prudent d'employer le chauffage direct par le gaz lumière sans y joindre une ventilation puissante assurant l'évacuation des gaz produits par la combustion.

CHEMINÉES.

Origine de la cheminée. — La modeste et primitive cabane de l'homme à l'état sauvage, faite de branches enfoncées circulairement en terre et liées ensemble par le haut en forme de cône (1), nous offre le premier modèle de cheminée à l'état rudimentaire. Dans cette habitation rustique construite en bois, feuilles, mousses et herbes sèches très-combustibles, le foyer dût être écarté des parois afin d'en éviter l'inflammation. Ce foyer fut donc tout naturellement placé au centre du cercle formé par les parois ; car on l'écartait ainsi le plus loin possible de leur surface interne. De plus les habitants de la cabane pouvaient se ranger tout autour du feu et en jouir tous également. Enfin l'accès de ce foyer était rendu accessible de tous côtés, ce qui facilitait le service de la cuisson et de la préparation des aliments. Le chauffage de l'habitation était trouvé mais il restait à découvrir le moyen de se débarrasser de la fumée et des odeurs gênantes qui se concentrent dans tout lieu clos et habité.

On dût bientôt remarquer que la fumée tendant toujours à s'élever dans un air calme, il était facile d'en débarrasser l'habitation en laissant en haut de la

(1) Viollet-Le-Duc. Histoire de l'habitation humaine, p. 6.

toiture en pointe, une ouverture plus ou moins grande ; ce qui avait de plus l'avantage de donner du jour à l'habitation en permettant d'en fermer la porte, qu'on avait dû tenir ouverte jusque-là, pour se débarrasser de la fumée, ou pour être éclairé le jour quand la flamme faisait défaut.

Ce procédé de chauffage encore en usage aujourd'hui chez quelques peuplades sauvages, offre le plus grand intérêt, et le jour où il fût inventé, un grand pas fût franchi par l'art du chauffage, car la cheminée était trouvée.

En effet, cette habitation ronde et de forme conique constitue déjà, dans son ensemble, une vaste cheminée dont la forme générale est remarquable. Le feu placé au centre échauffe également ses parois et ne permet pas à des courants d'air froid descendants de venir troubler l'ascension de la fumée ; de plus la forme conique extérieure du toit a l'avantage de forcer les vents horizontaux à remonter vers le sommet du cône, ce qui les dévie vers la verticale et empêche efficacement leur plongée dans l'intérieur de l'ouverture du sommet ; la sortie régulière de la fumée par cette ouverture se trouve ainsi assurée même par les vents les plus violents. Cette forme a même, par cette raison, l'avantage d'accélérer l'évacuation de l'air vicié quand il n'y a point de feu,

Les parois de ces rustiques cabanes étant assez perméables, l'air pur extérieur peut pénétrer tout autour par petits filets qui s'échauffent en se tamisant et ne causent point de courants incommodes par leur fraîcheur. L'alimentation en air pur est parfaitement assurée sur tous les points de la circonférence, il balaye donc devant lui tous les gaz de la combustion, de la respiration, et toutes les odeurs produites dans la cabane par les provisions, viandes, poisson, etc. ; acrochées tout naturellement à une certaine hauteur dans le courant de fumée sortant, pour se débarrasser de leurs émanations. Remarquons en passant que cette pratique a dû de fort bonne heure faire découvrir la puissance conservatrice de la fumée sur les viandes et le poisson, et que de cette observation découla l'usage de fumer les provisions pour en assurer la conservation.

Ainsi, avec cette forme d'habitation toute primitive, on obtient, avec un simple foyer placé au centre, un chauffage suffisant, un moyen assuré de préparer les aliments même pendant les plus mauvais temps, et un renouvellement d'air abondant.

On peut donc affirmer que cette modeste cabane, de nos ancêtres encore à l'état sauvage, présente déjà des dispositions remarquables et fondamentales au point de vue du chauffage, dispositions que nous verrons se perfectionnant lentement avec les progrès de la civilisation, mais dont il faut louer le mérite et la valeur pour l'époque, sans doute fort reculée, où elles furent pratiquées pour la première fois.

Il est assez difficile de fixer l'époque précise où l'on plaça enfin le foyer central contre le mur de l'habitation humaine, alors nécessairement construit en pierre ou matériaux incombustibles.

On présume cependant qu'en France, ce fut vers la fin du XIe siècle. Il existe encore au château de Caen qui fut habité par Guillaume-le-Conquérant, alors duc de Normandie, deux cheminées fort anciennes adossées aux murs de pierre, dont le tuyau débouche dans l'atmosphère en perçant la muraille obliquement comme un soupirail de cave, et sans s'élever jusqu'à la toiture. Cette disposition était sans doute commandée par les nécessités de la défense, qui utilisait à cette époque les toitures en terrasses, en les couvrant de combattants et d'engins de défense. Cette disposition fut importée en Angleterre par Guillaume, lors de la conquête, et les châteaux-forts de Conisboroug et de Rochester, datant de cette époque, en offrent encore des exemples curieux. Nous en donnons un dessin fig. 1. Nous ferons remarquer que c'est de France que l'Angleterre a tiré son premier modèle de cheminée, qui ne s'y propagea que lentement, car Tomlinson affirme qu'au XIVe siècle le foyer central était encore d'un usage général en Angleterre.

La suite de ces études sur les cheminées établira que ce sont des appareils essentiellement français, car tous leurs perfectionnements fondamentaux ont été inventés par nos compatriotes, ainsi que nous le prouverons plus loin.

Dès le commencement du XIIe siècle on rencontre en France beaucoup de châteaux munis de cheminées adossées au mur et dont le tuyau vertical débouche enfin au-dessus des toits à une assez grande hauteur, ce qui évite les refoulements de fumée qui devaient se produire avec un tuyau perçant le mur obliquement. Cette disposition de cheminée paraît avoir été inspirée par la forme qu'on donnait depuis longtemps aux cuisines des châteaux et des abbayes, qui présentaient dans leur ensemble la forme d'une grande cheminée conique, munie d'un ou plusieurs tuyaux verticaux donnant issue à la fumée.

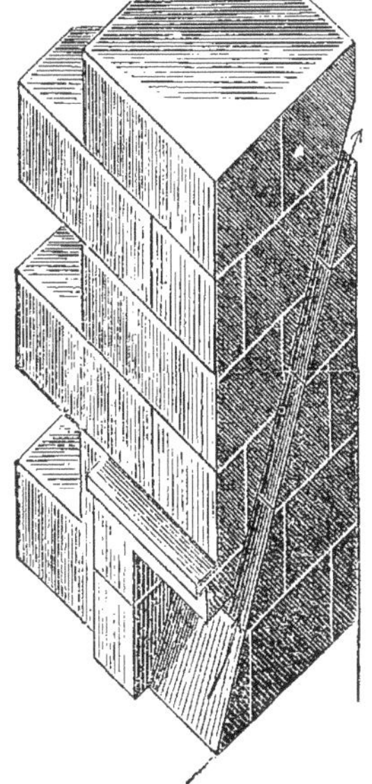

Fig. 1. — Cheminée normande.

La cuisine de ces grandes habitations exigeait alors plusieurs foyers distincts, à cause de la grande quantité de mets à préparer; ils ne pouvaient donc plus occuper le centre de la cuisine qu'ils eussent encombré et échauffé à l'excès par la grande masse de combustible forcément consommée, il devint donc nécessaire de diviser ce foyer central, trop volumineux, en plusieurs foyers distincts placés à la circonférence, adossés aux murs et munis chacun d'un tuyau de fumée spécial, construit directement et verticalement au-dessus de chaque foyer.

De là cette disposition dût tout naturellement être imitée et introduite dans les salles servant à l'habitation. On lui conserva même dans ces salles la forme circulaire et conique, rappelant celle de la cuisine; telle est par exemple la belle cheminée sculptée, que l'on voit encore aujourd'hui dans le bâtiment de la maîtrise de la Cathédrale du Puy-en-Vélay, qui date du XIIe siècle (1).

La hotte de cette cheminée affecte la forme conique et aboutit à un tuyau cylindrique dont le demi-diamètre est en saillie sur le nu du mur intérieur.. Ce tuyau dépasse de beaucoup en hauteur le pignon du bâtiment.

La cheminée française est donc arrivée dès le XIIe siècle à une forme rationnelle pouvant s'adapter facilement à toutes les habitations.

Examinons maintenant en détail les avantages de ce précieux appareil (fig. 2).

La forme du fond du foyer, en portion de cercle, est parfaitement motivée par la nécessité de soustraire le courant de fumée ascendant aux courants d'air horizontaux qui suivent et rasent la surface des parois intérieures des pièces; ce renfoncement met la fumée à l'abri de leur influence, elle s'y ramasse et s'élève ainsi sans pouvoir dévier latéralement, ce qui assure efficacement son écoulement régulier par la hotte supérieure.

Cette forme circulaire du fond du foyer a aussi l'avantage de bien réfléchir la chaleur du feu et de la diffuser dans toutes les directions, avantage que ne

(1) Viollet-Le-Duc, Dictionnaire d'Architecture, article *Cheminée*.

peut avoir un foyer de forme carrée qui enferme les rayons réfléchis et dont les côtés latéraux ne diffusent point la chaleur dans la pièce.

La disposition circulaire a encore le mérite de se prêter à un facile raccordement avec un tuyau à fumée de forme cylindrique, forme de conduit parfaite puisqu'elle offre pour une même section le moins de contour et par conséquent un moindre frottement et un refroidissement minima, par surface, à la fumée ascendante, ce qui contribue fortement à en assurer l'écoulement régulier.

Si du foyer nous passons à l'examen de la hotte conique prenant naissance à hauteur d'homme, nous pouvons constater aussi que la forme en est excellente. En effet, ce tuyau qui ne commence qu'à 2 mètres du sol permet un facile accès au foyer et en rend ainsi le service très-commode, puisqu'il n'est pas besoin de baisser la tête pour y accéder.

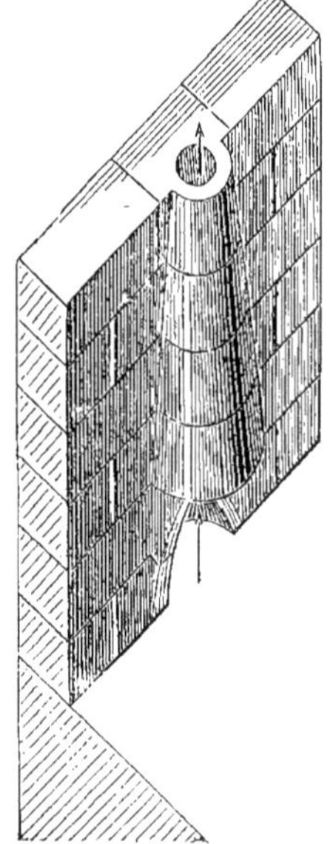
Fig. 2. — Cheminée française.

A cette grande hauteur elle n'occulte presqu'aucun rayon direct du feu et permet ainsi l'utilisation presque complète du rayonnement du combustible, ce qui est fort important puisque ces foyers ne chauffent que par simple rayonnement. Enfin cette forme permet l'écoulement de l'air vicié de la pièce à une hauteur supérieure à celle de la respiration, et s'oppose ainsi à l'accumulation vers le plafond et le haut de la pièce, des produits gazeux et viciés de la respiration.

Ce modèle de cheminée serait donc excellent si on pouvait éviter les courants d'air froid causés par son énergique tirage, car il ne faut pas songer à supprimer ces accès d'air en bouchant les fissures des portes et des fenêtres; on obtiendrait alors pour résultat trois effets fâcheux, feu languissant, rentrée de fumée, et ventilation nulle, trois inconvénients qu'il faut toujours éviter.

Pour réaliser méthodiquement ce perfectionnement fondamental il faudra donc trouver le moyen d'échauffer cet air pur avant son introduction dans la pièce. Il semble aujourd'hui tout naturel d'utiliser pour cet échauffement la grande quantité de chaleur inutilement emportée par le courant de fumée, et cependant ce perfectionnement n'a été réalisé qu'au dix-huitième siècle, six cents ans après qu'on eut trouvé la cheminée à hotte conique. On voit que ce progrés important s'est fait attendre bien longtemps, mais il faut considérer l'état peu avancé des sciences physiques et mécaniques, dont les éléments les plus simples n'existaient pas au moyen-âge.

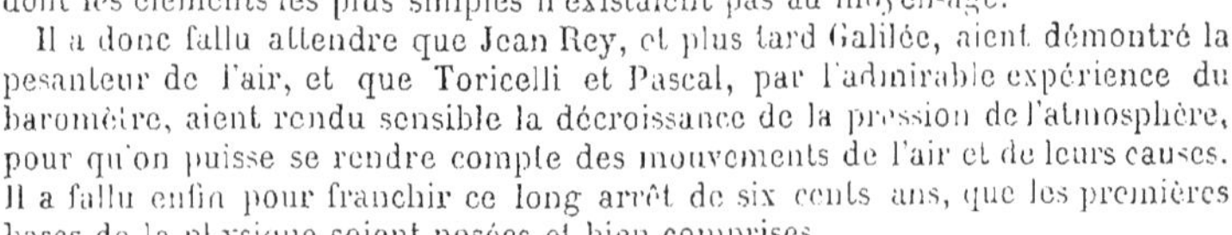

Il a donc fallu attendre que Jean Rey, et plus tard Galilée, aient démontré la pesanteur de l'air, et que Toricelli et Pascal, par l'admirable expérience du baromètre, aient rendu sensible la décroissance de la pression de l'atmosphère, pour qu'on puisse se rendre compte des mouvements de l'air et de leurs causes. Il a fallu enfin pour franchir ce long arrêt de six cents ans, que les premières bases de la physique soient posées et bien comprises.

Nous avons dit que la cheminée française du moyen-âge, présentait dans sa forme générale des dispositions excellentes pour le chauffage par rayonnement. Tel ne fut pas l'avis des architectes italiens, appelés en France à l'époque de la Renaissance. Ces artistes méridionaux ne connaissaient point la construction méthodique des cheminées puisqu'elles font défaut dans presque toute l'Italie du Sud. Préoccupés avant tout de la décoration, puisqu'on les avait appelés surtout pour changer et soit-disant rénover la nôtre, ils n'eurent rien de plus pressé que de changer d'abord toutes nos formes décoratives sans se rendre compte des nécessités qui les avaient fait adopter. S'attaquant à notre cheminée française, ils supprimèrent d'abord la hotte conique si nécessaire pour le facile écoulement de la fumée. Puis, ils firent avancer démesurément et d'équerre avec le fond, désormais plat, du foyer, les piédroits latéraux que le moyen-âge avait, avec raison, fait peu saillants et de forme oblique pour mieux réfléchir la chaleur; le foyer fut donc *enfermé carrément*, enfoncé et presque caché dans une sorte de coffre profond occultant le feu latéralement. Au-devant le manteau fut abaissé et vint aussi masquer une grande partie des rayons directs du feu, qui furent désormais perdus pour le chauffage de la pièce.

Enfin à l'extérieur le tuyau de fumée fût surmonté de lourds et massifs ornements, remplaçant le simple glacis en talus de la cheminée du moyen-âge; glacis fort efficace pour dévier les vents horizontaux et empêcher tout refoulement de fumée.

Il résulta donc de tous ces changements une cheminée de formes irrationnelles, fort peu échauffante et ayant presque toujours le grave défaut de donner lieu à des rentrées de fumée par les angles de son tuyau carré.

On chercha alors à se débarrasser de cette incommode fumée, par une foule de petits moyens ne s'appuyant sur aucun principe scientifique et qui, pour cette cause, n'eurent aucun succès.

Il fallait, pour rendre au chauffage par les cheminées son ancienne valeur, toute une rénovation fondamentale qui se produisit lentement et fut encore amenée par des artistes français, qui réparèrent ainsi patiemment le mal causé par les trop fameux architectes italiens.

Cheminée Savot. — En 1624 un architecte français, Savot, crée au Louvre, dans le cabinet des livres, une cheminée où pour la première fois on utilise le contact des parois chaudes d'un foyer pour échauffer l'air de la pièce.

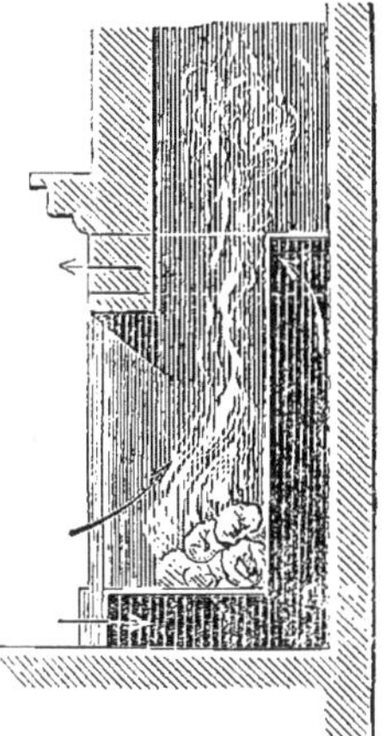

Fig. 3. — Cheminée de Savot.

Savot est donc l'inventeur du chauffage de l'air par le contact des parois métalliques des foyers de cheminées. L'air frais pris *dans la pièce* au devant de l'âtre relevé passait sous la plaque du foyer, montait derrière le contre-cœur en fonte et sortait enfin chaud au devant de la cheminée par deux bouches de chaleur, ainsi qu'on peut le voir fig. 3.

Un grand pas est donc franchi par Savot, il a compris et fait connaître qu'on ne doit pas se contenter de la chaleur rayonnante du foyer, mais qu'il faut encore utiliser par contact la chaleur jusque là perdue des parois. Il a donc le premier isolé le foyer des murs de la cheminée, et il est ainsi parvenu à faire récupérer par l'air de la pièce une partie de la chaleur emportée par le courant de fumée ou perdue dans la masse des murs de la cheminée.

L'architecte français, Savot, est donc bien l'inventeur du principe de la récupération de la chaleur des foyers par le contact de l'air; principe fondamental dont la haute valeur sera bientôt mise en lumière par un savant inventeur français N. Gauger.

Mais avant de parler des travaux de Gauger, nous avons à faire connaître un appareil de chauffage basé sur un principe tout nouveau et d'une grande valeur.

Foyer de Dalesme. — En 1686, un inventeur français nommé Dalesme, fit voir et fonctionner à la foire Saint-Germain, à Paris, un appareil de combustion dans lequel la flamme au lieu de s'élever verticalement comme dans les foyers ordinaires, plongeait au contraire dans le combustible, la flamme était donc renversée ainsi qu'on peut le voir pl. I.

Ce procédé de combustion entièrement nouveau, avait l'avantage de brûler la fumée et les gaz produits par distillation; c'est donc le premier appareil fumivore connu.

Il excita la curiosité la plus vive à Paris, et il fut l'objet d'un mémoire scientifique dû au célèbre Lahire. On a contesté à Dalesme l'honneur de cette découverte fondamentale; un auteur anglais, Tomlinson, a prétendu qu'en 1678 le prince Rupert fit construire une cheminée avec foyer à flamme renversée. Mais le dessin qui accompagne cette injuste réclamation, (page 85 de l'édition de 1869), établit clairement que la fumée au lieu de passer sur des charbons ardents comme dans l'appareil de Dalesme, était simplement renversée au-dessus et derrière le dossier *plein* de la grille à houille, et que dans cet appareil de Rupert, la combustion de la fumée ne pouvait avoir lieu, car il y avait mélange de la fumée avec une grande quantité d'air froid.

Dalesme est donc bien l'inventeur de l'importante découverte de la combustion à flamme renversée, encore en usage aujourd'hui pour les foyers à bois ou alandiers qui donnent une combustion complète et exempte de toute fumée.

On voit qu'à la fin du XVIIe siècle et grâce à ces découvertes toutes françaises l'art du chauffage marchait à grands pas vers une rénovation complète, et qu'il n'attendait plus que la venue d'un génie synthétique, qui put fondre et combiner toutes ces découvertes pour en faire jaillir un art tout nouveau.

Cheminée de Gauger. — C'est ce qui ne tarda pas à se rencontrer, et dès les premières années du XVIIIe siècle (1714), on voit paraître à Paris, un petit livre, *la Méchanique du feu, ou l'art d'en augmenter les effets et d'en diminuer la dépense, contenant le traité des nouvelles cheminées, par N. G.*

Cet ouvrage d'une valeur exceptionnelle, est encore d'un français, Nicolas Gauger, avocat au Parlement de Paris.

Gauger y donne les règles expérimentales nécessaires pour la bonne construction des foyers. Il commence par bien distinguer la façon dont le feu échauffe: par ses rayons directs, par ses rayons réfléchis et par une espèce de *transpiration.* Il fait voir que dans les cheminées ordinaires le feu n'échauffe point par *transpiration*, n'envoie que peu de rayons directs, en renvoie encore moins de réfléchis; tandis que dans celles qu'il propose et qu'il décrit avec soin, il en renvoie beaucoup et échauffe bien plus encore par *transpiration*, que par ses rayons directs et réfléchis.

Gauger a donc saisi toute l'importance de la perte qu'entraîne le courant de fumée. D'autre part il prouve clairement que la forme des jambages parallèles et d'équerre avec le fond du foyer n'est pas propre a réfléchir la chaleur dans les chambres. Il conseille donc d'en revenir à la forme circulaire et il propose d'adopter comme section horizontale du foyer une forme parabolique, pour réfléchir parallément les rayons du feu.

Il conseille ensuite l'emploi d'une prise d'air extérieur aboutissant devant le feu afin de le souffler et d'en assurer l'allumage, c'est là une idée excellente qui pouvait amener à se passer du soufflet; mais Gauger ne la donne pas comme nouvelle. En effet, cette disposition qu'on a attribuée à Perrault, et que Tomlinson revendique pour John Winter, comme faisant partie d'une cheminée proposée par cet anglais en 1658, est beaucoup plus ancienne et nous la trouvons au moyen-âge en usage en France, dans la cuisine de Sainte-Marie de Breteuil (1) ; c'est donc encore là une vieille idée française.

Gauger établit ensuite, par des expériences multipliées, que l'air s'échauffe rapidement par contact, que le plus chaud monte au-dessus de celui qui l'est moins (comme une pièce de bois au-dessus de l'eau), parce qu'en même volume il est moins pesant. Il prouve encore qu'une large introduction d'air est toujours nécessaire pour empêcher la fumée de redescendre, car il faut qu'il entre autant d'air dans la chambre qu'il en sort. Enfin en s'appuyant sur toutes ses expériences personnelles et en les combinant avec des principes déjà trouvés par Savot et Dalesme il réussit à inventer une cheminée à flamme renversée sans mélange d'air froid, introduisant un courant d'air nouveau *plus ou moins chaud*, quelque froid qu'il fasse au dehors, qui vient ainsi alimenter d'air pur la chambre et *ceux qui y sont*.

Cet air arrivant chaud et montant, ainsi qu'il l'a déjà prouvé, au-dessus de l'air plus frais de la chambre, il en résulte que c'est l'air froid des couches inférieures qui se trouve aspiré par la cheminée. L'air pur extérieur est donc, grâce à Gauger, introduit pour la première fois à la température qu'on désire :

Il parcourt la pièce en l'échauffant, ce qui le rend plus frais et plus lourd, il descend donc et gagne ainsi la cheminée après avoir parcouru toute la pièce en emportant tous les miasmes et en renouvelant méthodiquement tout l'air confiné.

La ventilation rationnelle des habitations est donc née en même temps que la cheminée de Gauger, car ce précieux appareil permet l'introduction d'un air pur *plus ou moins chaud* grâce à l'emploi d'un régulateur et d'une chambre de mélange d'air chaud ou frais; il assure ainsi efficacement l'indépendance réciproque et instantanée du chauffage et de la ventilation; résultat fort important que beaucoup d'appareils modernes ne peuvent réaliser et qui est cependant indispensable dans un grand nombre d'applications.

Gauger est donc bien certainement l'inventeur du chauffage rationnel et de la ventilation méthodique des habitations, et du premier coup il les met à la portée de tous par les changements fondamentaux qu'il apporte à la construction de la cheminée, appareil qu'on trouve partout en France. La preuve évidente, qu'il a bien saisi toute l'importance d'un air renouvelé méthodiquemennt, réside dans les lignes ci-dessous, textuellement extraites de son précieux ouvrage :

« Si cette manière d'échauffer la chambre est utile à ceux qui se portent bien, l'on peut dire qu'elle est nécessaire aux malades, à ceux qui les gouvernent et qui les voient : Car l'haleine gâtée des malades, les humeurs corrompues qu'ils transpirent, ce qui s'exhale des remèdes qu'ils prennent et qu'ils rendent, se mêlant continuellement avec un air qui reste toujours le même, (parce que l'on n'ose rien ouvrir pour en faire entrer de nouveau, pour peu qu'il fasse froid), le corrompent de plus en plus, ainsi un malade respire un air plus corrompu, plus empesté que celui qu'il exhale ; ceux qui le voient respirent le même air ; et peut-on douter que ce ne soit souvent la cause de la mort des infirmes et de la maladie de ceux qui les ont gouvernés, ou qui les ont vu souvent.

Mais si par le moyen de ces cheminées on laisse continuellement entrer de nouvel air chaud, et au degré de chaleur que le malade le pourra souffrir, cet air nouveau chassera continuellement celui de la chambre, et en fera respirer de plus sain au malade, et à tous ceux qui sont dans sa chambre et les garantira

(1) Viollet-Le-Duc, Dre d'Architecture, t. IV, p. 223

des incommodités et des maux qu'un air empoisonné aurait infailliblement causé. »

La cheminée de Gauger est donc arrivée dès 1714, et grâce à des découvertes toutes françaises, à pouvoir introduire de l'air pur, plus ou moins chaud, et à l'extraire méthodiquement après qu'il a entièrement parcouru les pièces. L'art du chauffage et de la ventilation des habitations est dès lors en possession d'un appareil précieux, simple, puissant et partout applicable, Gauger est donc bien le fondateur de ces deux arts qui rendent tous les jours tant de services à l'humanité, qui devrait reconnaître dans Nicolas Gauger un de ses plus vénérables bienfaiteurs.

Il est loin d'en être ainsi, car notre enseignement officiel ne connait même pas les travaux de Gauger, On professe partout en France que l'anglais Rumford fut le premier qui améliora la construction des foyers, ce qui est complétement inexact, ainsi qu'on le vera plus loin, et les traités de chauffage, de nos professeurs officiels, ne disent pas un mot de notre inventeur français, Gauger.

On nous pardonnera donc les longs détails que nous avons cru devoir donner sur les travaux de ce savant français, dont le mérite exceptionnel devait être mis en lumière afin que justice lui soit enfin rendue, et que dans son propre pays un étranger, Rumford, ne vienne plus usurper une place d'honneur qui lui appartient absolument.

Cheminée de Franklin, fig. 4. — En 1745, Franklin, l'illustre inventeur du paratonnerre, publie, à Philadelphie, une description des nouveaux chauffoirs de Pensylvanie, qu'il venait d'inventer et d'expérimenter.

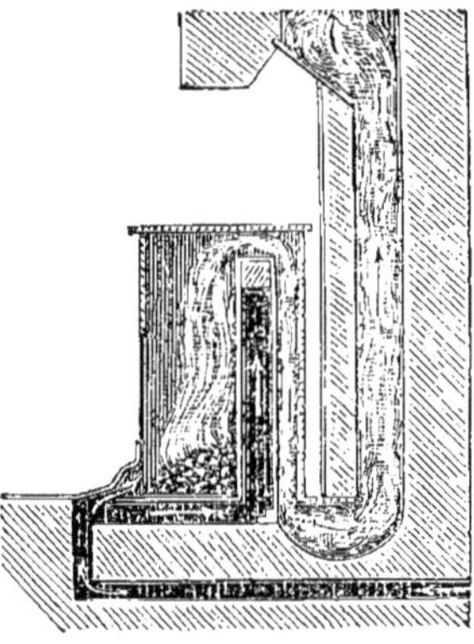
Fig. 4. — Cheminée Franklin.

Dans cet écrit, Franklin critique assez fortement la cheminée de Gauger qu'il trouve compliquée, bien que la sienne soit loin d'être simple ; il trouve que Gauger perd la portion *montante* de la chaleur ; Franklin prouve ainsi qu'il n'a pas compris que le feu ne rayonne pas plus en direction verticale qu'en direction horizontale, et qu'il n'a pas vu que c'est le courant d'air chaud vertical qui emportant les gaz de la combustion augmente en *apparence* le rayonnement du feu vers la verticale. Gauger avait parfaitement saisi la cause de cet effet, et il avait fort bien vu que c'était le courant des gaz chauds qu'il fallait utiliser et non le rayonnement *vertical* du foyer.

Franklin imagina donc de faire monter verticalement la flamme et de lui faire frapper une plaque horizontale qui, suivant lui, devait recevoir et transmettre dans la pièce une chaleur considérable.

La fumée ne trouvant pas d'issue vers le haut, tourne autour d'une caisse verticale servant de faux contre-cœur, redescend entre elle et le vrai contre-cœur et s'échappe enfin dans le bas du tuyau ordinaire de la cheminée.

L'air extérieur pénètre dans la caisse faux contre-cœur, s'y échauffe assez fortement et débouche enfin dans la chambre par deux bouches de chaleur latérales, beaucoup trop petites. Cette caisse verticale est évidemment empruntée à la cheminée de Gauger. Mais le moyen employé par Franklin pour l'échauffer est bien inférieur à celui de notre inventeur français, qui avait parfaitement compris qu'en renversant la flamme on évite son refroidissement par mélange d'air froid.

La cheminée de Franklin ne permet pas non plus l'indépendance du chauffage et de la ventilation, comme celle de Gauger, elle lui est donc de tous points fort inférieure.

L'art du chauffage par les cheminées est donc, à l'époque de Franklin, déjà en décadence, et les principes posés par Gauger commencent même à n'être plus compris et pratiqués.

Nous allons voir ce mouvement rétrograde s'accentuer à mesure que cet art national s'appuiera sur les théories et les expériences des physiciens étrangers, Franklin et Rumford.

Cheminée de Montalembert, fig. 5. — En 1763, le général marquis De Montalembert, ancien ambassadeur de France en Russie, fit connaître une cheminée tout à fait nouvelle qu'il désigna sous le nom de cheminée poêle.

C'est, en effet, une sorte de poêle dont le tuyau de fumée serpente plusieurs fois verticalement dans toute la hauteur d'un massif en maçonnerie, faisant saillie dans la pièce comme le massif des poêles du Nord. Mais il diffère notablement du poêle, en ce qu'il n'a point de foyer fermé et que le feu est porté en avant et rendu apparant.

Le tirage de ce long circuit de fumée est parfaitement assuré au moyen d'un ingénieux système de soupapes, dont la fermeture complète, après l'extinction du feu, s'oppose au refroidissement rapide de la maçonnerie.

Cet appareil présente donc des qualités réelles, il empêche la chaleur du feu de s'échapper trop vite, et la grande masse de maçonnerie qu'il échauffe, assure ainsi un très-lent refroidissement de la pièce. Remarquons aussi que cet important perfectionnement de la cheminée, est encore dû à un français, et qu'il a été proposé beaucoup plus tard, comme une nouveauté, par un prussien, Sachtleben, dans un ouvrage intitulé : L'art d'économiser le bois, publié en 1792, vingt-neuf ans après la publication de Montalembert !

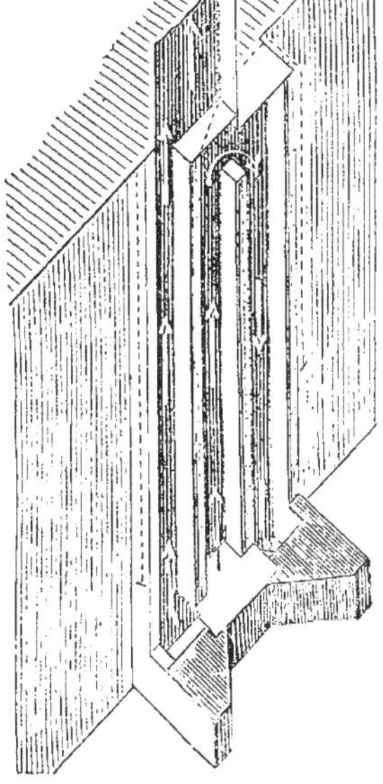

Fig. 5. — Cheminée de Montalembert.

Cheminée de Rumford, fig. 6. — Nous sommes arrivés aux dernières années du XVIIIe siècle; les phénomènes de la combustion jusqu'ici ignorés viennent enfin d'être dévoilés et mis en lumière par l'illustre et malheureux Lavoisier; il paraîtrait donc naturel que l'art du chauffage, en s'appuyant désormais sur ces nouveaux principes scientifiques, dut progresser rapidement. Le contraire se produisit cependant, et une décadence complète fut le résultat de ce manque d'application des excellents principes qui venaient d'être découverts.

En 1796, le célèbre Rumford publie à Londres ses essais politiques et économiques, Il y décrit une nouvelle cheminée de son invention, qui repose sur l'application de deux principes fort simples: Avancement du foyer dans la pièce et rétrécissement par deux parois verticales obliques, de l'ouverture de départ de la fumée à la partie inférieure du tuyau d'échappement.

Rumford, qui paraît avoir attaché beaucoup d'importance à ces prétendues inventions, semble avoir ignoré les travaux de Gauger ; il néglige donc l'établissement de toute prise d'air extérieur, et il ne cherche point à utiliser la grande quantité de chaleur qui s'échappe avec la fumée, et cela en pleine connaissance de cause, car il constate lui-même que la chaleur qui s'évapore avec la fumée est *trois ou quatre fois* plus forte que celle qui émane du feu sous forme de rayons. Il avoue donc naïvement ainsi qu'il n'a pas su tirer parti de cette chaleur.

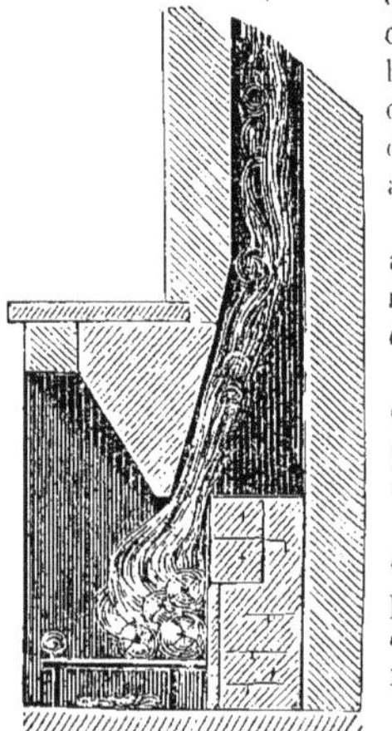
Fig. 6. — Cheminée de Rumford.

Rumford nous ramène donc de deux siècles en arrière, et sa cheminée est bien inférieure à la cheminée de Savot, et ne peut-être comparée même de loin à celle de Gauger.

Ces cheminées eurent cependant une grande vogue en France, et c'est encore aujourd'hui le modèle le plus généralement suivi, on l'a seulement légèrement modifié par l'adjonction d'un châssis à rideau.

Pourtant si on examine sérieusement la cheminée de Rumford, on ne peut s'empêcher d'y voir un appareil tout à fait défectueux, par l'absence de prise d'air et la grande perte de calorique résultant du manque de bouches de chaleur.

La cheminée de Rumford est très-sujette à fumer, car le feu est avancé dans la pièce, et aucune prise d'air ne vient assurer l'alimentation du tirage qui peut devenir insuffisant quand les portes ferment bien. Tel est l'appareil grossier et arriéré qui a valu au comte de Rumford, le singulier honneur d'être considéré chez nous comme l'homme qui a le plus fait pour le chauffage des habitations privées ; et qui lui a permis de prendre la place qui revient justement à Gauger.

Certes il faut bien reconnaître dans Rumford un physicien de premier ordre, et ses travaux sur la chaleur ont une valeur exceptionnelle qui suffit à illustrer son nom.

Mais il ne faut pas en conclure, contre toute justice, qu'on lui doive aussi de la reconnaissance pour l'invention d'appareils qu'il n'a su que faire rétrograder, au lieu de les faire progresser, et, loin de voir dans la cheminée de Rumford l'indice d'une voie nouvelle, nous ne devons donc y reconnaître que la preuve la plus forte de la complète décadence qui frappa l'art du chauffage par les cheminées au commencement du XIXe siècle.

Cheminée de Péclet n° 1, pl. I. — N'ayant point ici l'intention de faire l'historique complet de l'art du chauffage, nous laisserons donc de côté une foule d'appareils sans intérêt et nous arriverons tout de suite aux seules cheminées remarquables inventées pendant le XIXe siècle.

En 1828 paraît un ouvrage d'une haute valeur scientifique et pratique ; le traité de la chaleur, par Péclet, alors professeur à la faculté des sciences de Marseille, et plus tard professeur fondateur à l'école Centrale des arts et manufactures de Paris. Dans cet important ouvrage, Péclet, donne la description d'une cheminée ventilatrice, où la chaleur emportée par la fumée se trouve être utilisée pour l'échauffement d'un courant d'air pur introduit de l'extérieur. A cet effet la fumée se trouve forcée de s'élever, en partant du foyer, dans un tuyau métallique vertical, placé dans le corps ordinaire du tuyau en maçonnerie de la cheminée. Ce tuyau métallique montant ainsi jusqu'à la hauteur du plafond de la pièce, échauffe par le contact de sa paroi l'air pur d'accès qui l'enveloppe entièrement du haut en bas; cet air pur introduit de l'extérieur, s'échauffant rapidement, devient plus léger et il pénètre dans la pièce à la hauteur du plafond, il peut donc échauffer par contact les murailles de la pièce, et redescendre refroidi et plus lourd vers l'ouverture du foyer, après avoir ainsi parcouru méthodiquement toutes les parties du local à chauffer.

Péclet, par cette invention, semble vouloir reprendre les saines idées de Gauger. Mais il paraît avoir ignoré les travaux de ce physicien éminent, et il produit une cheminée bien inférieure à celle de Gauger. Il néglige d'abord d'assurer l'indépendance du chauffage et de la ventilation, et il ne tire aucun parti de la chaleur de contact des parois inférieures du foyer, dont l'action est fort énergique; il emploie pour échauffer son tuyau vertical un courant de fumée mélangé à une grande quantité d'air froid, ce qui diminue considérablement la température de ce courant, désormais à trop basse température pour pouvoir échauffer suffisamment le tuyau métallique et l'air pur enveloppant ce tuyau. Il n'obtient donc enfin qu'un courant d'air nouveau trop faiblement échauffé.

Cheminée de Péclet n° 2, pl. 1. — Aussi Péclet paraît avoir attaché peu d'importance à cette invention et, dans la deuxième édition de son traité, 1843, après avoir reconnu les inconvénients de cette disposition, il pose en principe que: « Les meilleurs appareils de cheminée seraient ceux qui renfermeraient à la fois la devanture, les surfaces de chauffe, le tablier et le registre; qui se poseraient dans une cheminée en appliquent les bords de l'appareil contre les bords d'un cadre fixe posé à demeure dans le chambranle d'une cheminée et sur lequel on le maintiendrait par quatre tourniquets, l'appareil s'enlèverait d'une seule pièce pour le ramonage, et se replacerait avec une grande facilité ».

C'est d'après ce programme que Péclet donne dans sa 3e édition, 1861, la description de l'appareil que nous donnons ici pl. 1.

Il se compose d'une caisse en tôle renfermant le foyer, derrière lequel se trouvent des tubes verticaux, disposés en quinconce, établissant une communication de la caisse inférieure, ou prise d'air, avec une caisse à air chaud supérieure.

Le foyer est séparé des tuyaux par une plaque de fonte qui peut s'enlever facilement pour le nettoyage. Le courant des gaz chauds sortant du foyer se recourbe par dessus cette plaque, circule en descendant autour des tubes qu'il échauffe fortement et s'échappe enfin dans la cheminée par une ouverture placée au point le plus bas. Un orifice muni d'un registre sert à établir le tirage quand on allume le feu.

L'air froid, venant de l'extérieur entre dans la caisse inférieure, s'échauffe dans les tuyaux en tôle et autour de la caisse à fumée, et vient se dégager dans l'appartement par une ouverture horizontale grillagée pratiquée au sommet de la caisse à air chaud. Une plaque mobile permet de faire passer sur le combustible la proportion d'air qu'on juge convenable, tout en laissant visible une grande partie du feu. Cet appareil peut se placer sans modifications dans une cheminée ordinaire, et comme il peut s'enlever tout d'une pièce, il ne gêne nullement le ramonage.

Cette cheminée de Péclet offre de grandes analogies avec la cheminée de Franklin, elle est toutefois beaucoup mieux combinée sous le rapport des larges proportions données à la prise d'air. Mais elle présente toujours le défaut de ne pouvoir permettre l'indépendance du chauffage et de la ventilation.

Péclet reconnait lui même (n° 2175) : « que l'effet utile obtenu eût été plus considérable s'il eût pu réussir à éviter le mélange d'air froid avec la fumée, mais il s'est trouvé arrêté par la condition de laisser le foyer visible. Il s'introduit ainsi dans la cheminée un volume d'air qui ne sert pas à la combustion, et qui, refroidissant la fumée, diminue beaucoup l'effet des tubes calorifères ».

La cheminée de Péclet est certainement le meilleur appareil mobile que nous connaissions, mais elle est loin d'être parfaite, et bonne pour le chauffage d'une petite pièce, elle ne saurait suffire à celles qui demandent à la fois un chauffage énergique et une puissante ventilation.

Cheminée de Belmas, pl. I. — En 1832, le n° 11 du Mémorial de l'officier du génie, contient un remarquable travail du capitaine Belmas sur les perfectionnements des cheminées de caserne.

Après avoir conseillé pour ces édifices l'emploi des tuyaux unitaires, (système que nous n'admettons en aucun point), il arrive a s'occuper des perfectionnement des foyers de cheminées et il conseille, la disposition suivante : « Il est facile d'entourer le foyer, d'une cheminée ordinaire, quelle qu'elle soit, de cavités en fonte, en tôle, en carreaux de terre cuite, ou en pierre argileuse ; en se servant des parois en briques du foyer comme enveloppe extérieure et comme soutien de l'enveloppe intérieure, afin de donner à celle-ci toute la solidité convenable ; mais si l'on met en communication l'espace compris entre ces enveloppes et la caisse servant de manteau qui doit entourer le tuyau à fumée, qu'on fasse arriver de l'air froid par la partie inférieure du foyer, et qu'on ouvre dans la caisse des bouches de chaleur au niveau du plafond, on aura ainsi un courant rapide d'air chaud dans l'appartement et la plus grande surface de chauffage qu'il soit possible d'avoir dans une cheminée. Ce système de circulation est applicable à toutes espèce de cheminée ; nous avons pris pour exemple celle de Rumford dans le projet indiqué, que l'on peut perfectionner encore en y ajoutant sur le devant un tablier mobile en tôle ou en fonte.

Quand à la disposition des conduites d'air, c'est un petit problème a étudier dans chaque localité sur un plan détaillé de la cheminée, en ayant égard aux matériaux dont on pourra disposer ; mais comme c'est particulièrement des dimensions qu'on donnera à ces conduites que dépendent les résultats de l'appareil, nous devons entrer à ce sujet dans quelques détails.

On doit admettre en principe qu'il est beaucoup plus avantageux de chauffer un grand volume d'air à une faible température, qu'un petit volume à une température élevée : 1° parce que le volume d'air qui se renouvelle sur les surfaces de chauffe étant plus considérable, une même étendue dans le même temps laisse passer plus de chaleur ; 2° parce que l'air étant à une plus basse température accélère le refroidissement des surfaces.

Il est donc avantageux de donner aux conduites d'air d'un calorifère de grandes sections, et d'y déterminer une grande vitesse, afin qu'elles débitent un volume d'air suffisant, ce n'est qu'ainsi que l'on pourra élever d'une manière sensible la température d'un appartement.

Ici la masse d'air à introduire par les bouches de chaleur doit être à peu près égale à celle que débiterait le tuyau de fumée s'il communiquait librement par le bas avec l'atmosphère, afin qu'il n'y ait pas un appel sensible d'air froid par les joints des portes et des fenêtres ; nous obtiendrons ce résultat en donnant à la conduite de prise d'air une section à peu près égale à celle du tuyau à fumée.

Sous le rapport de la salubrité on pourrait peut-être désirer que les bouches de chaleur qui débitent l'air neuf fussent situées au niveau du sol, et que l'air vicié par la respiration pût se dégager par le plafond ; mais cette disposition n'a pas à beaucoup près autant d'importance qu'on pourrait le croire, car l'appel du la cheminée fait descendre et mélanger les couches d'air avant leur départ par le foyer.

Quant à l'effet utile que l'on peut obtenir au moyen de cette disposition, il serait trois ou quatre fois plus grand que dans une cheminée ordinaire (1); en effet, l'appareil se trouve ainsi transformé en un véritable poêle, où les surfaces de chauffe extérieures, se trouvant entourées d'une enveloppe entre laquelle passe un courant rapide d'air, cèdent plus facilement leur chaleur que si elles étaient exposées à l'air libre, on doit faire attention a ce que les conduites pré sentent sur tous les points une section convenable, la fonte est préférable à la tôle pour les surfaces de chauffe.

Si l'on doit faire usage de la houille, il est bon de rétrécir le foyer de manière à n'offrir que l'espace nécessaire pour recevoir une grille en forme de panier. Les cavités qui entourent le foyer seront alors plus grandes, et on pourra plus facilement les disposer pour la circulation de l'air. La houille brûlant à une haute température et donnant beaucoup de chaleur rayonnante, chauffera fortement les parois du foyer; l'emploi de ce combustible est par conséquent favorable au chauffage de l'air: mais comme la fonte, si elle se trouve en contact avec le brasier, serait bientôt détruite par l'action du feu, il faut avoir soin que le combustible ne touche pas immédiatement les parois du foyer, Belmas. »

Les longs détails qui précédent et qui sont extraits textuellement du travail du capitaine Belmas, ont surtout pour but principal de faire comprendre que ce savant officier a donné, dès 1832, toute la théorie et les proportions détaillées des *cheminées ventilatrices* que la commission anglaise des casernes et hôpitaux militaires a cru pouvoir exposer en 1867 à Paris, au nom du capitaine du génie anglais Douglas-Galton, et qu'elle a appliquées sous ce nom aux casernes et hôpitaux anglais. Cette cheminée qui a donné des effets utiles s'élevant jusqu'à 35 % est donc bien encore d'invention française, et tout l'honneur de son invention appartient sans contestation possible au capitaine du génie français Belmas, mort colonel en 1864.

Cheminée Belmas, type Doulas-Galton. — Nous empruntons au général Morin (2), la description des expériences qu'il a faites sur ce type ingénieux de la cheminée Belmas:

« J'ai fait connaître dans le premier volume de mes *Études sur la ventilation* la disposition des cheminées dont l'usage a été adopté par le gouvernement anglais pour le chauffage et la ventilation des chambres des casernes; mais, à l'époque où je publiai ces études, je n'avais pas eu d'occasion de faire des expériences sur les résultats que l'on peut obtenir avec ces appareils au double point de vue de l'évacuation de l'air vicié et de la rentrée de l'air nouveau.

Afin de m'éclairer sur la valeur de ces cheminées, dont la construction me paraît constituer un progrès notable des appareils de chauffage, j'en ai fait venir une du modèle simple destiné aux chambres de soldats, et je l'ai fait installer au Conservatoire des arts et métiers, dans une pièce de dimension moyenne, ayant $5^{m},14$ de longueur sur $3^{m},94$ de large et $4^{m},46$ de hauteur, et par conséquent $90^{mc},33$ de capacité.

Ces cheminées en fonte, dont la disposition est due à M. Douglas-Galton, du corps royal des ingénieurs militaires, se composent d'un foyer fait pour brûler de la houille ou du coke, garni sur ses parois intérieures de briques en terre

(1) Cet excellent résultat a été constaté par le général Morin, sur des cheminées Belmas du type Douglas-Galton qui rendent 35 %, quand les cheminées ordinaires ne donnent que 10 à 12 %.

(2) *Annales du Conservatoire*, tome V.

réfractaire, destinées à conserver assez de chaleur pour faciliter l'entretien et le renouvellement du feu. Ce foyer porte à sa partie postérieure des appendices plans qui augmentent la surface d'émission de la chaleur. La grille n'a qu'une surface égale au tiers environ de celle du foyer, ce qui modère l'activité du feu et par suite la consommation de combustible.

Cette cheminée, d'une construction fort simple, doit être complétement isolée du mur qui reçoit le conduit de fumée de manière qu'il existe entre la partie postérieure de son foyer et ce mur un intervalle libre et clos destiné à former une chambre à air, EE, dans laquelle, par une ouverture F, pratiquée, près du sol, dans le mur; l'air extérieur peut s'introduire et s'échauffer au contact du foyer de ses appendices en fonte et du tuyau de fumée, qui doit être dans toute la hauteur de la pièce isolé des murs aussi complétement que possible.

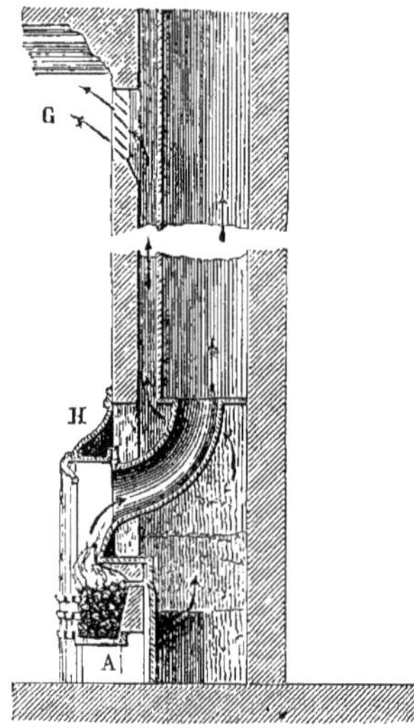

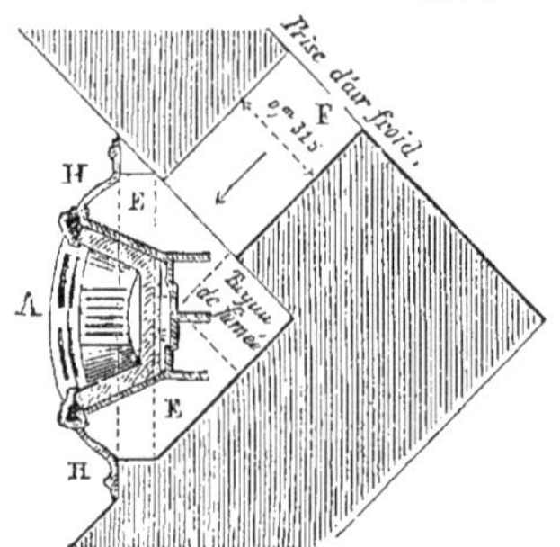

Fig. 7. — Cheminée Delmas, type Douglas-Galton

La chambre à air est plongée jusqu'au plafond et à sa partie antérieure ou sur ses faces on ménage un orifice G, auquel on adapte une garniture en fonte, munie de cloisons analogues à celles d'une persienne et inclinées de manière à diriger l'air affluent vers le plafond, afin que sa vitesse s'éteigne en tourbillonnements, avant qu'il ne rentre dans le courant inférieur déterminé par l'appel de la cheminée.

L'appareil est composé de trois pièces, le foyer proprement dit A, le tuyau de fumée et le manteau H.

Le foyer est posé sur le plancher ou sur une aire en briques, préparée pour le recevoir et circonscrite par une galerie en fonte. Il reçoit le tuyau de fumée, qui lui est réuni par des boulons, et les instructions recommandent de garnir avec soin le joint avec du mastic de minium, pour éviter le passage de la fumée. Ce tuyau est engagé dans le conduit proprement dit de la cheminée, qui doit autant que possible être isolé des murs, comme nous l'avons dit.

Le manteau H est placé en avant du foyer, auquel il est fixé par des vis; ce qui permet de l'en séparer et de le retirer pour le nettoyage de la chambre à air, et même pour le ramonage, si on est obligé d'enlever le foyer.

Il est convenable que la prise d'air extérieur soit garnie d'une toile métallique à très-larges mailles, et, dans les habitations privées, munie d'une porte ou d'un registre qui permette de la fermer. Mais, dans les casernes, il ne faut pas que cette fermeture soit à la disposition des soldats, qui ne manqueraient pas de la clore toujours.

La garniture de briques réfractaires est un peu isolée du fond du foyer et présente même un orifice entre les deux briques supérieures. Cette disposition a pour objet de permettre l'établissement d'un petit courant d'air, qui, s'introduisant par le cendrier, vient déboucher au-dessus du combustible pour brûler en partie la fumée. Il est au moins douteux que le résultat soit obtenu, et, si le courant d'air est actif, il enlève inutilement de la chaleur au fond du foyer destiné à échauffer l'air à introduire.

Proportion des orifices et des conduits pour le passage de l'air. — Dans les instructions rédigées par M. Douglas-Galton, les proportions de cette partie de l'appareil sont réglées d'après la capacité des chambres de casernes, qui est de 16 ^{c},80 par homme, et d'après le volume d'air à renouveler fixé à 33^{mc},60 par homme et par heure; mais, pour l'étude qui nous occupe, ce sont plutôt les rapports de ces proportions entre elles et aux volumes d'air écoulés qu'il s'agit d'étudier et de comparer.

La section du conduit de fumée de la cheminée est de 550$^{cent.q}$, et le volume d'air écoulé ayant été, comme on le verra, de 513^{mc}, en moyenne par heure, ou de 0^{mc},142 ; en 1" la vitesse moyenne d'écoulement a été de 2^{m},60 en 1", ce qui suffit pour assurer la stabilité du tirage, malgré l'action du vent.

La proportion de cette section pourra donc être déterminée d'après le volume d'air à évacuer, par la condition que la vitesse moyenne soit de 2^{m},50 à 3^{m},00 en 1".

L'orifice d'admission dans la chambre à air doit être au moins égal en superficie à la section de la cheminée, et si, au lieu d'ouvrir directement à l'extérieur, comme dans nos expériences, il est placé à l'extrémité d'un conduit de plusieurs mètres de longueur, passant sous des planchers ou dans les épaisseurs des murs, il sera bon de lui donner une section un peu plus grande.

Dans nos expériences, cet orifice avait 634$^{cent.q}$, ce qui était plus que suffisant.

L'instruction anglaise recommande de clore la chambre à air à hauteur de la partie supérieure du manteau par une tablette en pierre, percée d'une ouverture dont la section ne soit que les deux tiers de celle du tuyau qui doit amener l'air nouveau dans la pièce. Le motif énoncé de cette disposition est d'opposer un obstacle aux effets des bourrasques extérieures qui pourraient accidentellement produire des introductions trop brusques dans l'intérieur. L'étranglement, ainsi ménagé dans le passage de l'air, peut bien effectivement atténuer un peu l'effet des bourrasques; mais il a l'inconvénient de gêner, en tous temps, le passage de l'air nouveau, qu'il convient au contraire de favoriser le plus possible.

L'usage d'un registre en permettant de modérer, selon le temps et l'activité du feu, l'introduction de l'air extérieur, nous paraît préférable, et il nous semble aussi qu'il conviendra presque toujours de supprimer la tablette, et de prolonger la chambre à air jusqu'au plafond, pour profiter de toute la chaleur que l'air pourra emprunter au tuyau de fumée.

La surface totale de la grille est à peu près les 0,40 de la section de la cheminée, et la surface libre pour le passage de l'air en est le dixième; ce qui modère la consommation de combustible et suffit pour l'entretien du feu.

Effets de l'appareil. — D'après la description succincte que nous venons de donner, il est facile de concevoir les effets de cet appareil.

L'action du feu allumé dans le foyer détermine, comme dans les cheminées ordinaires, l'appel et l'évacuation de l'air intérieur de la chambre et subsidiairement la rentrée d'un certain volume d'air nouveau, qui s'échauffe en parcourant la chambre à air.

La proportion de ces deux volumes d'air entre eux dépend de celles des orifices, de l'activité du feu, du nombre des portes et des fenêtres, de leur clôture plus ou moins parfaite; mais, dans l'état habituel, le volume d'air ainsi introduit échauffé peut s'élever à 0.80 et plus du volume d'air évacué.

L'appareil offre donc l'avantage de restreindre dans une proportion considérable l'appel, parfois si gênant, que les cheminées occasionnent par les joints des portes et des fenêtres, et d'introduire dans les appartements de l'air chaud au lieu d'air froid. La température de l'air affluent est d'ailleurs d'autant plus modérée que son volume est plus grand, et dans les expériences elle a été de 30° à 36° au plus. La vitesse d'arrivée, dirigée vers le plafond, étant d'ailleurs, comme nous venons de le dire, complètement éteinte par les tourbillonnements, l'on ne ressent nullement son influence.

Cheminée Fondet, pl. I. — Un des systèmes les plus usités à Paris est dû à l'architecte français Fondet.

Cet appareil consiste essentiellement en un faux contre-cœur formé d'un faisceau de tubes carrés, en fonte, disposés en quinconce de façon qu'une râclette puisse être introduite pour le nettoyage entre leurs rangées.

Ces tubes inclinés sont reliés et maintenus à leurs extrémités par deux tubes cylindriques horizontaux dont l'inférieur forme prise d'air extérieur, et le supérieur forme une conduite d'air chaud ouverte aux deux bouts, formant ainsi deux bouches de chaleur latérales. Cet appareil peut rendre quelques services, mais son effet est bien faible; le général Morin, qui l'a soumis à des expériences précises ne lui a trouvé qu'un effet utile total de 20 $^0/_0$ environ, du combustible, dont 12,5 $^0/_0$ dus à l'action du rayonnement ordinaire du combustible, et 7,5 environ pour l'effet utile de l'air chauffé dans les tubes.

La ventilation qu'il procure est également minime; le général Morin ne l'évalue qu'à 25^{m3} par kg. de houille brûlée, ce qui est complètement insuffisant pour la salubrité, nous pensons donc que l'usage de cet appareil ne doit pas être conseillé.

M. Cordier, de Sens, a cherché à perfectionner cet appareil et il est parvenu à en rendre le nettoyage plus facile, mais l'effet utile n'en a pas été augmenté.

Cheminée Besana, pl. I. — L'appareil Besana est à flamme renversée. La disposition de la surface de chauffe est assez ingénieuse, elle consiste en un faisceau de tubes verticaux présentant une grande surface au contact de l'air nouveau. Mais ils peuvent rougir et donner alors lieu à une production d'oxyde de carbone, par diffusion.

D'un autre côté, les courants de flamme renversée ne doivent pas échauffer tous les tubes régulièrement, car on sait que quand un courant doit suivre plusieurs tuyaux montants il se porte toujours vers ceux qui lui offrent le moins de résistance.

L'appareil Besana n'en est pas moins d'un système assez curieux, car les tubes de chauffe ne recevant que de la flamme, doivent avoir une puissance de chauffage fort énergique, qui peut être facilement multipliée par l'emploi d'un grand nombre de tubes donnant par leur développement une grande surface de chauffe directe, sous un faible et peu encombrant volume total.

Cheminée Berne, pl. I. — Un architecte de Paris, V. Berne, est l'inventeur d'un foyer de cheminée en fonte, construit par la maison Ducel, qui nous paraît bien combiné pour un chauffage modéré, exempt d'oxyde de carbone, et dont la simplicité permet une pose facile, tout en lui assurant une durée prolongée. Le même architecte est aussi inventeur d'un appareil fumifuge dit trisiphon, pour têtes de cheminées, qui donne d'excellents résultats contre l'action refoulante des vents violents. Employé à Dunkerque au bureau de l'ingénieur du port, il a pu empêcher toute rentrée de fumée dans un local exposé à des vents excessifs, et où tous les appareils ordinaires avaient été essayés sans succès.

Cheminée Joly, pl. I. — Elle se compose d'une coquille en fonte occupant trois faces de l'âtre, ces trois faces se réunissent à la partie supérieure en forme de demi coupole. L'orifice supérieur de cette coquille peut communiquer directement avec le tuyau à fumée, ou par l'intermédaire d'un tambour en tôle qui allongeant le circuit des gaz chauds augmente la surface de chauffe. Cette coquille en fonte est cannelée et ondulée, elle est munie de nervures extérieures augmentant la surface de contact de l'air chaud et abaissant suffisamment la température de la fonte pour qu'il n'y ait pas à craindre l'introduction de l'oxyde de carbone.

Le conduit de prise d'air est à large section, ce qui assure une abondante ventilation.

Enfin le conduit de fumée est muni d'une trappe qui permet de régler le tirage.

Cette cheminée nous paraît donc très-recommandable et parfaitement hygiènique.

Son inventeur Ch. Joly, est l'auteur d'un fort estimable traité pratique de chauffage et de ventilation, où l'on trouvera de plus amples détails sur sa cheminée.

Cheminée Wazon, pl. I. — Il est parfaitement prouvé par des expériences directes, dues à Péclet et au général Morin, que l'air chaud et la fumée évacués par les cheminées ordinaires emportent près de 90 % de la chaleur totale fournie par la combustion de la houille, et près de 94 % de celle du bois.

Pour perfectionner et augmenter le rendement calorifique de la cheminée, c'est donc cette perte qu'il faut spécialement étudier avec soin, en cherchant les causes qui la font naître et les remèdes qui pourraient l'atténuer ou la faire disparaître.

Les causes qui font naître cette perte considérable de chaleur résident évidemment dans le rejet et le départ immédiat de la colonne des gaz chauds, qui, dans le plus grand nombre de nos cheminées, sont évacués sans qu'on cherche à tirer parti de leur chaleur pour échauffer soit l'air de la pièce, soit, ce qui vaudrait mieux encore, l'air neuf nécessaire au tirage et à la ventilation.

C'est donc dans cette voie rationnelle: utilisation de la chaleur des gaz de la combustion avant leur départ, qu'il faut chercher un remède atténuant les énormes pertes des cheminées ordinaires.

Pour récupérer en partie la chaleur emportée par la fumée on fait ordinairement circuler cette fumée, déjà beaucoup trop refroidie par son mélange trop hâtif avec l'air vicié, dans des conduits métalliques entourés et mis au contact d'un courant d'air pur, introduit de l'extérieur, qui s'échauffe aux dépens de la chaleur de la fumée. Mais l'économie ainsi réalisée est faible.

En effet, ces conduits métalliques sont mis en contact d'un côté avec un mélange d'air frais vicié et de fumée, enduisant promptement la surface intérieure d'une couche épaisse de suie non conductrice, puisque par sa nature pulvérulente elle empêche la propagation des vibrations calorifiques; tandis que de l'autre côté ils sont en contact avec de l'air pur qui doit atteindre 40 à 50°; ils ne peuvent donc transmettre qu'une faible quantité de chaleur, car on sait que cette transmission à travers des parois solides est proportionnelle à la différence de température des deux faces de la paroi.

Pour supprimer ce double inconvénient il faudrait donc : éviter de faire passer de la fumée et de la suie dans le conduit récupérateur, afin d'éviter les dépôts de suie non conductrice; et augmenter considérablement la température des gaz brûlés passant dans ce conduit, afin d'obtenir une transmission de chaleur suffisamment énergique par les surfaces métalliques.

Pour empêcher la fumée et la suie de se déposer il faut s'opposer à leur formation, il suffira évidemment pour cela d'obtenir dans le foyer une combustion complète et parfaitement fumivore.

Pour augmenter fortement la température des gaz brûlés venant du foyer et passant dans le recupérateur, il faudra nécessairement diminuer le volume de ce courant de gaz échauffant et le réduire au minimum ; comme on le fait depuis longtemps dans tous les appareils de chauffage à foyer fermé, tels que les poêles, calorifères, etc.

Le volume maxima d'air brûlé, venant du foyer qu'on doit laisser passer dans le conduit du récupérateur se trouve donc ainsi réduit au volume d'air rigoureusement nécessaire pour la combustion complète.

Les conditions principales d'une bonne récupération de la chaleur des gaz du foyer par l'air pur introduit de l'extérieur peuvent donc se résumer ainsi : 1° absence de fumée dans le courant des gaz du foyer, obtenue par une combustion complète, ce qui supprime tout dépôt de suie non conductrice ; 2° volume d'air chaud brûlé admis dans le conduit de chauffe réduit à la quantité suffisante pour une bonne combustion.

On va voir que la cheminée que nous avons inventée satisfait à ces conditions nécessaires :

Nous avons simplement pratiqué une seule ouverture au bas du dossier de la grille ordinaire des foyers découverts, à cette unique ouverture nous avons ajusté et boulonné un seul et unique conduit métallique récupérateur montant verticalement, dans un coffrage spécial d'air nouveau, jusqu'à la hauteur du plafond, point où les gaz brûlés sont enfin rejetés dans le conduit ordinaire de fumée, après avoir transmis au conduit métallique la presque totalité de leur chaleur ; ce conduit métallique est muni, à la base, d'une soupape réglant le tirage du feu.

En ouvrant cette soupape tous les gaz brûlants du foyer passent à travers la masse du combustible porté au rouge et s'élèvent rapidement dans le conduit métallique qu'ils échauffent fortement, puisqu'aucune portion d'air ne peut s'y introduire sans avoir forcément traversé le combustible du bas de la grille toujours porté au rouge.

Il est également impossible qu'aucune parcelle de fumée ou de suie s'y introduise et s'y dépose, car on a vu que l'ouverture de départ des gaz brûlés est placée au bas du dossier de la grille ; le combustible frais étant toujours, comme à l'ordinaire, chargé par dessus, il en résulte que toute la fumée et les gaz combustibles produits par le combustible nouvellement chargé, sont également forcés de passer à la base du foyer, au travers du combustible de la charge précédente qui est toujours porté à la chaleur rouge.

Cette fumée et ces gaz se brûlent donc complètement sans produire d'oxyde de carbone, car ils sont portés à une haute température et mis en contact avec l'oxygène comburant qui afflue suffisamment par dessous et par dessus la grille.

Notre système de cheminée satisfait donc, croyons-nous, aux conditions indispensables à la réalisation d'une bonne et méthodique récupération par l'air pur introduit de l'extérieur, qui sont comme on l'a déjà vu : suppression des dépôts de suie dans le conduit du récupérateur, et haute température de ce conduit.

Cette disposition rationnelle évitant la sujétion des nombreux et incommodes nettoyages, a de plus le précieux avantage de procurer un tirage maxima extrêmement énergique, permettant de brûler dans les meilleurs conditions les menus de houilles, le coke et l'anthracite; combustibles qu'il est difficile d'utiliser dans les foyers ordinaires à faible tirage.

Pour compléter cette disposition fondamentale il nous a fallu satisfaire à d'autres conditions fort importantes: Il faut d'abord empêcher toute introduction d'oxyde de carbone par diffusion au travers des surfaces métalliques du conduit du récupérateur.

Pour obtenir ce résultat indispensable (ainsi qu'on le verra quand nous traiterons des poêles métalliques) nous avons fait passer l'origine du conduit métallique du récupérateur dans le tuyau ordinaire de la cheminée, et la suite de ce conduit de chauffe dans le coffrage d'air pur nouveau. Il en résulte que la seule partie du conduit métallique exposée à rougir *par un feu trop violent*, est complétement isolée du contact de l'air nouveau et qu'elle ne peut par conséquent y laisser passer l'oxyde de carbone par diffusion, n'y décomposer l'acide carbonique de l'air nouveau en le transformant en oxyde de carbone (Payen), ainsi que le font presque tous les poêles et calorifères métalliques.

Il faut aussi éviter, avec grand soin, que l'air pur récupérant s'échauffe à un trop haut point.

Nous y avons pourvu par l'emploi d'un large et haut coffrage d'accès d'air pur, disposé verticalement et de toute la hauteur de la pièce, ce qui a pour effet d'augmenter la vitesse et le volume de l'air chaud introduit et pour conséquence nécessaire un abaissement de la température de cet air chaud.

La température de l'air pur introduit peut-être *instantanément* modifiée par la simple manœuvre de la soupape du conduit de chauffe, conduit qui peut-être tenu froid en fermant complétement sa soupape.

Nous obtenons par cette simple manœuvre un résultat précieux, qui consiste dans l'indépendance instantanée et réciproque du chauffage et de la ventilation.

Indépendance complétée par la manœuvre également fort simple des registres permettant l'entrée dans le coffrage récupérateur soit de l'air pur extérieur en quantité plus au moins grande suivant la ventilation désirée et le nombre de personnes présentes. Ou admettant au contraire dans ce coffrage récupérateur, après fermeture du registre d'air extérieur, l'air de la pièce même, qui peut y pénétrer par le bas et en sortir par le haut, en échauffant ainsi l'appartement par une simple circulation d'air chaud sans ventilation, quand elle n'est pas nécessaire, exemples: avant l'arrivée des invités dans une salle de réception, ou avant l'arrivée des élèves dans une classe, ce qui permet un échauffement rapide et produit une économie de combustible.

Cette indépendance réciproque et instantanée peut rendre de grands services dans les locaux exposés à de fortes et brusques accumulations de personnes ou de lumières, comme les salons de réception, cercles, etc. Car si par une cause quelconque, la température de ces locaux vient à s'échauffer ou à se refroidir brusquement; brusquement aussi on peut rafraîchir ou réchauffer l'air pur introduit, et en faire varier le volume en proportion utile.

Un vase d'évaporation placé dans le coffrage d'air permet également de faire varier rapidement l'état hygrométrique de l'air de la pièce dans la proportion voulue.

Enfin, dans les pièces encombrées et très-éclairées qu'on désire rafraîchir énergiquement, il devient nécessaire à ce moment d'extraire par en haut l'air chaud et vicié; car en se bornant dans ce cas, comme on le fait presque toujours, à extraire l'air par le bas de la pièce, on n'en tire que l'air le plus frais qui se tient toujours au ras du sol, vu sa plus forte densité, et le plus pur, car c'est au plafond que se porte toujours de préférence l'air chaud vicié de la respiration ainsi que les gaz irrespirables et souvent toxiques produits par la combustion plus ou moins complète des matières éclairantes; contrairement à une *opinion* assez répandue mais qui ne s'appuie sur aucune expérience scientifique; les expériences d'analyse chimique dues à l'immortel Lavoisier, à Gay-Lussac et Humboldt, d'Arcet, Félix Leblanc, Lassaigne, Coulier, Reid, Roscœ, Angus Smith, Arnolt, Pettenkofer, Urbain; ont cependant nettement établi depuis longtemps que l'acide carbonique produit par la respiration et la combustion complète, et l'oxyde de carbone produit par la combustion incomplète, se portent et se cantonnent toujours dans la partie supérieure des pièces habitées et éclairées; et qu'au contraire l'oxygène, ce gaz si indispensable à notre respiration, était plus abondant au niveau de leurs parquets.

On sait d'un autre côté que la chaleur se porte toujours vers le plafond et qu'il y a souvent des différences de plus de 10° entre le parquet et le haut de la pièce.

Tous ces effets bien constatés scientifiquement agissent tous dans le même sens, en s'ajoutant ainsi sans aucune compensation ils réalisent au plafond et vers le haut des pièces une somme d'inconvénients intolérables, (dont on a l'exemple le plus frappant dans les galeries hautes des théâtres).

Il devient donc on le voit indispensable, à tous les points de vue, d'opérer l'extraction de l'air chaud et vicié par la partie supérieure de la pièce, car si on voulait l'extraire par en bas, comme on le fait trop souvent, on rabattrait ainsi l'air vicié et la chaleur dans la zône de la respiration et on empoisonnerait les occupants tout en les échauffant au maximum.

Nous avons donc, pour certaines salles spéciales qui exigent parfois un énergique rafraîchissement, appliqué et joint à notre cheminée le dispositif de prise d'air vicié par en haut déjà conseillé par Péclet (1); dispositif qui consiste en un coffrage latéral au foyer (faisant pendant au coffrage récupérateur), prenant l'air du haut de la pièce, le conduisant en descendant derrière la grille du foyer où il s'échauffe et gagne enfin rapidement et régulièrement le tuyau central ordinaire de la cheminée.

Notre type de cheminée ainsi complété nous paraît remplir toutes les conditions d'hygiène et d'économie réclamées par les applications les plus compliquées.

Si nous considérons par exemple un des cas les plus difficiles: chauffage et ventilation d'un salon de réception, nous obtiendrons avec cette cheminée les effets suivants, qui sont reconnus nécessaires et qu'on ne peut obtenir des cheminées ordinaires.

Dans un salon de réception il faut d'abord chauffer la pièce au degré voulu avant l'arrivée des invités. Pour cela il n'est pas besoin de ventilation, il suffira donc d'abord de chauffer l'air de la pièce en le faisant circuler dans le coffrage récupérateur, la prise d'air extérieur étant en ce moment tenue fermée, l'échauffement sera rapide et économique.

Aussitôt l'arrivée des invités il faudra ouvrir la prise d'air et ventiler la pièce en fournissant un volume variable d'air pur à la température désirée fraîche ou chaude en passant par tous les degrés intermédiaires, et cela se fera d'une façon instantanée puisqu'il suffira d'un simple tour de clef donné à la soupape du tuyau de chauffe pour l'ouvrir à la chaleur du feu, ou le fermer en le maintenant froid.

Le registre d'air nouveau pouvant être plus ou moins ouvert, permet de

N. B. — Ce dispositif n'est pas indispensable partout, et le type plus simple à un seul coffrage nous paraît suffisant pour les applications ordinaires.

régler aussi instantanément le volume d'air pur introduit. On est donc complétement à même de pouvoir régler en deux secondes, la température et le volume de l'air nouveau entrant.

Le registre d'air vicié placé aussi à portée de la main peut régler, en un instant, le volume d'air vicié sortant à volonté par en bas pour échauffer la pièce, ou par en haut, en un instant, pour la rafraîchir, car il suffit pour cela d'abaisser le rideau ordinaire de la cheminée qui vient alors masquer complétement le feu en l'empêchant de rayonner dans la pièce, et d'ouvrir le registre d'air vicié pris au plafond.

On est donc toujours maître avec cette cheminée:

1° De chauffer la pièce sans ventilation, avec rapidité et économie;

2° De régler instantanément le volume et la température de l'air entrant;

3° De régler instantanément le volume et le sens d'extraction, par en haut ou par en bas, de l'air vicié.

Le tout s'obtient rapidement et sans même s'éloigner de la cheminée où toutes les clefs de réglement sont à la portée de la main. Nous avons donc la sincère conviction d'avoir réalisé par ce type de cheminée toutes les conditions imposées par les préceptes de l'hygiène.

D'un autre côté nous croyons avoir fait franchir un grand pas à la question économique, car des expériences précises portent l'effet utile de notre cheminée à près de 75 %, soit environ six fois l'utilisation des cheminées ordinaires chauffées à la houille, et plus de dix fois celles chauffées au bois.

POÊLES

Les poêles sont des appareils de chauffage à foyer clos, évitant ainsi le mélange de l'air froid avec les gaz de la combustion qui circulent à leur sortie du foyer dans une série de canaux verticaux ou horizontaux et s'y dépouillent de la plus grande partie de leur calorique grâce à la conductibilité des parois de ces canaux.

Il est clair que cette disposition de foyer clos évitant le mélange nuisible de l'air froid, donne un résultat maximum d'échauffement par rayonnement des surfaces de chauffe et par contact, car le volume d'air introduit sous la grille du foyer étant réduit au minimum nécessaire à la combustion complète, il en résulte que la température des gaz est portée au maximum, ce qui a pour effet d'augmenter considérablement l'effet des surfaces de chauffe ; et d'un autre côté il en résulte forcément aussi que la quantité de chaleur emportée et rejetée dans l'atmosphère par les gaz comburés, est réduite le plus possible puisque ce volume des gaz est lui-même un minima.

Les poêles sont donc des appareils de chauffage essentiellement économiques et à l'inverse de la cheminée ordinaire au bois qui n'utilise que 6 % environ, les poêles peuvent utiliser jusqu'à 94 % de la chaleur des combustibles.

On comprend donc leur emploi général dans les pays très-froids où la cheminée ordinaire ne pourrait suffire, car avec des froids vifs le tirage et la ventilation des cheminées ordinaires deviennent excessifs et la plus grande partie de la chaleur s'échappe avec les gaz de la combustion, qui disparaissent rapidement en causant par leur appel de violents courants d'air froid par toutes les fissures des portes et des fenêtres.

Le chauffage par la cheminée ordinaire étant on le voit intolérable dans les pays froids, on a dû songer depuis longtemps à le remplacer par des appareils plus efficaces et à foyer fermé, évitant ces courants d'air froid par les fissures.

Les poêles paraisssent être d'origine allemande, car les plus anciens se rencontrent dans les constructions allemandes de l'époque de la Renaissance.

Ces appareils nous semblent avoir été inspirés par l'hypocauste des Romains, dont on trouve des exemples dans tous les pays qu'ils ont occupés, et qui consistait en une série de canaux horizontaux placés sous le sol des pièces du rez-de-chaussée, qu'ils échauffaient ainsi facilement et régulièrement par la circulation des gaz provenant d'un fourneau à foyer fermé placé également au-dessous du sol.

Il était naturel d'employer ces appareils pour les appartements du rez-de-chaussée. Mais il était fort difficile de l'appliquer au chauffage des pièces des étages supérieurs. Il eût fallu des voûtes très-épaisses pour supporter et contenir tous ces conduits en maçonnerie et cela était peu praticable.

On dut alors, tout naturellement, songer à modifier la direction de ces canaux de chauffage, et au lieu de les faire onduler dans un plan horizontal on les établit le long d'un des murs de la pièce, en repliant le conduit dans un plan vertical plusieurs fois sur lui-même, on fit déboucher ce conduit dans une cheminée verticale par où la fumée put s'échapper, en produisant le tirage pendant la combustion, tirage qui fut réglé par une soupape à contrepoids permettant la fermeture complète de la cheminée aussitôt la combustion achevée, afin d'éviter le refroidissement du poêle par un courant d'air froid intense.

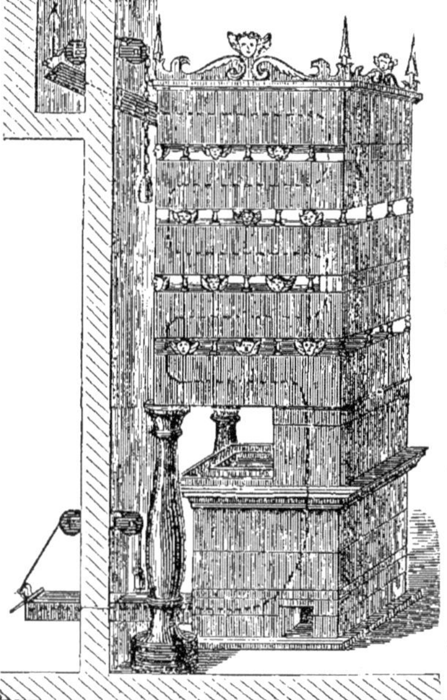

Fig. 8. — Poêle Kessler.

L'origine de ce conduit amenant l'air nécessaire à la combustion fut placée en dehors de la pièce, comme dans l'hypocauste des Romains, afin d'éviter dans celle-ci le rabattement de la fumée au moment de l'allumage, car le tirage d'un conduit de fumée plusieurs fois replié sur lui-même est difficile à établir et donne souvent lieu à une fumée gênante au moment de l'allumage.

Cette origine du conduit fut également munie d'une soupape à contrepoids réglant le tirage et pouvant aussi clore complètement l'origine du conduit pour en empêcher le refroidissement.

Enfin, cet appareil est muni d'un bassin d'eau dont l'évaporation s'oppose au dessèchement de l'air de la pièce.

Le poêle allemand était donc complètement trouvé; et c'est ainsi que l'Allemand Franz Kessler (fig. 8) le décrit dans un ouvrage paru à Francfort-sur-le-Mein, en 1519.

Les poêles Kessler sont encore employés dans tout le Nord de l'Europe, sous des formes différentes, circulations verticales ou horizontales, mais reposant toujours sur les mêmes principes. Ils présentent les avantages d'un chauffage économique et prolongé, car la masse de leur maçonnerie en s'échauffant à un degré élevé emmagasine une grande quantité de chaleur pendant un chauffage énergique mais d'une durée assez courte.

Si on suppose la température du poêle égale à 200°, sa maçonnerie de briques retiendra 2,000 kig. $\times$ 0, cal. 20 $\times$ 200° = 80,000 calories par mètre cube. Or, il n'est pas rare de rencontrer dans le Nord, en Russie, en Suède, des poêles qui renferment plusieurs mètres cubes de maçonnerie, ils contiennent donc une provision de chaleur considérable, qui peut suffire à un chauffage continu et prolongé longtemps après l'extinction complète du feu dans l'appareil.

Poêles Métalliques. Poêles dits de faïence, pl. II.— Les poêles allemands ne sont pas employés en France et en Angleterre, pays où le froid est généralement peu rigoureux, et où la cheminée est généralement préférée. On y emploie cependant pour les antichambres et les salles à manger un appareil qui se rapproche du poêle allemand, en ce qu'il est formé d'une enveloppe de maçonnerie et de faïence qui peut retenir une assez grande quantité de chaleur permettant un chauffage prolongé.

Mais il diffère des poêles du Nord par son foyer et ses conduits de chauffe ordinairement construits en fonte comme on peut le voir pl. II.

Cette disposition loin d'être un progrès, offre au contraire de sérieux inconvénients, car la cloche en fonte et les conduits sont exposés à rougir avec un feu peu vif, et il peut en résulter, par un phénomène de diffusion, une introduction de gaz oxyde de carbone dans l'appartement. Cet appareil fort improprement appelé poêle de faïence n'est donc qu'un mauvais poêle de fonte dont l'usage aujourd'hui fort répandu doit être abandonné à cause de son insalubrité bien démontrée, ainsi qu'on le verra plus loin.

Poêles de fonte. — Les poêles de fonte sont beaucoup employés en France, en Angleterre, et en Belgique, pour le chauffage économique des logements d'ouvriers, des casernes, hôpitaux, ateliers, etc; ils y produisent un chauffage insalubre, car généralement mal construits ils atteignent souvent la température rouge et ils donnent alors lieu, comme les poêles précédents, à une introduction et une production par contact de gaz oxyde de carbone dont on connaît l'influence éminemment toxique, car nous avons déjà dit (chauffage direct) que la très-faible dose de $^1/_{1000}$ de ce gaz dans l'air suffit pour donner la mort; ils sont donc essentiellement dangereux.

La production d'oxyde de carbone par les poêles de fonte portés au rouge, ayant été énergiquement contestée nous croyons donc utile de l'établir par des preuves expérimentales irrécusables, dues à des savants illustres et complétement désintéressés dans la question commerciale et industrielle, puisqu'ils ne sont ni marchands, ni constructeurs d'appareils de chauffage.

Les premières expériences sont dues à MM. Sainte-Claire, Deville et Troost, (comptes-rendus de l'Académie des Sciences, janvier 1868.)

Une cloche en fonte de $0^m,015$ d'épaisseur formant foyer avec tuyau d'échappement de fumée fut entourée d'une autre cloche en fonte, qui reposait dans des rainures ménagées à la base de la première. Les joints des cloches et des tuyaux furent lutés avec soin. Deux tubulures, ménagées à la cloche enveloppe mettaient l'intervalle des deux cloches en communication avec un appareil d'analyse des gaz qui pouvaient s'y introduire.

Les résultats des analyses de ces gaz ont établi le mélange de l'oxyde de carbone à l'air aspiré dans une proportion qui s'est élevée jusqu'à 0,00132. Ce qui constituait déjà un mélange fortement toxique puisqu'il était supérieur au millième, dose qui suffit pour causer la mort. Ces expériences déjà décisives ont été continuées par le général Morin et Urbain, et par Claude Bernard et Gréhant.

Ces expérimentateurs, sur les conseils du regrettable Claude Bernard, ont fait respirer à des lapins, l'air ayant passé sur des surfaces de fonte portées au rouge sombre seulement. L'analyse du sang de ces lapins a nettement établi la présence de l'oxyde de carbone dans leur sang et la diminution de l'oxygène de ce même sang dont l'oxyde de carbone avait pris la place.

L'air respiré par ces lapins ne contenait cependant qu'une faible dose d'oxyde de carbone, 0,0014 seulement.

Ces expériences faites en présence et sous la direction d'un savant de la valeur de Claude Bernard nous paraissent tout à fait concluantes, car on sait que cet éminent physiologiste avait spécialement étudié à fond l'action de l'oxyde de carbone sur le sang, et que ses leçons sur l'asphyxie par la vapeur de charbon sont considérées comme un modèle de méthode et de science expérimentale. Nous terminerons donc l'étude de cette grave question d'hygiène en citant les lignes finales de ce savant travail (Leçons sur l'asphyxie par Claude Bernard, Paris 1875, p. 528).

« Pour compléter, au point de vue de l'hygiène, ce que nous avons dit précé- « demment de l'empoisonnement par l'oxyde de carbone, nous reproduisons « ici quelques-unes des conclusions d'un travail de M. le général Morin sur « l'insalubrité des poêles en fonte ou en fer exposés à atteindre la *température* « *rouge*.

« Ce travail résume une série d'expériences entreprises pendant les années « 1868 et 1869 au conservatoire des arts et métiers : il montre qu'il existe dans « l'air qui a passé sur de la fonte ou sur du fer portés au rouge des proportions « notables *d'oxyde de carbone;* pour le fer cette proportion n'est que le cin- « quième de celle que l'on a observé avec la fonte.

« Relativement à l'influence de ces proportions d'oxyde de carbone sur les « organismes vivants :

« Les effets que produit la présence dans l'air d'une certaine quantité d'oxyde « de carbone, se manifestent à l'intérieur dès les premiers instants où l'animal « y est soumis, et varient d'intensité avec les proportions du gaz toxique.

« A faible dose, on remarque d'abord un engourdissement, une sorte de « pesanteur de la tête, qui vont en croissant et dégénèrent en une somnolence « ou un laisser-aller général, l'appétit disparait. A mesure que la proportion « d'oxyde de carbone s'accroit, les mouvemements nerveux, la paralysie apparais- « sent et l'anesthésie devient complète. Mais, comme nous l'avait aussi, dès l'ori- « gine, indiqué M. Claude Bernard, ces symptômes produits, même par de « fortes doses de gaz toxique, disparaissent promptement dès que les animaux « sont soustraits à son action par leur exposition à l'air libre, et leur rétablisse- « ment semble complet.

« Or, si les symptômes graves et caractéristiques qui se produisent quand un « individu est exposé à l'action d'une atmosphère viciée par une proportion « notable d'oxyde de carbone lui permettent de s'y soustaire et d'en éviter le « danger par l'exposition immédiate à l'air libre, il n'en est plus de même quand, « la proportion de gaz toxique étant très-faible, l'on ne sait à quelle cause « attribuer le malaise indéfinissable que l'on éprouve et que par suite même « de l'engourdissement, de la mauvaise disposition où l'on se trouve, on hésite à « se déplacer et l'on reste exposé aux effets d'une intoxication lente.

« Aussi croyons-nous que c'est surtout par leur usage continu, par l'élévation « momentanée mais trop souvent répétée de leur température, que les poêles « en fonte et ceux en fer sont particulièrement dangereux dans les habitations « de peu de capacité, contenant un trop grand nombre d'individus et dans

« lesquelles l'air n'est pas suffisamment renouvelé. Nous pensons que l'oxyde « de carbone, dont la présence a été constatée lorsqu'on s'est servi de poêles « en fonte, peut provenir de quatre origines différentes et parfois concourantes, « savoir :

« La perméabilité de la fonte pour ce gaz qui passerait de l'intérieur du foyer « à l'extérieur.

« L'action directe de l'oxygène de l'air sur le carbone de la fonte chauffée « au rouge.

« La décomposition de l'acide carbonique contenu dans l'air, par son contact « avec le métal chauffé au rouge.

« L'influence des poussières organiques naturellement contenues dans l'air. »

Après l'exposé de ces savantes recherches et des conclusions d'un savant aussi compétent que le professeur Claude Bernard, il parait inutile de citer les *opinions* de beaucoup de gens qui n'ont fait à ce sujet aucune expérience, et encore moins les objections intéressées des constructeurs d'appareils de chauffage,

Nous croyons au contraire que ces constructeurs auraient beaucoup mieux à faire que de discuter l'évidence même; ce serait tout simplement de trouver le moyen d'empêcher la fonte de leurs appareils de rougir , même au rouge sombre, puisque c'est à ce rouge naissant qu'on a constaté la production de l'oxyde de carbone.

Un certain nombre de constructeurs intelligents sont largement entrés dans cette voie rationnelle, et ils ont obtenu des résultats fort encourageants dont nous parlerons plus loin.

Avant de décrire leurs appareils ils nous faut signaler deux tentatives faites pour supprimer radicalement l'introduction d'oxyde de carbone par la fonte.

On a d'abord songé à remplacer ce métal par le fer qui est bien moins perméable à l'oxyde de carbone; mais on a bientôt reconnu à la suite des expériences de Payen, que le fer porté au rouge décompose l'acide carbonique de l'air normal ou vicié, s'empare d'une partie de son oxygène, et transforme ainsi l'acide carbonique en oxyde de carbone. Il a donc fallu renoncer à cet expédient après constatation de ces effets.

La seconde tentative, qui a mieux réussi, consiste à remplacer la fonte par la terre cuite.

Un ingénieur constructeur, le professeur E. Muller a, en effet, construit des poêles céramiques dont les bons effets hygiéniques ont été constatés par des expériences faites aux Arts et Métiers sous la direction du général Morin.

Nous en donnons planche II, un modèle, exposé en 1878, qui a le précieux avantage d'opérer la ventilation de la pièce, en y introduisant de l'air pur non mélangé de gaz toxiques et en extrayant l'air vicié au moyen d'une gaine enveloppant le tuyau à fumée dont la chaleur assure l'efficacité du tirage de la gaine d'air vicié.

Poêle de Vendeuvre, pl. II. — Le poêle de Vendeuvre, à combustion prolongée, nous paraît bien combiné.

Le combustible contenu dans une colonne spéciale exposée au contact de l'air de la pièce ne peut pas distiller, et si cet effet se produisait exceptionnellement par un feu trop vif, la disposition du haut de la colonne qui débouche dans le tuyau à fumée s'opposerait complétement à l'introduction des gaz toxiques dans la pièce. Enfin, cette colonne n'est plus exposée à rougir et à se détruire rapidement, comme dans certains poêles à colonnes internes, et de plus elle devient surface de chauffe, ce qui augmente l'effet du poêle.

La disposition en V, de sa grille, permet de se débarrasser des mâchefers sans démonter le feu et elle assure un libre accès à l'air comburant et évite la production de l'oxyde de carbone.

Enfin, une disposition spéciale assure l'évacuation de l'air vicié de la pièce par une gaîne renfermant le tuyau à fumée. Tous ces détails bien compris font du poêle de Vendeuvre un appareil qui nous paraît d'un bon emploi et dont l'usage peut être recommandé.

Poêles calorifères. — Nous désignerons sous ce nom tous les poêles à grandes surfaces de chauffe, qui peuvent être placés dans les pièces à chauffer, ou dans une chambre d'air chaud formant réservoir distributeur de chaleur pour pusieurs pièces et au besoin pour toute une habitation.

Nous décrirons plus loin les calorifères de cave, à air chaud, qui ne peuvent être placés dans les pièces, et nous étudierons en même temps les dispositions spéciales à employer pour distribuer l'air chaud dans les différentes pièces à chauffer.

Nous ne parlerons donc point de cette distribution en décrivant les poêles calorifères, afin d'éviter d'inutiles répétitions.

Poêles calorifères, Gurney, pl. II. — Un ingénieur anglais, Gurney, dans le but d'abaisser la température de la fonte tout en augmentant sa surface de contact (car il faut bien se rappeler que l'air ne s'échauffe guère que par contact) a imaginé de garnir les poêles de fonte d'ailettes verticales en saillie sur la surface extérieure de ses appareils, ce principe qui paraît dû à l'ingénieur anglais Sylvester, réussit en effet à diminuer la température des parois en fonte, mais il n'est pas suffisant pour les empêcher de rougir; aussi Gurney y a joint un autre dispositif beaucoup plus énergique, qui consiste à faire plonger la partie inférieure des ailettes verticales dans une rigole annulaire remplie d'eau; l'énergique refroidissement causé par l'évaporation de cette eau, abaisse fortement la température de ces ailettes et de la paroi qui les supporte, mais cette disposition ingénieuse à le grand inconvénient d'introduire dans les pièces une grande masse de vapeur d'eau qui vient se condenser sur les vitres et les murailles en causant une humidité intolérable.

On voit donc que le système Gurney n'est guère praticable que par des temps très-secs et qu'il est complétement insuffisant pendant les jours humides si fréquents à Paris.

Car pour éviter l'humidité on ne met plus d'eau dans la rigole ce qui donne lieu comme avec les anciens poêles à une production d'oxyde de carbone.

Nous pensons donc que l'usage des poêles Gurney doit être abandonné dans les contrées humides.

Poêle calorifère, Cuau aîné (exposé en 1878), pl. II. — Le poêle Cuau, ingénieur constructeur, à Paris, nous paraît beaucoup mieux compris; il est armé d'ailettes creuses dont l'action refroidissante est fort énergique car elles sont nombreuses et rapprochées. Elles sont d'une plus grande solidité car elles s'épaulent mutuellement en formant un triangle de grande résistance.

Un garnissage intérieur en terre réfractaire préserve la partie inférieure du poêle contre l'action trop violente du feu et l'empêche de rougir.

Un bassin annulaire placé au bas de l'appareil permet, pour les temps secs d'introduire une humidité suffisante. Mais les ailettes ne trempent point dans ce bassin comme dans le poêle Gurney, il en résulte qu'elles ne peuvent être cassées par le contact de l'eau froide, ce qui arrive souvent avec le poêle Gurney.

Enfin la dilatation des différents anneaux composant le poêle étant complètement libre, aucune rupture ne s'y produit.

Par toutes ces raisons, nous croyons le poêle calorifère Cuau susceptible de nombreuses applications.

Poêle calorifère français; *Geneste et Herscher*, ingénieurs-constructeurs, à Paris. — Cet ingénieux appareil est composé d'un foyer garni de terre réfractaire

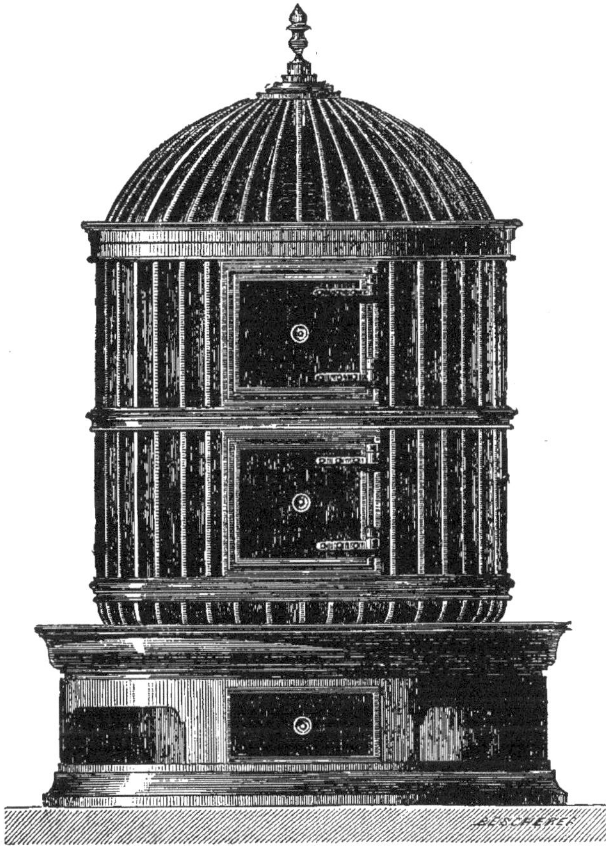

Fig. 9.

assurant sa durée et empêchant la fonte de rougir au voisinage du feu. Ce foyer repose sur un socle formant cendrier, portant un vase annulaire qu'on peut emplir d'eau dans les temps secs, afin d'humidifier l'air au point convenable.

Le foyer est surmonté de plusieurs bagues annulaires en fonte, à dilatation libre.

Ces bagues sont munies de nervures verticales extérieures venues de fonte avec leur paroi cylindrique, et présentent ainsi une surface de chauffe entièrement verticale, à l'abri des ruptures puisque la dilatation de tout l'appareil est complétement libre et que les ailettes ne trempent pas dans l'eau; les bagues pourraient du reste en cas d'accident être facilement remplacées puisqu'elles sont simplement superposées. Par toutes ces raisons pratiques le calorifère français nous paraît donc mériter la faveur dont il est l'objet depuis quelques années.

Poêle calorifère, Musgrave (exposé en 1878), pl. II. — Le poêle Musgrave, de Belfast, à combustion lente, est également armé d'ailettes nombreuses; il a donné de bons résultats au concours de l'exposition de 1867 à Paris.

La maison Musgrave possède une grande variété de modèles simples et riches qui nous paraissent répondre aux emplois les plus variés et les plus somptueux; quelques-uns de ces modèles fort élégants sont richement émaillés et peuvent être introduits dans les appartements les plus luxeux.

CALORIFÈRES A AIR CHAUD.

Calorifères à air chaud. — Les calorifères à air chaud sont des appareils destinés a échauffer l'air pur introduit de l'extérieur et à le distribuer ensuite dans toutes les parties des édifices.

Les calorifères à air ont une origine fort ancienne, ils paraissent avoir été connus des romains, car certains hypocaustes antiques contiennent des tuyaux destinés à porter l'air chaud à une certaine distance du fourneau et à des pièces assez éloignées de l'hypocauste. Le général Morin a publié dans les mémoires de l'Académie des sciences, 1874; un travail sur ce sujet, nous en extrayons les passages suivants, voir pl. II.

« La destination principale d'une grande partie des tuyaux de l'hypocauste ne me paraît pas avoir été de concourir au chauffage par la simple circulation de la fumée, mais bien à la salubrité des salles par le renouvellement de l'air, et à la limitation de la température, par l'introduction d'un certain volume d'air nouveau pris à l'extérieur, et modérément chauffé par sa circulation dans leurs branchements disposés, soit au-dessus du foyer lui-même, soit dans le premier passage de la fumée, voisin du foyer, soit enfin le long des parois de l'hypocauste.

Je ferai d'abord remarquer que la partie inférieure verticale de ces tuyaux ne pouvait, comme le disent quelques auteurs, plonger et déboucher dans l'hypocauste rempli de fumée, puisqu'alors ils auraient, par les orifices qu'ils présentaient, introduit dans les salles cette fumée, qui en aurait rendu le séjour intolérable. Il est d'ailleurs facile de reconnaître à l'examen de quelques-uns de ces tuyaux en terre cuite, dont la surface intérieure assez unie, est très-bien conservée, qu'ils n'ont pas donné passage à de la fumée, qui y aurait laissé des traces.

L'air qu'ils étaient destinés à introduire venait donc de l'extérieur, et l'on comprendra aisément comment il pouvait être modérément chauffé avant son débouché dans les salles.

A l'hypocauste de la carrière du roi, (forêt de Compiègne) un certain nombre de ces tuyaux, sans ouvertures latérales, ont été trouvés dans le premier passage de fumée, et devaient être placés à la partie supérieure en une ou plusieurs couches horizontales, ou même au-dessus du foyer pour recevoir directement l'action de la flamme. Il pouvaient d'un côté communiquer avec l'air extérieur, au-delà du foyer, dont ils formaient la couverture ou la voûte, et l'autre, avec d'autres tuyaux horizontaux et verticaux; ces derniers, par leurs extrémités supérieures ouvertes et par leurs orifices latéraux, distribuaient à l'intérieur l'air nouveau et pur, modérément chauffé, tant au pourtour du sol que sur les parties élevées des salles, » et plus loin: « ces tuyaux, de $0^{m},32$ de longueur, qu'on scellait les uns sur les autres pour donner au conduit la longueur nécessaire, étaient donc disposés de manière à assurer l'introduction de l'air en veines minces parallèles aux murs, sans que cette affluence put être incommode aux personnes.

Ici, encore nous trouvons pratiquées, il y a des siècles, par les romains, les règles auxquelles la théorie et l'expérience nous ont conduits.

Un passage de Sénèque le philosophe nous apprend que ces hypocaustes à circulation d'air chaud étaient en usage dans les habitations:

« De mon temps on a fait des découvertes du même genre. Comme des tubes logés dans l'épaisseur des murs, pour diriger et répartir également dans la maison une chaleur douce et égale. »

Nous devons donc constater que les calorifères à air chaud ont une origine Romaine. On sait d'ailleurs que l'hypocauste était employé en Chine dès la plus haute antiquité et qu'il y est encore en usage de nos jours.

L'origine primitive de l'appareil qui a donné naissance au calorifère remonte donc à une époque extrêmement reculée.

Nous devons cependant constater que l'hypocauste chauffant le sol des pièces est un assez mauvais appareil au point de vue économique, car une grande partie de la chaleur des conduits de fumée se perd inutilement dans la terre, dont le pouvoir conducteur est souvent considérable.

Une expérience tentée récemment (1) pour comparer l'effet du chauffage au moyen d'un pavement chauffé, avec l'effet d'une cheminée ventilatrice, a démontré qu'avec le pavement chauffé, la salle se maintenait à une température d'environ 18° degrés au-dessus de la température extérieure, avec une consommation de 28 kil. de houille et de 56 kil. de coke ; tandis que la cheminée ventilatrice ne consommait que $37^{k},5$ de houille; c'est-à-dire que le pavement se chauffait au prix de $4^{f},15$, alors que la cheminée ventilatrice n'exigeait qu'une dépense de $1^{f},65$. Le chauffage par le sol étant on le voit fort cher, nous parait peu praticable et nous pensons que pour les serres de jardin, en particulier, où on l'emploie trop souvent, il vaudrait mieux le remplacer par un thermosyphon.

Les perfectionnements importants apportés aux hypocaustes par les romains restèrent cependant longtemps inappliqués, et il nous faut arriver jusqu'à la fin du dix-huitième siècle pour rencontrer une application du calorifère à air chaud, qui fut faite en Angleterre par Strutt, en 1792, dans ses manufactures de coton, et à l'hôpital de Derby. Cet appareil assez compliqué parait avoir donné d'assez bons résultats. En France Désarnod a construit ses calorifères à cloche dans les premières années du XIXe siècle.

Calorifere de Chabannes, pl. II. — A la fin de l'empire, un français réfugié à Londres, le marquis de Chabannes, inventa un excellent calorifère à surfaces de chauffe tubulaires verticales, très-développées. Cet ingénieux appareil réalisait déjà un progrés considérable dont on cherche en vain la trace dans presque tous nos calorifères modernes. Nous voulons signaler l'importante disposition qui permet l'indépendance de toutes les bouches de chaleur; indépendance souvent indispensable pour une bonne et régulière distribution de l'air chaud dans toutes les pièces et aux différents étages des habitations.

(1) Congrès d'hygiène de Bruxelles, tome I. p. 429, 1876.

On doit avoir remarqué que le tirage des cheminées des pièces du rez-de-chaussée est beaucoup plus fort que celui des cheminées des étages élevés. Donc si dans une pièce des étages inférieurs il y a un feu vif dans la cheminée, cette cheminée attirera la plus grande partie de l'air chaud fourni par le calorifère; cet effet de tirage pourra même être assez énergique pour attirer l'air froid des pièces supérieures et le faire descendre par les conduits du calorifère.

L'effet inverse pourra se produire si on ne fait pas de feu au rez-de-chaussée car les colonnes d'air chaud du calorifère ont un plus grand tirage quand elles desservent les étages supérieurs, puisque leur hauteur est plus grande.

Tous ces fâcheux effets sont sûrement évités avec la disposition de Chabannes, qui isole chaque conduit d'air chaud, et empêche ainsi toute communication d'une pièce à l'autre.

Nous devons donc nous étonner de ne pas voir cet excellent principe appliqué plus souvent par nos intelligents constructeurs. Enfin, le calorifère de Chabannes était muni d'une cône en fonte qu'on pouvait emplir de combustible pour longtemps, c'était donc déjà un assez bon modèle de calorifère à alimentation continue, disposition qu'on a cru réinventer récemment et qui nous paraît devoir être attribuée au marquis de Chabannes.

Calorifères modernes. — Avant de décrire les calorifères à air chaud modernes, il nous paraît utile d'exposer les conditions principales de leur construction, afin qu'on puisse apprécier les avantages et les inconvénients de ceux que nous décrirons.

Dans un calorifère à air chaud il y a deux fonctions bien distinctes à étudier: la première consiste dans la production de la chaleur et la circulation méthodique de la fumée; la seconde comprend la prise d'air pur, son échauffement rationnel, et enfin sa distribution régulière aux différentes pièces à chauffer.

Étudions d'abord la première fonction: production et circulation des gaz chauds comburés. Il est important que le foyer des calorifères offre une grande capacité, et une grande surface de *coup de feu*, car sa surface étant plus étendue atteindra moins facilement la température rouge, la production d'oxyde de carbone pourrait ainsi être évitée, et la plus importante des conditions de salubrité sera satisfaite.

Nous croyons devoir encore insister fortement ici sur les dangers d'empoisonnement du sang, et de l'asphyxie qui peut en résulter, quand on emploie des poêles de fonte ou des calorifères métalliques portés au rouge.

Nous citerons donc encore les résultats d'expériences toutes récentes (Académie des sciences 8 avril 1878) dues au docteur Gréhant, ancien élève et préparateur de Claude Bernard, et auteur de nombreux travaux sur la respiration et la physique médicale.

Ce savant a récemment constaté que des animaux forcés de respirer dans une atmosphère renfermant la faible dose de $^1/_{779}$ d'oxyde de carbone, et pendant une *demi-heure* seulement, ont la *moitié* de leur globules sanguins tués par ce redoutable gaz, qui mérite bien, comme on voit, d'être classé au nombre des plus toxiques que l'on connaisse, car à la très-faible dose de $^1/_{1449}$ il y a encore $^1/_4$ des globules tués, en une *demi-heure*.

Le foyer des calorifères ne doit donc jamais être exposé à rougir, même au rouge sombre, il faut lui donner une grande capacité, l'armer de nervures intérieures et extérieures, le garnir d'une couronne en terre réfractaire à la hauteur du feu, et donner peu de hauteur à la charge de combustible ce qui évite la perte de chaleur par combustion incomplète.

La fumée doit ensuite monter verticalement dans la colonne centrale jusqu'à la hauteur du plafond de la cave ou du sous-sol renfermant le calorifère. Cette disposition a pour but d'assurer le tirage et la combustion complète, qui doit être effectuée avant le refroidissement de la fumée.

C'est donc seulement à partir du point supérieur de la colonne centrale de combustion et de tirage qu'on peut diviser la fumée pour la faire redescendre, en la ramifiant, dans plusieurs conduits à large surface extérieure. C'est là un point fort important et sur lequel nous insisterons, car quelques constructeurs ont le tort grave de faire partir leurs circulations en montant et en partant même de la base du foyer; il arrive toujours alors que la fumée ne suit qu'une seule de ces circulations, parce qu'elle y trouve une résistance moindre. Les autres circuits restent donc relativement froids et leurs surfaces de chauffe ne servent absolument à rien.

Ce fâcheux résultat est, au contraire, complétement impossible quand la division en rameaux se produit au haut de la colonne, car en ce point les courants de fumée sont descendants et leur vitesse de chute est proportionnelle à la densité de la fumée, c'est-à-dire à son refroidissement; tandis que dans la division en courants montants la vitesse de la fumée est proportionnelle à sa température.

Il en résulte que si un des rameaux montants se refroidit plus que les autres par l'action plus rapide de l'air pur, le tirage, dans ce rameau, diminuera rapidement et pourra bientôt y devenir nul, puisque le courant rapide d'air pur étant moins échauffé tendra de plus en plus à refroidir complétement ce rameau. Dans le cas contraire, rameaux descendants, un refroidissement ne pouvant qu'activer la vitesse de la fumée, s'il s'en produit il y aura compensation et la surface totale du calorifère continuera donc toujours de travailler utilement dans toute son étendue. Il faut donc faire partir les rameaux du haut de la colonne de combustion et leur donner immédiatament une direction descendante; c'est aussi en haut de cette colonne qu'on branche une communication directe avec la cheminée, afin d'échauffer celle-ci au moment de l'allumage, pour éviter le refroidissement de la fumée dans les rameaux; cette communication directe est ensuite soigneusement fermée au moyen d'une valve bien ajustée, car une fois le tirage obtenu, toute la chaleur qui passerait par cette ouverture directe serait perdue pour l'échauffement de l'air pur.

Les diverses conduites formant surfaces de chauffe des rameaux doivent présenter des formes simples, faciles à nettoyer et à démonter.

La fumée doit circuler à leur intérieur, et l'air pur à l'extérieur; on évite ainsi les pertes par échauffement de l'enveloppe extérieure du calorifère, et la surface de chauffe de l'air s'en trouve augmentée, ce qui est désirable, car on s'ait que l'air s'échauffe surtout par contact direct et qu'il s'échauffe très-peu par rayonnement, surtout quand il est bien sec. Les rameaux doivent descendre le plus bas possible avant de déboucher dans la cheminée; on obtient ainsi un refroidissement presque complet de la fumée et un chauffage méthodique de l'air pur, qui, dans son ascension, rencontre des surfaces de plus en plus chaudes.

On donne ordinairement à ces surfaces totales de chauffe une surface développée de 2 mètres carrés, par kilogramme de houille à brûler par heure, quand elles sont métalliques. Pour les surfaces céramiques on porte cette superficie jusqu'à 10^{m2} par kilogramme de houille.

Il est bon d'avoir une porte de cendrier bien ajustée pour pouvoir, après l'extinction du feu, empêcher tout passage d'air froid dans les conduits de fumée, enfin il est nécessaire que la cheminée à fumée soit construite en maçonnerie pour assurer le tirage quand le feu est modéré. Construite en métal elle donnerait lieu à d'abondantes condensations, et à un refroidissement trop fort qui pourrait ainsi nuire au tirage.

Étudions maintenant la circulation de l'air pur: la prise d'air extérieur doit être placée dans un endroit bien aéré et loin des émanations gênantes ou nuisibles. On doit bien se garder d'opérer cette prise d'air directement dans la cave du calorifère, afin d'éviter les poussières et la fumée qui sont souvent produites pendant l'allumage et le chargement du foyer; poussières et fumées qui s'introduiraient rapidement dans toutes les pièces. Les caves sont rarement bien saines et l'odeur de moisi et d'humidité qu'elles exhalent presque toutes, pourrait aussi pénétrer dans les appartements.

Enfin, il faut considérer que les conduits d'air pur établissent de véritables communications acoustiques, surtout quand ils ne sont pas chauffés, et il est parfois utile de placer leur extrémité inférieure dans un endroit inaccessible et d'éviter ainsi les curiosités indiscrètes des gens de service.

Les passages d'air, dans le calorifère, doivent être larges, afin de permettre l'échauffement rapide d'un grand volume d'air à une température moyenne; ce qui est plus salubre qu'un petit volume d'air pur chauffé à une trop haute température. Il est indispensable de pouvoir facilement nettoyer les surfaces de chauffe léchées par l'air pur, afin d'éviter l'odeur de brûlé causée par la combustion lente ou la distillation des poussières et corpuscules organiques qui viennent se déposer sur ces surfaces pendant les interruptions du chauffage.

Les surfaces de chauffe verticales offrent sous ce rapport plusieurs avantages, les dépôts de poussière s'y produisent plus difficilement et leur nettoyage extérieur est généralement plus commode. On doit cependant les nettoyer fréquemment et des regards spéciaux doivent être établis dans ce but à tous les calorifères.

Il est également indispensable de placer un vase d'eau dans le bas de la chambre du calorifère, pour humidifier l'air chaud, pendant les temps secs seulement, et non par les temps humides comme on le fait trop souvent.

Un hygromètre placé dans les pièces à chauffer doit être fréquemment consulté pour pouvoir régler la quantité d'humidité à fournir à l'air chaud.

Le haut de la chambre du calorifère doit former un réservoir d'air chaud assez vaste pour empêcher les appels d'une conduite d'air sur les autres.

Il est même parfois nécessaire de diviser la chambre du calorifère en autant de compartiments qu'il y a de pièces à chauffer, pour éviter les appels d'air d'une pièce à l'autre.

Chacune des conduites d'air doit être munie, à son départ du réservoir d'air, d'une soupape réglant son tirage et permettant sa fermeture complète.

Les conduites d'air chaud doivent toujours avoir une large section; il faut leur donner aussi une direction ascendante; elles doivent être bien garanties contre les pertes de chaleur, enfin il serait fort utile de ménager à leur angles, qui doivent être rares, des tampons permettant le nettoyage fréquent de leurs parois internes, qui se recouvrent, pendant l'été, de poussières, moisissures et toiles d'araignées; ces toiles d'araignées ont souvent une influence considérable sur le débit des bouches qu'elles peuvent rendre presque nul; il est donc indispensable de se ménager les moyens de les faire disparaître.

A son arrivée dans les pièces à chauffer la conduite d'air chaud doit être munie d'une soupape de réglage et d'arrêt, enfin elle devrait presque toujours déboucher dans une conduite plus large munie d'une prise directe d'air frais et d'une soupape, le tout formant chambre de mélange d'air chaud et frais.

Cette disposition, peu employée en France, offre le précieux avantage de rendre la ventilation des pièces indépendante du chauffage, qui peut être modéré sans diminuer la quantité totale d'air introduit, puisqu'on peut remplacer une partie de l'air chaud par de l'air plus ou moins frais.

Il faudrait faire déboucher cette conduite de mélange vers le plafond de la pièce pour augmenter la vitesse de l'air introduit et pour renouveler méthodiquement l'air de l'appartement, dont l'extraction est ordinairement opérée par une cheminée ordinaire dont on laisse le rideau soulevé. Le débouché de cette conduite de mélange pourrait être muni d'un anémoscope, permettant de juger à tout instant la vitesse d'introduction du mélange d'air et facilitant le dosage de ce mélange.

Nous donnons ci-contre un dessin de cette utile conduite de mélange et de ses accessoires, fig. 10.

Il est enfin nécessaire de ménager dans chaque pièce à chauffer un moyen d'appel attirant l'air du calorifère et évacuant l'air vicié de la pièce.

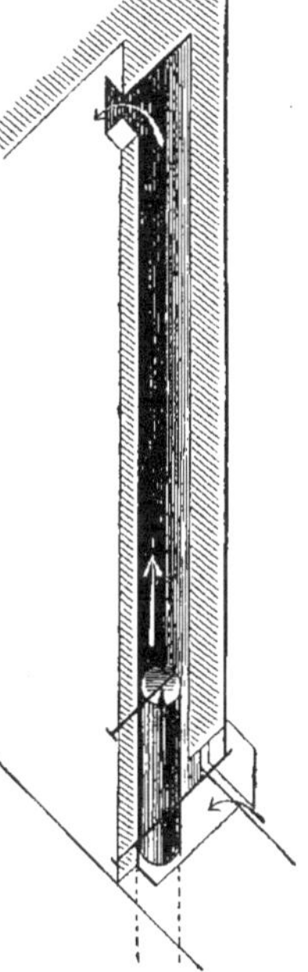

Fig. 10. — Conduite d'air mélangé.

Une cheminée ordinaire, même sans feu, peut remplir cet office; quand il n'en existe pas dans la pièce il faut avoir soin de poser quelques conduits d'extraction débouchant le plus haut possible afin d'augmenter leur tirage. En établissant ces conduits d'extraction il serait bon de ménager outre leurs ouvertures au niveau du parquet, d'autres orifices de prise d'air vicié, au niveau du plafond, permettant son extraction à cette hauteur quand cela deviendrait nécessaire.

Après l'exposé de ces principes généraux communs à tous les calorifères, nous pouvons maintenant décrire rapidement les principaux calorifères en usage, puisque nous sommes désormais à même d'apprécier leurs qualités et leurs défauts.

Calorifère Péclet, pl. III. — Péclet donne la description suivante de cet appareil qu'il considérait comme supérieur à tous ceux connus. « Il est composé d'une cloche placée au-dessus du foyer et surmontée d'un tuyau qui communique par sa partie supérieure et au moyen de quatre tuyaux horizontaux, avec une double enveloppe cylindrique verticale, au bas de laquelle se trouve un autre tuyau communiquant avec la cheminée; entre cette double enveloppe et le tuyau d'ascension de l'air brûlé, se trouve un cylindre de tôle vertical, ouvert par en haut et par en bas. L'air brûlé s'élève d'abord dans le tuyau central et descend ensuite dans la double enveloppe annulaire, en se répandant en couches isothermes dans l'intervalle des deux cylindres. L'air chaud pur s'élève simultanément autour du tuyau et de l'enveloppe annulaire; il est échauffé par son contact avec les surfaces rencontrées par l'air brûlé, par le cylindre de tôle intérieur et par la surface de la maçonnerie échauffés par rayonnement. Le tuyau central et la double enveloppe peuvent être nettoyés, en enlevant le cône qui reçoit l'air chaud pur, et ensuite les couvercles des deux conduits de fumée. »

Le calorifère Péclet, bien combiné pour l'époque où il fut inventé, serait aujourd'hui susceptible d'améliorations nombreuses: foyer et surfaces de coup de feu plus étendus, tampons de nettoyage plus facilement accessibles, etc.; perfectionnements qu'on trouve maintenant appliqués dans la plupart des bons calorifères.

La disposition générale du calorifère Péclet paraît cependant recommandable et mérite d'être reproduite ici comme un type historique digne d'être étudié et perfectionné.

Calorifère Geneste et Herscher, *exposé en 1878.* — Ce calorifère visiblement inspiré par celui de Péclet, nous paraît cependant préférable à l'appareil de ce savant professeur; il se compose d'un foyer en fonte, garni à l'intérieur de briques réfractaires, pour assurer la durée du foyer et l'empêcher de rougir; ce foyer est surmonté de couronnes cylindriques garnies de nervures et se termine par une coupole nervée; de chaque côté du cendrier se trouve un vase long maintenu plein d'eau.

La fumée, après avoir monté dans la colonne centrale, passe par un tuyau coudé qui la conduit dans l'appareil demi-cylindrique en tôle placé en arrière; la fumée s'échappe enfin par le bas de ce demi-cylindre dans un tuyau ordinaire de cheminée.

L'air pur afflue, par une ou plusieurs prises d'air, à la base de l'appareil et il monte rapidement en rencontrant des surfaces de plus en plus chaudes, ce qui constitue un bon procédé d'échauffement méthodique.

Des tampons placés sur le devant rendent son nettoyage facile et efficace.

Une vaste chambre d'air chaud atténue les inconvénients du tirage d'une pièce sur l'autre, les bouches d'air sont munies de clefs de réglement pouvant également concourir à empêcher ces graves défauts des calorifères ordinaires.

Enfin, cet appareil fort bien combiné nous semble présenter de nombreux avantages et on doit le considérer comme un bon appareil de chauffage.

Calorifère Cuau aîné, pl. III. — Cet appareil nous paraît pouvoir être présenté comme un excellent modèle, réalisant par ses dispositions ingénieuses les conditions principales théoriques et pratiques posées en tête de ce chapitre:

Le foyer est vaste, sa garniture en terre réfractaire, ses nombreuses et solides ailettes et sa grande surface de coup de feu concourent à empêcher la fonte de rougir, ce qui assure d'abord la salubrité de l'air pur qui s'y échauffe; une cuvette d'eau disposée à la base, l'empêche d'ailleurs de se dessécher.

Le tirage vertical procure une combustion active et complète; ce tirage est d'ailleurs parfaitement assuré au moment de l'allumage par une communication directe, (dite pompe d'appel), avec la cheminée.

La division de la fumée en haut de la colonne centrale assure son égale répartition dans les rameaux descendants, dont la surface totale se trouve ainsi utilisée au maximum. La grande longueur des conduits parcourus par la fumée et leur grande surface de chauffe encore augmentée par de nombreuses ailettes, assurent un refroidissement presque complet de la fumée, c'est-à-dire l'utilisation presque totale de la chaleur qu'elle détenait. La disposition verticale des surfaces de chauffe empêche les dépôts de poussières de donner à l'air pur une odeur de brûlé.

Enfin, chacun des nombreux tuyaux de chauffe verticaux pouvant être isolé et enveloppé d'une gaine en tôle, il devient facile de diviser la chambre d'air en compartiments distincts et spéciaux pour chaque bouche d'air pur chaud; ce qui permet l'indépendance du chauffage pour chaque pièce de l'édifice à chauffer.

Cet air pur marchant en sens inverse de la fumée s'échauffe méthodiquement en utilisant au mieux possible la chaleur de la fumée, les larges passages de l'air pur ne lui permettent pas de s'échauffer à une trop haute température.

Les résultats *pratiques* obtenus par cet excellent appareil nous paraissent devoir être cités: ainsi, on a constaté officiellement, au Ministère des finances, pendant le grand coup de froid du 21 décembre 1877, que par une température extérieure de — 20° on a pu facilement maintenir une température de + 20°, dans les bureaux qui occupaient à cette époque le Palais de l'industrie, dont les parois extérieures sont presqu'entièrement vitrées. On faisait ainsi équilibre, avec cet appareil, à une différence de température de 40°, ce qui pour un local vitré, doit être considéré comme un résultat tout à fait exceptionnel, et nous dispense d'insister plus longuement sur les qualités de cet excellent calorifère.

Calorifère Nicora, pl. III *exposé en 1878.* — Ce calorifère nous paraît bien conçu et surtout fort bien exécuté. Le foyer est en *fer laminé*, et il présente une surface considérable de *coup de feu*, ce qui contribue doublement à écarter la diffusion de l'oxyde de carbone dans l'air pur à chauffer.

La grande surface des tuyaux de chauffe verticaux assure l'utilisation rationnelle de la chaleur de la fumée. Enfin, cette disposition de tuyaux verticaux isolés permettrait, au besoin, de diviser la chambre d'air chaud pour assurer l'indépendance de bouches de chaleur. Ce calorifère d'une exécution très-soignée et dont toutes les parties sont à dilatation libre, présente cependant un défaut, car la division de la fumée en deux courants séparés a lieu en montant, quand au contraire il est *absolument nécessaire* que cette division se fasse au point le plus haut de la cloche. Il peut en résulter, ainsi que nous l'avons dit plus haut, qu'un côté du calorifère ne reçoive aucune portion de la chaleur de la fumée, ce qui réduirait de beaucoup l'effet utile de l'appareil. Il serait du reste très-facile de faire disparaître ce défaut, en divisant par une feuille de tôle verticale le premier conduit vertical du départ de fumée.

Calorifère Gurney, pl. III *exposé en 1878.* — Cet appareil offre une grande analogie avec le poêle calorifère du même constructeur, il est également armé d'ailettes verticales dont l'extrémité inférieure trempe forcément dans l'eau, ce qui donne une humidité excessive dans les pièces chauffées, par la condensation de la vapeur sur les vitres et murailles. Ces ailettes se cassent aussi très-facilement quand on introduit de l'eau dans la rigole où elles plongent.

Enfin, le départ du tuyau de fumée nous paraît très-mal placé, puisqu'il occupe le haut de l'appareil et qu'il permet ainsi à la fumée de s'échapper directement sans avoir échauffé par contact les parois inférieures du calorifère.

Nous pensons donc que cet appareil devrait être considérablement modifié et que, sous sa forme actuelle, on n'en saurait conseiller l'emploi.

Calorifère Musgrave, de Belfast, pl. III *exposé en 1878.* — La forme générale de cet appareil offre une grande ressemblance avec le calorifère Gurney. Nous le croyons cependant préférable, car il n'est pas muni de rigoles faisant casser les ailettes et donnant trop d'humidité ; de plus la fumée circule plusieurs fois dans cet appareil, et elle peut s'échapper par en bas, ce qui doit donner lieu à un plus grand effet utile, car la chaleur est retenue dans le haut du calorifère au lieu de s'échapper directement et rapidement comme elle le fait dans les appareils Gurney.

Calorifère Piet, pl. III. — Ce calorifère, qui offre beaucoup de rapports avec celui de l'ingénieur Grouvelle (1), est composé d'une cloche en fonte garnie de terre réfractaire, en haut de cette cloche la fumée se divise et descend dans trois séries de tuyaux horizontaux, à la suite desquels elle entre enfin dans la cheminée.

De larges passages assurent un facile accès à l'air pur qui monte en s'échauffant méthodiquement.

Cet appareil nous paraît bien disposé pour utiliser la chaleur de la fumée. Nous ne saurions toutefois recommander d'imiter cette disposition, à moins d'y

(1) Les dessins du calorifère Grouvelle sont exposés par Grouvelle fils.

être obligé par la nécessité de donner peu de hauteur au calorifère, dans les caves peu profondes par exemple, car les surfaces horizontales des tuyaux se chargent de poussières et matières organiques déposées par l'air pendant les interruptions de chauffage, il en résulte au moment de la reprise de ce chauffage une odeur de brûlé fort gênante et peu salubre.

Le service de ce calorifère doit donc être complété par de fréquents nettoyages des surfaces de fonte, afin d'éviter ces inconvénients désagréables.

Calorifère thermostat, Bolo de Sevray, pl. III. — Après avoir donné dans les habitations la température voulue, pour la maintenir il faut continuer d'entretenir le feu, mais avec plus de modération qu'au commencement du chauffage, le calorifère Bolo de Sevray, au moyen d'une disposition ingénieuse, se transforme instantanément en thermostat, par la simple fermeture d'une valve placée au sommet de son foyer. Lorsque la température désirée est obtenue, on remplit de combustible la cloche du foyer, on ferme la valve de cette cloche et la porte du cendrier. Le tirage s'établit alors par le petit conduit de gauche, et la combustion ainsi modérée peut-être assurée pour six à huit heures, dans de bonnes conditions; car cette disposition ingénieuse évite la production de l'oxyde de carbone, puisque les gaz de la combustion ne sont pas forcés de traverser une épaisse couche de combustible.

Nous croyons donc cet appareil parfaitement applicable pour réaliser un chauffage modéré et prolongé tout en évitant la production de l'oxyde de carbone, et possédant ainsi une grande supériorité sur la plupart des appareils à combustion lente qui, presque tous, donnent lieu à une grande perte de combustible par sa transformation en oxyde de carbone.

Calorifère Staib (Werbel-Briquet à Genève), pl. III *exposé en 1878*. — L'ingénieur suisse Staib, de Genève, a inventé, il y a déjà longtemps, un calorifère qui donne de très-bons résultats hygiéniques et une haute utilisation du combustible; le général Morin a constaté qu'il possédait un rendement calorifique égal à 91 $^0/_0$, ce qui est fort élevé.

Ce calorifère se compose de six plaques en fonte ondulées formant un cube entouré d'une enveloppe en maçonnerie, cette capacité intérieure contient un foyer garni de terre réfractaire, suspendu et sans contact avec les surfaces de chauffe qui ne peuvent jamais rougir, la fumée se répand librement dans l'intérieur du foyer et redescend en léchant les surfaces intérieures de l'enveloppe en fonte ondulée. La fumée et les gaz chauds après être redescendus à droite et à gauche du foyer, se rendent à la partie inférieure dans deux conduits, placés aux angles, qui les dirigent enfin vers la cheminée. Les portes sont disposées de manière à permettre facilement l'introduction d'un ouvrier dans l'intérieur du calorifère, dont le ramonage se borne ainsi à un simple balayage des parois. L'air extérieur afflue et circule entre l'enveloppe extérieure en briques et les plaques ondulées, il s'échauffe à ce contact d'une façon méthodique; deux petites rigoles pleines d'eau lui donnent d'ailleurs la vapeur d'eau nécessaire. Ce calorifère n'étant point exposé à rougir ne peut introduire dans l'air pur aucune trace d'oxyde de carbone, son emploi nous paraît donc tout à fait hygiénique; ce qui joint à ses qualités économiques bien constatées, nous autorise à dire que le calorifère Staib Werbel peut être considéré comme un très-bon appareil.

Calorifère Gaillard et Haillot, fig. 11 et 12 (*exposé en 1878*). — Pour mieux faire connaître les appareils de MM. Gaillard et Haillot, nous reproduisons in-extenso le rapport de M. H. Tresca (*Annales du Conservatoire*, tome VIII).

Procès-verbal des expériences faites sur les calorifères en briques réfractaires creuses construits par MM. GAILLARD ET HAILLOT :

CALORIFÈRE GAILLARD ET HAILLOT

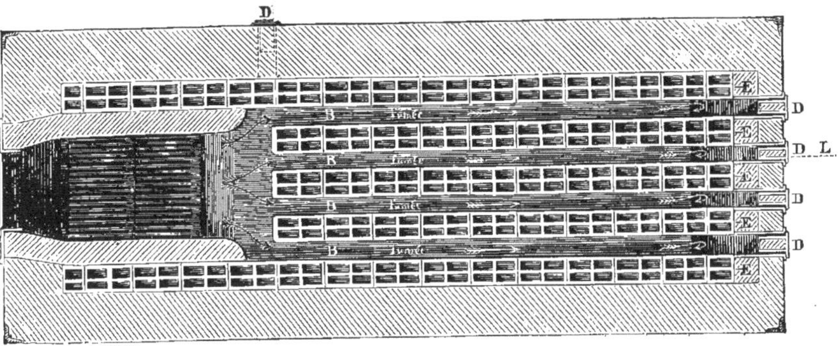

Fig. 11. — Section horizontale.

Fig. 12. — Section verticale.

« Les inconvénients que présentent les calorifères où l'air s'échauffe au contact de tuyaux ou de surfaces métalliques, souvent élevées à la température rouge, ont depuis quelque temps appelé l'attention des constructeurs, et plusieurs d'entre eux se sont occupés des moyens d'améliorer ce genre d'appareil de chauffage.

« MM. Gaillard et Haillot, successeurs de M. Chaussenot, ont adopté dans ce but une solution radicale en supprimant dans les calorifères qu'ils construisent l'emploi de la fonte et du fer, pour tous les conduits ou passages dans lesquels circulent l'air et la fumée.

« Ces constructeurs ont demandé à la direction du Conservatoire de faire procéder à des expériences sur plusieurs de leurs calorifères.

« Les dispositions générales de ces appareils nouveaux sont représentées fig. 11 et 12.

« L'air destiné à entretenir la combustion arrive sous la grille A, par le cendrier, traverse le combustible, s'échauffe et s'élève en fumée dans un premier conduit vertical A' très-large, entouré d'un massif de briques réfractaires jusqu'aux conduits supérieurs et horizontaux B, en nombre variable, suivant la proportion de l'appareil, et entre lesquels il se partage. Parvenue à l'extrémité des conduits supérieurs B, la fumée trouve des orifices par lesquels elle se rend, dans le second rang B_1 de conduits horizontaux, les parcourt dans leur longueur, en sens contraire de son premier mouvement, passe dans les conduits B_2, de là dans les conduits B_3, et B_4, et gagne par des passages verticaux le canal inférieur de fumée C, qui la dirige vers la base de la cheminée. Les rangs de conduits de fumée B, B_1, B_2, B_3, B_4, etc., ne sont séparés dans le sens horizontal que par des languettes en briques réfractaires de $0^m,01$ d'épaisseur.

« A l'extrémité de chacun de ces conduits, des tampons mobiles de nettoyage D, permettent de débarrasser complétement tout l'intérieur de la suie qui s'y serait déposée. *Le nettoyage est aussi facile que dans les calorifères ordinaires à tuyaux horizontaux.*

« *On remarquera que la seule partie du foyer, qui soit exposée à une température susceptible d'altérer les matériaux de la construction, est la cheminée en briques réfractaires pleines, du conduit vertical A' placé au-dessus de la grille, et que si, après un long usage, elle se trouvait un peu dégradée, son remplacement n'offrirait aucune difficulté.* Le reste des conduits de fumée ne paraît pas susceptible d'éprouver d'autres altérations que celles qui proviendraient de la dilatation et du retrait des briques creuses qui les composent, effet qui est peu sensible d'après les observations recueillies.

« Les rangées horizontales des conduits de fumée B, B_1, B_2, B_3, etc., sont séparées par des cloisons verticales E. E..... en briques creuses réfractaires, ainsi que les parois latérales et extrêmes de ces mêmes conduits. Le tout est entouré d'une cheminée en briques ordinaires de $0^m,22$ d'épaisseur, du côté qui n'est pas en contact avec les murs du bâtiment. Les briques creuses qui forment les cloisons sont posées debout, de manière que les joints verticaux d'une assise correspondent aux pleins de la suivante. A l'aide de ces dispositions, les pertes de chaleur par les parois générales du calorifère peuvent être rendues extrêmement faibles.

« L'air extérieur, destiné à être chauffé et introduit dans les salles habitées, arrive sous le calorifère par une sorte de chambre inférieure F F, qui communique avec tous les conduits verticaux E E, formés par les vides de chacune des briques creuses et présentant ensemble une section considérable.

« Il s'élève ensuite dans une chambre supérieure G G, d'où il est conduit dans les diverses ramifications de la distribution d'air chaud.

« *Nous avons expérimenté sur trois calorifères de ce genre*, dont les proportions principales étaient dans des rapports peu différents, et avaient en moyenne les relations suivantes:

« Rapport de la surface de chauffe des conduits de fumée à la surface totale de la grille 140

« Rapport de la surface de chauffe intérieure des conduits d'air à la surface totale de la grille. 360

« *On voit que ces proportions sont très-larges et susceptibles de bien utiliser la chaleur de la fumée, malgré le peu de conductibilité de la brique.*

« Le premier calorifère essayé n'a donné qu'un rendement calorifique de 0,50. Mais la température de la fumée qui s'en échappait était beaucoup plus élevée qu'il n'était nécessaire pour un bon tirage. Elle atteignait en moyenne 147°. Le chauffage était fait à la houille, et l'on a brûlé dans les expériences 40 kil. de charbon de Charleroi par mètre carré de surface de grille, ce qui indique une activité plus que suffisante du feu et du tirage pour des appareils de ce genre.

« De plus, l'enveloppe de ce calorifère s'échauffait notablement, ce qui occasionnait une assez grande perte de chaleur non mesurable.

« Dans ces expériences, le nombre d'unités de chaleur transmises à travers les parois des briques creuses de l'appareil ne s'est élevé qu'à 406 calories par heure et par mètre carré.

« Un autre calorifère du même genre, établi à l'hospice de Sainte-Périne, pour lequel on avait cherché à éviter avec plus de soin les pertes de chaleur par l'enveloppe extérieure, et dans lequel le feu était alimenté avec du charbon de Charleroi, a donné des résultats plus favorables.

« Le feu a été conduit plus modérément que pour l'appareil précédent, et la consommation de houille n'a été que de 31 kil. par mètre carré de surface de grille et par heure.

« La température de la fumée n'a été en moyenne que de 86°, et celle de l'air chaud fourni de 97°; cette dernière est encore trop élevée.

« Le nombre d'unités de chaleur qui ont traversé les parois des briques creuses de l'appareil s'est élevé à 450 calories par heure et par mètre carré.

« L'enveloppe extérieure du calorifère s'échauffait encore un peu, quoiqu'il fût placé dans l'angle de deux murs.

« Le rendement calorifique a été trouvé égal en moyenne à 0,68.

« Un troisième calorifère, dont l'enveloppe extérieure a été rendue plus épaisse, et composée de deux rangs de briques entre lesquels était comprise une couche d'air, a été soumis à des expériences prolongées pendant huit heures, et dans lesquelles le chauffage a été fait avec du coke, dont l'action est plus régulière que celle de la houille.

« La température de la fumée a été en moyenne de 91°, et celle de l'air chaud fourni par l'appareil de 79°.

« La consommation de coke a été de 39 kil. par heure et par mètre carré de surface de grille. Ce combustible était de la variété dite coke métallurgique; cependant on n'a évalué sa puissance calorifique qu'à 7000 unités de chaleur par kilogramme.

« Le nombre d'unités de chaleur qui ont traversé les parois des briques creuses s'est élevé dans cet appareil à 735 calories par heure et par mètre carré.

« L'enveloppe extérieure du calorifère ne s'est pas échauffée sensiblement.

« Ces deux circonstances et la régularité du chauffage au coke, ainsi que la qualité, un peu supérieure peut-être, du coke employé, peuvent rendre compte des résultats favorables obtenus avec ce dernier appareil, et que nous allons faire connaître.

« Les conduits de fumée, au nombre de deux par rangée ou de huit en tout, ont une largeur commune de $0^{m},06$ et des hauteurs comprises entre $0^{m},150$, et $0^{m},162$, ce qui correspond à des sections de passages à chaque rangée de $0^{mq}.0300$ et de $0^{mq}.0324$.

« Le volume d'air introduit dans le calorifère a été trouvé égal à $168^{mc},65$ par heure, ou $0^{mc},0468$ en 1″. La température à la sortie, était de $91^{o},45$, et le volume ci-dessus ayant été observé vers l'origine de la cheminée, la vitesse de circulation des gaz de la combustion dans le calorifère a été en moyenne de $1^{m},56$ à $1^{m},44$ en 1″.

« L'air introduit dans le foyer avait la température moyenne de $16^{o}.73$, et la quantité de chaleur emportée par heure par la fumée peut être évaluée à

« $168^{mc}.65 \times 0^{kil}.972\,(91^{o}.73 - 16^{o}.73) \times 0.237 = 2898$ calories.

« Le poids de coke brûlé par heure a été de $2^{kil}.250$, ce qui, à raison de 7000 unités de chaleur développées par kilogramme, correspond à $2.250 \times 7000 = 15750$ calories.

« La perte de chaleur par la fumée a donc été d'environ $\frac{2898}{15750} = 0,18$ de la chaleur développée par le combustible.

« En admettant que la perte de chaleur par les parois soit négligeable, ce qui paraît acceptable dans le cas actuel, le rendement calorifique de cet appareil serait égal à 0.82 de la chaleur développée par le combustible.

« Les conduits offerts par les briques creuses, au nombre de 44, ont chacun une section de $0^{mq}.0081$, et présentent ensemble une section de passage égale à $0.0081 \times 44 = 0^{mq}.3564$.

« Le volume d'air chaud fourni par l'appareil à la température moyenne de $79^{o}.30$, ayant été trouvé égal à $935^{mc}.60$ par heure, ou à $0^{mc}.2599$ en 1″, la vitesse moyenne de passage a été d'environ $\frac{0^{mc}.2599}{0^{mq}.3563} = 0^{m}.73$ en 1″, c'est-à-dire à peu près moitié moindre que celle des gaz de la fumée.

« Il en résulte que si, ce qui est peu probable, il se manifestait dans les briques creuses quelques fissures, l'air qui y circule pourrait être aspiré par les conduits de fumée, tandis qu'au contraire la fumée elle-même ne pourrait se répandre dans les conduits d'air chaud, dès que le tirage serait bien établi.

« L'air extérieur introduit dans le calorifère était à la température de $16^{o}.73$. Il en sortait à celle de $79^{o}30$. Par conséquent, la quantité de chaleur utilisée en une heure par l'appareil et déduite de l'observation du volume d'air chaud fourni' était égal à

$$« 935^{mc}.60 \times 1^{kil}.0065 \times (79^{o},73 - 16^{o},73) \times 0.237 = 13932 \text{ cal.}$$

« La chaleur développée par le combustible étant estimée à 15750 calories, le rendement calorifique de l'appareil, déduit du volume et de la température de l'air chaud fourni, a été égal à $\frac{13932}{15750} = 0,88$ de la chaleur dépensée.

« L'estimation de ce même rendement, d'après la quantité de chaleur emportée par la fumée, ayant été, comme on l'a vu plus haut, portée à 0,82, ces deux modes d'appréciation s'accordent assez bien pour qu'on puisse admettre que sa valeur moyenne s'éloigne peu de 0,85.

« Nous croyons donc qu'il est permis de conclure de ces expériences que les calorifères de ce genre, proportionnés comme on l'a indiqué plus haut, entourés de parois épaisses et peu conductrices de la chaleur, sont susceptibles, quand le feu y est convenablement conduit :

« 1° De donner un rendement calorifique, estimé d'après l'air chaud fourni à peu de distance de l'appareil, égal à 0.80 ou 0,85 de la chaleur développée par le combustible;

« 2° De fournir une quantité de chaleur utilisable de 700 calories environ par heure et par mètre carré de la surface totale de chauffe des conduits intérieurs des briques creuses.

« *En résumé, ces calorifères, entièrement en briques, qui ne contiennent point de parties en fonte ou en fer exposées à rougir par l'action du feu, sont exempts des inconvénients que l'on reproche à la plupart des appareils de chauffage en métal et à air chaud.*

« *Leur rendement calorifique est égal à celui des meilleurs appareils connus.*

« *Le peu de conductibilité des matériaux qui entrent dans leur construction atténue beaucoup les irrégularités qui peuvent survenir dans le chauffage, par suite des négligences dans le service.*

« *Leur construction est sujette à moins de réparations importantes que celle des calorifères en métal, dont les foyers et les cloches en fonte sont brûlés en quelques années et donnent lieu à de sérieux inconvénients.*

« Pour que leur emploi soit complètement salubre dans des lieux habités, il faut, comme pour tous les autres calorifères que leur action soit combinée avec celle d'une ventilation suffisante. »

CALORIFÈRES A EAU CHAUDE.

Thermosyphons à basse pression. — Bien que le procédé du chauffage par circulation d'eau chaude paraisse avoir été connu dès l'antiquité, il semblait complètement oublié, et il faut arriver jusqu'à l'année 1716 pour en trouver l'application au chauffage des serres, faite à Newcastle par un ingénieur suédois, Triewald.

La disposition employée par cet ingénieur consistait en une chaudière extérieure recevant les deux extrémités d'une conduite horizontale circulant sous le sol de la serre.

Ce simple appareil nous paraît donc avoir été inspiré par les circulations d'eaux thermales qui depuis une époque reculée sont utilisées dans quelques villes d'eaux pour le chauffage des habitations; notamment en France, à Chaudesaigues, où la circulation souterraine des eaux chaudes naturelles est employée depuis longtemps pour le chauffage des habitations.

Cette circulation dans des canaux horizontaux pouvait tout au plus suffire au chauffage direct des pièces à rez-de-chaussée. Mais le chauffage direct des étages supérieurs par un foyer et une chaudière placée au niveau du sol, restait à trouver.

Ce fut un ingénieur français, Bonnemain, qui en 1777, installa au Pecq, près Saint-Germain, un appareil à circulations verticales, et qui eut ainsi le mérite de créer le premier thermosyphon à eau chaude. Cet ingénieux appareil est basé sur un principe fort simple, offrant beaucoup d'analogie avec le syphon à transvaser que tout le monde connait.

On sait que la circulation dans le syphon ordinaire est obtenue par la plus grande pesanteur de la colonne de liquide contenue dans la branche verticale de plus grande hauteur.

Le même effet se produit dans le thermosyphon dont nous donnons un dessin fig. 13.

Cet appareil se compose d'une chaudière et d'une colonne montante verticale partant du haut de la chaudière, surmontée d'un vase d'expansion, et d'un serpentin ramenant l'eau au bas de la chaudière.

Aussitôt que le feu est allumé, l'eau contenue dans la chaudière s'échauffe, elle se dilate, c'est-à-dire qu'elle augmente de volume et que sous un même volume elle devient plus légère. L'eau de la colonne verticale devient donc plus légère que celle contenue dans le serpentin qui ne peut s'échauffer directement puis qu'elle ne communique qu'avec le fond de la chaudière, il en résulte que l'équilibre est rompu et que l'eau se met en mouvement; elle monte dans la colonne verticale et redescend refroidie dans le serpentin.

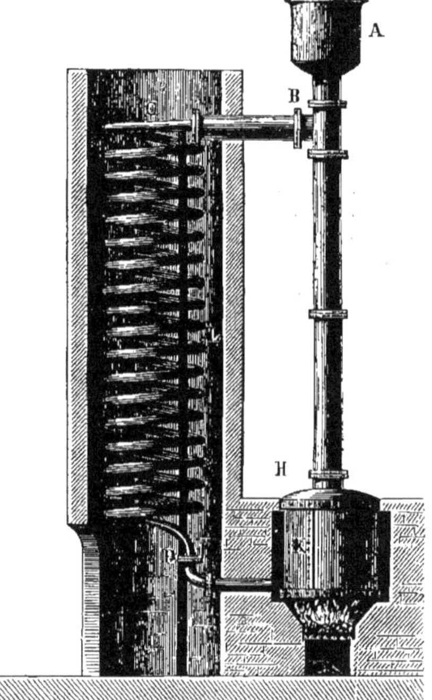

Fig. 13. — Thermosyphon.

Pour que cette cause de rupture d'équilibre soit maximum, il faut évidemment que la hauteur des colonnes soit aussi grande que possible. En pratique on peut lui donner toute la hauteur de l'habitation.

Il faut aussi que le refroidissement soit minimum dans la colonne verticale montante et maximum dans le serpentin ou les rameaux descendants. Pour ce faire on donne à la colonne montante une surface minima et on l'enveloppe de corps très-mauvais conducteurs.

On donne, au contraire, aux rameaux descendants une surface de refroidissement maxima et on active encore ce refroidissement en faisant circuler contre ces surfaces des courants d'air froid qui, après s'être ainsi échauffé, est introduit dans les pièces. L'eau se dilatant de $^1/_{2200}$ par 1^0; si on suppose que l'eau montante est à 100^0 et l'eau descendante à 50^0 il y aura une différence de $^1/_{44}$ entre la densité des deux colonnes, et cette différence suffira amplement à produire une circulation fort active.

Car on a constaté que quand la différence de chaleur des colonnes n'est que de quelques degrés, la circulation se maintient même dans les thermosyphons de serre dont les colonnes verticales sont peu élevées.

Cette dilatation de $^1/_{22}$ pour 100^0 oblige à donner au vase d'expansion un volume égal au $^1/_{20}$ environ de l'eau contenue dans tout l'appareil, afin que les tuyaux restent constamment pleins d'eau.

Bonnemain appliqua surtout son appareil au chauffage des étuves à incubation artificielle; mais il ne paraît pas avoir fait beaucoup d'applications au chauffage des habitations.

Le marquis de Chabannes, que nous avons déjà cité à propos des calorifères à air chaud, reprit ces idées et il combina un ingénieux système chauffant toutes les pièces d'une habitation, à tous les étages, par une circulation d'eau chaude fournie par le fourneau de cuisine ou, à son défaut, par un fourneau spécial.

Cet ingénieux appareil est muni de poêles ou renflements offrant une grande surface dans chaque pièce à chauffer.

Il peut aussi chauffer l'eau des bains; il offre beaucoup de rapports avec les cuisines à bouilleurs soi-disant nouvelles et brevetées. S. G. D. G.

Bonnemain et Chabannes furent cependant peu compris même en Angleterre. Ainsi, en 1824, l'ingénieur anglais Tredgold écrivait ce qui suit en parlant du chauffage à l'eau chaude (1).

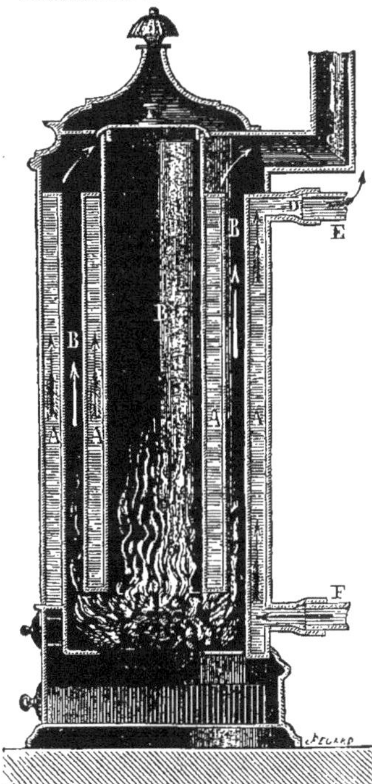

Fig. 14. — Chaudière de Thermosyphon pour serres

« Dans tout appareil à l'eau chaude, c'est toujours la *vapeur* qui distribue la chaleur; car il est *impossible* d'employer une force de chaleur assez grande pour obliger l'eau à circuler dans les tuyaux par un changement de densité sans la convertir en vapeur, comme il est aisé de le *démontrer par les principes de l'hydraulique.* »

L'ingénieur Tredgold, prouve donc ainsi fort clairement qu'il n'a pas compris ni su calculer les effets du thermosyphon; c'était cependant un ingénieur de talent. Il ne faut donc pas s'étonner que de simples praticiens, comme Bacon, n'aient pas mieux saisi le mécanisme de cette circulation; Bacon n'employait, en effet, à cette même époque, qu'un *seul conduit* d'un large diamètre. Il nous faut donc attendre jusqu'en 1837 pour trouver enfin des applications rationnelles dues aux frères Price, de Bristol, qui crurent devoir se faire breveter en France, pour des appareils à peu près identiques à ceux des deux inventeurs français Bonnemain et Chabannes.

Le chauffage à l'eau chaude fut appliqué dès lors très-largement dans les serres où il donna d'excellents résultats.

Enfin, dans la main de deux ingénieurs intelligents et actifs, les frères Duvoir, il fut appliqué dans les habitations et les grands édifices publics avec un succès si incontestable, que le nom de ces deux ingénieurs est resté attaché à deux systèmes différents, que nous allons décrire.

Système Duvoir-Leblanc. — Ce système, qui offre de grandes analogies avec celui de Chabannes, est composé d'une colonne en serpentin, montant jusqu'au grenier dans la gaine de fumée, alimentant un réservoir supérieur de distribution autrefois soumis à une certaine pression, mais complétement libre et ouvert dans les applications récentes.

De ce réservoir supérieur partent autant de tuyaux de descente qu'il y a d'étages à chauffer, ce qui assure l'indépendance du chauffage de chaque étage.

(1) Principes de l'art de chauffer, page 18. Edition française.

Ces tuyaux se prolongent dans toute la longueur de chaque étage, en circulant dans l'épaisseur des planchers, et en alimentant ainsi par-dessous des poêles à eau chaude, placés dans chaque pièce, en nombre suffisant.

Les poêles reçoivent aussi une circulation d'air pur extérieur, qui vient s'y échauffer, en passant dans des tubes verticaux entourés d'eau chaude ; cet air concourt ainsi au chauffage des pièces par sa circulation, et il procure de plus une source de ventilation.

L'indépendance du chauffage de chaque pièce est assurée au moyen de valves placées sur chaque poêle, qu'il suffit de manœuvrer pour ralentir, augmenter ou faire cesser la circulation dans chaque pièce.

La conduite horizontale alimentant les poêles aboutit à une conduite spéciale de descente pour chaque étage, qui ramène enfin l'eau à la chaudière.

Ce système présente certainement de grands avantages pour les chauffages permanents; mais il offre quelques inconvénients, tels que les fuites, le danger d'explosion des poêles qui, surtout aux étages inférieurs, supportent une forte charge.

Le grand volume d'eau employé ne permet pas non plus de faire varier rapidement l'intensité du chauffage et n'assure pas suffisamment l'indépendance de la ventilation.

Enfin, ces appareils sont fort coûteux d'établissement surtout dans les bâtiments déjà construits, car les tuyaux devant être établis dans l'épaisseur des planchers, il devient nécessaire de remanier les parquets, ce qui occasionne des dépenses excessives. Ainsi, au Luxembourg, pour poser un calorifère payé 140,000 fr. au constructeur, il a fallu faire des remaniements aux murs, planchers, et parquets, dont la dépense s'est élevée à 100,000 fr., soit plus des $^2/_3$ du prix du calorifère.

De telles dépenses sont, on en conviendra, tout a fait inacceptables et on ne doit appliquer ce système que dans des constructions neuves et où toutes les conduites nécessaires peuvent être posées pendant la construction.

Système René Duvoir. — Ce système supprime complètement les circulations dans l'épaisseur des planchers; les poêles chauffeurs sont remplacés par une série de tuyaux de circulation placés verticalement dans l'épaisseur des murailles, dans une gaîne formant prise d'air extérieur, qui pénètre ainsi dans les pièces après s'être échauffé au contact des tuyaux verticaux. Cette disposition ingénieuse est complétée par une conduite de distribution et une conduite de retour placées toutes deux en sous-sol. Les fuites sont dont complètement évitées dans l'épaisseur des planchers, et s'il s'en produit elles ne peuvent rien détériorer, puisque l'eau trouve une issue directe à l'extérieur; ce système paraît donc offrir une certaine supériorité sur le précédent. Mais il faut, comme pour celui de Léon Duvoir, disposer cet appareil et ses nombreuses canalisations, dans de larges conduits spéciaux, qu'il devient souvent impossible de creuser dans l'épaisseur des murailles.

Nous croyons donc qu'il ne peut-être appliqué que dans des constructions neuves où l'on a prévu et ménagé les coffrages nécessaires.

Système D'Hamelincourt, (successeur de **René Duvoir**) **hydro-calorifère** *exposé en 1878.* — Dans cet ingénieux système, (dû à un savant et honorable ingénieur dont on déplore la perte récente), toutes les surfaces de chauffe sont placées dans la cave, elles peuvent donc être partout abordables et les fuites sont toujours sans danger.

La distribution de la chaleur dans les pièces s'effectue, comme avec les calorifères à air chaud au moyen de colonnes d'air montantes, qu'il faut isoler avec grand soin, car l'air étant peu échauffé à une plus grande tendance à perdre la faible quantité de chaleur qu'il possède.

Cet appareil est éminemment salubre, car l'air ne peut s'y mélanger à de l'oxyde de carbone ainsi qu'il arrive dans la plupart des calorifères à air chaud.

Son prix est un peu plus élevé, mais son entretien est bien moins coûteux que celui des calorifères à air chaud.

Nous croyons donc que cet excellent système doit être préféré aux calorifères ordinaires à air chaud, qui sont presque tous fort insalubres.

Système Savalle. — L'habile ingénieur constructeur d'appareils de distillation. M. D. Savalle, est inventeur d'un calorifère à eau et à air chaud qui nous paraît bien combiné et peu encombrant.

La disposition tubulaire verticale des tuyaux d'air permettrait facilement d'assurer l'indépendance du chauffage de chaque pièce, en divisant la chambre d'air chaud (*f,f*) en autant de compartiments qu'il y aurait de pièces à chauffer. On assurerait aisément aussi l'indépendance de la ventilation en employant la bouche d'air mélangé fig. 10.

Pour la description de cet appareil nous laisserons la parole à son savant inventeur: « J'avais dans mon hôtel de l'avenue du bois de Boulogne, à Paris, un calorifère à feu direct qui me causait beaucoup d'ennuis. Sa chaleur était ou absente ou intolérable; dans la journée, le va-et-vient changeait l'air des appartements, et l'on n'était pas trop incommodé par cette chaleur malsaine; mais, la nuit, il était impossible d'y tenir si on laissait arriver l'air chaud; celui-ci, dépourvu de vapeur d'eau et chargé d'oxyde de carbone, desséchait la gorge et causait des maux de tête.

Ces inconvénients sanitaires m'avaient fait décider de réformer ce système. Mais comme j'étais trop occupé, les choses en étaient restées là, quand, un beau jour, ou plutôt par une belle nuit, un bruit inusité se fit entendre dans les conduites d'air chaud; ce n'était plus comme d'habitude, un peu de fumée noire, qui en sortait et qui venait salir les appartements, mais bien la flamme; mon calorifère m'incendiait. Pour le coup c'en était trop, et je me déterminai à installer, pour parer à toutes les misères du chauffage de l'hôtel, la disposition que j'avais combinée et dont la figure 15 donne la description.

Voici la légende de la fig. 15 qui représente ce nouveau système de calorifère:

A, Chaudière tubulaire.

b, Robinet d'eau pour emplir la chaudière.

c, Niveau d'eau.

d, Foyer pour chauffer l'eau contenue en A.

e e' e", Introductions pour l'air froid, qui monte en se chauffant dans la série tubulaire.

f, Conduits portant l'air chaud dans les appartements.

g, *g*, Bouches pour régler la chaleur dans les différents points à chauffer

h, Cheminée pour les produits de la combustion du foyer *d*.

i, Dôme pour l'échappement de la vapeur, quand il s'en forme.

j, Conduit libre pour empêcher toute pression de se former dans le calorifère.

k, Robinet de vidange.

Le fonctionnement de ce calorifère est des plus simples: après l'avoir rempli d'eau froide, on chauffe celle-ci par le foyer *d*. La série tubulaire, dont les tubes sont baignés extérieurement par de l'eau chaude, contient intérieurement de l'air froid, qui se chauffe, devient plus léger et s'élève dans les appartements. L'air déplacé est renouvelé constamment par les orifices *c e' e"*, et la dépense de l'air chaud est réglée par les bouches de chaleur *g*, situées dans les chambres.

Fig. 15. — Calorifère Savalle.

J'ai obtenu, par ce système, des résultats parfaits; outre que la dépense de combustible est beaucoup diminuée, j'obtiens un bon chauffage ; la température de l'air n'est plus aussi élevée et maintient la proportion d'humidité requise. Durant la nuit, les chambres à coucher sont chauffées, et la respiration n'est plus gênée; la gorge ne se dessèche plus et l'on n'a plus de migraines à redouter par l'excès de chaleur. Les plantes de ma serre, qui s'étiolaient promptement par l'ancien système de chauffage, résistent admirablement. Enfin je n'ai plus l'inquétude de danger d'incendie.

L'ensemble de ces résultats est tel que je me suis décidé à prendre un brevet pour ce nouveau calorifère, brevet qui fera le bonheur des propriétaires qui l'appliqueront chez eux et peut-être aussi la fortune d'une maison s'occupant de fumisterie à Paris; car mes autres travaux ne me permettent pas de me livrer moi-même à son exploitation ».

Calorifère a eau chaude à haute pression, fig. 16, *système Perkins, (Ch. Gandillot, constructeur à Paris.* — L'ingénieur anglais Perkins est inventeur d'un excellent système de calorifère à haute pression, trop peu employé en France, car il offre de nombreux avantages.

Cet appareil consiste en une circulation de petits tuyaux en fer étiré ayant 15 à 18 millimètres de diamètre intérieur et 6 millimètres d'épaisseur; la grande épaisseur relative de ces tuyaux leur donne une résistance considérable, et ils peuvent supporter des pressions énormes sans présenter la moindre fuite, grâce à un fort ingénieux mode d'assemblage que nous donnons, fig. 17.

L'extrémité du tube taillée en biseau pénètre dans l'autre tube en creusant la portée plane qui le termine et y reste incrustée à une certaine profondeur, en donnant ainsi un joint parfaitement étanche aux plus hautes pressions. La chaudière ordinaire est ici remplacée par un serpentin formé par l'enroulement d'une partie de la circulation ($^1/_6$), il peut donc aussi supporter d'énormes pressions.

Le vase d'expansion placé au sommet de l'appareil est complétement fermé par un pas de vis taraudé.

L'appareil fonctionne comme un thermosyphon à basse pression; le chauffage s'y effectue au moyen du circuit descendant auquel on fait suivre le pied des murs en contournant toute la pièce; au besoin on augmente la surface de chauffe d'une pièce en y enroulant en serpentin une plus grande longueur de tuyaux.

La température au sommet, dans le vase d'expansion, est généralement de 150° a 200°, ce qui correspond à une pression de 4 a 15 atmosphères; à la rentrée près du foyer elle n'est plus que de 60°.

La vitesse de circulation est bien plus rapide que dans les calorifères à basse pression, à cause de la grande différence de température des extrémités du circuit, elle est ordinairement de $0^m,8$ par seconde; cette grande vitesse de l'eau jointe au fort abaissement de température qu'elle éprouve et à la faible quantité que chaque appareil en contient, explique la rapidité du chauffage obtenue avec ce système.

Pour des tuyaux de 18 millimètres de diamètre intérieur la quantité d'eau contenue par mètre courant est seulement de 0,25 litres, et par appareil de 160 mètres elle n'atteint en totalité que 40 litres, très-faible volume, on le voit et fort rassurant contre les explosions.

Ces tuyaux pèsent environ $3^k,5$ par mètre, et représentent, au point de vue de la chaleur spécifique, 0,39 litres d'eau, et par appareil 62 litres; en tout 102 litres d'eau comme chaleur spécifique.

Pour échauffer tout le circuit en moyenne de 150°, il faut 15300 calories ou la chaleur produite par la combustion de 2 kil. de houille.

Fig. 16. — Calorifère Perkins.

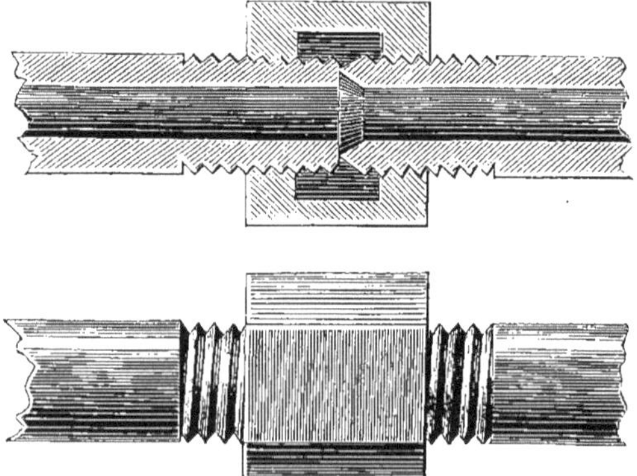
Fig. 17. — Joints Perkins.

Le mouvement circulatoire bien établi avec une vitesse de $0^m,8$ par seconde, il passe par le foyer 0,2 litre d'eau qui, pour une différence de 80° entre l'entrée et la sortie, y puise 16 calories par seconde, ou 57600 calories par heure, nécessitant la combustion de 8 kilog de houille.

A la maison d'arrêt militaire de la rue du Cherche-Midi, à Paris, où la capacité à chauffer est de 8000^{mc} par appareil, on a trouvé (Angiboust):

1° Que le mouvement circulatoire était bien établi 25 à 30 minutes après l'allumage des feux.

2° Que la température désirée était obtenue $1^h,30$ après; résultats, qui avec la marge que l'on doit se donner, s'accordent avec les chiffres précédents.

La combustion, active d'abord pour obtenir la température voulue, est ensuite ralentie de manière à suffire simplement au refroidissement extérieur. Cet appareil en service depuis longtemps a toujours donné d'excellents résultats économiques.

Il a été construit par M. Ch. Gandillot, ingénieur constructeur, à Paris, qui s'occupe avec succès et talent des applications de l'excellent système Perkins, et qui par une longue expérience pratique a su y apporter tous les perfectionnements nécessaires.

Nous croyons donc que, dans des mains expérimentées, ce système peut être particulièrement recommandé à cause de sa salubrité et de la grande facilité de son service, il offre surtout des avantages uniques pour son établissement après coup, dans une construction habitée, vu le très-petit diamètre de ses tuyaux qu'on peut faire passer partout sans rien détériorer, les percements pouvant toujours se faire avec une simple tarière.

CALORIFÈRES A VAPEUR.

Historique. — Le colonel anglais Will-Cook a le premier, en 1745, donné l'idée d'employer la vapeur comme moyen de distribuer la chaleur. L'idée du colonel Cook fut négligée parce qu'il promettait trop. Il prétendait chauffer tout un grand édifice avec le feu ordinaire d'une cuisine, ce qui est tout bonnement impossible.

La première application du chauffage à la vapeur paraît due à l'immortel James Watt, qui en fit l'essai dans son cabinet de travail, pendant l'hiver de 1784-85.

L'appareil consistait en une capacité en fer-blanc faisant office de poêle, un tuyau y conduisait la vapeur, et servait en *même temps* a ramener à la chaudière l'eau de condensation. Il n'y avait donc pas encore dans cet appareil d'essai un tuyau spécial à chaque fonction, et c'est à cette cause qu'il faut attribuer le peu d'effet obtenu, par James Watt, de cet appareil primitif.

La première patente fut accordée, en Angleterre, l'année 1791, a John Hoyle d'Halifax, pour sa méthode de communiquer la chaleur aux serres, églises, etc. Cette méthode consistait à conduire la vapeur dans des tuyaux faisant le tour de la pièce à chauffer. Ces tuyaux étaient d'abord élevés à leur plus grande hauteur, et conduits ensuite par une pente douce, en échauffant les pièces, jusqu'à une citerne recueillant l'eau condensée.

Cette méthode diffère à peine du projet de Cook connu 46 ans avant ; l'apparei était sujet à de fréquents dérangements et chauffait médiocrement.

Ces appareils furent perfectionnés par Boulton et James Watt, et appliqués en 1793-96 au chauffage de la bibliothèque du docteur Withering, où l'on obtint enfin un bon chauffage.

En 1799, Lee, de Manchester, aidé des conseils de James Watt, fit construire dans sa maison, un calorifère à vapeur en fonte, dans lequel on pouvait déjà régler au moyen de valves l'introduction d'air ou de vapeur.

Ainsi, les appareils à vapeur vraiment pratiques, ne datent que du commencement de XIXe siècle, et on les doit au génie du célèbre James Watt.

En 1824 l'ingénieur anglais Tredgold, publie ses principes de l'art de chauffer, qui contiennent de nombreux et intéressants détails sur le chauffage à vapeur.

Enfin, un savant ingénieur français, Grouvelle, neveu du célèbre chimiste d'Arcet, fit établir, sous la direction de son oncle (1828), le grand appareil à vapeur qui chauffe encore aujourd'hui, avec un succès complet, la salle de la Bourse de Paris.

Un grand nombre d'usines et d'ateliers sont depuis longtemps chauffés par la vapeur perdue des machines sans condensation, et les résultats en sont partout excellents, quand l'appareil à été monté avec soin, et qu'on lui a donné les formes et les proportions nécessaires.

Dispositions principales. — Les calorifères à vapeur comprennent :

1° L'appareil producteur ou générateur de vapeur;

2° Les conduites distribuant la vapeur dans tout l'édifice à chauffer;

3° Les appareils chauffeurs ou condensateurs de vapeur placés dans les pièces chauffées, ou a leur proximité quand on emploie l'air chaud comme intermédiaire;

4° Les conduites de retour d'eau condensée vers le générateur.

Nous allons étudier séparément les dispositions nécessitées par chacune de ces fonctions distinctes:

1° Chaudières et générateurs de vapeur et leur appareils de service et de sûreté. Un article spécial, faisant partie de cet ouvrage (1) donnant sur ce point tous les détails nécessaires, nous sommes ainsi dispensés d'en parler;

2° Conduites distribuant la vapeur: ces conduites doivent avoir un diamètre assez grand pour diminuer la résistance due aux frottements, elles doivent être bien enveloppées et garanties contre le froid. Enfin, il est indispensable de les faire monter d'abord jusqu'à l'étage le plus élevé de l'édifice à chauffer. Arrivées à cette hauteur on les ramifie vers les tuyaux de distribution spéciaux à chaque étage et à chaque pièce. Ces tuyaux distributeurs doivent aussi avoir une direction presque verticale, afin d'éviter les dépôts d'eau de condensation qui pourraient s'y former et qui occasionneraient des bruits et claquements et parfois des ruptures de tuyaux par la force vive que leur communiquerait la vapeur lancée à grande vitesse dans les conduites. On évite aussi avec cette disposition les inconvénients de la gelée pendant les arrêts du chauffage.

Enfin le tuyau sert lui-même de *retour d'eau* (au moins jusqu'aux appareils de condensation) ce qui évite la dépense d'un tuyau spécial. Ces conduites sont aussi munies de compensateurs permettant leur libre dilatation, fig. 18 et 19. Il faut surtout éviter de leur donner la forme d'un siphon renversé, car il se formerait, dans le point le plus bas, des dépôts d'eau qui seraient forts gênants;

3° Appareils de chauffage ou condensateurs de vapeur placés dans les pièces; Ces appareils doivent aussi, autant que possible, présenter des circulations verticales, donnant un facile écoulement à l'eau condensée.

On fait parfois précéder ces appareils de détendeurs de vapeur, pour les soustraire à la fatigue et aux ruptures que causerait une trop grande pression. Et on les fait souvent suivre de purgeurs automatiques de l'eau condensée.

On donne à ces appareils la forme de poêles ou de piédestaux, et on dispose

(1) Consulter l'article chaudières et générateurs, par MM. Droux et Grenier-Chevalier.

parfois l'intérieur de ces poêles en récipients annulaires contenant un certain volume d'eau de condensation qui contribue a maintenir la durée du chauffage après la fermeture des prises de vapeur.

Ces poêles sont également munis de robinets souffleurs, fig. 20, parfois automatiques, permettant la sortie de l'air au moment de l'introduction de la vapeur,

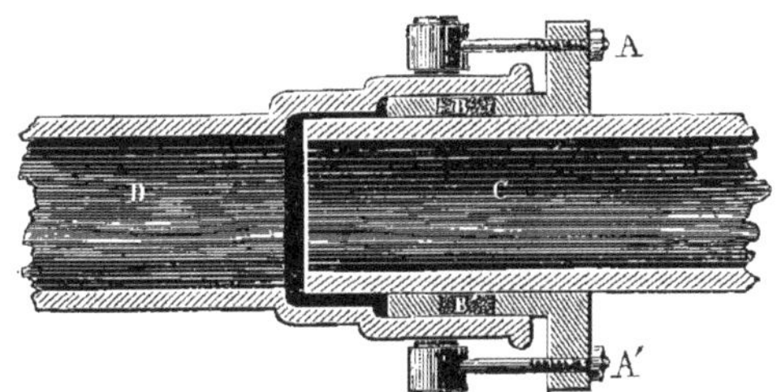

Fig. 18. — Compensateur.

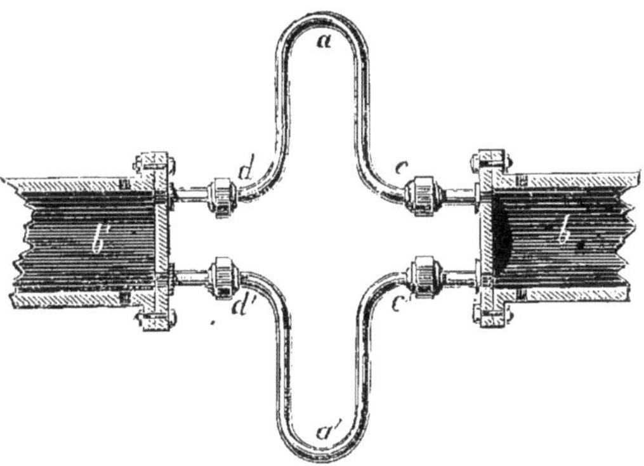

Fig. 19. — Compensateur.

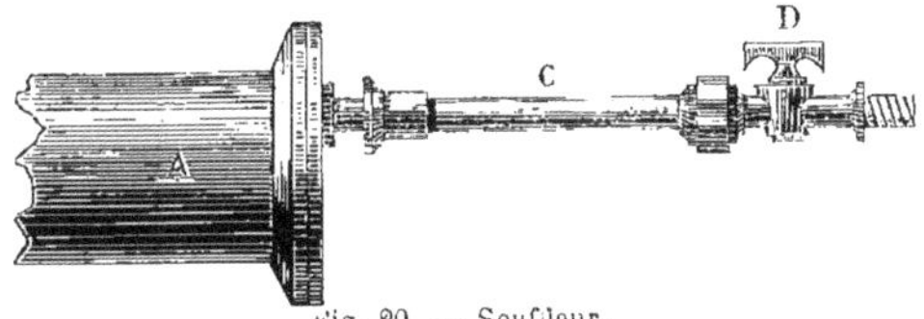

Fig. 20. — Souffleur.

et de reniflards, fig. 21, permettant sa rentrée à la fin des périodes de chauffe; pour éviter l'écrasement et la compression que subiraient sans cela les surfaces extérieures des poêles. On estime ordinairement à 1k,8 la quantité de vapeur condensée par mètre carré de surface métallique, ce qui produit environ:

$$537 \times 1,8 = 969 \text{ calories par } ^{m2}.$$

4° Conduites de retour d'eau:

Ces conduites doivent avoir de fortes pentes évitant les dépôts d'eau; il faut donc éviter de les faire passer horizontalement dans l'épaisseur des planchers.

Ces conduites de retour sont parfois supprimées, et simplement remplacées par de courts tuyaux munis d'un robinet de réglement évacuant la vapeur et l'eau condensée directement au dehors, ces robinets forment alors souffleurs et renillards.

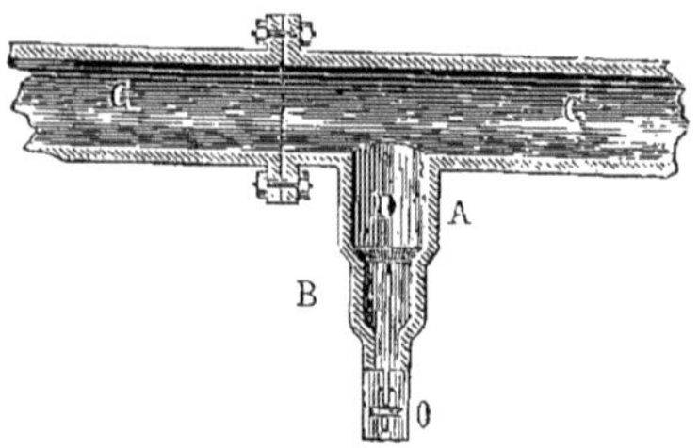

Fig. 21. — Reniflard.

Calorifère à vapeur, *système Sulzer frères de Winterthur, Suisse, exposé en 1867 et 1878 à Paris.* — « MM. Sulzer (1), ont établi des chauffages à vapeur dans un grand nombre d'édifices, et notamment à l'école polytechnique de Zurich. On remarque dans leurs installations des dispositions intéressantes.

Les tuyaux de vapeur montent immédiatement dans le comble et y circulent dans toute la longueur des bâtiments.

Les poêles à vapeur sont placés dans les divers étages, autant que possible les uns au-dessus des autres, et pour chaque groupe d'appareils superposés, un tuyau descend verticalement de la canalisation du comble et aboutit d'abord au poêle de l'étage supérieur, dans lequel il envoie la vapeur. L'eau condensée dans ce premier appareil se rend ensuite, par le même tuyau que la vapeur, au récipient placé au-dessous, puis à celui du rez-de-chaussée, et enfin au tuyau de retour, qui ramène à la chaudière toutes les eaux condensées.

Cette disposition présente l'avantage de supprimer toute circulation de vapeur dans les planchers et diminue ainsi l'inconvénient des fuites qui peuvent se produire.

La suppression des tuyaux spéciaux de retour d'eau pour chaque appareil, simplifie en outre la canalisation et doit réduire les frais de premier établissement.

L'eau condensée dans les poêles à vapeur s'écoule par un trop plein, de sorte qu'il reste dans le poêle une certaine quantité d'eau chaude qui constitue un réservoir de chaleur et empêche le refroidissement rapide, si, pour une cause quelconque, on est obligé d'interrompre momentanément l'émission de la vapeur. On remédie ainsi à un des principaux inconvénients du chauffage simple à vapeur. Il est difficile, dans ce système de chauffage, de se débarrasser complétement de l'air qui se trouve dans les récipients, il est cependant de la plus grande importance de le faire disparaître, parce que cet air gêne la condensation de la vapeur et peut même arrêter le chauffage.

La manœuvre des robinets de purge de l'air pour chaque récipient est une complication que MM. Sulzer ont évitée par l'emploi d'un appareil automatique qui permet la sortie de l'air sans laisser échapper la vapeur; il se compose de deux lames métalliques juxtaposées, l'une en cuivre, l'autre en fer. La première commande une petite soupape disposée pour fermer un orifice ménagé sur le poêle; lorsque l'air remplit ce dernier, la température est relativement peu élevée, et la soupape laisse l'orifice ouvert. Quand la vapeur arrive et chasse l'air, la température s'élève; et la dilatation plus grande de la tige de cuivre fait fermer la soupape cette disposition très-simple imaginée par MM. Sulzer mérite d'être signalée. »

Calorifère à vapeur, *système Geneste et Herscher, exposé en 1878, à Paris.* —

(1) Ser, Rapports du jury international.

La maison Geneste et Herscher a construit un certain nombre de chauffages à vapeur établis dans des conditions excellentes, et dont les différents organes sont parfaitement étudiés au point de vue pratique de leurs fonctions spéciales.

Leurs détendeurs de pression nous semblent bien combinés. Il en est de même de leurs poêles verticaux qui sont garnis de réservoirs d'eau annulaires permettant un chauffage prolongé.

Enfin, la simple et solide disposition donnée à leurs appareils purgeur d'eau, assure le bon fonctionnement de la circulation de la vapeur.

Cet ensemble d'appareils ingénieux constitue donc un système de chauffage à vapeur fort remarquable, et bien digne des vastes applications qu'on se prépare à en faire dans de vastes édifices, notamment à l'Hôtel-de-Ville de Paris.

Calorifère à vapeur et à eau chaude, *système Grouvelle, dessins exposés en 1878 par Grouvelle fils.* — L'habile et savant ingénieur Grouvelle est l'inventeur de cet excellent système de chauffage qui réunit les avantages des calorifères à eau à basse pression, avec ceux des calorifères à vapeur, tout en évitant les défauts de chacun de ces deux procédés. Pour faire bien saisir les qualités de ce système nous laisserons la parole à son ingénieux inventeur: « Comme nous l'avons dit, la circulation d'eau directement chauffée par foyer a des défauts qui en rendent l'emploi difficile ou dangereux;

1° Les hautes pressions que supportent les appareils quand on veut chauffer plusieurs étages avec une seule circulation, et les accidents qui peuvent en résulter;

2° La nécessité de restreindre dans les limites assez resserrées d'un développement de tuyaux de 200 mètres à peu près, le service multiple d'un même appareil chauffeur conduisant avec son tuyau d'ascension un certain nombre de circulations descendantes, d'où résulte la nécessité absolue de multiplier dans les grands édifices les chaudières et les foyers.

Accoutumé à puiser dans les diverses industries, des procédés et des ressources appliqués ensuite avec de grands résultats à d'autres travaux, nous avons remarqué que le chauffage des édifices publics manquait d'un moyen général central et simple de production et de répartition de chaleur, qui n'eut ni les défauts que nous venons de montrer pour la circulation d'eau, ni ceux du chauffage à vapeur qui sont: un chauffage difficile à graduer dans les températures modérées, et par conséquent toujours au maximum; la difficulté de régler la température sur une grande longueur, et enfin le refroidissement instantané de tout l'appareil au moment de la fermeture des robinets d'introduction de vapeur.

Nous avons reconnu que ces qualités qui manquent au chauffage à vapeur, c'est-à-dire les qualités d'émission et d'égalisation de chaleur, sont positivement les plus hautes qualités de la circulation de l'eau, et qu'au contraire, les qualités importantes qui manquent au chauffage à circulation, celles de transport et de distribution se trouvent à un haut degré dans le chauffage à vapeur, le plus puissant et le plus rapide moyen de transport de chaleur qui existe.

Nous nous sommes demandé si par leur combinaison ces deux procédés ne se compléteraient pas réciproquement et ne donneraient pas un système capable de suffire pleinement et largement aux besoins les plus compliqués des édifices publics et des habitations particulières, et nous avons trouvé dans les manufactures de toiles peintes, les blanchisseries, teintureries, etc, le procédé complet et tout pratique que nous cherchions, c'est-à-dire la vapeur employée uniquement comme *moyen de transport*, pour chauffer de nombreux réservoirs d'eau placés à tout niveau et à toute distance, jusqu'à plus de 500 mètres si l'on veut.

Nous avons alors compris qu'en fractionnant les circulations d'eau et les poêles, par étage et par localités, et en leur envoyant la chaleur dont ils ont besoin au moyen de la vapeur sortie d'un générateur unique et central, pour un édifice entier, si grand qu'il puisse être, et si nombreux que soient les points à chauffer, nous atteindrions complétement le but, par un moyen tout nouveau dans son application particulière au chauffage des monuments publics, mais éprouvé dans l'industrie par les plus belles applications, circonstance heureuse qui donne ainsi d'avance au procédé nouveau la sanction de l'expérience. »

L'expérience pratique de ce système a, en effet, établi les excellents résultats prévus par son inventeur, et de nombreuses et grandioses applications en ont constaté la haute valeur pratique.

Appliqué d'abord à la prison Mazas, il a suffi pendant longtemps au chauffage de ce vaste édifice. Il y a été remplacé, après usure des appareils, par un chauffage à vapeur que nous décrirons plus loin, au chapitre des prisons, où nous donnons aussi plus de détails sur le système Grouvelle.

Autres appareils *exposés. — France dans le palais classe 27*, nous signalons d'abord une cheminée de salle à manger, en tôle, construitepar Hurez, de Paris. La composition et l'exécution de cette belle pièce, donnent une haute idée du talent de nos constructeurs parisiens, et font le plus grand honneur à l'honorable et habile exposant et à ses coopérateurs.

Une grande cheminée en tôle repoussée, vernie et dorée, est exposée par la maison Laperche, de Paris. Malgré le talent d'exécution de cette grande pièce, nous sommes loin d'en admirer l'ensemble. La composition laisse à désirer, elle est empreinte d'une certaine lourdeur, et les ornements dorés dont on l'a surchargée n'ont point l'air de faire corps avec la cheminée, ils sont accrochés et non joints à la construction.

Nous préférons de beaucoup, à ce lourd morceau d'architecture, la superbe cheminée exposée par Laperche en 1867, exécutée en tôle polie sans vernis et sans dorures.

La maison Demotte et Gœseells, de Paris, expose une charmante cheminée de salle à manger, en tôle, avec ornements d'acier poli sur fond mat, du plus heureux effet et dont la composition générale est empreinte d'une élégance toute artistique.

Signalons encore, dans le palais, les foyers de la Compagnie du gaz, dont le bon marché n'empêche pas l'excellente exécution; et transportons-nous dans l'annexe de la classe 27.

Les cheminées en fonte émaillée, exposées par Godin, de Guise, sont d'un excellent usage, l'émail résiste parfaitement bien à une grande chaleur; la garniture en terre réfractaire du foyer assure d'ailleurs à ces appareils une durée prolongée.

La maison Lallier et Octrue, de Paris, expose une remarquable cheminée à houille, en tôle polie et repoussée dont l'ensemble et les détails sont du plus heureux effet. La maison Viellard, de Paris, expose une série nombreuse de cheminées à gaz dont l'exécution est soignée. Mais nous ne saurions recommander l'emploi de ces gracieux appareils, où la flamme est *cachée avec soin* et dont le rayonnement direct est perdu sous une corniche. Nous avons déjà vu, en parlant des combustibles, le peu d'effet utile et le haut prix de ce mode de chauffage, dont l'usage doit être restreint à de très-petites pièces, occupées pendant un temps très-court

Grande-Bretagne. — La maison Feetham, de Londres, expose plusieurs grilles et garnitures de foyer, en acier poli, dont l'exécution est parfaite. Le style est d'ailleurs en rapport avec celui de l'architecture anglaise qui encadre la cheminée

Il en est de même de la cheminée anglaise du XVIIe siècle, exposée par Longden, de Sheffield. Mais de plus cette cheminée a l'avantage, (rare en Angleterre) de fournir de l'air pur échauffé.

La maison May, de Cowes, expose plusieurs charmantes petites cheminées pour cabines de Yachts, qui sont d'une rare élégance et d'un dessin très-pur. Leur ornementation au moyen de plaques en porcelaine de Minton, est parfaitement réussie, et elle contribue à faire de ces gracieux appareils de véritables objets d'art, bien dignes de figurer sur l'admirable flotte de Yachts, qui est une des merveilles de l'Angleterre.

Les ingénieurs Rosser et Russell, de Londres, fabriquent un modèle de cheminée à air chaud, qui nous paraît préférable aux cheminées anglaises ordinaires en fonte, sans prise d'air.

La maison Steal et Garland, de Sheffield, expose une cheminée en acier poli avec projection d'air chaud, dont l'exécution est remarquable.

En somme la Grande-Bretagne offre des produits excellents, qui ont grand air par leurs larges dimensions et par la manière très-franche de la composition, qui a surtout pour principe de mettre en évidence les éléments essentiels de la combustion et d'en former un harmonieux ensemble.

Belgique. — Les maisons Mouly, Slovers, Toussaint, Van Noten, Wandewiele; de Bruxelles, exposent de charmants intérieurs de cheminées de tous styles et d'une exécution excellente.

Il en est de même des maisons Hansen, et Schaeffer, d'Anvers.

Hongrie. — L'ingénieur Fischer Ignasez, de Buda Pesth, expose une cheminée en faïence blanche, d'un gracieux effet déoratif et d'une exécution poussée jusqu'à la perfection; les arêtes de cette faïence sont aussi vives que celles qu'on obtient du marbre, ce morceau capital fait grand honneur à l'exposant.

Les autres nations n'ayant point exposé de foyers, nous terminerons donc ici la revue des cheminées exposées en 1878.

Autres poêles, *exposés en* 1878, *France, classe* 27. — L'ingénieur Hurez, de Paris, expose deux poêles, dans le style des poêles belges, dont l'exécution est fort remarquable.

Boucher, de Paris, expose plusieurs poêles pour écoles, d'un assez bon aspect, mais dont les prises d'air sont complétement insuffisantes pour la ventilation des locaux encombrés d'enfants.

Paillard, de Paris, expose des poêles à combustion lente, système Joly, dont plusieurs sont fort élégants; nous ferons toutefois remarquer que le système Joly expérimenté à l'exposition de 1867, y a donné des utilisations très-faibles (1); la longue durée de la combustion étant due, dans ces appareils, au manque d'oxygène, il y a production d'oxyde de carbone à l'intérieur et par conséquent perte de près de la moitié de la puissance du combustible employé.

Piet, de Paris, expose un poêle enveloppé de faïence, destiné au chauffage des écoles dont la prise d'air nous paraît encore insuffisante.

Les ingénieurs Roy et Piquefeu exposent des poêles céramiques dont la décoration est bien traitée.

Dans la classe 20, nous avons admiré les poêles en faïence de Delaisse, de Lœbnitz, de Vogt, tous les trois fabricants à Paris, dont les modèles exposés portent l'empreinte d'un goût sûr, et sont d'une exécution brillante.

(1) Un chapitre sur le chauffage, par Tronquoy, chez E. Lacroix, p. 10.

Godin, de Guise, expose, dans l'annexe 27, des poêles émaillés dont la construction est bien comprise et l'entretien facile.

La maison Geneste et Herscher expose deux poêles d'école, dont la construction est très-soignée, ils sont enveloppés de laine de scories, matière peu conductrice, car son état filamenteux empêche la propagation des *vibrations* calorifiques. Mais la prise d'air du poêle rond pour 50 élèves est égale a $0^{m2},04$, ce qui donnerait à peine 300^{m3} par heure, au lieu des 1000^{m3} qui sont nécessaires.

Aubert, de Paris, expose un poêle à grille mobile et à double enveloppe, dont il faut surtout remarquer l'ingénieuse disposition de la clef régulateur, qui en s'ouvrant, laisse *entièrement libre* toute la section du tuyau de fumée.

L'ingénieur Nicora, de Paris, expose un poêle dont la disposition est excellente, et dont l'exécution est un modèle de précision et d'ajustage.

Nous signalerons encore le poêle Leras à circulation verticale et prise d'air pur bien disposée.

Belgique. — L'ingénieur de Lairesse, à Liége, expose une pièce hors ligne, c'est un poêle calorifère en bronze et acier, style Renaissance, d'une composition puissante et d'un grand effet décoratif.

Suède. — La Suède est brillamment représentée à Paris, en poêles métalliques et céramiques, ses produits d'une disposition excellente, présentent en outre de grandes dimensions verticales, et ils nous paraissent supérieurs à tout ce qui s'est fait en France et ailleurs.

La compagnie de Rörstrand, à Stockholm, expose des poêles cheminées en faïence, richement décorés et d'une excellente exécution.

La compagnie Bolinder, de Stockholm, expose une série de poêles en fer, de grandes dimensions. Une disposition ingénieuse permet de prendre à volonté l'air à chauffer dans la pièce, ou au dehors. La prise d'air est large, ce qui joint à la grande hauteur des poêles assure une abondante et rapide entrée d'air pur. Le foyer est garni de briques réfractaires, le tuyau de fumée est garni de broches faisant saillie dans le courant de fumée et dans le canal de prise d'air, ce qui échauffe cet air par contact et diminue d'autant, par conductibilité, la température de la fumée. Le tuyau à fumée présente de plus la forme annulaire et le milieu et l'extérieur de cet anneau servent au passage de l'air pur. La fumée laminée entre ces deux cylindres leur cède rapidement sa chaleur, car ils sont parcourus par un courant rapide d'air pur qui s'échauffe au contact des deux cylindres et à celui de l'enveloppe extérieure, en tôle ondulée.

L'évacuation de l'air vicié est d'ailleurs assurée au moyen d'un tuyau spécial. Le poêle calorifère Bolinder est donc un type d'un mérite exceptionnel, et il nous paraît certainement supérieur à tous ceux connus.

L'ingénieur Lamm, à Stockholm, expose un poêle calorifère métallique qui présente une grande partie des mérites du précédent.

La fermeture hermétique est assurée au moyen de portes à mouvement vertical se forçant sur un biseau.

Ce poêle est très-remarquable, et ses vastes dimensions lui assurent une puissance énorme de chauffage. En résumé les poêles suédois nous semblent fort heureusement conçus et parfaitement exécutés, et nous pensons qu'il y aurait lieu de s'inspirer de ces beaux modèles afin d'en étendre les applications dans tous les pays où les froids sont rigoureux.

Russie. — L'usine d'Abo, (Finlande), expose un poêle calorifère en fonte, à ailettes et saturateur dans le genre du système Gurney, Andsten, à Helsingfors (Finlande), expose de charmants poêles en faïence blanche d'une grande pureté.

L'ingénieur Flavitzki, de Saint-Pétersbourg, auteur d'un ingénieux système de ventilation par doubles fenêtres (1), expose plusieurs calorifères en terre émaillée, et un modèle d'anémomètre à timbre, qui n'est point aussi nouveau que le pense le général Morin, car nous trouvons justement dans les *Annales du Conservatoire* (1860) tome I, p. 377, le passage suivant, du professeur Tresca, sur l'anémomètre Combes; « Un petit *timbre* est d'ailleurs disposé pour sonner chaque dizaine, et aide encore à la sûreté des observations. »

L'architecte Sviatzeff, à Saint-Pétersbourg, bien connu par son ouvrage sur le chauffage, expose un petit modèle de poêle calorifère.

Enfin l'ingénieur Schouberski, à Saint-Pétersbourg, expose un poêle en fer à roulettes, fort commode pour chauffer faiblement et successivement plusieurs pièces. Ce poêle est connu à Paris sous le nom de poêle Américain.

Autriche. — L'ingénieur Heim, de Vienne, expose plusieurs poêles système Meidinger, d'une admirable exécution; la fonte de fer y est traitée avec élégance et une grande netteté.

Il en est de même pour les poêles Geburth, de Vienne, qui expose de nombreux modèles, d'une excellente exécution.

Suisse. — La maison Bodmer et Biber, au Seefeld, expose des poêles en faïence très-heureusement composés, dans tous les styles, et qui peuvent être introduits, grâce à leur élégance, dans les appartements les plus somptueux.

Danemark. — La compagnie des fondeurs, de Copenhague, expose plusieurs poêles en fonte verticaux, dont le tuyau à fumée porte des renflements, qui augmentent considérablement sa surface de chauffe; une large prise d'air pur assure l'heureux effet de ces puissants appareils qui semblent répondre aux besoins d'un énergique chauffage et d'une abondante ventilation.

Le Danemark est d'ailleurs fort honorablement représenté dans la classe 27, par MM. Bonnesen et Ramsing, Riedel, Rosen; qui exposent d'ingénieux plans de chauffage et ventilation d'écoles, églises, wagons, hôpitaux; étudiés avec une rare indépendance et d'une façon toute personnelle, qui double leur mérite en affirmant la puissante vitalité du caractère Danois.

Autres calorifères *exposés en 1878, France, Palais.* — Nous signalerons d'abord l'excellent système dû à feu d'Hamelincourt, où la fumée passe dans un vaste corps central en montant jusqu'au sommet de l'appareil, arrivée en ce point, la fumée redescend dans plusieurs tuyaux verticaux, et elle s'échappe enfin dans la cheminée, après une circulation méthodique qui assure le bon emploi de la chaleur.

Les ingénieurs Gireaudau et Jalibert, exposent de bons modèles de calorifères, à circulation verticale et méthodique.

Besana expose un calorifère à circulations horizontales assez bien disposé, et surtout fort solidement exécuté.

Milhomme expose un calorifère à circulations horizontales et tubes carrés, qui présentent une large surface de chauffe.

Michel Perret expose un calorifère céramique avec foyer à étages pour utiliser les poussières de combustibles, qui atteint parfaitement ce but spécial. Mais le prix énorme de ce calorifère (1000 fr par M² de céramique), le grand volume qu'il occupe, la manœuvre compliquée et la saleté produite par les manipulations de poussier, s'opposent à son emploi dans les habitations.

France, annexe du chauffage. — L'ingénieur Réveilhac expose de solides

(1) Une brochure chez E. Lacroix, à Paris.

calorifères en fonte, et tout un excellent système de tuyaux en fonte pour leur construction.

L'ingénieur Rousseau expose un calorifère à circulations verticales, d'une exécution soignée.

Langlois expose un calorifère en tôle bien combiné pour la circulation méthodique des gaz du feu.

La place nous fait défaut pour citer tous les autres appareils exposés, et nous sommes forcé d'arrêter ici cette revue générale des appareils de chauffage.

CHAUFFAGE & VENTILATION

TROISIÈME PARTIE

VENTILATION

PRINCIPES, SYSTÈMES ET APPAREILS

SOMMAIRE

Origine de la ventilation. — Sa nécessité. — Composition de l'air. — Proportion en CO^2. — Respiration. — Influence des miasmes organiques. — Acide carbonique produit par la respiration sous différentes influences (âge, veille, sommeil, travail, température, maladies). — Volumes d'air nécessaires à la respiration. — Vapeur d'eau produite par la respiration. — Chaleur humaine. — Volumes d'air nécessaires à l'éclairage, par : bougies, huile, gaz, gaz oxyhydrique, électricité. — Extraction de l'air vicié. — Analyses de l'air confiné. — Conséquences. — Introduction de l'air pur. — Systèmes de ventilation : Naturelle, aspiration, pulsion. — Aspiration et pulsion combinées. — Appareils d'observation : Anémomètres, manomètres, hygromètres. — Appareils de ventilation : Cheminées d'appel. — Appareils d'entraînement de l'air par : L'eau, l'air, la vapeur. — Ventilateurs hélices. — Ventilateurs centrifuges. — Rafraîchisseur d'air.

PRINCIPES DE VENTILATION.

Origine de la ventilation. — La ventilation d'un édifice consiste à y faire pénétrer méthodiquement tout le volume d'air pur nécessaire à son assainissement complet, et d'autre part à extraire de cet édifice tout l'air vicié et tous les gaz insalubres qui peuvent y être produits.

Bien que l'art de la ventilation ait été pratiqué à une époque très-reculée pour assainir les galeries de mines (ce dont nous ne devons point nous occuper ici), il paraît n'avoir été appliqué à la ventilation des édifices qu'à une époque relativement récente.

C'est en 1714, que parut le traité de la Méchanique du feu par le savant français N. Gauger, avocat au parlement de Paris; et c'est dans ce livre qu'il est pour la première fois donné un moyen pratique de faire entrer l'air pur, *à telle température que l'on veut*, dans les habitations, et d'en extraire méthodiquement l'air vicié. Nous avons donné, à l'article chauffage, tous les détails nécessaires pour établir la preuve que c'est bien Gauger qu'il faut considérer comme le créateur de la ventilation rationnelle des habitations, nous n'y insisterons donc pas plus longtemps ici.
qu'un intervalle de temps suffisant se fut écoulé pour permettre d'en apprécier les conséquences avec certitude.

Nous allons voir que cet inventeur a été également l'inspirateur d'un autre savant physicien français, Désaguliers, à qui revient l'honneur de la première application de la ventilation à un grand édifice.

Ce savant français réfugié à Londres, après la déplorable révocation de l'édit de Nantes, traduisit en 1715 le traité de la Méchanique du feu de Gauger, dont nous avons déjà parlé à l'article chauffage; ce traité fort bien raisonné le mit sur la voie des applications de la mécanique des gaz au chauffage et à la ventilation des édifices et des navires. Nous laissons la parole à cet illustre inventeur, trop peu connu en France (1).

« En 1715, je traduisis du *François en Anglois* un livre intitulé *la Méchanique du feu*, qui a été composé par M. Gauger, homme d'esprit à *Paris*, quoiqu'il ait caché son nom.

Ce livre contient plusieurs moyens de faire entrer l'air chaud dans une chambre dans le besoin, en le faisant circuler dans des tuyaux.

Je crus que cela valait mieux que les poêles dont on se sert pour échauffer l'air, en respirant toujours le même air, ce qui est nuisible à la santé.

En 1723, j'appliquai cette invention à purifier la Chambre des Communes, du mauvais air, ce que je fis de la manière suivante :

A chaque coin de cette Chambre dans le plafond il y a un trou qui est le bas d'une pyramide tronquée, laquelle monte de six ou huit pieds dans la chambre qui est au-dessus de celle des Communes, et qui a été placée par le sieur Cristophle Wren (2) pour donner issue à l'air (cet air étant corrompu par la respiration de tant de monde et par la fumée des chandelles qu'on y allume).

Mais il est arrivé que le haut des pyramides étant ouvert et l'air qui est au-dessus se trouvant plus froid et par conséquent plus dense, poussait en bas avec violence l'air de la Chambre et nuisait à ceux qui étaient sous ces ouvertures.

Je fis bâtir deux cabinets à chaque bout de la chambre qui est au-dessus de celle des Communes, entre deux pyramides, et conduisant un tuyau depuis ces pyramides jusqu'aux cavités garnies de fer, qui entourent une grille de feu arrêtée dans les cabinets; aussitôt que le feu est allumé dans ces grilles vers le midi, l'air s'élève de la Chambre des Communes par ces cavités échauffées dans les cabinets, et s'échappe en cette manière par les cheminées.

Mademoiselle Smith, concierge de la Chambre, étant en possession de l'appartement qui est au-dessus de la Chambre des Communes, crut qu'on ne devait pas la troubler dans l'usage qu'elle faisait de cet appartement, et elle fit tout ce qu'elle put pour détruire l'opération de ces machines. A la fin elle prit le parti de n'allumer le feu qu'après que la Chambre aurait pris séance pendant quelque temps et lors qu'elle serait bien échauffée, car alors l'air des cabinets n'ayant pas été échauffé, descendant dans la Chambre et y trouvant un air moins dense et qui résistait peu, la Chambre en devenait plus chaude au lieu de se rafraîchir; mais lorsque le feu a été allumé avant l'assemblée des membres de la Chambre, l'air est monté de la Chambre dans les cabinets et s'est échappé par les cheminées. Il a continué de même pendant tout le jour tenant la Chambre très-fraîche.

Un peu après cela j'échauffai la Chambre des Lords par une autre invention; j'arrêtai l'air froid qui y entrait avec vitesse de tous les côtés à travers le feu et qui par là causait de grandes douleurs au dos et aux jambes de ceux qui en étaient proches. N. B. J'ai décrit cette machine dans la dernière édition de ma méchanique du feu, et elle est encore en usage dans la Chambre des Lords.

(1) Désaguliers *Cours de Physique Expérimentale*, traduit par le R. P. Pezenas, Paris 1751, tome II, p. 464 et suivantes.

(2) Le célèbre architecte de l'église Saint-Paul, à Londres.

En 1736, M. Georges Beaumont et plusieurs autres membres de la Chambre des Communes, voyant que le projet de rafraîchir la Chambre par les machines à feu décrites ci-devant, avait échoué, me demandèrent si je ne pourrais pas trouver quelque invention pour en tirer l'air échauffé et corrompu, par une personne qui dépendit entièrement de moi; comme je le promis, on appointa un comité pour m'ordonner de construire une pareille machine; c'est ce que j'exécutai et je la nommai roue centrifuge, et l'homme qui la faisait tourner fut nommé *Ventilateur*.

Cette roue, quoiqu'à certains égards, semblable aux soufflets de Hesse, de Papin, en diffère pourtant beaucoup. Elle est plus efficace et capable d'attirer l'air corrompu et d'introduire de l'air nouveau, ou de faire ces deux choses tout à la fois, selon que le Président de la Chambre des Communes juge à propos de l'ordonner; car le Ventilateur est obligé de prendre ses ordres tous les jours des séances, et cette roue est toujours en usage. »

Le physicien français Désaguliers avait donc, de 1723 à 1736, mis en usage dans de vastes édifices tous les procédés principaux encore employés aujourd'hui : aspiration par cheminées d'appel, introduction d'air chaud ou frais sans courants gênants, (d'après la méthode de Gauger), application des ventilateurs mécaniques à l'aspiration, à la pulsion, et à la combinaison de l'aspiration et de la pulsion. Il est donc bien, avec Gauger, un des inventeurs de la ventilation appliquée aux édifices sous toutes les formes principales et rationelles, que le temps à rendues plus pratiques et plus efficaces, mais qui reposent toujours sur les principes fondamentaux posés par Gauger et Désaguliers.

La France peut donc revendiquer pour ses deux illustres enfants la gloire d'avoir inventé et mis en pratique un des arts les plus utiles à l'humanité, puisque l'oubli ou l'inobservation de ses principes peut avoir sur la durée de la vie humaine une influence des plus funestes, et qu'au contraire l'application méthodique de ces principes a pour résultat assuré une prolongation moyenne de vie qui peut aller du simple au double, ainsi qu'on le verra plus loin.

Nécessité de la ventilation. — Tous les êtres vivants ont besoin d'air pour vivre (1). La démonstration de cette vérité est due aux physiciens de l'Académie del Cimento, à Robert Boyle, à Huyghens, Jean Bernouilli, etc.

Les physiciens de Florence faisaient le vide d'un coup, à l'aide d'une espèce de baromètre à vaste chambre, fermée par une vessie ; Robert Boyle et les physiciens anglais employaient le vide graduel de la machine pneumatique.

Tous reconnurent *qu'un animal ne peut vivre dans le vide*; seulement, tandis que les oiseaux y périssent rapidement, les reptiles luttent plus longtemps, les poissons plus encore, et les insectes peuvent résister pendant plusieurs jours.

Jean Bernouilli vit, de son côté, que les poissons ne peuvent vivre dans de l'eau d'où l'on a chassé l'air par l'ébullition.

Il se trouva ainsi établi que tous les animaux ont besoin d'air, et que ceux qui vivent dans l'eau en trouvent, dans ce liquide, une quantité suffisante à l'état de dissolution.

Une autre vérité non moins importante, qui ne fut nettement établie que par Robert Boyle, c'est la nécessité que cet air soit constamment renouvelé.

Aristote le savait déjà, et attribuait la mort des animaux renfermés dans des vases clos à l'échauffement de l'air confiné. Mais Robert Boyle démontra d'abord qu'on ne peut prolonger la vie des animaux, même en refroidissant convenablement l'air, tandis qu'ils peuvent vivre fort longtemps si on leur fournit de

(1) Paul Bert. Leçons sur la respiration, p. 4.

temps en temps de l'air nouveau. Ainsi se trouvaient démontrées non-seulement la nécessité de la présence de l'air, mais celle de son renouvellement, conditions qui étaient ainsi à la fois nécessaires et suffisantes pour l'entretien de la vie des êtres animés.

Les expériences ci-dessus, faites en vases complétement clos, ont été confirmées par d'autres faites involontairement, dans des locaux fermés imparfaitement, mais accidentellement encombrés d'une grande masse d'hommes. Parmi les rares exemples de ces accidents funestes, nous citerons les deux suivants, dont le récit est rapporté par la plupart des hygiénistes :

A la fin du XVIIIe siècle, pendant les guerres des Anglais dans l'Inde, 146 soldats Anglais prisonniers des Indiens furent renfermés dans une petite salle, où l'air ne pouvait parvenir que par deux ouvertures étroites débouchant dans un long corridor. Les prisonniers asphyxiés à la fois par le manque d'air et par la chaleur, ne purent résister à cette absence absolue d'air pur, et au bout de huit heures, cent vingt-trois d'entre eux étaient morts, et les vingt-trois restants ne purent être rétablis qu'au bout de plusieurs jours de convalescence.

Un accident identique eut lieu après la bataille d'Austerlitz ; trois cents prisonniers Autrichiens furent enfermés dans une cave si étroite, que 260 périrent en une seule nuit.

Mais ces terribles accidents arrivent bien rarement, car on a fini par comprendre le danger d'agglomérations aussi compactes.

L'encombrement des édifices n'atteint donc presque jamais ces proportions extrêmes ; mais on y rencontre très-souvent un encombrement réel et continu dont les effets moins brusques n'en sont pas moins fort dangereux par la persistance constante de l'action qui les fait naître. L'exemple suivant emprunté au général Morin (Académie des Sciences 1869) en est une preuve éclatante. « Dans le courant de 1868, M. Fournet, de Lisieux, fit établir un système de ventilation pour assainir un vaste atelier de tissage qu'il possède à Orival, dans lequel sont réunis en une seule salle, quatre cents ouvriers et quatre cents métiers éclairés par quatre cents becs de gaz.

Cet atelier a rez-de-chaussée à 61 mètres de longueur, 35 mètres de largeur et sa hauteur sous entraits n'est que de $3^m,3$.

La surface du plancher est de 2026^{m2}, ce qui correspond à un peu plus de 5^{m2} par ouvrier. La capacité totale de l'atelier est de 6000^{m3} environ, ce qui n'alloue que 15^{m3} d'espace cubique à chaque ouvrier.

Le grand nombre des ouvriers, la nécessité de maintenir les chaînes des toiles dans un état convenable d'humidité, l'influence des produits de la combustion du gaz, l'absence de ventilation, rendaient l'atelier d'Orival tellement insalubre, que le nombre des ouvriers indisposés ou malades, dans la partie centrale la plus éloignée des portes, y était habituellement de trente à quarante, (soit près du $^1/_{10}$ en moyenne), sur lesquels une douzaine en moyenne, étaient obligés de suspendre tout travail et de garder la chambre.

Les ouvriers valides, souvent incommodés l'été par la chaleur, l'hiver par les émanations du gaz, étaient obligés de sortir pour respirer l'air pur ; beaucoup d'entre eux éprouvaient un malaise qui leur enlevait l'appétit, la vigueur ; la production de l'atelier s'en ressentait. Telles étaient les conditions fâcheuses auxquelles M. Fournet regardait comme un devoir de porter remède, sans se préoccuper des sacrifices à faire pour y parvenir. Les travaux commencés en juin n'ont été terminés qu'en août 1868.

Dès les premiers jours du fonctionnement de la ventilation, l'amélioration dans l'état de l'air de cette salle, précédemment infectée d'odeurs nauséabondes, qui causaient aux ouvriers un malaise indéfinissable et leur enlevaient une partie de leur énergie, devint immédiatement sensible ; mais j'ai voulu attendre

Il y a maintenant près de dix mois que la ventilation fonctionne régulièrement. Les rapports mensuels du médecin et du sous-directeur de l'établissement, constatent que le nombre des malades a considérablement diminué, et il n'en manque plus au travail que 3 ou 4 par jour, au lieu des trente ou quarante qui manquaient avant l'établissement de la ventilation.

Une autre preuve aussi caractéristique de l'amélioration de la santé des ouvriers, a été fournie par le service de la boulangerie établie dans l'usine de M. Fournet. L'administrateur de cette boulangerie, surpris d'avoir à constater un accroissement notable dans la consommation , en a fourni l'état suivant au chef de l'établissement.

Dernier trimestre de 1867.	Atelier non ventilé . . .	15,656kg.
— — 1868.	Atelier ventilé	20,014
	différence en plus . . . . . =	4,358

Ces résultats n'ont pas besoin de commentaires. On voit, par cet exemple, quelle salutaire influence peut exercer sur la santé des nombreux ouvriers de certains ateliers un renouvellement abondant de l'air. »

Une grande expérience faite récemmeut en Angleterre et dans ses colonies, sur la plus large échelle, a également prouvé l'heureuse influence d'un bon système de ventilation sur la santé des soldats.

En 1857, un rapport médical officiel avait signalé l'élévation de la mortalité dans l'armée anglaise, elle s'élevait, par an, à 17,5 par 1000 soldats; tandis qu'elle atteignait à peine 9,2 pour 1000 hommes dans la population civile.

Une enquête fut ouverte, elle eut pour résultat d'assigner aux causes principales de cette mortalité, l'encombrement des casernes et l'absence de ventilation (1).

Le ministre de la guerre, Lord Panmure, prit *immédiatement* toutes les mesures nécessaires à la transformation hygiénique des casernes, et chaque chambre fut pourvue d'une cheminée ventilatrice (système Belmas, type dessiné par Douglas-Galton), et d'orifices d'admission d'air pur et d'extraction d'air vicié.

Depuis la mise en usage de ces appareils dans les casernes anglaises on a constaté officiellement une diminution énorme dans la mortalité de l'armée (2).

La mortalité qui était de 17,5 pour 1000, en 1857, en Angleterre, est tombée à 7,72 en 1876; les morts résultant de fièvres ont été réduites dans la proportion de 12,53 à 1,69.

A Gibraltar où la mortalité atteignait 21,4 par 1000, elle est tombée maintenant à la très-faible proportion de 5,5 par 1000.

Dans l'Inde anglaise la mortalité s'élevait en 1859 à l'énorme chiffre de 69 par 1000. Actuellement elle ne dépasse point 18,48 (Chadwick).

Après des exemples aussi frappants des bons effets de la ventilation sur la santé et l'abaissement de la mortalité, c'est-à-dire sur le prolongement de la durée moyenne de la vie de l'homme, nous croyons inutile d'en parler plus longuement, et nous pouvons enfin considérer la nécessité de la ventilation comme parfaitement démontrée par la grande expérience hygiénique due à l'initiative intelligente du gouvernement de la Grande-Bretagne; initiative que nous désirons voir imitée par tous les pays civilisés, et surtout par la France.

(1) *Études sur la ventilation*, général Morin, tome I, p. 56.

(2) Public *Health*, by Edwin Chadwick, London, 1877. L'important mémoire de M. Chadwick a été analysé dans *le Temps*, 14 mars 1878, par M. Vernier.

Composition de l'air. — L'air libre est principalement formé d'un mélange de deux gaz parfaitement transparents, l'azote qui y entre dans la proportion de 23,1 %, en poids; et l'oxygène qui en forme 76,9 % en poids. L'air contient aussi une quantité variable de vapeur d'eau. Il contient en outre de l'acide carbonique en quantité également variable; de l'ammoniaque en petite quantité. de l'acide azotique, parfois de l'hydrogène et des traces d'iode.

L'air pur contient souvent de l'ozone, gaz qui paraît jouer un grand rôle dans la destruction des miasmes et qui semble n'être lui-même qu'une forme particulière de l'oxygène douée d'une action chimique extrêmement énergique.

Enfin, l'air libre contient un grand nombre de corpuscules organisés, dont la découverte est due à notre illustre compatriote, Pasteur; qui ont certainement une influence considérable sur les fermentations, et sur la transmission des maladies contagieuses.

On admet généralement que l'air est d'autant plus pur qu'il contient moins d'acide carbonique; non pas à cause de l'action directe de ce gaz qui n'est pas toxique, mais simplement irrespirable; mais bien à cause des gaz ou des miasmes organiques dont la présence est très-difficile à constater directement, et dont il donne facilement *l'étiquette*, suivant la juste expression du professeur Fonssagrives (1). On comprend donc toute l'importance qui s'attache aux résultats des analyses de l'air et de sa proportion variable en acide carbonique.

Nous allons donner ici quelques-uns de ces résultats, qui nous serviront plus loin de base pour déterminer les volumes d'air nécessaires à une bonne et hygiénique ventilation.

Proportions d'acide carbonique de l'air libre (en volumes), et sur 10,000 parties d'air. — On doit à Théodore de Saussure les analyses suivantes obtenues par une méthode exacte:

ANALYSES D'ÉTÉ.		ANALYSES D'HIVER.	
1809, 20 août	= 7,79	1809, 31 janvier	= 4,56
1811, 27 juillet	= 6,47	1811, 2 janvier	= 4,66
1815, 15 juillet	= 7,13	1812, 7 janvier	= 5,12
Moyenne d'été	= 7,13	Moyenne d'hiver	= 4,79

Plus tard M. Boussingault exécuta de nombreux dosages d'acide carbonique à l'aide de la méthode de Brunner devenue classique. Un certain volume d'air, dépouillé de la vapeur d'eau par son passage à travers de la ponce sulfurique, circule dans des tubes en U, remplis de ponce imbibée d'une solution de potasse caustique. L'augmentation des poids de ces tubes est *considérée* comme donnant le poids d'acide carbonique qu'ils ont retenu; M. Boussingault a trouvé ainsi que le volume d'acide carbonique contenu dans 10,000 parties d'air, était de 3,9 pendant le jour et 4,2 pendant la nuit.

Le peu d'accord des chiffres de Saussure et de Boussingault nous a déterminé à faire des recherches sur le choix à faire entre ces résultats si différents.

Après de nombreuses lectures sur ce sujet si important nous avons enfin trouvé dans le Traité d'analyse chimique du Dr Mohr, traduction française, 1875, p. 340, l'explication raisonnée de ce désaccord; il signale les causes d'erreurs suivantes, dans le procédé de Brunner employé par Boussingault:

1° L'acide sulfurique de l'appareil à dessécher *retient de l'acide carbonique*;

2° La dissolution de potasse absorbe de l'oxygène;

3° Enfin, la quantité d'acide carbonique est beaucoup trop faible pour qu'on puisse considérer comme *exact* le poids obtenu.

(1) Fonssagrives, Hygiène des villes p. 342.

M. Mohr donne plus loin une nouvelle méthode exempte de ces causes d'erreur, et avec laquelle Hugo Gilm, a fait 19 dosages qui lui ont donné de 3,82 à 4,58 volumes sur 10,000 d'air, en moyenne 4,16, ce qui est d'accord avec la moyenne de toutes les expériences de Saussure M. Mohr donne les trois dosages suivants: 1856 à Coblentz 5,7 pour 10,000; 1856 à Coblentz 5,03 sur 10,000.

Enfin, le 23 mars 1872, 3,4 sur 10,000 volumes.

Nous admettrons donc que la proportion d'acide carbonique de l'air peut atteindre et même dépasser la proportion de 0,0005 en volume, et c'est cette proportion, suffisamment élevée pour tous les cas, que nous prendrons plus loin comme base de nos calculs sur la recherche des volumes d'air à fournir aux différents édifices, pour obtenir une suffisante et efficace ventilation.

Respiration. — Lavoisier s'exprime ainsi sur ce phénomène vital (1) : « En partant des connaissances acquises, et en nous réduisant à des idées simples, que chacun puisse facilement saisir, nous dirons d'abord, en général, que la respiration n'est qu'une combustion lente de carbone et d'hydrogène, qui est semblable en tout à celle qui s'opère dans une lampe ou dans une bougie allumée, et que, sous ce point de vue, les animaux qui respirent sont de véritables corps combustibles qui brûlent et se consument.

Dans la respiration, comme dans la combustion, c'est l'atmosphère qui fournit l'oxygène et le calorique; mais, comme dans la respiration c'est la substance même de l'animal, c'est le sang qui fournit le combustible, si les animaux ne réparaient pas habituellement par les aliments ce qu'ils perdent par la respiration, l'huile manquerait bientôt à la lampe, et l'animal périrait, comme une lampe s'éteint lorsqu'elle manque de nourriture.

Les preuves de cette identité d'effets entre la respiration et la combustion se déduisent immédiatement de l'expérience. En effet, l'air qui a servi à la respiration ne contient plus, à la sortie du poumon, la même quantité d'oxygène; il renferme non-seulement du gaz acide carbonique, mais encore beaucoup plus d'eau qu'il n'en contenait avant l'inspiration. Or, comme l'air vital, ne peut se convertir en acide carbonique que par une addition de carbone; qu'il ne peut se convertir en eau que par une addition d'hydrogène; que cette double combinaison ne peut s'opérer sans que l'air vital perde une partie de son calorique (2) spécifique, il en résulte que l'effet de la respiration est d'extraire du sang une portion de carbone et d'hydrogène, et d'y déposer à la place une portion de son calorique spécifique, qui, pendant la circulation, se distribue avec le sang dans toutes les parties de l'économie animale, et entretient cette température à peu près constante qu'on trouve dans tous les animaux qui respirent.

On dirait que cette analogie qui existe entre la combustion et la respiration n'avait point échappé aux poëtes, ou plutôt aux philosophes de l'antiquité, dont ils étaient les interprètes et les organes. Ce feu dérobé du ciel, ce flambeau de Prométhée, ne présente pas seulement une idée ingénieuse et poétique, c'est la peinture fidèle des opérations de la nature, du moins pour les animaux qui respirent: on peut donc dire avec les anciens, que le flambeau de la vie s'allume au moment où l'enfant respire pour la première fois, et qu'il ne s'éteint qu'à sa mort. En considérant des rapports si heureux, on serait quelquefois tenté de croire qu'en effet les anciens avaient pénétré plus avant que nous dans le sanctuaire des connaissances, et que la fable n'est véritablement qu'une

(1) *Mémoires de l'Académie des sciences* 1789 p. 185, et OEuvres de Lavoisier, édition Dumas, imprimerie Nationale, tome II, p. 691.

(2) Il y a ici une réserve à faire sur l'origine du calorique.

allégorie, sous laquelle ils cachaient les grandes vérités de la médecine et de la physique..... »

« Il résulte des expériences auxquelles M. Seguin s'est soumis qu'un homme à jeun et dans un état de repos, et dans une température de 26°, (Réaumur) consomme par heure 1210 pouces d'air vital (oxygène); que cette consommation augmente par le froid, et que le même homme, également à jeun et en repos mais dans une température de 13° seulement, consomme par heure 1344 pouces d'air vital. Pendant la digestion cette consommation s'élève à 1900 pouces.

Le mouvement et l'exercice augmentent considérablement toutes ces proportions, M. Seguin étant à jeun et ayant élevé pendant un quart d'heure un poids de 15 livres à une hauteur de 613 pieds, sa consommation d'air vital pendant ce temps a été de 800 pouces, c'est-à-dire de 3200 pouces par heure.

Enfin le même exercice fait pendant la digestion, a porté à 4600 pouces par heure la quantité d'air vital consommée.....

Il résulte de tout ce que nous venons de dire, que la quantité d'air vital que consomment les différents individus est très-variable, et qu'elle n'est rigoureusement la même dans aucune circonstance de la vie.....

Tant que nous n'avons considéré dans la respiration que la seule consommation de l'air, le sort du riche et celui du pauvre était le même, car l'air appartient également à tous et ne coûte rien à personne; l'homme de peine qui travaille davantage jouit même plus complétement de ce bienfait de la nature. Mais maintenant que l'expérience nous apprend que la respiration est une véritable combustion, qui consume à chaque instant une portion de la substance de l'individu, que cette consommation est d'autant plus grande que la circulation et la respiration sont plus accélérées, qu'elle augmente à proportion que l'individu mène une vie plus laborieuse et plus active, une foule de considérations morales naissent comme d'elles-mêmes de ces résultats de la physique.

Par quelle fatalité arrive-t-il que l'homme pauvre qui vit du travail de ses bras, qui est obligé de déployer pour sa subsistance tout ce que la nature lui a donné de forces, consomme plus que l'homme oisif, tandis que ce dernier a moins besoin de réparer?

Pourquoi, par un contraste choquant, l'homme riche jouit-il d'une abondance qui ne lui est pas physiquement nécessaire et qui semblait destinée pour l'homme laborieux? »

On ne se douterait guère en lisant ces paroles empreintes de la charité la plus élevée, que Lavoisier dût périr quelques années plus tard sur l'échafaud révolutionnaire, frappé par des français dont il ne voulait que le bonheur (1)!

Influence des miasmes organiques. — Nous avons dit que la quantité d'acide carbonique contenue dans l'air confiné pouvait servir à mesurer le degré d'insalubrité de cet air; mais nous croyons devoir faire encore remarquer que ce n'est pas l'acide carbonique qui joue le rôle principal dans l'asphyxie par l'air confiné.

La vapeur d'eau qui se dégage, soit de la muqueuse pulmonaire, soit de la surface cutanée, renferme en suspension ou en dissolution, une matière animale putrescible, à laquelle les recherches des physiologistes et les travaux des hygiénistes tendent à faire jouer le principal rôle dans les effets de l'air vicié sur l'économie animale (2).

(1) Nous avons lieu de nous étonner que Paris n'ait pas encore élevé en l'honneur de cet illustre et malheureux savant une statue monumentale digne du grand fondateur de la chimie.

(2) Marvaud. *Etude sur les casernes*, p. 16.

Il résulte des travaux de Becquerel et de Gavarret, que les accidents déterminés par ce dernier ne résultent ni de l'excès de l'acide carbonique, ni de la saturation par la vapeur d'eau, mais bien des *miasmes physiologiques* (Becquerel), des *miasmes putrides* (Gavarret), provenant des diverses sécrétions de l'homme, et tenus, soit en dissolution, soit en suspension dans la vapeur d'eau contenue dans l'air.

En effet, les animaux périssent dans une enceinte parfaitement close, lorsqu'on leur fournit la quantité d'oxygène nécessaire à leur respiration et qu'on absorbe l'acide carbonique à mesure qu'il se forme (Gavarret) (1).

Si l'on place deux oiseaux de même espèce et de même taille sous deux cloches de verre de mêmes dimensions, et si l'on met avec le premier animal une certaine quantité de chaux vive pour absorber l'acide carbonique, et avec le second du charbon animal pour absorber les matières organiques, ce dernier vit beaucoup plus longtemps que l'autre (Mantegazza) (2).

Les miasmes organiques ont donc une influence prépondérante dans l'insalubrité de l'air confiné, et il est parfaitement établi, par ces expériences, que la présence de l'acide carbonique n'est point la cause principale de cette insalubrité.

On admet seulement que les miasmes organiques sont en *proportion directe* de la quantité d'acide carbonique contenue dans l'air confiné.

Acide carbonique produit par la respiration. — Nous venons de voir que la respiration n'est qu'une simple combustion de carbone et d'hydrogène. La combustion de ce dernier corps donne naissance à de l'eau. La transpiration donne également de l'eau mais on n'attache, en ventilation, peu d'importance à la vapeur d'eau ainsi produite, car le volume d'air nécessaire pour la dissoudre est toujours plus que suffisant quand il est basé sur la quantité d'acide carbonique produite par la respiration.

Nous ne considérerons donc ici que le volume d'acide carbonique produit dans les diverses circonstances de la vie.

Influence de l'âge. — Nous empruntons au travail des professeurs Andral (3) et Gavarret, les chiffres suivants, établissant les différences profondes exercées par l'âge de l'homme sur la production en acide carbonique, (exhalé par le poumon seulement).

Age.	Quantités d'acide carbonique par heure en grammes.
8 ans	18,3
15	31,9
16	39,6
16 à 20	41,8
20 à 24	44,7
40 à 60	37,0
50 à 80	33,7

Influence de l'état de veille ou de sommeil (4). — Scharling avait déjà remarqué que la quantité d'acide carbonique diminuait notablement pendant le sommeil. Cette observation a été confirmée par MM. Pettenkofer et Voit, qui ont de plus constaté ce fait important que, pendant le sommeil, l'économie fait provision d'oxygène. Les expériences ont été faites sur un homme de 28 ans, du poids de 60 kil. Exhalaison totale d'acide carbonique pendant 12 heures de

(1) Supplément au Dictionnaire des dictionnaires.
(2) Elementi d'Igiène, p. 229.
(3) *Annales de chimie et de physique*, 1843.
(4) *Dictionnaire de chimie* de Wurtz, article respiration.

jour, (travail modéré), = 532 grammes, soit par heure de jour $\frac{532}{12} = 44^g,3$.
Exhalaison totale d'acide carbonique pendant 12 heures de sommeil = 378 gram. soit par heure de nuit $\frac{378}{12} = 31^g,5$.

Influence du travail musculaire. — Nous avons déjà cité plus haut les différences constatées par Lavoisier, elles ont été confirmées par tous les expérimentateurs: Scharling a constaté qu'un homme qui agitait une lourde massue avait exhalé une quantité d'acide carbonique, pendant ce travail, s'élevant à plus du triple de la quantité qu'il exhalait à l'état de repos.

E. Smith, Pettenkofer et Voit ont confirmé ces observations, d'ailleurs conformes aux principes de la thermodynamique.

E. Smith a obtenu les résultats suivants (1):

Excrétion d'acide carbonique pendant le repos et le travail musculaire:

	Acide carbonique par heure.
Pendant le sommeil	19g,0
Couché	23 ,0
Assis	29 ,0
Marchant, vitesse deux mille à l'heure	70 ,5
— trois —	100 ,6
Montant sur une roue avec une vitesse de 28 pieds, 65 par 1'	189g,6

MM. Pettenkofer et Voit (2) ont expérimenté sur un homme qui se livrait dans leur chambre respiratoire à un travail musculaire violent; voici leurs résultats:

Jour, exercice violent $\frac{885 \text{ grammes}}{12} = 73^g,75$ par heure.

Nuit, repos $\frac{399}{12} = 33^g,25$ par heure.

La quantité d'acide carbonique pendant le travail a été comptée pour 12 heures, mais il est évident qu'il y a eu pendant ces 12 heures des alternatives de repos. Nous porterons donc cette quantité à 80 grammes par heure de travail continu.

Influence de la température. — Elle a été reconnue et justement appréciée par Lavoisier. La température propre des animaux à sang chaud étant sensiblement constante, il est clair que l'abaissement de la température extérieure doit avoir pour conséquence une augmentation dans la production de chaleur et, par conséquent, une exaltation dans l'activité respiratoire. Les habitants des pays froids ont besoin, pour s'échauffer et pour maintenir la température de leur corps à 37°, de brûler une plus grande quantité de carbone et d'hydrogène que les habitants des pays tempérés, car ils doivent faire face à des différences de température de près de 100°, entre la température de leur corps et celle de l'air extérieur (—59 + 37 = 96)... (3)

De là des conséquences importantes, non-seulement au point de vue de la respiration, mais encore de la nutrition et du régime; cet excès de carbone et d'hydrogène que l'habitant des contrées glaciales est obligé de brûler, doit lui être fourni chaque jour par sa nourriture, et la composition de celle-ci doit être en rapport avec les besoins respiratoires.

(1) *Revue scientifique*, 1867, p. 89.

(2) *Respiration*, *Dictionnaire de chimie* de Wurtz.

(3) Cette température de — 59 a été constatée à bord de l'*Albert*; voir l'article Hygiène du Dr Nicolas.

On sait que les Esquimaux et les Lapons consomment, non-seulement une quantité considérable d'aliments, mais encore absorbent de la graisse en abondance.

Malheureusement les expériences précises manquent sur ce point important, on n'a guère expérimenté que sur des animaux; il serait cependant utile de connaître cette influence précise sur l'homme, afin de pouvoir déterminer les volumes d'air nécessaires à la ventilation des habitations froides, et des navires voyageant dans les mers glaciales.

Influence des maladies. — Cette influence doit être notée ici, car elle a un rapport direct avec le volume d'air nécessaire à la ventilation des hôpitaux.

M. Doyère a étudié la respiration chez les cholériques et il a trouvé que dans la période algide de cette maladie la quantité d'acide carbonique exhalée est très-faible, et diminue en même temps que la température.

L'influence de la fièvre a été constatée par MM. Leyden et Liebermeister (1). Il résulte de leurs expériences que la quantité absolue d'acide carbonique éliminée dans un temps donné est considérablement augmentée, puisqu'elle est à la quantité exhalée par un sujet normal comme 1,5 est à 1.

Pendant la période d'apyrexie, Liebermeister a pu même constater que la production d'acide carbonique arrivait à la proportion énorme de 2,5 fois la normale (2).

Mais cette période étant de courte durée nous prendrons le rapport 1,5 comme valeur moyenne de l'exhalaison d'acide carbonique dans la fièvre.

Cette augmentation considérable d'acide carbonique démontre clairement pourquoi il faut beaucoup plus d'air dans les hôpitaux que dans les locaux ordinaires.

Ainsi, à l'hôpital de Vincennes on avait cru pouvoir réduire la ventilation à 30^{m3} par lit et par heure, mais on a été obligé de rétablir la ventilation à raison de 60^{m3} par lit, surtout pour les salles de fiévreux (3).

En récapitulant tous les résultats des expériences ci-dessus, nous avons formé le tableau suivant, qui donne les quantités approximatives moyennes d'acide carbonique, exprimées en litres, le litre pesant $1^{g},98$, nous avons à dessein arrondi les nombres, afin de pouvoir les comparer plus facilement:

ACIDE CARBONIQUE EXHALÉ PAR L'HOMME EN UNE HEURE :

Enfant de 8 à 10 ans	10 litres.
— 15 ans	16 —
— 16 ans	20 —
Homme de 20 ans	21 —
— 24 ans	23 —
— 40 à 60 ans	18 —
— moyenne de 24 à 60 ans	20 —
— 60 à 80 ans	17 —
— moyenne en sommeil	15 —
— — en travail	40 —
— malade et fiévreux	30 —

Volumes d'air nécessaires à la respiration. — Un certain nombre d'hygiénistes ont traité cette importante question, et nous devons constater un désaccord complet entre leurs résultats.

Péclet, dans sa 2e édition du Traité de la chaleur, avait fixé à 6^{m3} par personne et par heure, le volume d'air maxima nécessaire à la respiration.

(1) Claude Bernard: Leçons sur la chaleur animale et sur la fièvre, p. 420.
(2) Weber, *Élévation de la température dans la fièvre*, Paris 1872 p. 36.
(3) Général Morin, *Etudes sur la ventilation*, tome II, p. 39.

Plus tard dans sa 3e édition il éleva ce chiffre à 7 et 11^{m3}, en se basant sur les quantités de vapeur d'eau à dissoudre par heure, tome III, p. 30; mais plus loin dans le même volume p. 302, il conseille, sans aucune explication, une ventilation de 60^{m3} pour les hôpitaux; on voit que tout cela était fort obscur et que Péclet n'est point parvenu à donner une base fixe et raisonnée sur les quantités d'air nécessaires à la respiration pour les différents édifices à ventiler.

En 1843, une commission présidée par Arago concluait de ses recherches, au sujet de la prison Mazas, que le chiffre de la ventilation devait être porté à 10^{m3}.

La ville de Paris, en 1852, demandait pour l'hôpital Lariboisière, une ventilation de 10^{m3} dans les chauffoirs, et de 20^{m3} dans les salles des malades.

D'autre part le général Morin (1), s'était assuré, par des expériences précises, qu'une ventilation de 15^{m3} n'était pas suffisante pour assainir le grand amphithéâtre du Conservatoire des arts-et-métiers, et il avait été conduit à regarder le volume de 30^{m3} comme un *minimum nécessaire*.

D'autres expériences faites en 1852, dans la salle des séances de l'Académie des sciences, ont fait voir qu'une extraction de 29^{m3} était parfois insuffisante.

Enfin, des observations plus récentes dues à MM. Grassi, Trélat, Péligot, Thomas et Laurens, général Morin; ont montré qu'une évacuation de 60 à 70^{m3} n'empêche pas toujours l'air d'avoir une odeur désagréable.

Dans la dernière édition, 1874, de son manuel de chauffage, le général Morin semble d'abord s'être arrêté aux nombres suivants qui nous paraissent suffisants, et que la pratique a paru consacrer:

Hôpitaux ordinaires.	60^{m3}.
Ateliers, moyenne	80^{m3}.
Casernes, —	40^{m3}.
Théâtres, —	40^{m3}.
Écoles d'enfants.	12 à 15^{m3}.
Écoles d'adultes.	25 à 30^{m3}.

Ces chiffres, bien supérieurs à ceux que l'on admettait il y a quelques années, n'ont rien d'exagéré et sont pour la plupart basés sur des observations directes faites dans des édifices où la ventilation paraissait suffisamment abondante. Mais malgré ces résultats très-suffisants pour la pratique, le général Morin ne s'est pas tenu pour satisfait, et il a voulu introduire dans ces formules fort simples, un élément qui est venu y jeter un trouble profond.

Dans une note communiquée à l'Académie des sciences, 1873, le général Morin a cru devoir faire entrer dans ces recherches la considération du volume de la pièce à ventiler, et il a donné une nouvelle formule qui conduit tout simplement à donner d'autant moins d'air par personne qu'il y a plus d'espace dans la pièce ventilée, c'est-à-dire que plus une pièce est vaste moins il la ventile.

C'est le contraire qui est ordinairement suivi, avec juste raison. Ainsi, en suivant la formule du général Morin, on arriverait à donner dans une chambre de caserne cubant 90^{m3}, par homme, une ventilation de 10^{m3} par heure et par homme, soit en 10 heures $90+100=190^{m3}$ par homme, ou une moyenne de 19^{m3} par heure; et, dans une chambre cubant 10^{m3} par homme, on se verrait forcé de porter cette ventilation à 90^{m3} par heure, soit en 10 heures, $10+900=910$, moyenne 91^{m3} par heure. Les hommes placés dans la grande chambre auraient donc eu 19^{m3} seulement par heure à respirer, tandis que ceux placés dans la petite chambre auraient pu disposer de 91^{m3} par heure!

(1) *Etudes sur la ventilation*, tome II, p. 38.

L'insuffisance complète de cette formule nous paraît donc évidente, et cela nous dispense de la donner ici.

Il en sera de même pour la formule de M. Lenz qui, quoique plus exacte que celle du général Morin, est également inapplicable dans le cas d'une ventilation continue, circonstance qu'il faut toujours prévoir en pratique.

Enfin, M. Hudelo a donné tout récemment dans la 4e édition du Traité de la chaleur de Péclet, 1878, tome III, p. 606 les règles suivantes:

« Dans tous les lieux où séjourneront des hommes en état de santé, comme les amphithéâtres, les salles d'assemblées, les théâtres, les prisons, les ateliers où il n'y aura pas de cause spéciale de viciation de l'air; une ventilation effective de 30 mètres cubes par homme et par heure sera suffisante dans *tous les cas.*

Dans les écoles d'enfants et les asiles on peut se contenter de 15^{m3} par enfant.

Enfin dans les hôpitaux on donnera: aux malades ordinaires 100^{m3}; aux varioleux 200^{m3}; aux femmes en couches 300^{m3}. »

En présence d'un désaccord aussi complet entre tous les savants qui ont traité cette importante question d'hygiène, il nous a paru qu'il fallait chercher à la constituer sur des bases vraiment scientifiques, mais dont les résultats soient cependant d'accord avec la pratique expérimentale.

Nous avons d'abord remarqué qu'on était à peu près d'accord sur la proportion d'acide carbonique qu'on ne doit pas dépasser dans la pratique de la ventilation. Le professeur Pettenkofer a, le premier, fixé cette limite à 0,001, en volume, et cette règle est aujourd'hui généralement admise par les hygiénistes.

La quantité d'acide carbonique contenue dans l'air normal est, comme nous l'avons constaté plus haut avec le professeur Mohr, égale au maximum à 0,0005 en volume. Il en résulte que la règle de Pettenkofer revient au fond à ne point dépasser pour l'air des habitations humaines, une dose d'acide carbonique plus forte que le *double* de la quantité *maxima* contenue dans l'air normal, car on a: $0{,}0005 \times 2 = 0{,}001$.

Ce premier point posé, il devient facile de calculer les volumes d'air nécessaires pour réduire au $^1/_{1000}$ les quantités d'acide carbonique produites par l'homme en une heure; il suffit de se reporter au tableau que nous avons donné plus haut, exprimant, en litres, l'acide carbonique exhalé dans la plupart des circonstances qui peuvent se rencontrer en pratique. Si nous prenons pour exemple de ce simple calcul, la recherche du volume d'air moyen nécessaire à l'homme entre 24 et 60 ans, nous aurons évidemment en nommant x le volume cherché, et en se rappelant que l'homme exhale 20 litres en moyenne à ces âges:

$$0^{m3},02 + 0{,}0005\,x = 0{,}001\,x \text{ d'où l'on tire } x = 40^{m3} \text{ par heure.}$$

A l'aide de cette formule fort simple, nous avons enfin obtenu les volumes d'air suivants, qui s'accordent fort heureusement avec ceux généralement consacrés par la pratique:

VOLUMES D'AIR NÉCESSAIRES A LA RESPIRATION, CALCULÉS PAR LA FORMULE DE A. WAZON.

Écoles d'enfants de 8 à 10 ans	20^{m3}.
— — de 10 à 15 ans	30^{m3}.
— d'adultes	40^{m3}.
Casernes et prisons, de jour	40^{m3}.
— — de nuit	30^{m3}.
Bureaux	40^{m3}.
Théâtres	40^{m3}.
Hôpitaux ordinaires	60^{m3}.
Ateliers de fatigue	80^{m3}.

Vapeur d'eau produite par la respiration et la transpiration. — La quantité totale de vapeur d'eau produite par l'homme a été mesurée avec précision par MM. Pettenkofer et Voit, à l'aide de leur magnifique chambre d'expériences (dont on trouvera les dessins dans le *Dictionnaire de chimie* de Wurtz, article respiration); ces savants ont constaté qu'un homme de 20 ans, en repos, pouvait produire en 12 heures de jour jusqu'à $0^{k},696$ grammes de vapeur d'eau, soit 58 grammes par heure; nous pensons donc qu'on pourrait prendre le chiffre de 60 grammes comme un *maxima*, pendant le repos de jour. Pendant le travail, cette quantité de vapeur d'eau s'est élevée jusqu'à 1425 grammes, en 12 heures; soit 118 grammes par heure. Le nombre 120 grammes pourrait dont être pris comme un *maxima* pendant le travail.

La ventilation par homme en repos étant réglée à 40^{m3} par heure, chaque mètre cube d'air devra donc dissoudre $\frac{60}{40} = 1^{g},5$ de vapeur d'eau, ce qui n'a rien d'exagéré.

Pour le cas des ateliers où chaque ouvrier reçevrait 80^{m3} par heure, on aurait également. $\frac{120}{80} = 1^{g},5$: Les volumes d'air que nous avons personnellement indiqués plus haut, suffisent donc largement, dans les cas les plus extrêmes, à dissoudre et à enlever toute la vapeur d'eau produite par la présence de l'homme.

Chaleur produite par l'homme. — Nous avons vu plus haut que la respiration n'était qu'une combustion lente de carbone et d'hydrogène; la respiration est donc toujours accompagnée d'une production de chaleur variable en raison directe de sa propre intensité.

Cette quantité de chaleur serait en moyenne, d'après le professeur Gavarret (1), égale à 2,3 calories par kilogramme et par heure. Le poids moyen de l'homme étant d'environ 65 kilogrammes, il en résulte qu'un homme produit par heure $169^{cal},5$ environ en moyenne.

M. G. A. Hirn a fait sur ce sujet des expériences directes, au moyen d'une guérite calorimètre assez grande pour contenir un homme assis ou travaillant sur une roue verticale.

Il a obtenu pour la moyenne de production de chaleur par l'homme assis $\frac{200+140}{2} = 170$ calories (2) nombre identique à celui de Gavarret.

L'homme travaillant très-activement sur une roue verticale lui a donné une production de 255 calories par heure (3), quantité précisément égale à une fois et demie la moyenne, 170, de l'homme assis, $\frac{170}{2} \times 3 = 255$ calories.

Si nous cherchons maintenant la quantité de chaleur produite par l'homme malade, par le fiévreux par exemple, nous trouvons, d'après les expériences calorimétriques directes du professeur Liebermeister (4), qu'un fiévreux pesant seulement 39 kilog, perd 172 calories par heure, soit $4^{cal},41$ par kilog; un fiévreux du poids moyen de 65 kilog. perdrait donc par heure $65 \times 4,41 = 308$ calories; quantité considérable, mais dont l'élévation ne doit pas nous surprendre, puisque nous savons déjà qu'un fiévreux peut exhaler 1,5 à 2 fois la quantité normale d'acide carbonique exhalée par l'homme en santé; il est clair

(1) Chaleur produite par les être vivants p. 512.
(2) Conséquences philosophiques de la thermodynamique p. 39.
(3) *Théorique mécanique de la chaleur*, 1875, tome I, p. 40.
(4) Élévation de température dans la fièvre par J. Weber p. 22.

qu'une combustion plus forte doit nécessairement donner lieu à une production de chaleur plus considérable.

Les différentes quantités de calories produites par l'homme échauffent l'air des habitations dans une proportion que nous allons rechercher. Observons d'abord que dans le cas d'une ventilation efficace, la vapeur d'eau produite par l'homme ne se condensant pas, il y a lieu de tenir compte de la portion de chaleur humaine employée à la vaporiser, et de déduire cette portion des quantités totales produites par heure.

Nous avons vu plus haut que l'homme en repos produit environ 60 grammes de vapeur par heure, ces 60 grammes nécessitent environ $618 \times 0,06 = 37$ calories desquelles il faut retrancher la quantité de chaleur émise par le refroidissement de la vapeur, de 37° à 20°, soit $17 \times 0,47 = 8$ calories, d'où $37 - 8 = 29$, et enfin $170 - 29 = 141$. Nous admettrons donc que l'homme en repos produit 140 calories environ par heure, déduction faite de la chaleur de condensation de la vapeur qu'il produit.

Ces 140 calories peuvent échauffer les 40^{m3} d'air de ventilation de:

$$\frac{140}{40 \times 1^{k},3 \times 0,237} = 11,3 \text{ degrés environ.}$$

Pour le cas de l'homme en travail nous trouvons: production de vapeur 120 grammes par heure, d'où perte par la vapeur $= 29 \times 2 = 58$ calories ; production de chaleur totale $= 255$ calories, d'où en retranchant 58, il reste 197 calories.

Nous admettrons donc que l'homme en travail produit 200 calories environ, déduction faite de la chaleur de condensation de la vapeur produite. Ces 200 calories peuvent échauffer les 80^{m3} d'air de ventilation de:

$$\frac{200}{80 \times 1^{k},3 \times 0,237} = 8^{\circ},1.$$

On voit, par ces résultats numériques, que malgré une abondante ventilation, l'air extrait subit encore une notable augmentation de température, et qu'il s'échaufferait de façon gênante si on supprimait toute ventilation, ainsi qu'on le fait trop souvent dans la plupart de nos salles de réunion, où indépendamment de la chaleur produite par les personnes, il vient s'y ajouter la grande quantité de chaleur produite par la combustion des matières éclairantes.

Il ne faut donc pas s'étonner des souffrances qu'on éprouve dans presque tous les lieux de réunion, qui se traduisent surtout par une sensation de chaleur souvent intolérable, qu'il serait cependant possible d'éviter par une ventilation méthodique établie avec soin et dirigée avec un *bon vouloir* intelligent.

Volumes d'air nécessaires à l'éclairage. — 1° *Éclairage par bougie de l'Étoile.*

Le kilogramme d'acide stéarique ($C^{36}H^{36}O^{4}$) produit par sa combustion environ $2^{k},785$ grammes d'acide carbonique, soit $\frac{2785}{1,98} = 1406$ litres de ce gaz.

Une bougie de l'étoile brûle environ 11 grammes par heure, et produit ainsi $15^{lit},45$ d'acide carbonique. Si nous adoptons la règle de Pettenkofer et la formule que nous avons proposée plus haut pour la respiration de l'homme, il viendra: $0^{m3},01545 + 0,0005\,x = 0,001\,x$, et en opérant on trouve $30^{m3},9$.

On peut donc compter qu'il faudra 30^{m3} d'air par heure et par bougie de l'étoile pour réduire la dose d'acide carbonique de l'air confiné au $^{1}/_{1000}$.

L'eau formée par la combustion de 1 kilogr. d'acide stéarique pèse 1^{k},140 gr. chaque bougie de l'étoile produira donc 12,5 grammes d'eau par heure, qui seront, on le voit, facilement dissous par les 30^{m3} d'air de ventilation alloués à chaque bougie. Enfin le kilogr. d'acide stéarique donnant par sa combustion 9715 calories, chaque bougie de l'étoile brûlant 11 grammes donnera par heure 106 calories. Ces 106 calories pourront donc échauffer les 30^{m3} d'air de ventilation d'une quantité égale à: $\frac{106}{30 \times 0,308} = 11,4$ degrés.

2° *Éclairage à l'huile de colza.* — L'huile de colza se compose en moyenne de (1): 0,71 carbone + 0,105 hydrogène + 0,185 oxygène = 1. D'après cette composition l'acide carbonique produit par la combustion de 1 kilogr. d'huile de colza, donnerait environ 1325 litres de ce gaz. Une lampe Carcel brûlant 42 grammes d'huile par heure, produit donc 55^{lit},65 d'acide carbonique. En appliquant la méthode indiquée plus haut il vient: $0,^{m3}05565 + 0,0005x = 0,001x$, et en opérant on trouve 111^{m3},3. On peut donc compter qu'il faudra environ 112^{m3} d'air par heure, et par lampe Carcel, pour réduire la dose d'acide carbonique de l'air confiné au $^{1}/_{1000}$.

L'eau formée par la combustion de 1 kilog d'huile pèse environ 0^{k},945 gr. ce qui donne 40 grammes par lampe, quantité assez forte, mais qui sera cependant enlevée facilement par les 112^{m3} d'air extrait. Enfin, le kilogr. d'huile de colza dégagera par sa combustion 9250 calories, ce qui donne par lampe Carcel une production de 390 calories par heure.

Ces 390 calories pourront donc échauffer les 112^{m3} de ventilation de:

$$\frac{390}{112 \times 0,308} = 11 \text{ degrés.}$$

3° *Eclairage au gaz ordinaire.* — La combustion de 1 mètre cube de gaz donne, d'après les analyses de Payon, (2) un volume de 0^{m},837 litres d'acide carbonique.

Le bec Bengel, donnant une lumière égale à celle de la lampe Carcel brûlant 42 grammes, brûle par heure 105 litres de gaz; il donne donc 88 litres d'acide carbonique par heure. Ces 88 litres exigeront $\frac{0,088}{0,0005} = 176$ mètres cubes d'air pour réduire la dose d'acide carbonique de l'air confiné au $^{1}/_{1000}$.

La combustion de 1 mètre cube de ce gaz produit 1^{k},250 grammes d'eau; ce qui donne 131 grammes d'eau par bec, quantité déjà considérable, mais qui pourra encore être dissoute en entier par les 176^{m3} d'air extrait. Enfin la combustion de 1 mètre cube de gaz produit 6814 calories (sans condensation); ce qui donne lieu, par bec brûlant 105 litres, à une production de 715 calories par heure. Ces 715 calories pourront donc échauffer les 176^{m3} d'air de ventilation

$$\text{de } \frac{715}{176 \times 0,308} = 13 \text{ degrés.}$$

4° *Éclairage au gaz oxyhydrique.* — En 1872, l'ingénieur F. Leblanc a fait de nombreuses expériences photométriques sur les différents systèmes d'éclai-

(1) Tresca, Machines à vapeur p. 137.
(2) Précis de chimie industrielle, 4° édition, tome II, p. 612.

rage de l'ingénieur Tessié du Motay (1). Nous ne rapporterons pas les résultats de celles qui ont été faites sur le gaz carburé artificiellement, ce procédé étant peu pratique et assez dangereux; mais nous relevons au rapport de F. Leblanc p. 65, un résultat assez important d'expériences faites en brûlant un mélange d'oxygène et de gaz ordinaire non carburé; l'économie faite sur le *volume* de gaz lumière employé s'est élevée jusqu'à 4,7, ce qui réduisait dans la même proportion la quantité d'acide carbonique produite, ainsi que la chaleur introduite par la combustion du gaz. Il est donc regrettable, au point de vue de l'hygiène respiratoire, qu'on n'ait pu donner suite à ces essais d'éclairage oxyhydrique.

5° *Éclairage à l'électricité.* — D'après les expériences de l'ingénieur Fontaine (2), une lampe électrique donnant une lumière égale à 100 becs Carcel, brûle par heure 5 centimètres de charbon de cornue, de 1 centimètre carré de section, soit par heure 5 centimètres cubes; la densité de ce charbon étant d'environ 2,35 (Knapp), on consomme donc par heure un maximum de 12 gr. de charbon. Ces 12 grammes donneront $\left(\frac{12}{6}=2\right), 2\times 22=44$ grammes d'acide carbonique, soit environ 22 litres de ce gaz.

Pour réduire la dose d'acide carbonique au $^1/_{1000}$ il faudra $\frac{0,022}{0,0005}=44$ mètres cubes pour 100 becs. Si nous comparons ce volume d'air, très-réduit, à celui exigé pour le gaz ordinaire, qui s'élève à 176^{m3} par bec, soit pour 100 becs à 17600^{m3}, nous trouvons que l'éclairage au gaz exige un volume d'air: $\frac{17600}{44}=400$ fois plus considérable que celui nécessaire à l'éclairage électrique.

Cette énorme proportion indique hautement tout ce que l'hygiène des édifices aurait à gagner par la substitution de l'éclairage à l'électricité à celui du gaz, si dangereux, si échauffant, et si complétement insalubre.

Extraction de l'air vicié. — Il serait bien désirable d'extraire l'air vicié à l'endroit précis où il prend naissance ; mais si on peut à la rigueur envelopper un appareil d'éclairage au moyen d'une gaîne transparente, (ce qui est déjà une cause de sujétion et de dépense); il est impossible d'envelopper la tête ou le corps de l'homme, et on est bien obligé de reconnaître qu'il faut extraire l'air vicié par la respiration à l'endroit où il se porte et se cantonne de préférence. Pour reconnaître exactement la zone où se porte l'air vicié, on a été conduit à faire des expériences d'analyse de l'air confiné, dont nous allons donner les principaux résultats.

Analyses de l'air confiné. — La recherche de la composition chimique de l'air confiné a été opérée pour la première fois par Lavoisier; il en donne la description suivante (3):

« Puisque l'air de l'atmosphère ne peut entretenir que pendant un certain temps la vie des animaux qui le respirent, puisqu'il s'altère à mesure qu'il est respiré, on peut en conclure que la salubrité de l'air doit être plus ou moins diminuée dans les salles de spectacle, dans les lieux d'assemblées publiques,

(1) Rapport sur le nouvel éclairage oxyhydrique, 1872.
(2) Éclairage à l'électricité, 1877, p. 63.
(3) Lavoisier, édition Dumas, tome II, p. 683, et Mémoires de l'Académie des sciences, 1785.

dans les salles des hôpitaux, dans tous les endroits où un grand nombre de personnes se rassemblent, surtout si l'air y circule lentement et difficilement.

Il m'a paru intéressant de déterminer jusqu'à quel point allait cette altération; pour y parvenir, j'ai choisi à l'hôpital général le dortoir le plus bas, celui où un plus grand nombre de personnes se trouvait rassemblé dans un espace étroit, enfin celui qui, sous ce point de vue, m'a paru le plus malsain; je m'y suis transporté à la pointe du jour et avant l'heure où on en fait l'ouverture; je m'y suis introduit à l'instant où la porte a été ouverte et j'ai recueilli deux flacons de l'air de cette salle, l'un pris dans le bas, c'est-à-dire au niveau du plancher inférieur, l'autre dans la partie haute et le plus près que j'ai pu du plancher supérieur. Le premier de ces deux airs, celui qui avait été pris dans le bas, n'était que médiocrement altéré; il s'est trouvé contenir sur cent parties en volume:

Air vital	23,5	parties.
Gaz acide carbonique	1,5	—
Gaz azote	75	—
Total	100,0	

L'air pris dans le haut de ce même dortoir avait souffert une altération beaucoup plus considérable, il contenait:

Air vital	22	parties.
Gaz acide carbonique	3	—
Gaz azote	75	—
Total	100	

J'ai tenté de faire les mêmes épreuves sur l'air des salles de spectacle. Les comédiens français étaient alors établis aux Tuileries, et c'est dans leur salle que j'ai opéré. J'ai choisi un jour où l'affluence des spectateurs était très-grande, et, muni de deux flaçons pleins d'eau, j'ai vidé l'un dans le haut de la salle, dans une petite loge qui avait été fermée pendant tout le temps du spectacle; l'autre dans le bas du parterre, quelques instants avant qu'on en sortît.

L'air recueilli au parterre ne m'a pas présenté de différences très-sensibles avec l'air du dehors; mais il n'en a pas été de même de l'air recueilli dans le haut de la salle; sur cent parties, il s'est trouvé contenir:

Air vital	21	parties.
Gaz acide carbonique	2,5	—
Gaz azote	76,5	—
Total	100	

D'où l'on voit que la proportion d'air vital contenue dans l'air se trouvait sensiblement diminuée dans la partie haute de la salle. Il serait à souhaiter que ces expériences pussent être répétées plus en grand avec des appareils plus commodes..... Il en résulterait immanquablement des connaissances précieuses sur la construction des salles de spectacle, sur celle des hôpitaux, sur celle de tous les lieux où le public se porte en grande affluence.....

Je me trouve forcé de remettre à une seconde partie ce que j'ai à dire sur les altérations que produisent dans l'air la combustion des lampes, des bougies, des chandelles, du charbon; les enduits de plâtre frais et la peinture à l'huile...

Il me restera à considérer, dans une troisième partie, l'air de l'atmosphère, non pas comme un fluide aériforme susceptible de se décomposer, mais comme un agent chimique qui peut se charger, par voie de dissolution et même d'une sorte de division mécanique, de miasmes d'une infinité d'espèces. On est effrayé quand on pense que, dans une assemblée nombreuse, l'air que chaque individu respire a passé et repassé un grand nombre de fois, soit en tout, soit en partie, par le poumon de tous les assistants, et qu'il a dû se charger d'exhalaisons plus ou moins putrides; mais de quelle nature sont ces émanations? Jusqu'à quel point diffèrent-elles dans un sujet ou dans un autre, dans la vieillesse ou dans la jeunesse, dans l'état de maladie ou de santé? Quelles précautions pourrait-on prendre pour neutraliser ou pour détruire l'influence dangereuse de ces émanations? Il n'est peut-être aucun de ces points dont l'examen ne puisse donner prise à l'expérience, et il n'en est pas plus important pour la conservation de l'espèce humaine.

Tous les arts marchent rapidement vers leur état de perfection; celui de vivre en société, de conserver dans leur état de force et de santé un grand nombre d'individus réunis ensemble, de rendre les grandes villes plus salubres, la communication des maladies contagieuses moins facile, est encore dans son enfance. »

On voit, par ce large programme d'expériences, que Lavoisier avait prévu toutes les questions à étudier, et qu'il avait saisi la haute et grave importance des conséquences de ces études pour l'hygiène publique.

Nous devons constater, avec regret, que les expériences sur l'air confiné sont encore aujourd'hui peu nombreuses, bien qu'il y ait bientôt un siècle qu'elles étaient conseillées par Lavoisier.

Nous en possédons cependant assez pour pouvoir en conclure que l'air confiné offre son maximum de viciation vers le plafond, et son minimum vers le plancher, ainsi que Lavoisier l'avait justement constaté.

Ces deux résultats si importants ont été constatés par: Gay-Lussac et de Humboldt (1);

Bérard, Cadet de Gassicourt, d'Arcert et Marc (2);

L'air recueilli à l'Opéra-Comique par F. Leblanc, (3) un peu avant la fin du spectacle contenait, au parterre, 0,0023, en poids. d'acide carbonique; tandis que dans la partie la plus haute de la salle, la dose d'acide carbonique s'élevait à 0,0043, en poids, soit près du double.

Le professeur Lassaigne (4) a également constaté, dans son amphithéâtre, après une leçon à de nombreux élèves, une diminution de l'oxygène à la partie haute, et à ce même point une dose d'acide carbonique plus forte qu'au niveau du plancher.

Nous devons au professeur Léonce Reynaud, l'observation suivante qui vient à l'appui de celle de Lassaigne (5): « un des éminents directeurs de l'École Polytechnique, frappé de voir qu'un grand nombre d'élèves étaient punis pour s'être endormis pendant les cours, remarqua que c'étaient plus particulièrement ceux qui occupaient les *bancs supérieurs* de l'amphithéâtre; il voulut assister de là à plusieurs leçons, et il déclara que, quelque fût le mérite du professeur et l'intérêt du sujet, il n'avait jamais pu se tenir éveillé jusqu'à la fin de la séance. Nous voudrions pouvoir ajouter qu'on s'empressa de remédier au mal. »

(1) Journal de physique, de Lamétherie, 1805.
(2) Annales d'hygiène, 1829.
(3) Annales de chimie et de physique 1842.
(4) Annales d'hygiène, 1846.
(5) Traité d'architecture, tome II.

Le professeur Roscœ a également trouvé (1) que l'air recueilli *le même soir*, dans un théâtre, au parterre et aux galeries différait notablement, celui du parterre contenait 0,0026, en volume, d'acide carbonique; tandis que celui des galeries donnait une proportion de 0,0032 du même gaz.

Parmi les analyses publiées par Angus Smith (2), nous citerons les résultats suivants : l'air d'une étude, au niveau de la table, contenait 0,0011 d'acide carbonique, en volume; au niveau du plafond, et à la même heure, l'air contenait 0,0015 du même gaz.

Nous devons au professeur Coulier, du Val-de-Grâce, les observations suivantes (3) :

L'air vicié par la respiration et la combustion est plus léger que l'air ordinaire, en raison de sa température et de la vapeur d'eau qu'il contient. On croit généralement le contraire parce que cet air renferme de l'acide carbonique, mais c'est là une erreur.

L'acide carbonique rend en effet l'air expiré plus lourd, mais son effet est contre-balancé et bien au-delà par la température et la vapeur d'eau. La somme algébrique de ces quantités est finalement une diminution de densité. On peut la démontrer au moyen de calculs élémentaires, et d'expériences parmi lesquelles je citerai les suivantes :

A. La fumée de tabac, en s'échappant de la pipe ou de la bouche du fumeur tend à s'élever, et non à tomber sur le sol.

B. Si on place trois bougies à des hauteurs différentes, sous une cloche d'une trentaine de litres, la plus *haute* s'éteint la première, et ainsi de suite.

C. Si dans une salle où se trouve une réunion nombreuse et tranquille, on vient à *déguster* l'air à hauteur d'homme, et au ras du plafond, en entrant brusquement dans la pièce après être resté quelques minutes dehors, on trouve que l'air au plafond est beaucoup plus infect.

D. L'expérience des bougies se répète tous les jours dans les salles de spectacle, où les spectateurs deviennent la cause de la viciation de l'air. Tout le monde sait combien il y a de différence entre l'air du parquet et celui des loges élevées. La différence du prix des places traduit en partie la gêne qu'on éprouve à mesure qu'on s'élève.

Ces expériences paraissent trancher nettement la question, il est évident que la bouche de sortie doit être placée au niveau où l'air est le plus vicié.

Remarquons avec le professeur Fonssagrives (4), que sur les navires à étages élevés, il a fallu installer de longues tringles de suspension pour les hamacs des marins, permettant de placer ces hamacs et les hommes qu'ils contiennent à une distance suffisante de la partie supérieure du logement, là où la chaleur est la plus forte et où l'air est le plus impur.

Nous citerons encore d'après Péclet (5), les expériences du professeur Pettenkofer, de Munich. A l'hôpital de la Maternité de Munich, ce savant a constaté que l'acide carbonique au niveau du parquet d'une salle non ventilée, donnait les quantités suivantes, en volume : 0,00220; 0,0024; 0,00227; tandis qu'au niveau du plafond il atteignait les proportions suivantes : 0,00269 et 0,00263. Dans une autre salle ventilée, il a trouvé à $0^m,17$ du sol 0,0037 et 0,0039 d'acide carbonique; et à $0^m,6$ au-dessous du plafond 0,0068 et 0,0074 du même gaz.

Enfin, il faut bien remarquer aussi que l'oxyde de carbone se porte égale-

(1) *Tomlinson*, Warming and Ventilation, 1869, p. 206.
(2) Report on the air of mines and confined places 1864, p. 13.
(3) *Annales d'hygiène*, 1873.
(4) *Hygiène navale*, p. 221.
(5) *Traité de la chaleur*, 4e édition, tome III, p. 607.

ment à la partie supérieure des pièces. Les expériences de Claude Bernard, de Gréhant et d'Urbain, ont nettement établi cet effet. Le général Morin constate (1) que le sang des lapins placés à la partie inférieure de la pièce ne parait pas avoir subi d'altération notable; sans doute par suite de l'influence de l'air extérieur *plus pur* et plus froid qui *s'étalait sur le plancher.*

On a remarqué que les lapins placés à la partie supérieure de la salle avaient la respiration très-précipitée. Enfin, l'analyse du sang des lapins placés à la partie supérieure a donné des quantités considérables d'oxyde de carbone.

Au contraire, le sang de ceux placés au niveau du sol n'en contenait pas la moindre trace au bout de trois jours d'un chauffage actif, opéré au moyen d'un poêle de fonte porté au rouge, et produisant de grandes quantités d'oxyde de carbone. Il faut donc reconnaître que l'oxyde de carbone, qui est souvent produit par l'éclairage au gaz, à une tendance prononcée à se cantonner dans le haut des pièces.

Conséquences. — Nous conclurons donc de toutes ces expériences qu'il serait nécessaire d'extraire l'air vicié près du plafond des pièces et dans leur partie la plus haute.

Mais il n'en peut être toujours ainsi, car dans la saison froide il en résulterait que l'air chaud fourni par les calorifères s'échapperait directement sans avoir échauffé par contact les murailles des édifices; il y a donc une réserve à faire de ce côté pour la période d'échauffement des salles de réunion.

Si, au lieu de vouloir échauffer la pièce, on désire la rafraîchir, comme il arrive le plus souvent pour les théâtres et les salles de réunion, il devient *indispensable* d'extraire l'air vicié par le plafond. Il est donc nécessaire de se ménager les moyens de faire circuler l'air de haut en bas pour échauffer les salles, et de le faire circuler de bas en haut pour les rafraîchir.

La réunion de ces deux procédés réalisée à l'Opéra de Vienne, par le savant professeur Bohm, a permis d'y produire une ventilation parfaite, jointe à un chauffage excellent.

Ne pouvant poser ici d'autre règle générale sur l'emplacement des bouches d'extraction, nous nous réservons de donner les détails nécessaires en traitant des différentes applications.

Introduction de l'air pur. — Les prises d'air pur doivent être placées dans un endroit bien aéré et à l'abri de toute cause d'infection ou d'insalubrité.

Des dispositions, spéciales à chaque système de chauffage employé, doivent être prises pour échauffer cet air avant son introduction; il faut surtout se ménager les moyens d'interrompre ou de rétablir rapidement le chauffage de cet air pur, afin de pouvoir faire face à tous les besoins différents et variés du chauffage ou du rafraîchissement de l'édifice.

La vitesse de l'air dans les conduites d'amenée doit être assez faible et ne doit pas dépasser deux mètres par seconde.

La vitesse de l'air aux bouches intérieures d'introduction doit être plus faible encore quand elles sont rapprochées des personnes, et ne doit pas dans ce cas dépasser 1/2 mètre par seconde au maximum.

En principe, il faudrait introduire l'air pur le plus près possible des personnes, afin de les entourer d'une atmosphère privée de toute impureté et dont l'air n'ait point déjà été altéré par la respiration des autres personnes ou par la combustion des lumières.

(1) Annales du Conservatoire, tome VII, p. 494.

Il faudra donc chercher à se rapprocher le plus possible de cette solution théorique.

D'un autre côté l'air vicié se portant au plafond, il paraît tout indiqué qu'il faudrait introduire l'air par le plancher ou dans son voisinage, ce qui aurait le double avantage de fournir de l'air pur près des personnes et d'éviter un mélange avec l'air respiré ou comburé s'échappant par en haut. Cette solution est certainement la meilleure en principe, et il faudra toujours chercher à s'en rapprocher le plus possible quand on ne pourra, pour d'autres motifs, l'appliquer dans son entier. Il arrive parfois, en effet, que des raisons d'économie, de simplicité ou de convenance, empêchent sa mise en pratique, nous nous réservons donc de discuter la valeur de ces raisons en traitant des applications, et particulièrement en étudiant la ventilation des théâtres et des salles de réunion.

SYSTÈMES DE VENTILATION.

Ventilation naturelle. — La ventilation naturelle des habitations consiste simplement dans la mise en communication, par des ouvertures plus ou moins directes, de l'atmosphère extérieure avec l'air contenu dans l'intérieur de l'édifice. L'ouverture des fenêtres et des portes, l'établissement des cheminées et canaux d'aérage constitue donc un système très-simple de ventilation, qui peut fonctionner spontanément grâce à la vitesse du vent ou à la différence de température de l'intérieur à l'extérieur.

La vitesse du vent produit des effets connus de tout le monde et nous nous dispenserons d'y insister.

La différence de température donne lieu à deux effets très-distincts, selon que la température est plus forte à l'intérieur ou qu'elle est au contraire plus faible. Quand la température est plus forte à l'intérieur, l'air confiné est nécessairement plus léger que l'extérieur, d'où sa tendance bien connue à s'échapper par le haut des pièces, des cages d'escalier et par l'ouverture supérieure des cheminées; l'air extérieur plus frais et plus dense pénètre dans ce cas par le bas des pièces et des escaliers, et il en résulte une ventilation parfois trop active donnant lieu, surtout l'hiver, à des courants d'air froid.

Quand la température est au contraire plus haute à l'extérieur, l'air froid des habitations étant plus dense que l'air extérieur, il se produit nécessairement des sorties d'air par le bas des pièces, des escaliers et des cheminées sans feu.

Cet effet des cheminées donne lieu souvent à des odeurs de suie, indiquant parfaitement le sens du courant d'air, qu'on constate d'ailleurs facilement avec une bougie allumée.

Franklin paraît être le premier physicien qui ait publié une explication exacte des effets qui se produisent dans les cheminées sans feu pendant les chaleurs de l'été; il les décrit ainsi : (1)

« A propos des cheminées, je me rappelle une de leurs propriétés, que j'ai eu autrefois occasion d'observer, et à laquelle je ne me rappelle pas que personne ait fait attention. C'est que dans l'été, lorsqu'on ne fait point de feu dans les cheminées, il y a néanmoins un courant régulier d'air, qui y monte continuellement depuis environ 5 à 6 heures du soir, jusque vers 8 à 9 heures du matin, où ce courant commence à s'affaiblir et à balancer pendant quelque peu, pendant environ une demi-heure, après quoi il se met à descendre avec la même

(1) *Œuvres de Franklin*, édition française 1773, tome II, p. 202.

force, et continue dans cette nouvelle direction jusque vers 5 heures du soir, où il s'affaiblit de nouveau et balance de même, tantôt montant un peu, et tantôt descendant pareillement un peu, pendant l'espace d'une demi-heure environ, après quoi il se rétablit un courant vers 8 à 9 heures du matin suivant. Les heures varient un peu, suivant que les jours s'allongent et se raccourcissent, et un changement de temps subit les fait quelquefois varier aussi..... Si vous voulez savoir mon sentiment sur la cause de ces variations du courant de l'air dans les cheminées, le voici en peu de mots :

« Pendant l'été, il y a généralement parlant, une grande différence par rapport à la chaleur à midi et à minuit, et conséquemment une semblable différence par rapport à sa pesanteur spécifique, puisque plus l'air est échauffé, plus il est raréfié.

« Le tuyau d'une cheminée étant entouré presqu'entièrement par le reste de la maison, est en grande partie à l'abri de l'action directe des rayons du soleil pendant le jour, et de la fraîcheur de l'air pendant la nuit, il conserve donc une température moyenne entre la chaleur du jour et la fraîcheur de la nuit, et il communique cette même température à l'air qu'il contient. Lorque l'air extérieur est plus plus froid que celui qui est dans le tuyau de la cheminée, il doit le forcer par son excès de pesanteur, à monter et à sortir par le haut. L'air d'en bas qui le remplace, étant échauffé à son tour par la chaleur du tuyau, est également poussé par l'air plus froid et plus pesant des couches inférieures; et ainsi le courant continue jusqu'au lendemain, où le soleil, à mesure qu'il s'élève, change par degrés l'état de l'air extérieur, le rend d'abord aussi chaud que celui du tuyau de la cheminée (et c'est alors que le courant commence à vaciller), et bientôt le rend même plus chaud. Alors le tuyau étant plus froid que l'air qui y entre, le rafraîchit, le rend plus pesant que l'air extérieur, et conséquemment le fait descendre; et celui qui le remplace d'en haut étant refroidi à son tour, le courant descendant continue jusque vers le soir, qu'il balance de nouveau et change de direction, à cause du changement de la chaleur de l'air du dehors, tandis que celui du tuyau qui l'avoisine se maintient toujours à peu près dans la même température moyenne...

« Permettez-moi d'ajouter encore ici une observation : c'est que si la partie du tuyau de cheminée qui s'élève au-dessus du toit de la maison, est un peu longue, et qu'elle ait trois de ses côtés successivement exposés à la chaleur du soleil, savoir ceux qui sont exposés au levant, au midi et au couchant, et que le côté tourné au nord soit défendu des vents froids du nord par les bâtiments attenants, il pourra souvent arriver qu'une telle cheminée soit si échauffée par le soleil qu'elle continue à tirer fortement de bas en haut pendant toutes les 24 heures, et peut-être pendant plusieurs jours de suite. « B. FRANKLIN. »

L'explication de Franklin est parfaitement exacte et on peut également l'appliquer aux effets des courants d'air qui se produisent dans une cage d'escalier, et même dans une maison entière, qu'on peut considérer alors comme une grande cheminée.

Ces effets de la *différence de température* ont été récemment utilisés en Autriche, par le professeur Bohm, de Vienne (1), qui les a appliqués à la ventilation des écoles et des hôpitaux, avec plus ou moins de succès.

La ventilation naturelle est encore produite d'une autre façon par la porosité des matériaux composant les murailles des habitations; porosité qui donne lieu

(1) *Stand des Ventilations*, prof. Sicard v. Sicardsburg. Wien, 1866 et Ventilation und Heizung, L. Degen, Münchar 1867.

à des phénomènes de diffusion des gaz. Le professeur Pettenkofer a le premier, en 1867, croyons-nous, mesuré ces effets, mais il ne rencontra à cette époque qu'une incrédulité presque générale (1).

Cependant les assertions de Pettenkofer, après avoir avec succès passé par l'épreuve d'un contrôle jaloux, ont aujourd'hui pris rang parmi les vérités scientifiques.

Le professeur Marker (2), comprenant toute l'importance du parti que l'on pouvait tirer de la découverte de Pettenkofer pour la ventilation des habitations, a entrepris un travail expérimental sur la ventilation naturelle, et la porosité de quelques matériaux de construction, et non-seulement il a apporté aux opinions de Pettenkofer une confirmation nouvelle, mais il a démontré que celui-ci, dans l'appréciation de l'intensité de l'échange d'air qui s'opère à travers les murs, est resté bien au-dessous de la vérité.

En effet, Pettenkofer n'avait trouvé pour sa chambre en briques qu'une ventilation de 0m,4 par mètre carré de surface de mur recouverte de plâtre et de papier; tandis que Marker évalue ainsi les quantités d'air qui passent par heure et par mètre carré de mur, de 0m,72 d'épaisseur, sans enduit ni papier :

Grès.	1m³,69	Pisé simple	5m³,12
Calcaire	2 32	Briques humides	1 68
Tuffeau	3 64	Briques sèches	2 83

Ces chiffres apportent une confirmation éclatante aux vues de Pettenkofer sur la perméabilité de la maçonnerie.

Ils confirment également une autre observation de Pettenkofer, par un exemple tiré de la pratique. Ce savant avait trouvé que des briques, préparées pour ces recherches, perdaient considérablement en porosité lorsqu'elles avaient absorbé les plus petites quantités d'humidité. Or, pendant deux jours, dont le premier avait été pluvieux et le second sec, Marker a observé et constaté que pendant le premier jour les murs en briques ne laissaient passer que 1m³,68 d'air par mètre de surface, tandis que le jour suivant ils livraient passage à 2m³,83 d'air. Nous pouvons induire de ce fait que si la brique s'imprègne facilement d'humidité, celle-ci l'abandonne tout aussi promptement et lui restitue ainsi en peu de temps sa primitive aptitude à la ventilation. Les expériences de Pettenkofer ont été également confirmées par celles exécutées par le professeur Hudelo (3), qui a pu opérer sur une série de murs d'épaisseurs différentes et qui s'est assuré que : Le vent avait peu d'influence (ce que nous ne croyons pas parfaitement démontré). Il a constaté comme Marker que les murs mouillés ne laissent passer que 4 à 5 dixièmes de l'air y passant à l'état sec.

Les ingénieurs Geneste et Herscher ont continué ces recherches, et ils exposent, au Trocadéro, l'ingénieux appareil de Hudelo qui a servi à les opérer; cet appareil permet d'expérimenter sur toute espèce de modèle de murs, et les résultats nombreux et variés qui peuvent être obtenus présenteront certainement un grand intérêt pratique au point de vue de la ventilation naturelle et même de la ventilation artificielle, car ils permettront d'apprécier l'influence de la porosité des murs et des gaînes de ventilation sur la quantité d'air introduite ou extraite par *filtration*.

On comprend d'ailleurs l'importance considérable qui s'attache à la question des miasmes et des ferments de maladie qui peuvent, au bout d'un certain

(1) *Leitschrift für Biologie*, 1867, J. h.

(2) Recherches sur la *ventilation naturelle* et la porosité des matériaux, traduction française par J. Leyder, 1873.

(3) 4e édition de Péclet, tome I, p. 234.

temps, saturer les murailles des habitations et des hôpitaux, grâce à ces infiltrations des gaz viciés et miasmatiques. Il y aura donc lieu d'en tenir sérieusement compte dans les applications et, en particulier, pour les écoles, les casernes et les hôpitaux.

La ventilation naturelle, qui place l'homme dans des conditions respiratoires très-rapprochées de celles où il se trouve à l'air libre, est bien certainement la plus hygiénique, et elle est très-supérieure à tous les autres systèmes de ventilation artificielle. Nous en trouverons la preuve au chapitre des hôpitaux, où cette question est abordée à l'aide d'une statistique officielle tout à fait convaincante. Il faudrait donc que les architectes et les ingénieurs, appelés à diriger la construction des édifices privés ou publics, se persuadent bien de la nécessité de cette aération ou ventilation naturelle; ils devraient donc tous, en étudiant leurs plans, ménager et préparer, par des dispositions spéciales, de larges et faciles accès à l'air pur et un prompt écoulement à l'air vicié.

Ventilation par aspiration. — La cheminée peut, ainsi que nous l'avons prouvé à l'article chauffage, constituer à elle seule un système complet de ventilation; elle permet, en effet, d'introduire une quantité variable d'air pur plus ou moins chaud à volonté (voir la cheminée Wazon), et elle assure également l'extraction régulière de l'air vicié, grâce à la dépression intérieure causée par le tirage de la cheminée. Cette dépression interne peut être aussi effectuée par des moyens mécaniques, par exemple, par ventilateur placé dans la cheminée d'extraction, ainsi qu'on l'a fait à la prison Mazas.

Le système de ventilation par aspiration consiste donc essentiellement à créer, au moyen de la chaleur ou d'un appareil mécanique, une dépression interne, qui permet ainsi à l'air extérieur de pénétrer par toutes les ouvertures de l'édifice, et même au travers de ses murailles, grâce à leur porosité bien constatée plus haut. Ce système a pour lui le mérite de la simplicité et il est applicable dans un grand nombre de cas. Il en est cependant où il ne serait plus suffisant pour assurer l'entrée régulière de l'air pur, il faut alors y joindre le système de ventilation par pulsion.

Ventilation par pulsion. — La ventilation par pulsion consiste essentiellement à produire dans les édifices une pression supérieure à celle du dehors.

Elle est toujours produite à l'aide d'appareils mécaniques refoulant l'air pur dans l'édifice, en chassant ainsi l'air vicié au dehors, par des ouvertures spéciales de sortie.

Ce système n'assure cependant pas toujours la sortie régulière de l'air vicié par les ouvertures spéciales, et il est souvent indispensable d'y joindre des dispositions pour appeler cet air vicié par une aspiration énergique dans les canaux d'évacuation; on est ainsi amené alors au système suivant.

Ventilation par pulsion et aspiration combinées. — Pour assurer l'entrée régulière de l'air pur dans un édifice on est parfois amené à l'y introduire par pulsion mécanique, et pour assurer la sortie de l'air vicié il arrive aussi qu'on y applique des appareils d'aspiration. On peut réaliser ainsi une pression *interne égale* à celle de l'extérieur, car d'un côté on a bien augmenté la pression interne par la pulsion de l'air pur, mais de l'autre on a pu la diminuer de la même quantité par l'aspiration de l'air vicié.

Le système combiné de pulsion et d'aspiration permet donc *théoriquement* de supprimer les courants d'air si gênants causés par l'aspiration employée isolément.

Mais en *pratique* il est loin d'en être ainsi, car il faut lutter contre l'action des vents, parfois très-violents, et de la différence de température de l'intérieur à l'extérieur. Nous pensons donc que ce système, qui en *théorie* semble parfait, doit être en *pratique* appliqué avec discernement et à quelques édifices seulement; car il est énormément coûteux d'établissement et d'entretien, et, comme on vient de le voir, il est encore loin d'atteindre les conditions pratiques et hygiéniques qu'on en espérait, ainsi que nous en aurons la preuve en parlant des hôpitaux.

APPAREILS D'OBSERVATION.

Anémomètre Combes. Pl. 4.—Avant l'année 1838 on ne possédait aucun moyen précis de mesurer la vitesse d'un courant d'air, Péclet dans ses expériences sur le tirage des cheminées avait été amené à se servir d'un procédé très-imparfait, qui consistait à dégager, à la base de la cheminée, un filet de fumée très-noire, puis à observer au moyen d'une montre à secondes l'intervalle écoulé entre la production de la fumée et son apparition au sommet de la cheminée. Un pareil moyen ne pouvait, on le voit, présenter l'exactitude suffisante pour des observations précises.

Il était réservé à un savant ingénieur français de résoudre complétement ce problème, et, en 1838, l'ingénieur Combes inventa un anémomètre qui porte encore justement son nom, et dont l'usage est aujourd'hui universellement répandu parmi les ingénieurs et les météorologistes. Combes eut de plus le mérite de donner pour cet excellent instrument une formule d'une rare précision, dont la valeur théorique et pratique a été confirmée par tous les expérimentateurs.

Cet ingénieux instrument, construit d'abord par Neumann, a la forme d'un moulinet dont l'axe est horizontal, et dont le nombre d'ailes varie en raison de ces dimensions; l'axe est disposé pour tourner avec le moins de frottement possible et il est parfois monté dans ce but sur des chapes en pierres dures.

L'axe porte une vis sans fin conduisant une roue verticale de 100 dents, qui avance d'une dent par tour du moulinet, cette roue engrène ensuite au moyen de cames ou de pignons avec d'autres roues formant ainsi un compteur de tours.

Il suffit donc d'introduire cet instrument dans un courant d'air, pendant un certain temps déterminé exactement, pour savoir, au moyen du compteur de tours et de la formule de Combes, combien l'instrument a tourné de fois pendant ce même temps.

La formule de Combes est : $V = a + b N$; dans cette formule N est le nombre de tours de l'anémomètre en 1″, V est la vitesse cherchée du courant d'air en 1″, a et b sont des constantes déterminées par le constructeur chargé de la tare de l'instrument.

Anémomètre Morin, fig. 22.— L'anémomètre du général Morin, construit par Bianchi (1), est complètement fondé sur les principes suivis par Combes ; mais il permet de compter un plus grand nombre de tours et il peut résister à des vitesses plus grandes.

Le moulinet, au lieu d'être situé entre les deux pivots, est en porte-à-faux à

(1) Annales du conservatoire, tome I.

l'extrémité de l'arbre, de manière que le vent peut agir sur toute sa surface sans que les supports lui fassent obstacle. Les ailettes, en plus ou moins grand nombre, sont en aluminium et on leur a donné une forme hélicoïdale et de grandes dimensions. Mais tout avantage a ses inconvénients, et en même temps que la surface utile est agrandie, les résistances des axes sont aussi plus grandes, et l'appareil ne fonctionne pas au-dessous de $0^m,25$ par seconde.

Le procédé de comptage est plus satisfaisant : il rappelle celui des montres à pointage, et il permet de ne commencer l'opération qu'au moment où l'on

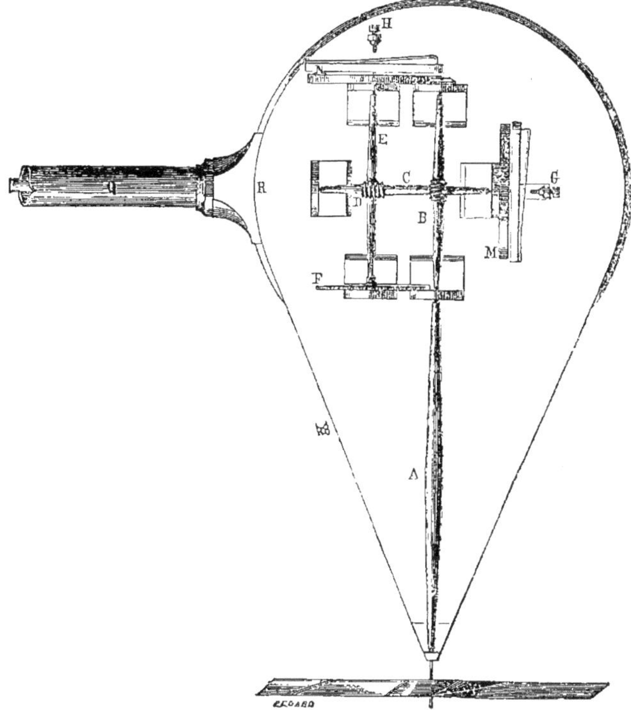

Fig. 22. — Anémomètre Morin, plan.

veut, c'est-à-dire lorsque déjà les ailettes ont pris la vitesse de régime qu'elles conserveront pendant l'expérience.

Nous décrirons en détail les divers organes de cet instrument qui est représenté par les fig. 22, 23 et 24 : L'arbre A, qui porte la roue à ailettes, est renflé en B par une partie filetée qui engrène avec une roue de 100 dents placée au-dessous, et dont l'arbre C est fileté en B comme le précédent. Ce nouveau filet de vis engrène avec une nouvelle roue de 100 dents, dont l'arbre E est muni à son extrémité postérieure d'une came qui fait avancer une troisième roue F, d'une dent seulement à chacune de ses révolutions. Cette dernière roue porte 50 dents, et l'on voit que le nombre des révolutions de l'arbre à ailettes peut être enregistré jusqu'à $100 \times 100 \times 50 = 500{,}000$. Les cadrans M et N, que l'on voit en projection horizontale fig. 22 sont fixes; mais ils sont respectivement traversés par les extrémités des arbres C et E. C'est sur ces extrémités que l'on fixe à frottement les aiguilles qui sont à pointage; les pointes des vis G et H viennent, à un instant donné, frapper sur le ressort qui forme l'une des branches de chacune d'elles, et il ne nous reste plus qu'à décrire le mécanisme à l'aide duquel cette action peut être instantanément produite.

Ces deux vis sont placées aux extrémités supérieures de deux petits balanciers verticaux dont les autres extrémités traversent la plaque qui forme la base de

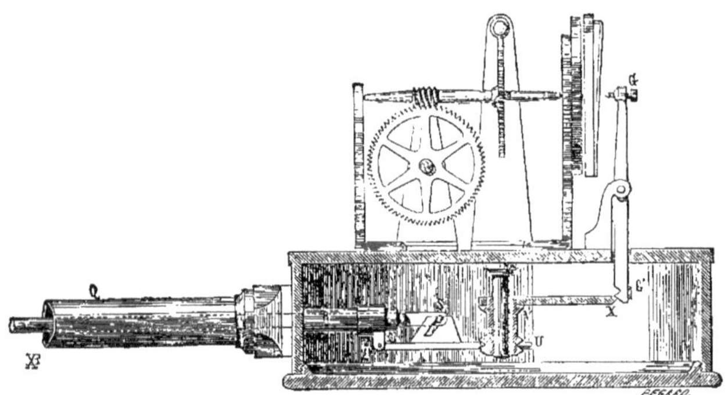

Fig. 23. — Anémomètre Morin, coupe.

l'appareil. L'un de ces balanciers est entièrement représenté en G G' dans la coupe (fig. 23) faite suivant la ligne P. G. R. du plan.

La partie ponctuée R est le prolongement du bouton P placé à l'extrémité du manche P C de l'instrument. Si, dans la position que représente la figure, on tire cette tige dans la direction R S, la fourchette T U basculera autour de

Fig. 24. — Manche d'anémomètre.

la charnière T, fixe par rapport à l'instrument, et le point U entraînera avec lui le canon V, ainsi que son appendice V X, qui ne peut se déplacer sans faire basculer le balancier G G'; dans ce mouvement de bascule la pointe de la vis G appuiera sur l'aiguille et la forcera à pointer à l'encre sur le cadran. Si on pousse la tige R en sens contraire, les effets inverses se produisent pour la rainure S, pour la fourchette T U et pour la pièce V X, et il en résultera un nouveau pointage lorsque le bec X repassera sur le mentonnet correspondant du balancier, qui est d'ailleurs ramené dans sa position après chaque pointage, par un petit ressort G' que l'on voit en coupe sur le dessin. La pièce V X est bifurquée de manière que sa seconde branche agisse de la même façon sur le balancier du deuxième cadran, et il résulte de cette disposition qu'il suffit d'agir sur le bouton P quand déjà le volant à ailettes a pris sa vitesse de régime pour inscrire sur les deux cadrans à la fois le nombre de tours déjà faits au commencement de l'expérience; la même manœuvre indiquera le nombre de tours à la fin, et il suffira de retrancher le nombre donné par la première lecture, de la dernière, pour avoir exactement celui des révolutions effectuées pendant toute la durée de l'observation (Tresca).

Anémomètre totalisateur Morin, à compteur électrique. — Le général Morin a fait construire par l'ingénieur Hardy, un anémomètre qui permet de placer le compteur de tours à une distance assez grande du moulinet, ce qui rend ainsi très-facile le contrôle permanent de la ventilation des édifices.

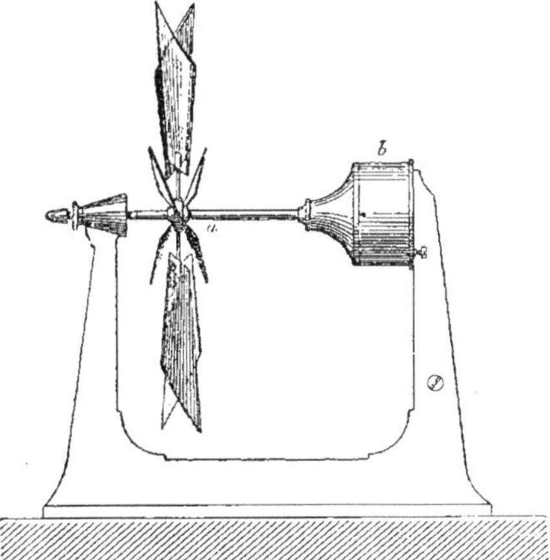

Fig. 25. — Anémomètre électrique.

L'appareil se compose, fig. 25, 26, 27, 28, 29 et 30 (1) d'un arbre en acier portant six ailettes en aluminium, de forme hélicoïdale, ayant un diamètre extérieur de 0m,21 et un diamètre intérieur de 0m,05.

La vitesse de rotation de l'arbre, même sous l'action de vitesses assez faibles de l'air, devant devenir trop considérable pour que les communications électriques pussent être établies directement par cet arbre, il a été nécessaire d'employer un engrenage intermédiaire faisant marcher plus lentement une roue destinée à établir les contacts.

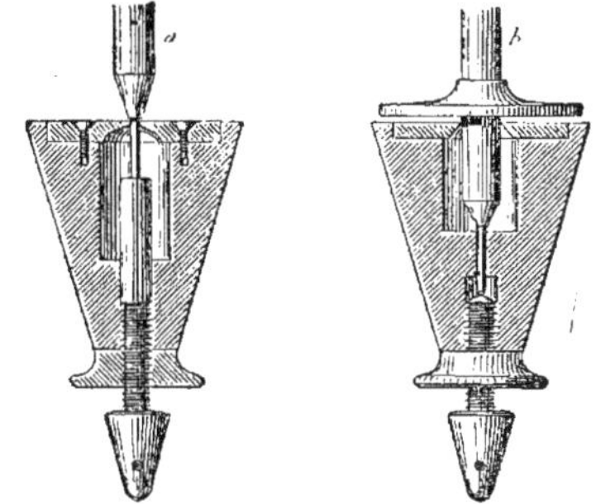

Fig. 26. — Détails de l'anémomètre électrique.

A cet effet, l'arbre porte un petit pignon de 12 dents, qui engrène avec une roue de 72; sur l'axe de celle-ci est monté un autre pignon de 6 dents, qui conduit une roue de 100 dents, dont l'arbre fait par conséquent un tour pour 100 tours de moulinet. Cette vitesse est d'ailleurs assez grande, même quand celle de l'air est faible, puisqu'il suffit alors de prolonger l'expérience pendant quelques minutes pour obtenir des résultats convenablement exacts pour les expériences de ce genre.

Les communications électriques entre l'arbre des ailettes et le compteur ont été très-ingénieusement établies par Hardy, de la manière suivante :

La boîte des contacts fig. 28 contient deux ressorts g et g', qui, selon le sens du mouvement des ailettes, sont, par l'intermédiaire d'un petit ressort auxiliaire p, mis en communication avec deux fils conducteurs, dont l'un aboutit à une paire d'électro-aimants, qui, par leur action, font marcher le compteur dans un sens;

(1) *Annales du Conservatoire*, tome V.

et dont l'autre est en communication avec une autre paire d'électro-aimants, dont la pièce mobile placée en-dessus agit en sens contraire sur la roue à minutes du compteur, en lui faisant ainsi opérer naturellement la soustraction du nombre de tours correspondant à la marche renversée de la ventilation, fig. 29, 30.

Si l'on voulait tenir compte séparément des nombres de tours, ou ce qui revient au même, des volumes extraits et rentrés, il suffirait d'avoir un compteur particulier correspondant à chaque paire d'électro-aimants ou à chaque fil, de sorte que l'un des deux compteurs donnerait le nombre de tours correspondant à l'évacuation, et l'autre le nombre de tours relatifs à la rentrée, s'il s'en produisait, ce qui d'ailleurs, ne devrait jamais arriver dans un service bien fait.

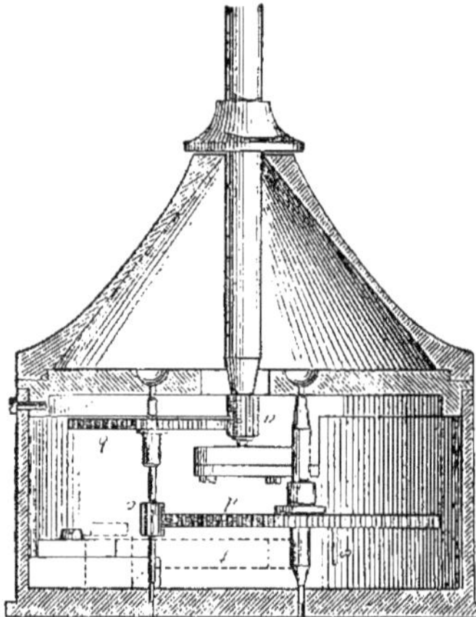

Fig. 27. — Détails de l'anémomètre électrique.

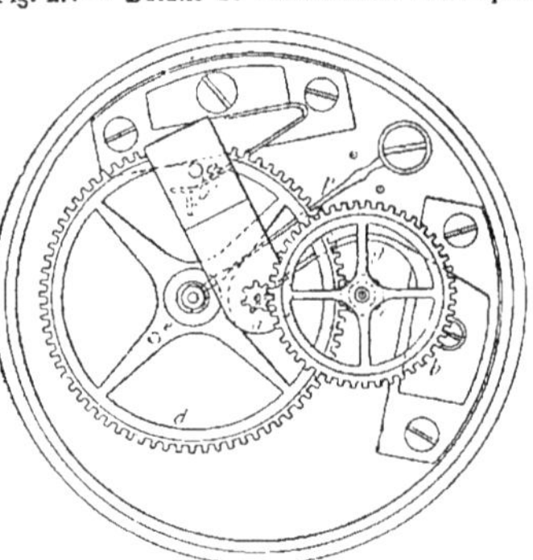

Fig. 28. — Détails de l'anémomètre électrique.

L'appareil fonctionne avec une seule pile Marié Davy, au sulfate de mercure, au moyen de deux courants qui sont alternativement ouverts et fermés. Le fil conducteur de chacun d'eux aboutit d'une part au pied de la monture même du moulinet, et de l'autre à l'électro-aimant qui lui correspond.

Le compteur a cinq cadrans, dont le premier donne les centaines de tours du moulinet jusqu'à 10,000, le second depuis 10,000 jusqu'à 100,000, le troisième de 100,000 à 1,000,000, le quatrième de 1,000,000 à 10,000,000, et le cinquième de 10,000,000 à 100,000,000.

Dans le cas d'une vitesse de 3 mètres, en une seconde, dans la cheminée d'évacuation, ce qui est rare et très-suffisant pour assurer la stabilité de la ventilation, ce compteur pourrait suffire pour observer pendant plus de deux mois, sans ramener les cadrans au zéro.

Afin de s'assurer que les dispositions prises pour éviter l'altération des huiles et l'introduction des poussières avaient atteint le but désiré, l'on a laissé pendant près de deux mois l'appareil exposé à une poussière considérable.

Après ce laps de temps, une nouvelle opération de tarage a conduit à une formule identique à la première.

On voit donc que l'appareil peut être employé avec sécurité pour des observations prolongées, et principalement pour contrôler la régularité d'un service de ventilation.

Tube de Pitot et manomètres. — Les anémomètres sont des instruments fort commodes, mais qui ne peuvent répondre à tous les besoins nécessités par les différentes vitesses de l'air. Pour de grandes vitesses ils fatiguent trop, et on s'expose à les briser ; il est donc nécessaire d'employer des instruments plus solides.

Le tube de Pitot, instrument bien connu des hydrauliciens, convient parfaitement pour suppléer aux anémomètres. On tourne son ouverture, effilée en face du courant d'air, et de la pression indiquée par un manomètre de précision, on déduit facilement la vitesse cherchée, à l'aide de la formule de Tresca : $V = 123\sqrt{h}$. On peut également employer le tube de Pitot pour la mesure des

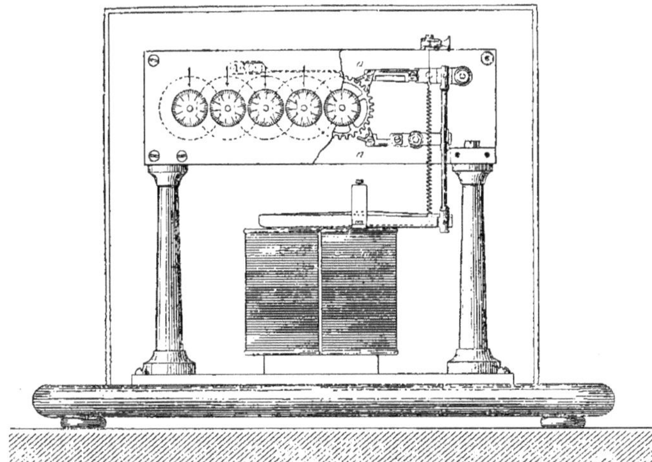

Fig. 29. – Compteur électrique, élévation.

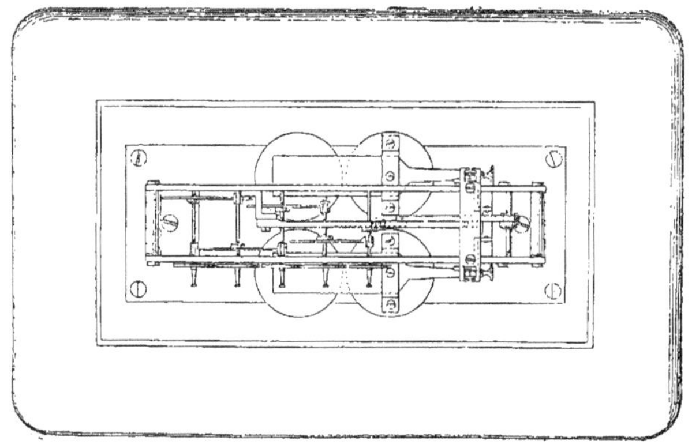

Fig. 30. — Compteur électrique plan.

petites vitesses, mais on doit alors employer des manomètres de grande précision, tels que ceux de Péclet à tube incliné, de Scheurer-Kestner, Brunt, Kretz, ou, enfin, celui très-portatif de Richard frères. Il serait utile d'indiquer sur les cadrans ou échelles les vitesses de l'air correspondant aux dénivellations en eau, on aurait ainsi facilement un instrument donnant un contrôle permanent de la vitesse désirée pour la ventilation, à l'entrée ou à l'extraction ; un manomètre ainsi gradué rendrait surtout de grands services pour l'appréciation continue du tirage des fourneaux industriels, dont ils permettrait de régler l'intensité à tout instant, ce qui conduirait certainement à la réalisation d'importantes économies de combustible.

Hygromètres. — L'air atmosphérique contient toujours de la vapeur d'eau dont la présence peut être constatée, soit à l'aide des substances hygrométriques qui l'absorbent, soit au moyen de corps froids sur lesquels elle se condense.

Le rôle que joue la vapeur d'eau dans l'air est considérable, tant au point de vue de l'hygiène, qu'à celui des altérations qu'elle détermine dans la nature des corps bruts. Il y a donc intérêt à rechercher les conditions qui règlent cette influence, et à expliquer comment elle se trouve dépendre, moins de la quantité réelle de la vapeur, que de l'état de saturation où elle se trouve.

On appelle état hygrométrique de l'air le rapport qui existe entre la quantité de vapeur d'eau que cet air contient actuellement, et la quantité qu'il pourrait contenir à la *même température* s'il en était saturé. C'est donc la fraction de saturation de l'air.

C'est ce rapport qui constitue l'état de sécheresse ou d'humidité de l'air; etc'est de sa valeur que dépend une des propriétés les plus importantes de ce gaz, celle d'enlever ou de céder de la vapeur d'eau aux corps voisins.

On voit qu'il ne suffit pas pour savoir si un air est sec ou humide, de connaître la quantité absolue de vapeur d'eau qu'il renferme, mais qu'il faut connaître également la quantité de vapeur d'air qui saturerait cet air pour la température à laquelle il se trouve. De là résulte une conséquence importante; c'est qu'un air peut être très-humide avec peu de vapeur, et très-sec, au contraire, avec une quantité de vapeur beaucoup plus considérable. L'air chaud de l'été contient, en général, plus de vapeur d'eau, sous le même volume, que l'air froid de l'hiver; et, cependant, il est d'ordinaire beaucoup plus sec; c'est qu'à raison de sa température plus élevée, la vapeur d'eau qui s'y trouve est plus éloignée du terme où elle serait à saturation.

Hygromètre de Saussure. — Lorsqu'un cheveu, convenablement préparé, est plongé dans un air plus ou moins humide, il subit, dans ses dimensions et particulièrement dans sa longueur, des changements qui dépendent, non de la température, mais de l'état hygrométrique de cet air. Le cheveu s'allonge par l'humidité, se raccourcit par la sécheresse, et chacune de ses dimensions est relative à un état hygrométrique particulier pour lequel elle peut ainsi servir de mesure.

Tel est le principe de l'hygromètre à cheveu de Saussure, qui consiste en un cadre sur lequel est tendu un cheveu bien dégraissé, s'enroulant sur l'axe d'une aiguille indicatrice, qui se meut sur un cadran divisé en degrés égaux.

La graduation égale de ce cadran ne répond pas, comme on pourrait d'abord le penser, à des degrés proportionnels à la saturation de l'air. Il faut avec cette graduation se reporter à une table spéciale due à Gay-Lussac et dont nous donnons un aperçu sommaire à la page suivante.

On voit clairement, d'après ce tableau, que les indications de l'hygromètre Saussure sont loin d'être proportionnelles à l'état hygrométrique; ainsi lorsque ce dernier est 0,5, c'est-à-dire quand l'air renferme la moitié de la vapeur qu'il peut contenir, l'hygromètre marque 72 degrés Saussure.

La forme donnée à l'hygromètre par Saussure le rend peu transportable et extrêmement fragile, aussi son emploi est encore peu répandu, malgré son incontestable utilité.

Hygromètre Monnier, (*Naudet, constructeur, à Paris*). — Le physicien français Mounier a pu fort heureusement modifier la forme primitive de l'hygromètre à cadran. Il est parvenu à l'enfermer dans une boîte plate cylindrique formant cadran, et mettant ainsi le cheveu à l'abri de tout accident; cet excellent instrument devenu aussi facile à transporter qu'un baromètre Vidie, a enfin rendu facile l'emploi de l'hygromètre à cheveu, le seul qu'il soit possible de recommander aux praticiens; car tous les hygromètres, de Leroy, Daniell, August, Regnault, Alluart; exigent des précautions trop minutieuses pour la pratique des observations sommaires et rapides.

Les hygiénistes sont d'accord pour indiquer le degré 72° Saussure, comme le plus satisfaisant dans l'intérieur des habitations. Il faut donc chercher à donner à l'air de ventilation ce degré d'humidité, qui correspond à un état de saturation égal à 0,5.

TABLE DE GAY-LUSSAC.

DEGRÉS Saussure.	ÉTAT hygrométrique.	DEGRÉS Saussure.	ÉTAT hygrométrique.
0	0,0	79	0,6
22	0,1	85	0,7
29	0,2	90	0,8
53	0,3	95	0,9
64	0,4	100	1,0
72	0,5		

APPAREILS DE VENTILATION.

Cheminées d'appel Pl. IV. (1).—Nous ne reviendrons pas ici sur les détails de contruction des cheminées, que nous avons complètement décrits à l'article *chauffage*, mais nous allons donner un aperçu de leur effet utile comme appareil d'aspiration.

Les savants, fort nombreux, qui se sont occupés de la théorie du tirage des cheminées n'ont point encore pu trouver une formule donnant des résultats exacts en pratique. Nous sommes donc dispensés de faire une étude complète de ces formules inexactes; nous donnerons cependant un aperçu des bases qui ont servi à les établir; l'exposé suivant, emprunté à Knapp (2), nous a paru le plus propre à en faciliter la compréhension.

« La cheminée, destinée en principe à diriger la fumée à l'extérieur, a, en outre, comme fonction essentielle, de déterminer l'appel de l'air nécessaire à la combustion, et d'assurer son renouvellement au fur et à mesure qu'il se dépouille de son oxygène.

D'une manière générale, la cheminée se compose d'un conduit vertical dont la hauteur est ? fonction des dimensions de la section horizontale.

Le mouvement de l'air dans la cheminée est dû à son échauffement et à l'excès de sa température sur celle de l'air extérieur.

Au début, la cheminée est remplie par une colonne d'air froid, qui fait équilibre, à l'extérieur, à une colonne de même section. En s'échauffant, l'air de la

(1) Voir l'article *Cheminées d'usine*, par M. L. Droux.
(2) *Chimie technologique*, tome Ier, p. 323.

cheminée se dilate, devient plus léger et, par suite, l'équilibre se trouve détruit. Si on prend, par exemple, une cheminée d'un mètre carré de section et de 50 mètres de hauteur, contenant par conséquent 50 mètres cubes d'air à zéro, cet air pèse 64k,8. A la température de 100 degrés il ne pèse plus que 47k,5, soit 17k,3 en moins. Cette différence de poids détermine la pression en vertu de laquelle l'air extérieur pénètre dans la cheminée. Si l'on imagine les deux colonnes d'air ramenées à une même température et celle de l'extérieur portée à 100 degrés, comme celle de la cheminée, cette colonne extérieure se dilatera et, en vertu de sa moindre densité, prendra une hauteur plus considérable. La colonne intérieure d'air à 100 degrés a, comme précédemment, 50 mètres, celle de l'extérieur 68m,2; la différence sera donc de 18m,2. Cette différence de hauteur mesure la vitesse de mouvement de l'air; elle se maintient tant que le foyer échauffe la cheminée.

Le calcul qui précède a été fait, en supposant l'air porté à 100 degrés, mais il est facile, en partant des lois de la dilatation de l'air, d'établir un calcul analogue pour tous les cas. L'air se dilate de $1/_{274}$ de son volume primitif par chaque degré d'augmentation de la température; sa dilatation, pour l'unité de volume, sera donc de $\frac{t^{\circ}}{274}$ pour un accroissement de t°.

Si l'on compare des cheminées de même section dont les volumes d'air sont entre eux dans le rapport des hauteurs h, comptées verticalement d'un orifice à l'autre, la différence de hauteur des deux colonnes d'air, à l'intérieur et à l'extérieur de la cheminée sera, $\frac{h t^{\circ}}{274}$, expression qui représente l'excès de pression de le colonne extérieure. On voit que cet excès de pression est proportionnel à la hauteur de la cheminée h et à l'excès t° de la température de l'air à l'extérieur sur celle de l'intérieur. Cet excès de pression détermine la quantité d'air qui passe dans une cheminée, pendant l'unité de temps, et dont il est facile de calculer la vitesse. La vitesse d'écoulement d'un fluide est, en effet, égale, d'une manière générale, à celle que prendrait un corps de même masse, en tombant d'une hauteur S, équivalente à la différence de charge, c'est-à-dire qu'on a $v = \sqrt{2gS}$; dans le cas d'une cheminée, S est égal à l'excès de poids de la colonne extérieure $\frac{ht}{274}$, et l'on a par suite la formule générale :

$$v = \sqrt{\frac{2 \times ght}{274}}$$

Cette relation indique que le tirage, c'est-à-dire la vitesse de l'air dans la cheminée, augmente avec la hauteur h et la différence de température t entre l'extérieur et l'intérieur, mais simplement comme les racines carrées de ces quantités.

HAUTEUR DE LA CHEMINÉE.	TEMPÉRATURE dans la CHEMINÉE	VITESSE DE L'AIR PAR 1"	
		calculée.	observée.
mètres.	degrés.	mètres.	mètres.
4,1	66	4,5	1,7
10,6	136	10,3	2,9
14,0	162	12,8	3,3
16,8	170	14,5	3,5

La formule qui précède permet donc d'établir les principes généraux du tirage dans les cheminées, mais on n'en saurait déduire, pour chaque cas, des dimensions pratiques admissibles. Si effectivement on compare les valeurs de v, déduites de la formule, avec les vitesses observées expérimentalement, on remarque des écarts très-sensibles. Ainsi, pour des cheminées en tôle, par exemple, on trouve les chiffres du tableau précédent :

On voit que la vitesse réelle est notablement inférieure à la vitesse théorique. Les causes de déperdition de vitesse sont multiples; il y a d'abord le frottement que subissent les gaz dans leur trajet, le refroidissement de ces gaz, et enfin la résistance qui résulte de ce qu'ils s'échappent dans l'atmosphère, au lieu de s'échapper dans le vide.

Nous voyons donc qu'il est à peu près impossible d'employer pratiquement ces formules théoriques.

En pratique, on admet généralement qu'une cheminée d'appel bien établie doit donner à l'air une vitesse de 2 à 3 mètres par 1″ pour un échauffement de 20°, quand la canalisation de l'air appelé est courte. Pour une canalisation longue et tortueuse, l'échauffement de l'air devra être porté à 30 ou 40° pour lui donner la même vitesse de sortie de 2 à 3 mètres par 1″, nécessaire pour éviter le refoulement par le vent à l'ouverture supérieure de la cheminée.

Le professeur Tresca a fait en juin 1866 (1), de nombreuses expériences sur la ventilation par la chaleur, dans la grande cheminée d'appel du conservatoire *continuellement* chauffée.

Le nombre de mètres cubes évacués par kilogrammes de houille, s'est élevé à 1836 M^3 pour une vitesse de $1^m,22$ et en déduisant la part afférente à la ventilation naturelle qui était d'environ $0^m,42$ par 1″, le volume extrait par kilogramme serait encore de près de 1500 M^3.

Des effets utiles bien moins favorables ont été observés en 1870, sur la cheminée aspirante du Palais-Bourbon (2) en service *intermittent*. La consommation par jour s'est élevée à 2182 kg. pour une ventilation de 18785 M^3 à l'heure, soit de 84532 M^3 pour 4,5 heures de séance; chaque kilogramme de houille n'a pu évacuer que $\frac{84532}{2182} = 38 M^3,74$, ce qui est extrêmement faible.

Un résultat aussi mince indique déjà, sans qu'il soit besoin d'insister, que les cheminées d'appel sont tout à fait impropres à l'appareil d'entraînement par l'eau pendant la saison chaude, et qu'il y aurait lieu dans ce cas, d'employer des appareils plus énergiques et d'un rendement plus élevé.

APPAREILS DE VENTILATION PAR ENTRAINEMENT PAR L'EAU.

Trompes. — La trompe est un appareil très-simple qui peut rendre de grands services quand on dispose d'une chute d'eau ; son effet utile n'est, il est vrai, que d'environ 15 %, mais son entretien est presque nul, et elle peut donner un courant d'air frais, puisqu'elle a été en contact avec une masse d'eau froide et pulvérisée dans sa chute.

Cette machine se compose d'un tuyau vertical en bois, dans lequel on laisse tomber l'eau. Le haut du tuyau est muni d'un entonnoir conique par lequel l'eau s'introduit; cet entonnoir donne lieu à la formation d'une veine liquide,

(1) *Annales du conservatoire*, tome VII.
(2) *Annales du conservatoire*, tome IX.

qui n'occupe pas toute la largeur du tuyau et qui tend à entraîner dans son mouvement l'air qui se trouve autour d'elle. Des ouvertures permettent à cet air intérieur de suivre le mouvement descendant de l'eau, sans qu'il en résulte un vide dans le haut du tuyau, puisque l'air entraîné est remplacé par l'air extérieur, qui entre par les ouvertures latérales supérieures.

Par cette disposition l'intérieur du tuyau est constamment parcouru de haut en bas par un mélange d'air et d'eau. Le tuyau débouche inférieurement dans une caisse fermée. La colonne descendante vient se briser sur une petite tablette, destinée à faciliter la séparation de l'air et de l'eau. L'air se loge dans le haut de la caisse, et y possède une force élastique supérieure à celle de l'air atmosphérique; en vertu de cet excès de pression, il se rend, par une conduite, dans les locaux où il doit être employé, soit à des foyers ou fourneaux, ou bien à la ventilation des édifices et des mines.

Cet appareil donnant un jet très-régulier pourrait être employé avec avantage dans le système de ventilation par l'air comprimé, dû à l'ingénieur Piarron de Mondesir, où il aurait l'avantage d'introduire un certain degré de rafraîchissement dans l'air pur entraîné.

Les proportions des trompes ont été l'objet d'une savante étude due à Tom-Richard (1) qui est parvenu à les déterminer d'une façon très-heureuse.

Combes s'en est également occupé (2), il conseille, d'accord avec d'Aubuisson, de multiplier les arbres creux quand on veut utiliser un grand volume d'eau pour aspirer un grand volume d'air, et de donner à la caisse et au porte-vent de grandes sections permettant la circulation de l'air sous de petites pressions pour en augmenter le volume.

Entraînement par l'air. Appareils à air comprimé. — La première application des appareils ventilateurs agissant par entraînement d'air à grande vitesse, paraît avoir été faite par l'ingénieur français Piarron de Mondesir, dans le creusement des tunnels de la ligne de Bologne à Florence (3); l'aérage de ces tunnels était produit à l'aide d'un petit ventilateur centrifuge qui lançait de l'air légèrement comprimé dans une espèce d'injecteur Giffard placé au centre d'un tuyau, on obtenait ainsi un entraînement d'air considérable par rapport au volume d'air directement soufflé.

L'air comprimé sortant de l'ajutage central, forme par sa détente un véritable piston gazeux qui pousse devant lui l'air contenu dans le tuyau. Cet air est remplacé par de l'air nouveau entrant par l'autre bout du tuyau, et un courant général très-régulier s'établit ainsi dans le tuyau.

L'air comprimé joue donc le rôle d'un moteur direct, et entraîne avec lui une masse d'air atmosphérique. On peut multiplier et placer en tous les points d'un vaste édifice les injecteurs d'air nécessaires à sa ventilation, en comprimant de l'air dans un réservoir central, d'où partent les conduites d'air comprimé; sur ces conduites on branche des injecteurs assurant la régularité de l'introduction de l'air pur à chaque prise d'air pur extérieur; l'extraction de l'air vicié est aussi facilement obtenue par l'injection d'un jet d'air dans chaque cheminée d'extraction. Le professeur Tresca, a soumis les appareils Piarron de Mondesir à des expériences précises (4), et il a trouvé que chaque cheval-vapeur pouvait entraîner en moyenne 6600 M³ d'air par heure, pour des vitesses de $2^{m},28$ à $3^{m},17$. Pour une vitesse égale à $1^{m},20$, l'entraînement par cheval s'est élevé à 11500 M³. Si la machine dépensant 3^{kg} de houille par cheval, on pour-

(1) Etudes sur l'art d'extraire le fer.
(2) Aérage des mines.
(3) Pernolet. L'air comprimé, page 526.
(4) *Annales du Conservatoire*, tome VII.

rait obtenir 4000 M³ par kg. de houille, avec de faibles vitesses ; et 2000 M³ avec des vitesses de 2 à 3 mètres par 1". Cet ingénieux procédé de distribution de force ventilante, peut rendre d'utiles services dans les édifices qui ont besoin d'une force très-divisée, et qui présentent de nombreuses ouvertures d'introduction d'air pur et d'extraction d'air vicié,

APPAREILS AGISSANT PAR ENTRAINEMENT.

Entraînement par la vapeur. Injecteurs à vapeur. — L'injection de vapeur appliquée à l'entraînement de l'air a été pratiquée par l'ingénieur Méhu, elle a été fort bien étudiée par Glépin qui rapporte dans son mémoire sur la ventilation des mines, les principaux résultats suivants : Avec des jets de vapeur à 5 atmosphères, l'appareil Méhu produisait le plus grand travail utile lorsqu'il était composé de 6 tuyaux de 1 mètre de longueur sur $0^{m},2$ de diamètre, et de 6 bases à vapeur cylindriques de $0^{m},006$ de diamètre intérieur, l'effet utile s'est élevé à 5,5 %.

Cet effet utile est bien faible, mais il nous paraît dû en grande partie à la mauvaise disposition de l'appareil. Les buses soi-disant annulaires employées n'avaient pas d'accès d'air au centre, (1) et les tuyaux d'aspiration d'air étaient cylindriques dans toute leur longueur, quand ils auraient dû recevoir la forme d'un cône divergent, utilisant par succion la plus grande partie de la force vive possédée par l'air aspiré à grande vitesse.

Le professeur Tresca a étudié les effets de l'entraînement de l'air par des jets de vapeur, dans la cheminée d'appel du Conservatoire (2) ; il a constaté que chaque kilogramme de vapeur pouvait, avec un jet cylindrique de $0^{m},005$ de diamètre, entraîner 105 M³ d'air ; la valeur moyenne par kilog. de vapeur s'est trouvée être d'environ 90 M³ à la vitesse moyenne de $0^{m},94$ par 1". Il a conclu de ces expériences qu'on peut compter, même dans de mauvaises conditions d'installation, sur un débit d'air de plus de 600 M³ par kilog. de houille.

L'ingénieur Siemens a étudié avec soin cette question de l'application de la vapeur à la propulsion des gaz, et il est arrivé à construire un injecteur qui, avec de la vapeur à 3 atmosphères, fait un vide de $0^{m},61$ de mercure (3) et donne un effet utile égal à celui que l'on obtient avec les souffleries et les pompes à air.

L'injecteur Siemens est une espèce de tuyère dans laquelle la vapeur arrive en jet très-mince, sous la forme d'une colonne creuse cylindrique, s'échappant d'un orifice annulaire, formé par deux tuyères coniques entre lesquelles la vapeur est amenée par un tuyau latéral.

L'air ou le gaz à mettre en mouvement est introduit par un tuyau latéral de grand diamètre, au moyen d'un second orifice annulaire entourant celui d'arrivée de vapeur, et à l'intérieur du jet de vapeur par la partie centrale, laissée creuse à cet effet. Au centre de cette arrivée d'air centrale, on a fixé un fuseau très-allongé pour empêcher les tourbillons et assurer le contact de l'air et de la vapeur.

Grâce à ces dispositions rationnelles :

La surface de contact de la vapeur et de l'air, considérablement augmentée par la forme annulaire du jet de vapeur et des jets d'air qui l'enveloppent,

(1) Le dessin est donné pl. XVI, du mémoire de Glépin.
(2) *Annales du Conservatoire*, tome VIII.
(3) L'air comprimé, page 139.

accroît dans la même proportion le débit d'air, et l'évasement parabolique graduel du prolongement du tuyau diminue la vitesse des molécules et transforme en pression leur force vive.

Enfin, un ingénieur allemand, Kœrting, de Hanovre, a récemment combiné un ventilateur à jet de vapeur, fondé sur le même principe que celui de Siemens, mais dont la disposition permet d'utiliser la détente du jet central, au moyen d'une série de cônes concentriques, dont l'ensemble débouche dans un cône pl. 4 divergent où la force vive de l'air est utilisée comme dans l'appareil Siemens, et transformée utilement en force d'aspiration.

VENTILATEUR A HÉLICE.

Nous avons vu qu'un courant d'air peut faire tourner *proportionnellement à sa vitesse* un anémomètre placé dans ce courant. L'effet inverse peut être produit si nous faisons tourner un anémomètre dans l'air en repos. Les ailettes frappant l'air obliquement, détermineront sa mise en mouvement d'autant plus rapide que la vitesse de rotation de l'anémomètre sera plus grande. En 1834, Sochet, ingénieur de la marine au port de Toulon, proposa d'appliquer à la ventilation des navires un ventilateur à hélice qui obtint un certain succès, puisque son inventeur fut récompensé par le Conseil des travaux de la marine (1).

Ventilateur Motte, pl. IV. — Cette idée fut reprise, vers 1840, par Motte, ingénieur belge qui conseillait d'employer une *vis pneumatique*, composée d'un cylindre vertical, communiquant par la base inférieure avec les conduits d'aérage, et par en haut avec l'atmosphère, et d'une vis munie d'une poulie, placée dans le cylindre avec lequel elle fait axe commun.

Combes trouvait qu'elle réunissait les conditions principales d'un bon appareil d'aérage; mais il signalait, avec raison, la nécessité d'employer un noyau central cylindrique, afin d'éviter les rentrées d'air qui se produisent dans le voisinage de l'axe, quand celui-ci est d'un faible diamètre. Ces rentrées d'air ont été parfaitement constatées par Glépin (2) dont nous citons les deux observations suivantes :

« Si l'effet utile de la vis de Sauwartan n'est pas plus considérable (24 %), je crois qu'on doit en attribuer la cause, en grande partie, à l'existence de deux courants en sens inverse, qui ont lieu l'un près de l'enveloppe, et l'autre près de l'axe de la vis.

L'effet utile de la vis (24 %) de la fosse Buchère est, sans aucun doute, diminué par l'existence de deux courants en sens inverse, qui s'établissent dans son intérieur, l'un près de l'axe et l'autre près de l'enveloppe.

On m'a dit avoir considérablement diminué l'appel de l'air extérieur par la vis, près de l'axe, depuis qu'on a placé sur le devant de cet appareil, derrière la poulie, une plaque circulaire en tôle de $1^m,7$ de diamètre.

Quoiqu'il en soit, l'existence de ces deux courants est très-sensible, lorsqu'on se trouve placé derrière l'appareil, du côté de la fosse d'aérage. L'air de la mine est appelé par la vis, dans le voisinage de l'axe, tandis qu'un courant considérable, en sens inverse, s'établit sur toute la circonférence de l'enveloppe et se fait sentir jusqu'à une certaine distance de l'appareil. »

(1) Supplément à l'aérage des mines, par Combes, 1841, p. 38.
(2) Mémoire sur les appareils de ventilation des mines, 1844, p. 41 et 45.

Ventilateur Pasquet. — Pasquet, ingénieur belge, est l'inventeur d'un ventilateur à hélice d'une forme spéciale.

Il est composé d'un cône central en tôle, ayant sa base tournée du côté de l'aspiration, et de trois ailes enveloppant le cône central.

L'effet utile de ce ventilateur ne serait en certains cas, d'après Glépin, que de 10 %. Le même observateur a encore constaté que des rentrées d'air extérieur de grande intensité se produisaient dans le voisinage de l'axe de ce ventilateur.

Ventilateur Lesoinne. — Le professeur belge Lesoinne, *a pensé* (1) que le meilleur récepteur de la force du vent devrait donner de bons résultats pour l'extraction de l'air vicié des mines, et il a fait construire un appareil analogue aux ailes des moulins à vent.

Il est formé de six ailes en tôle, rivées sur des rayons en fer qui sont fixés d'un côté à un noyau central, et de l'autre à une couronne circulaire. L'inclinaison de ces ailes est, comme pour les moulins à vent, de 18 à 19° au noyau,

Fig. 31. — Ventilateur Hélice Guérin.

et 6 à 7° à la circonférence. Lorsqu'on donne un mouvement de rotation à cet appareil, l'air glisse sur les ailes et se répand dans l'atmosphère; le vide relatif produit appel de l'air de la mine, qui est chassé à son tour de la même manière.

L'effet utile de cet appareil est évalué *par le calcul* à 26 %.

Ventilateur Guérin. — Guérin, ingénieur de la maison Léon Duvoir, a combiné un ventilateur hélice, dont nous empruntons la description et les effets au général Morin (2) fig. 31.

« Ce ventilateur se compose de deux demi-spires, ayant chacune sept palettes planes en forme de trapèze, inclinées à 38° sur le plan de rotation, et dirigées selon le plan tangent à la surface hélicoïde, qui serait formée par l'axe des bras qui les supportent. Ce ventilateur pouvant, selon le sens de sa marche, servir pour l'aspiration, comme pour l'insufflation, nous l'avons essayé dans les deux cas. »

Dans l'aspiration, l'effet utile moyen, égale environ 9 %.

Dans l'insufflation, cet effet utile moyen, s'abaisse à 4 %.

(1) Péclet, 3e édition, p. 269.

(2) *Annales du Conservatoire*, tome II.

Cette différence est attribuée par le général Morin, aux effets de la force centrifuge.

Nous croyons cependant que cette force n'est pas la cause principale du peu d'effet de ce ventilateur; l'absence d'un noyau central, ainsi que la mauvaise forme donnée aux palettes, qui dans le voisinage de l'axe n'offrent plus de surface résistante à l'air, concourent évidemment à permettre des rentrées d'air vers le centre.

Les expériences du général Morin, devraient être reprises sur des ventilateurs hélices à noyau central et à palettes hélicoïdales continues.

Jusqu'à ce que ces expériences aient été faites, il conviendra de ne pas rejeter les ventilateurs hélices comme de mauvais appareils donnant peu d'effet utile.

Nous croyons qu'au contraire ils sont susceptibles d'applications nombreuses; quand il s'agira, par exemple, de lancer de grands volumes d'air à faible vitesse. Ils ont sur les ventilateurs centrifuges, l'avantage précieux de ne point exiger de changements de direction dans le conduit d'air, et de ne point causer les vibrations sonores qui rendent parfois intolérable l'emploi des ventilateurs centrifuges ordinaires.

Ventilateur Howorth, *exposé en 1878*, pl. IV. — Howorth, ingénieur anglais, est l'inventeur d'un ventilateur à vis, 1858, qui peut être mis en mouvement par la force du vent actionnant une sorte de turbine à air, ou par un moteur quelconque.

Ces ventilateurs sont de plusieurs grandeurs appropriées à leur destination.

Les traits principaux de ce ventilateur sont (d'après l'inventeur) : son chaperon tournant, la vis d'Archimède, et les arrangements intérieurs pour l'huilage, par le moyen desquels le ventilateur tournera de six à huit ans avec le moindre vent et sans aucun bruit. Le chaperon à huit palettes de côté pour laisser sortir l'air chaud et vicié, et pour empêcher la pluie ou la neige de battre l'intérieur; sur le haut du chaperon sont des girouettes courbées sur lesquelles le vent agit en faisant tourner la tête.

L'hélice reliée à la tête par une tige, tourne avec celle-ci, produisant un courant d'air montant, empêchant l'entrée de l'air froid ou d'un courant descendant.

Ce ventilateur d'une construction soignée et d'un entretien facile, nous paraît destiné à rendre des services partout où l'on peut compter sur un vent régulier pour le mettre en mouvement.

Ventilateur Héger, de Vienne. — A l'Opéra de Vienne, le ventilateur de pulsion est une hélice du système Héger, de trois mètres de diamètre; cette hélice offre beaucoup de ressemblance avec la turbine motrice hydraulique de Jonval; elle est précédée et suivie de troncs de cône dirigeant l'air sur la couronne des palettes, et empêchant les pertes de charges par tourbillons.

Sa mise en mouvement a lieu sous l'action d'une machine à vapeur de 12 chevaux; elle peut fournir par heure de 40,000 à 120,000 M^3 d'air pur.

Ventilateur Durenne. — L'ingénieur Durenne a installé à l'Hôtel-Dieu de Paris, un ventilateur hélice dont le modèle est exposé dans la galerie des machines.

La forme de ce ventilateur est presqu'identique à celle d'une hélice motrice de navire.

Nous ne saurions approuver la disposition générale de cette hélice.

L'absence d'un noyau central autour de l'axe de rotation, nous paraît surtout regrettable.

L'effet utile de cet appareil n'a point encore été publié.

Ventilateur Geneste et Herscher, *exposé en 1878.* — A la suite des résultats obtenus par le professeur Ser, à l'Hôtel-Dieu, où il avait fait usage d'un ventilateur hélice, MM. Davioud et Bourdais, architectes-ingénieurs du Palais du Trocadéro, ont cru devoir songer à l'emploi de cet appareil pour la ventilation dela grande salle du Trocadéro.

Les ingénieurs Geneste et Herscher, chargés de construire les appareils, ont fait sur les ventilateurs hélices des expériences nombreuses, dont les résultats les ont décidés à donner à leur ventilateur hélice la forme suivante :

L'axe du ventilateur est garni d'une surface conique d'un assez grand diamètre, sur laquelle sont rivées des palettes hélicoïdales en tôle ne se recouvrant pas, et formant par leur ensemble une couronne annulaire autour du noyau central conique, ou tronc-conique.

Cette couronne annulaire s'évase beaucoup du côté de la sortie de l'air; son enveloppe extérieure a donc aussi la forme tronc-conique.

Ne connaissant pas les résultats des expériences, nous ne pouvons donner ici aucun autre détail sur ces ingénieux appareils dont l'exécution est soignée, et qui sont actionnés par d'ingénieux systèmes de turbines Vigreux, de roues turbines du regrettable Girard (1), ou tout simplement par moteur à vapeur (2).

Théorie du ventilateur hélice. — La théorie complète du ventilateur hélice n'a point encore été publiée; quelques ingénieurs, parmi lesquels nous citerons Combes (3), Devillez (4) en ont donné des théories approximatives et incomplètes.

Le savant et regrettable Gustave Lambert (5), (tué à Montretout) est bien parvenu à donner une théorie complète de l'hélice de propulsion dans l'air et dans l'eau, mais ses formules (d'ailleurs très-savantes) ne nous paraissent pas facilement applicables au cas des ventilateurs hélices.

Nous croyons donc utile de faire connaître ici nos idées personnelles et *pratiques* sur ce sujet important.

Ventilateur hélice Wazon à section constante et récupérateur de force vive, pl. IV.— Notre ventilateur hélice a été combiné sur les principes suivants :

1° Donner à l'air des sections constantes de passage, afin d'éviter les pertes de charge causées par les contractions et les élargissements.

La très-faible compression subie par l'air dans les ventilateurs hélices peut être négligée, et, en pratique, on peut donc considérer qu'une fois le *régime établi*, il passera dans le ventilateur, dans des temps égaux, des volumes d'air égaux, puisque la vitesse et la section sont uniformes.

2° Eviter le choc de l'air par le premier élément des palettes.

Pour satisfaire à cette condition, il faudra diriger le premier élément *d'attaque* suivant l'inclinaison de la résultante du parallélogramme des vitesses de la palette et de l'air.

En pratique, ces deux vitesses sont à peu près égales quand la palette est *courte*, ce qui se présente dans notre appareil; nous admettrons donc que ces deux vitesses y sont égales.

La direction de ces deux vitesses formant un angle de 90°, la diagonale résultante sera inclinée à 45°.

(1) Assassiné en 1871, à Saint-Denis, par une sentinelle prussienne.
(2) Trocadéro et ministère des travaux publics.
(3) Aérage des mines, supplément, 1845, p. 40
(4) Ventilation des mines, 1875, p. 321.
(5) La locomotion dans l'air et dans l'eau, 1864, p. 7.

3° Donner à la palette une forme permettant de réduire le nombre de tours au minima :

L'inclinaison de la palette à 45°, satisfait complètement à cette condition importante ; ainsi que l'a démontré l'ingénieur Devillez (1).

4° Donner à la palette une inclinaison de sortie telle que l'air conserve une direction parallèle à l'axe et une vitesse maxima :

L'inclinaison à 45°, satisfait encore à ces conditions, car si d'un côté l'air a une tendance à sortir suivant la tangente (45°) à l'hélice, cette tendance est exactement compensée par sa vitesse latérale. On sait déjà aussi que l'air prend une vitesse maxima avec une palette inclinée à 45°.

On voit donc que l'inclinaison de la palette à 45° dans toute son étendue, satisfait complètement aux conditions d'éviter le choc de l'air, de réduire le nombre de tours du ventilateur, de maintenir l'air dans une direction parallèle à l'axe, et de lui assurer une vitesse maxima.

Cette inclinaison étant la même dans les deux directions, il en résulte de plus l'important avantage de pouvoir *instantanément* changer la direction et l'effet du courant d'air qui peut être, à volonté, rendu aspirant ou soufflant, en changeant tout simplement le sens de la rotation du ventilateur.

5° Eviter les rentrées d'air dans le voisinage de l'axe de rotation :

Ces rentrées d'air bien constatées par Glépin et Morin, sont évidemment causées par la trop grande inclinaison des directrices dans le voisinage de l'axe de rotation.

Pour les éviter, il faudra entourer l'axe de rotation d'un *noyau cylindrique* central, et garnir ce noyau de palettes courtes, ce qui permettra de leur donner une inclinaison à 45° presqu'identique dans toute leur longueur ; ces palettes formeront ainsi autour du noyau une couronne annulaire dont la hauteur suivant l'axe sera égale à la longueur des palettes, puisqu'elles ne se recouvrent pas et qu'elles ont même largeur que hauteur.

Quant aux proportions de ce noyau, nous croyons qu'il suffit de lui donner un diamètre égal à celui du tuyau d'amenée d'air, proportion adoptée d'ailleurs par Héger, dans son ventilateur hélice de l'opéra de Vienne (2), et par Girard pour sa roue turbine de Noisiel (3).

Pour éviter les pertes de charge, nous ferons précéder et suivre ce noyau cylindrique central par deux cônes fixes, ayant une longueur suffisante, 2 à 3 fois le diamètre. Nous donnerons à ces deux cônes fixes une forme se rapprochant des *lignes d'eau* des navires, afin de diminuer la résistance d'écartement de l'air et de l'amener progressivement et sans choc sur la couronne annulaire des palettes.

Cette couronne, ayant même section annulaire que le tuyau d'amenée, sera également précédée et suivie par des surfaces courbes de raccordement, laissant entre elles et les cônes une section toujours à peu près égale à celle du tuyau d'amenée d'air, facilitant à l'air son écartement progressif et sans choc, et lui permettant d'aborder la couronne parallèlement à l'axe de rotation.

6° Enfin, il faut surtout éviter, pour les ventilateurs aspirants, de rejeter l'air dans l'atmosphère avec une grande vitesse, car la force vive de cet air cause dans ce cas une perte inutile de force motrice.

Il faudra donc, pour éviter cet effet, évaser en cône divergent le conduit d'échappement de l'air dans l'atmosphère, suivant un angle convenable. Le meil-

(1) Ventilation des mines, Mons. 1875, p. 324.
(2) Wiener Bauhütte, 1872.
(3) Utilisation de la force vive de l'eau, pl. I.

leur angle à donner à cet évasement paraît être de 7°, d'après les expériences de Péclet et de F. de Romilly.

Nous adopterons donc cet angle de 7° au sommet du cône divergent, que nous prolongerons en proportion de la détente désirée; nous obtiendrons ainsi le précieux avantage d'utiliser au profit de l'aspiration la plus grande partie de la force vive de l'air, qui agira par une sorte d'effet de succion dans toute la longueur du cône de détente.

Nous croyons donc enfin que toutes les conditions principales imposées aux ventilateurs hélices peuvent être facilement satisfaites à l'aide du tracé que nous proposons; tracé d'ailleurs fort simple et qui se prête aisément, comme on l'a vu, à la mise en mouvement de l'air dans les deux sens, d'une façon complète et instantanée.

VENTILATEURS CENTRIFUGES.

Le ventilateur centrifuge paraît avoir été inventé en 1728 par le mécanicien français Téral.

En 1734, le docteur français Désaguliers, présenta à la Société royale de Londres, un ventilateur centrifuge de son invention, qu'il appliqua en 1736 à la ventilation aspirante et foulante de la Chambre des Communes.

On a prétendu qu'Agricola avait fait connaître le ventilateur centrifuge dès l'année 1557. Nous nous sommes assuré qu'il y avait erreur et que les appareils figurés dans l'ouvrage d'Agricola (1) n'avaient point d'ouverture au centre; leur enveloppe est bien cylindrique et ils contiennent une roue à palettes, mais l'ouverture d'entrée est située à la circonférence extérieure du cylindre et il en est de même pour l'ouverture de sortie, qui débouche dans une buse en bois, conduisant l'air dans la mine.

Ces appareils ont probablement donné naissance aux ventilateurs centrifuges; mais l'ouverture centrale qui constitue une des dispositions fondamentales du ventilateur centrifuge nous paraît due à Téral et à Désaguliers.

Le docteur Désaguliers décrit ainsi son appareil et son application à la ventilation d'une chambre de malade :

« La boëte renferme une roue de sept pieds de diamètre et d'un pied d'épaisseur: cette boëte est cylindrique; elle est divisée en 12 cavités par des séparations qui tendent de la circonférence au centre, mais qui sont éloignées du centre de la distance de neuf pouces, étant ouverte du *côté du centre* et du côté de la circonférence, et elles sont seulement fermées à la circonférence par la boëte. La roue fait ses révolutions par le moyen d'une manivelle fixée à son axe. Cet axe tourne dans deux fourchettes de fer, ou dans deux demi-cylindres de fonte concaves.

De l'autre côté de la boëte vers le milieu, à la hauteur de l'axe, il sort un tuyau carré de bois, que j'ai nommé *tuyau d'aspiration*; on le fait toujours monter jusqu'au haut de la chambre du malade, soit que cette chambre soit éloignée, ou qu'elle soit proche de l'endroit où est la machine. Autour de l'axe dans un des plans circulaires de la machine, il y a une ouverture de dix-huit pouces de diamètre; c'est précisément vis-à-vis de cette ouverture que le tuyau d'aspiration s'insère dans la boëte et qu'il communique de là avec toutes les cavités. Lorsqu'on vient à tourner avec vivacité la roue, l'air est pompé de la

(1) *De Re Metallica*, *Basil.* 1557.

chambre du malade et est porté au centre de la roue; d'où ensuite il est repoussé pour sortir promptement par l'ouverture de la circonférence.

A mesure que le mauvais air sort de la chambre du malade, il rentre par les petites fentes et les petits passages de l'air nouveau que lui fournissent les chambres voisines.

Mais outre cela quand on a épuisé le mauvais air, pour redonner de l'air nouveau, il ne s'agit que d'appliquer à l'ouverture de la circonférence les tuyaux qui vont à la chambre du malade, et de faire pomper par l'ouverture centrale où était le tuyau d'aspiration, l'air de la chambre où est la machine.

Cette machine serait très-utile dans tous les hôpitaux et dans les prisons, elle servirait parfaitement bien à porter dans les chambres les plus éloignées de l'air chaud ou de l'air froid, et suivant même le besoin, à répandre dans les appartements les parfums les plus sensibles. »

Désaguliers a donc bien compris tous les effets qu'on pouvait tirer du ventilateur centrifuge, qu'il a du reste appliqué avec succès à la ventilation de la Chambre des Communes, et plus tard à la ventilation des navires.

Ventilateur Combes. — Le ventilateur centrifuge ne subit aucun perfectionnement notable jusqu'à l'année 1838, époque où il fut l'objet d'une étude approfondie due à Combes, ingénieur en chef des mines; cette étude le mit sur la voie d'un perfectionnement très-important en théorie, mais que la pratique n'a pas encore consacré définitivement.

Ce perfectionnement consistait à courber les ailettes afin de réduire la vitesse de l'air à sa sortie du ventilateur et devait conduire finalement, d'après son auteur, à une augmentation considérable de l'effet utile de cet appareil.

Combes ayant publié de nombreux mémoires sur ce sujet, nous donnerons l'extrait suivant d'un des plus élémentaires (1).

« Pour ventiler un espace fermé, il faut remplacer l'air qui le remplit par de l'air frais puisé dans l'atmosphère extérieure; or, le déplacement d'une masse quelconque, au milieu d'une atmosphère supposée en équilibre, n'exige théoriquement aucune dépense de force motrice, parce que ce déplacement ne modifie aucunement, ni la position du centre de gravité de la masse totale de l'atmosphère, ni l'état de compression de l'ensemble des couches qui la constituent.

Il en est de ceci comme du transport horizontal des fardeaux, qui n'exige aucune autre dépense de force que celle absorbée par le frottement et autres résistances passives produites dans le mouvement de la machine dont on fait usage. Mais, si le déplacement de l'air n'exige aucune dépense théorique de force motrice, la projection de l'air dans l'espace avec une vitesse déterminée, comme dans les machines soufflantes, nécessite au contraire une dépense de travail moteur dont on trouvera l'expression en unités dynamiques, chacune d'un kilogramme élevé à un mètre de hauteur verticale, en multipliant la masse de l'air projeté par le carré de la vitesse qu'on lui imprime, et prenant la moitié de ce produit.

La masse de l'air s'obtient, d'ailleurs en divisant son poids exprimé en kilogrammes par l'intensité de la pesanteur, ou par le double de l'espace parcouru par un corps pesant tombant librement pendant la première seconde de sa chute.

Il suit de là qu'en construisant une machine destinée à renouveler l'air qui remplit un espace déterminé, il faudra faire en sorte que l'air puisé par l'appareil soit rejeté dans l'atmosphère extérieure avec une vitesse nulle, ou du moins avec la plus faible vitesse possible.

(1) *Magnanerie salubre*, par d'Arcet, 1838 p. 27.

Le tarare ordinaire ne satisfait point à cette condition; car on le dispose le plus souvent de façon qu'il rejette au dehors, par un bout de tuyau, l'air qu'il puise dans la salle.

C'est alors une véritable machine soufflante, qui lance dans l'atmosphère, avec une vitesse d'autant plus considérable, qu'on a besoin d'une ventilation plus active, et que par conséquent on le fait tourner plus vite.

Il en résulte que le travail moteur nécessaire pour mettre ce tarare en mouvement croît comme le cube du volume d'air extrait, dans l'unité de temps, et cela, indépendamment du travail absorbé par les frottements, les variations brusques de vitesse de l'air, et autres causes de résistance tenant à la forme de l'appareil.

Or, il n'est pas plus difficile de faire un ventilateur à force centrifuge, ou tarare, qui rejette l'air dans l'atmosphère avec une vitesse nulle, ou du moins très-petite, que de construire des roues hydrauliques dont l'eau sorte avec une vitesse absolue très-petite, bien que ces roues puissent tourner avec une vitesse comparativement très-grande.

Il suffit, en effet, de laisser le tarare entièrement découvert sur tout son contour, et de donner aux ailes mobiles fixées à l'axe, la forme de surfaces cylindriques dont les génératrices soient parallèles à l'axe du tarare et dont la base soit un arc de cercle tangent à la circonférence décrite par l'extrémité de l'aile, dans son mouvement de rotation autour de l'axe.

Si l'on imprime aux ailes d'un semblable tarare un mouvement de rotation en sens inverse de la courbure des ailes, l'air aspiré par l'ouverture centrale, coulera sur les ailes courbes, et s'échappera, à leur extrémité, avec une vitesse relative dirigée en sens contraire de la vitesse de l'air.

La vitesse absolue de l'air sortant sera donc égale à la différence de la vitesse de l'air et de la vitesse relative de l'air à sa sortie. S'il arrivait que ces deux vitesses fussent égales, la vitesse absolue serait donc nulle; en tous cas, elle serait moindre que celle de l'extrémité des ailes.

Or, on démontre que si un tube droit ouvert par ses deux extrémités, reçoit un mouvement de rotation autour d'un axe perpendiculaire fixe, et si, pendant que ce mouvement a lieu, les deux extrémités du tube demeurent dans des masses fluides soumises à la *même pression*, il s'établira dans le tube un courant fluide, entrant par l'extrémité la plus rapprochée de l'axe, et sortant par l'extrémité la plus éloignée; que, de plus, si le fluide peut pénétrer dans le tube sans choquer ses parois et, sans éprouver une variation brusque de vitesse, la vitesse d'écoulement sera précisément égale à la vitesse imprimée à cet orifice, en vertu du mouvement de rotation autour de l'axe.

Il suit de là que si le tube est recourbé de façon à ce que son axe soit tangent à la circonférence décrite par l'orifice, et si la rotation a lieu en sens inverse de la courbure du tube, la vitesse absolue du fluide sortant sera nulle.

Il sera donc possible de déplacer l'air de la salle sans autre dépense de force motrice que celle qui est absorbée par les frottements de l'appareil, si l'on peut mettre en communication avec l'intérieur de la salle les orifices de plusieurs tubes recourbés tournant autour d'un axe fixe, dont les extrémités déboucheraient dans l'atmosphère extérieure, pourvu que l'on trouve le moyen de faire entrer l'air de la salle, dans les tubes mobiles, sans choc et sans variation brusque de vitesse. On voit aussi que la vitesse relative de l'air sortant des tubes, et par conséquent le volume d'air qui sera extrait de la salle dans l'unité de temps seront proportionnels à la vitesse angulaire imprimée aux ailes ».

La discussion précédente est certainement fort belle et parfaitement logique, mais dans l'application de cette théorie nouvelle Combes, rencontra des difficultés qu'il ne pût surmonter, et son ventilateur après avoir été essayé dans les mines avec de grandes dimensions, n'y a point obtenu le succès qu'on en espérait. Son effet utile qu'on avait cru d'abord voir s'élever jusqu'à 38 % (Glépin), s'est trouvé en réalité ne pas dépasser 15 % (Trasenter). Il ne faut donc pas s'étonner de l'abandon complet de cet appareil, qui a été remplacé par des systèmes plus perfectionnés.

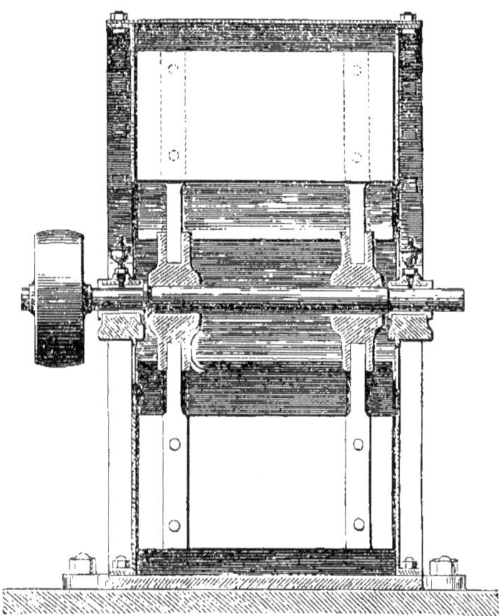

Fig. 32. — Ventilateur centrifuge.

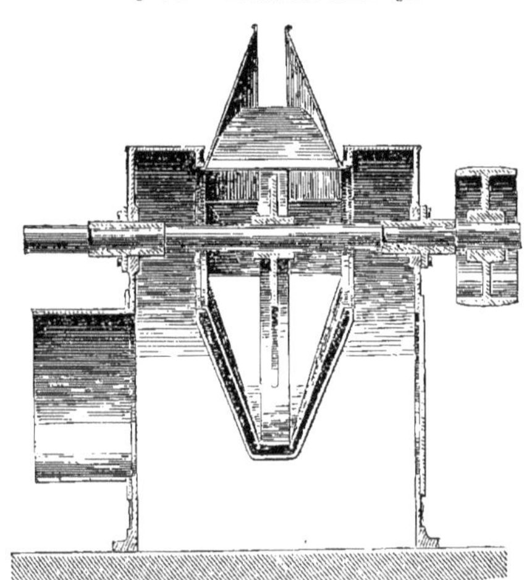

Fig. 33. — Ventilateur Lloyd, aspirant.

Expériences de Dollfus. — A la suite d'un concours sur les ventilateurs, ouvert par la société industrielle de Mulhouse, en 1841, un de ses membres, E. Dollfus, afin de s'éclairer sur la valeur des conclusions d'un mémoire présenté à ce concours, se livra à de longues et nombreuses expériences, qui sont décrites en détail dans un mémoire important publié par la société (1); voici les conclusions de ce patient et savant ingénieur :

1° Les bords des ailes doivent être aussi rapprochés que possible des joues;

2° La hauteur des ailes doit excéder de $^1/_{10}$ la moitié du rayon de l'orifice d'accès, (en pratique on peut donc prendre pour rayon de l'œil, la moitié du rayon extérieur des ailettes);

3° Le nombre des ailes doit augmenter avec le diamètre et l'excentricité de l'enveloppe. Ce nombre a varié, dans ces expériences, de 4 à 8, et c'est le nombre 6 qui a généralement donné les meilleurs résultats pour les enveloppes concentriques; et le nombre 8 pour les enveloppes excentriques.

Expériences du général Morin. — Le général Mo-

(1) *Bulletin de la société industrielle de Mulhouse*, t. XVII, p. 1.

rin a publié (1) plusieurs séries d'expériences sur les ventilateurs centrifuges. Il a d'abord opéré avec un ventilateur à ailes planes et enveloppe cylindrique, fig. 32, dont le rendement moyen s'est trouvé être égal à 14 $^0/_0$ environ.

Ses études ont ensuite porté sur le ventilateur Lloyd à palettes courbes qu'il décrit ainsi : « L'un des plus grands inconvénients que l'on reproche aux ventilateurs ordinaires, c'est l'espèce de ronflement qu'ils font entendre au loin, et qui augmente d'intensité avec la vitesse qu'on leur imprime. Ce bruit très-incommode, est même un obstacle à leur emploi dans beaucoup de circonstances, et les constructeurs ont cherché à l'éviter par différents moyens.

Parmi les modèles présentés comme réalisant ce perfectionnement, l'on a remarqué à l'Exposition universelle de Londres, en 1851, le ventilateur Llyod dit *noiselfan*, qui, jusqu'à des vitesses de 800 à 1,000 tours par minute, résout assez bien le problème.

Ce modèle de ventilateur se compose d'un double tronc de cône en tôle, dont les deux grandes bases sont opposées l'une à l'autre, séparées ou non par un diaphragme, et dont les deux troncatures sont ou peuvent être ouvertes pour l'introduction de l'air.

Cette disposition générale est modifiée selon qu'il s'agit d'un ventilateur aspirant ou d'un ventilateur insufflant. Llyod aspirant, fig. 33.

Dans le premier cas l'appareil est disposé comme l'indique la fig. 33.

Les palettes, au nombre de six sont en tôle et en forme d'aubes trapézoïdales. Elles ne sont prolongées que jusqu'à l'ouverture centrale, et sont réunies par deux bagues concentriques à l'axe, parfaitement tournées à l'extérieur. Un manchon en fonte, claveté sur l'arbre, et placé au milieu de la longueur de l'axe du cône, porte six nervures qui relient et consolident les palettes.

Le double tronc de cône ainsi formé est engagé par ses bagues dans un bâti en fonte qui traverse l'axe, et qui présente deux anneaux garnis d'une rondelle de cuir, dans lesquels se logent les deux bagues qui assemblent les ailettes, de manière à former un joint à peu près hermétique, dans lequel tournent ces bagues, les faces extérieures de ce bâti portent des collets à garniture hermétique que traverse l'arbre. Ce bâti en fonte est évidé dans son milieu pour laisser circuler le ventilateur, de manière à permettre la sortie de l'air sur toute sa circonférence. Sur l'un ou sur chacun des côtés verticaux de cette caisse est une ouverture par laquelle se produit l'aspiration et qui peut recevoir un tuyau plus ou moins long. L'effet utile de ce ventilateur aspirant a donné en moyenne une valeur égale à 12 $^0/_0$.

Llyod soufflant, fig. 34. — Le ventilateur insufflant du même système, construit par Cail, a des formes assez différentes, quant à sa partie tronconique qui porte les ailes, et une disposition spéciale par suite du but à atteindre.

Les deux bases des cônes sont réunies par un diaphragme qui sépare complétement ces cônes, dont les troncatures sont ouvertes pour l'aspiration de l'air.

Ce ventilateur est renfermé dans une caisse en fonte, dans laquelle il est isolé excentriquement par deux joints annulaires hermétiques. L'air qu'il a aspiré par son centre est rejeté par la force centrifuge dans l'espace annulaire excentrique qui l'entoure, et s'échappe par une ouverture rectangulaire que présente l'enveloppe, et à laquelle un tuyau de refoulement peut être adapté.

L'effet utile de ce ventilateur insufflant s'est élevé jusqu'à 27 $^0/_0$, à la

(1) *Annales du conservatoire*, tome II.

vitesse de 985 tours par minute; ce rendement est donc deux fois plus élevé que celui du même système employé à l'aspiration.

Le ventilateur Lloyd est maintenant construit par un grand nombre de maisons parmi lesquelles nous citerons en France, Bouhey, de Paris; en Suisse, Sulzer frères de Winthertur, etc.

Ventilateurs Gwyne *de Londres*, pl. IV. — Les ventilateurs construits par

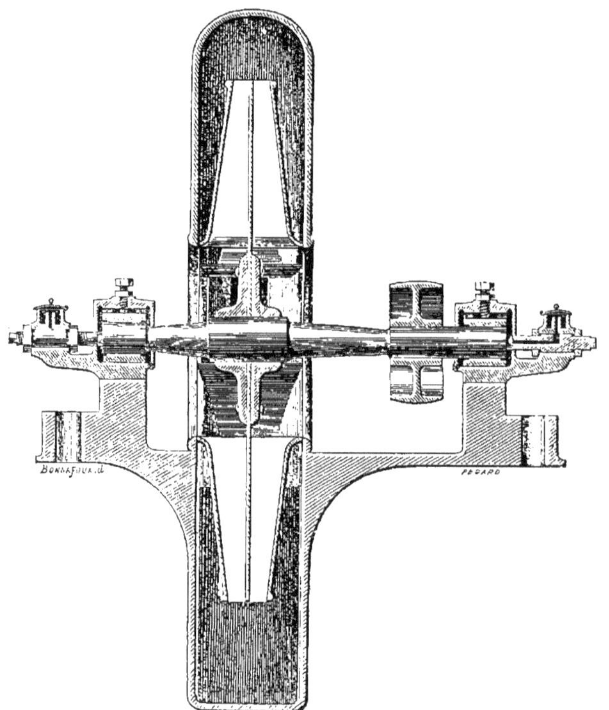

Fig. 34. — Ventilateur Lloyd, soufflant.

la maison Gwyne offrent beaucoup de rapports avec ceux de Lloyd; ils sont ordinairement actionnés directement par leur moteur.

Nous avons figuré pl. IV, un ventilateur aspirant de Gwyne, mis en mouvement par une petite roue turbine à eau, de Girard. Les gaz impurs sont amenés à chaque œil par un conduit spécial, et sont rejetés dans l'atmosphère par l'extrémité des palettes.

L'autre ventilateur, figuré pl. IV, est actionné directement par une petite machine à vapeur. Il peut être également employé à la pulsion ou à l'aspiration.

Ventilateur Golay, pl. IV. — L'ingénieur Golay, de Paris, construit des ventilateurs soufflants destinés spécialement aux forges et fonderies.

Ce ventilateur qui n'a pas de double cône intérieur mobile, nous paraît simple de construction et d'entretien, mais il n'est pas possible de l'utiliser pour l'aspiration, car il est impossible de boulonner un tuyau d'aspiration au centre. Ce défaut est du reste commun à la plupart des ventilateurs employés dans les forges, car pour cet usage l'aspiration est inutile.

Ventilateur Cyclops, pl. IV. *Rowson de Londres, exposé en 1878.* — Destiné aux forges, ce ventilateur peut cependant être utilisé à l'aspiration, car il est combiné pour pouvoir au besoin recevoir un tuyau d'aspiration. La boîte et les supports sont fondus d'une seule pièce.

Les palettes sont montées sur un arbre en acier mis en mouvement par une ingénieuse transmission à frottement qui permet de marcher à grande vitesse.

Ventilateur Guibal, *exposé en 1878.* — Le professeur Guibal, de Mons, a réalisé depuis quelques années un perfectionnement fondamental du ventilateur centrifuge aspirant. Recherchant les principales causes de pertes, il a constaté que la plus forte résidait dans la force vive possédée par l'air à sa sortie du ventilateur ; pour atténuer cette perte, il a d'abord rétréci, par une vanne tranchante, l'ouverture de sortie de l'air ; puis, au moyen d'un conduit rectangulaire progressivement évasé, il est parvenu à utiliser la détente de l'air refoulé, et finalement à le rejeter dans l'atmosphère avec une vitesse assez faible, c'est-à-dire avec une perte de force vive très-petite, et dans tous les cas, très-inférieure à celle des ventilateurs ordinaires.

Ce perfectionnement fondamental a obtenu un succès complet ; le ventilateur Guibal est aujourd'hui appliqué dans beaucoup de mines, où il donne des résultats pratiques entièrement satisfaisants.

Ventilateur Schiele. — L'ingénieur allemand, Schiele, de Francfort, construit des ventilateurs qui jouissent en France d'une vogue qui nous paraît peu méritée, car elle repose principalement sur le grand effet utile *annoncé* par cet industriel.

Dans la quatrième édition du *Traité de la chaleur* de Péclet (1), on a cru devoir insérer, *sans examen*, un prospectus Schiele indiquant toutes les qualités de ces ventilateurs. Nous y lisons par exemple, qu'un ventilateur donnant 24,000 M^3, par heure, ne demanderait que 4 chevaux de force, avec une buse de sortie de $0^m,54$ diamètre.

Si nous essayons de vérifier cette promesse, nous trouvons d'abord que ce ventilateur débitant $6^{m3},66$ par 1", à la vitesse de 30^m environ, la puissance vive de l'air par 1" $= HP = \frac{30^2.}{19.62} \times 6,66 \times 1,3 = 397^{km}$, soit 5 chev. 29

Ainsi on trouverait dans la force vive de l'air plus de force qu'on en aurait dépensé !

Les autres indications de ce prospectus allemand ont la même valeur, et nous sommes surpris de la faveur singulière dont jouit en France ce ventilateur étranger.

Ventilateur double de Perrigault, *exposé en* 1878. — L'ingénieur Perrigault, de Rennes, a combiné un ventilateur double pouvant amener la pression de l'air jusqu'à $0^m,75$ d'eau.

Ce ventilateur double se compose de deux ventilateurs simples, disposés de telle façon que le produit de l'insufflation du premier vient alimenter le second,

(1) Tome I, p. 373.

qui agit alors sur de l'air comprimé et qui augmente à son tour cette compression dans une proportion considérable.

Les tambours des deux ventilateurs sont des cylindres à section circulaire, excentrés par rapport à l'axe. Deux séries d'expériences faites par le professeur Tresca ont donné une moyenne de 44 % pour l'effet utile de ce ventilateur double.

Depuis ces premières expériences, le constructeur a combiné un ventilateur triple qui fonctionne dans d'excellentes conditions à la manufacture d'armes de Saint-Étienne, où il est employé à la ventilation des meules de l'atelier d'aiguisage. La compression moyenne obtenue par ce ventilateur triple est d'environ $0^m,82$ d'eau.

Théorie du ventilateur centrifuge. — La théorie analytique du ventilateur centrifuge n'a point encore été abordée avec succès, malgré les efforts des mathématiciens, parmi lesquels nous citerons : Combes, Burdin, Rittinger, Boileau, Résal, Sonnet, de Lacolonge, Hamal, Harzé, Devillez, Harant, etc.

La pratique n'a pas consacré les formules obtenues par ces savants, et les constructeurs n'ont encore aujourd'hui aucune règle exacte pour l'établissement rationnel de ces importants appareils.

Ventilateur centrifuge Wazon, *à section constante et récupérateur de force vive, exposé en 1878*, pl. IV. — Avant d'exposer les principes *pratiques* qui nous ont servi de guide pour combiner nos ventilateurs, nous croyons nécessaire d'analyser en détail les principaux défauts des ventilateurs centrifuges :

D'abord l'ouverture centrale est ordinairement beaucoup trop grande, il en résulte des sorties d'air qui ont été bien observées par des savants ingénieurs, parmi lesquels nous citerons Boileau (1), qui a constaté expérimentalement que l'air ne s'introduisait que par une section égale aux $^2/_5$ du cercle d'entrée de l'œil, et, qu'au contraire, l'air sortait par une section égale au $^3/_5$ de ce même cercle.

Le même effet a été constaté sur les ventilateurs Guibal, par Devillez (2), qui le décrit ainsi : « Dans ce ventilateur, il se produit souvent dans l'œil, lorsqu'il a un trop grand diamètre, un double courant ; l'air y entre par le centre en plus grande quantité que le ventilateur n'en débite, une partie en sort par la circonférence » ; Ainsi ce défaut est bien constaté, même dans les ventilateurs les plus en vogue.

Le second défaut consiste dans la mauvaise direction donnée au premier élément des palettes, ce qui donne lieu à des chocs de l'air et à des pertes de force vive à l'entrée des augets.

Un troisième défaut est causé par les changements de section de ces mêmes augets, ce qui donne lieu à des tourbillons et à des pertes de charge.

Le quatrième défaut est causé par les mauvaises dispositions employées pour l'écoulement de l'air à sa sortie des augets ; cet écoulement n'ayant ordinairement lieu que tout près de la buse de sortie, et étant nul sur la plus grande partie de la circonférence décrite par l'extrémité des augets ; effet d'ailleurs constaté par Péclet (3) et de Lacolonge (4).

Le cinquième défaut consiste dans la trop petite section donnée à la buse de sortie, ce qui produit une contre pression et une cause de refoulement par l'œil d'aspiration.

(1) *Dictionnaire des Arts et Manufactures*, article Ventilateur

(2) *Ventilation des Mines*, page 203.

(3) Péclet, t. I, p. 369.

(4) De Lacolonge, *Annales du Conservatoire*, t. VIII, p. 93.

Enfin, le sixième défaut consiste dans la force vive inutilement possédée et perdue par l'air à sa sortie de la buse. Mais il est bien entendu que cette remarque n'est faite qu'au sujet des ventilateurs aspirants, car il faut de toute nécessité que l'air d'un ventilateur soufflant possède une grande vitesse de sortie.

Pour faire disparaître tous ces défauts, il faut donc :

1° Donner à l'œil central d'aspiration une section convenable; nous la prendrons tout simplement égale à la section constante du ventilateur. La surface de l'œil étant égale à l'orifice de sortie de la buse, il ne pourra s'y produire de courants en retour.

2° Pour éviter le choc de l'air par le premier élément des palettes, il faudra évidemment incliner cet élément suivant la résultante des vitesses de l'air et de la palette *au point d'attaque.*

3° Les pertes de charges causées par les changements de section seront complètement évitées par l'emploi d'augets de section constante.

4° Pour assurer l'écoulement régulier de l'air dans tout le pourtour du ventilateur, il faudra ménager tout autour de ce pourtour un canal de réception pour loger l'air qui y pénétrera par une ouverture circulaire, régnant sur toute la circonférence et ayant même largeur sur tout son développement ; pour éviter les pertes de charge à la sortie de cette ouverture, il faudra que le canal de réception de l'air ait une section progressivement croissante et toujours égale à la hauteur de la fente multipliée par la distance développée d'une section quelconque à l'origine de cette même fente.

Pour réduire le frottement de l'air dans le canal de réception, il faudra lui donner une surface frottante minima, qui sera obtenue par l'emploi d'une section circulaire.

5° En donnant à la buse de sortie une section égale à celle de l'œil central d'aspiration, on évitera la contre pression et le refoulement de l'air par cet œil central.

6° On évitera la perte de force vive perdue par l'air sortant des ventilateurs aspirants, en faisant détendre cet air dans un ajutage cônique divergent, convenablement évasé et suffisamment prolongé.

Nous croyons enfin que le ventilateur à section constante parviendra, dans tous les cas, à satisfaire les meilleures conditions *pratiques* imposées aux ventilateurs soufflants, et qu'il suffira d'y adapter un ajutage cônique divergent, pour lui donner toutes les qualités requises pour constituer un bon ventilateur aspirant.

Nous allons maintenant donner les principales proportions de nos ventilateurs à un œil :

La section de l'orifice central ou œil, étant donnée, soit directement soit en considérant le volume d'air qui doit y passer avec une vitesse donnée, nous en obtiendrons facilement, le rayon r. Le rayon R extérieur des palettes ou augets sera pris égal à $R = 2r$, proportion simple qui s'accorde avec les rendements maxima des expériences de Dollfus.

La section devant être constante, nous aurons pour largeur L à la circonférence de l'œil $L = \frac{1}{2} r$. La largeur l à la circonférence extérieure, qui sera aussi la largeur de l'ouverture annulaire d'écoulement, sera $l = \frac{1}{4} r$ puisque cette circonférence est double de celle de l'œil.

2e cas. Ventilateur à deux œils :

On aura évidemment en doublant les largeurs ci-dessus. Largeur à la circonférence interne $L = r$.

Largeur à la circonférence externe $= l = \frac{1}{2} r$.

Nous n'avons pas eu égard, dans ces recherches, aux contractions et compressions de l'air qui seront peu sensibles, si l'appareil est bien tracé et si la vitesse de l'air est modérée.

Le volume d'air débité sera donc, en pratique, égal à la section constante multipliée par la vitesse constante de l'air. On sait d'ailleurs, par expérience, que la vitesse absolue de l'air fourni par les ventilateurs à section constante est égale à celle de l'extrémité extérieure de leurs palettes.

Nous avons dit que pour éviter le choc de l'air par le premier élément des palettes, il fallait incliner cet élément suivant la résultante des vitesses de l'air et des palettes. Cette vitesse des palettes est évidemment donnée par le nombre de tours multiplié par la circonférence décrite, elle est proportionnelle au rayon r. Nous pouvons donc prendre $v = r$.

D'un autre côté, il est parfaitement établi que l'air prend à la sortie du ventilateur à section constante une vitesse égale à celle de l'extrémité extérieure des palettes. La section de notre ventilateur étant constante, il en résultera forcément qu'une fois le *régime établi*, il passera dans le même temps, par toutes les sections, des volumes d'air égaux, d'où il résultera nécessairement des vitesses égales dans *toutes les sections*. Nous pouvons donc représenter la vitesse de l'air par la vitesse de l'extrémité extérieure des palettes, et représenter cette vitesse par $V = R$.

Les deux vitesses v et V, du premier élément de la palette et de l'air à l'entrée, étant connues, il devient facile de tracer le parallélogramme de ces vitesses, dont la diagonale donnera l'inclinaison cherchée pour le premier élément de la palette, afin qu'elle *attaque* l'air sans choc et sans perte de force vive.

Il s'agit maintenant de déterminer la forme de la palette.

Nous ferons d'abord remarquer que pour obtenir le maximum de vitesse de sortie de l'air, il faudra donner au dernier élément extérieur de la palette une inclinaison de 90° sur la circonférence extérieure, car alors la force centrifuge donnera évidemment son maximum d'effet pour une vitesse donnée des palettes. Or, il est très-important de réduire le nombre de tours de ces appareils, afin d'éviter l'échauffement des coussinets et les vibrations sonores qu'ils produisent parfois à une grande vitesse.

Il est également utile d'avoir des palettes courtes pour réduire le frottement de l'air. D'un autre côté, pour obtenir une section d'écoulement maxima et régulier dans tout le pourtour extérieur, il faut donner en ce point aux palettes une direction perpendiculaire à la circonférence extérieure.

Par toutes ces raisons pratiques nous sommes donc conduit à incliner le dernier élément des palettes suivant un angle de 90° avec la circonférence extérieure. Nous joindrons ce point extrême au point d'attaque, en traçant un arc de cercle tangent au rayon extrême et également tangent à la diagonale du parallélogramme des vitesses de l'air et du point d'attaque.

Nous obtiendrons ainsi une palette courte et concave, évitant le choc de l'air à son entrée, donnant peu de frottement, procurant à l'air une vitesse de sortie maxima, et assurant aussi son facile écoulement dans le canal de réception.

Quant au nombre de ces palettes, nous savons qu'il doit augmenter avec les dimensions des ventilateurs et qu'il est nécessaire de ne point le prendre inférieur à huit, nombre dont Dollfus (1) a obtenu de bons résultats pratiques pour les appareils excentrés.

Il nous reste à chercher le meilleur angle à donner au sommet du cône divergent destiné à la détente de l'air des ventilateurs aspirants. Péclet a fait sur les cônes divergents un grand nombre d'expériences très-précises (2), dont il a

(1) *Société industrielle de Mulhouse*, tome XVII.
(2) *Traité de la chaleur* 3e édition, tome I. p. 381.

conclu que le maximum d'effet était donné par un cône de 7° au sommet

Le même angle a été indiqué comme le meilleur, par Félix de Romilly, dans son *Étude sur l'entraînement de l'air* (1), et enfin, un angle presque identique a été observé par Venturi, dans ses expériences sur l'écoulement de l'eau (2).

Nous adopterons donc l'angle de 7° au sommet du cône pour la divergence nécessaire à la détente de l'air. La longueur de ce cône devra varier avec le degré de détente qu'on voudra obtenir.

Les figures de la planche IV, indiquent les coupes horizontales et verticales d'un ventilateur Wazon à deux œils. La perspective indique la disposition de l'arrivée d'air en cas d'aspiration, ainsi que le détail des supports, poulie, et arbre de rotation.

Nous avons exposé en 1878, un autre type à un seul œil, tracé suivant les mêmes principes, mais plus simple de construction.

Nous pensons qu'il serait généralement préférable d'employer des ventilateurs à deux œils, pour la mise en mouvement de grands volumes d'air à moyenne pression ; car pour un même diamètre de palettes et un même volume d'air, ils demandent quatre fois moins de force motrice que les ventilateurs à un œil, dont il faut dans ce cas doubler la vitesse, ce qui augmente la résistance dans le rapport du cube $= 2 \times 2 \times 2 = 8$. Pour les petits volumes d'air à haute pression il faudra au contraire préférer le ventilateur à un œil, puisque pour donner un même volume que celui à deux œils de même diamètre, il faut qu'il tourne deux fois plus vite, ce qui double la vitesse de l'air et augmente la charge et la pression de cet air.

Pour les très-grands volumes d'air à faible pression, il y aurait lieu d'avoir recours aux ventilateurs hélices qui ont l'avantage de tourner lentement, de ne point changer la direction du conduit d'air et de permettre au besoin de changer le sens de la ventilation : telles sont nos conclusions générales sur les ventilateurs mécaniques.

Appareil ventilateur et rafraîchisseur d'air, Garlandat et Nézereaux, fig. 35.—Bien que l'étude des procédés de rafraîchissement soit traitée à fond dans un article spécial, nous croyons cependant utile de décrire ici l'appareil rafraîchisseur d'air des ingénieurs Garlandat et Nézereaux, (*Cuau et C*ie *ingénieurs-constructeurs, à Paris*). Cet appareil que nous avons vu fonctionner dans l'usine de chocolat de M. Menier à Noisiel (3), y fournit actuellement 100,000^{m3} d'air par heure, à la température désirée, qui est celle de l'eau employée, et il atteint parfaitement le but que s'était proposé l'intelligent propriétaire de cette usine modèle, qui consistait à rafraîchir et à ventiler les immenses caves qui servent de rafraîchissoirs aux tablettes de chocolat. Ce qui caractérise le rafraîchisseur Nézereaux-Garlandat, c'est qu'au lieu de faire la division de l'eau en la projetant en pluie, on la rassemble en divisant l'air, moyen excellent d'avoir un contact immédiat et complet entre l'eau et l'air.

Ce résultat est obtenu, avec une grande simplicité par l'emploi d'une plaque horizontale, perforée de 60,000 à 120,000 trous par ^{m2}. Cette plaque, partie essentielle du système, est un crible à la surface duquel circule l'eau réfrigérente en couche mince et uniforme, et au travers duquel l'air est insufflé par un ventilateur, ce qui fait passer l'air par jets continus au travers de la nappe d'eau.

Par ce moyen, aucune partie de l'air n'échappe au contact de l'eau, aucune

(1) Pernolet. *L'Air comprimé*, p, 381.
(2) Tom-Richard, *Aide-mémoire des ingénieurs*. Article écoulement.
(3) Visite du Congrès international d'hygiène, 8 août 1878.

goutte d'eau ne peut s'écouler sans rencontrer de nombreux et minces filets d'air qui la pulvérisent. Dans ce barbottage général, l'air abandonne sa chaleur à l'eau, il sort refroidi à la température de cette eau, et, de plus, lavé et débarrassé des poussières minérales et germes organiques qu'il tenait en suspension; il est donc parfaitement assaini et purgé de tout germe de fermentation (1).

De plus il contient certainement après cette opération mécanique une petite quantité d'ozone, gaz éminemment salubre dans cette faible proportion. Nous croyons donc pouvoir recommander l'emploi de cet ingénieux appareil partout où l'on dispose d'une eau abondante et fraîche.

A l'appui de notre opinion nous citerons les lignes suivantes dues à la plume

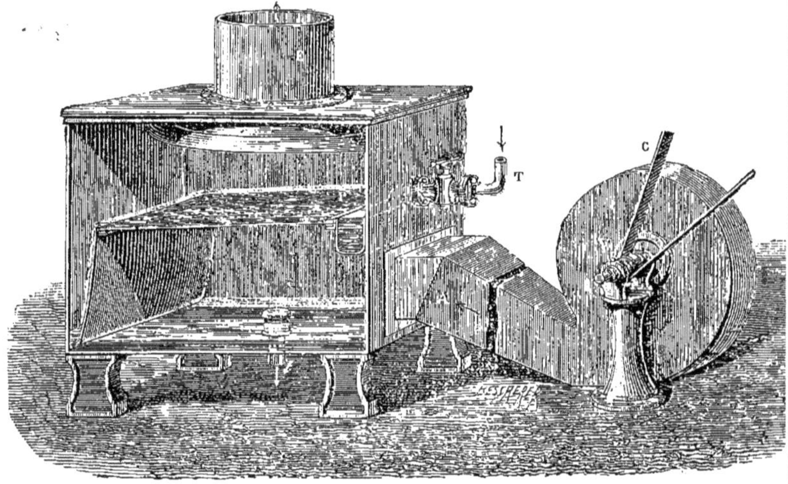

Fig. 35. — Rafraichisseur d'air Garlandat-Nézereaux.

si compétente du docteur Bherterand, savant hygiéniste, et président de Jury à l'exposition internationale de 1875:

« A vrai dire, les savantes études, suscitées par le problème de la ventilation, se sont presque exclusivement limitées jusqu'ici au mécanisme du renouvellement quantitatif, abstraction faite des autres exigences, des applications précieuses, que la salubrité générale, l'industrie et la thérapeutique doivent retirer d'une considération plus large de la matière; mais, il est heureux de constater d'ors et déjà, les résultats obtenus et les conséquences qu'ils permettent d'entrevoir.

Un de ces progrès nous semble avoir été conçu dans le triple but de la ventilation rafraichissante, humide et purifiée, par l'appareil de M. Garlandat que MM. Cuau ainé et Cie, ingénieurs-constructeurs, ont exposé et qu'on a pu voir fonctionner journellement, au rez-de-chaussée de l'exhibition internationale de 1875, non loin du moteur anglais, sous la galerie des machines.

Cet appareil fort simple et dont l'intelligence sera facilitée par la fig. 35 se compose d'une caisse rectangulaire, divisée horizontalement en deux

(1) Tyndall, *Revue scientifique*, 1878. La génération spontanée p. 1198.

compartiments, par une plaque métallique un peu inclinée et percée d'une infinité de petits trous.

A la partie supérieure de la plaque, P, et longeant son bord le plus relevé est ménagée une rigole, recevant par le tuyau T, un courant d'eau fraîche qui se répand, en couche uniforme, sur toûte la surface de la plaque, descend sur son bord incliné, où elle tombe dans une rigole d'écoulement qui aboutit elle-même dans un tuyau de sortie *t*.

L'air, appelé de l'extérieur et envoyé dans le compartiment inférieur de la caisse par un ventilateur V, que fait mouvoir la courroie de transmission C, tend à passer à travers la plaque et à soulever la couche d'eau qui la surmonte, si bien qu'il fait échec à la tendance du liquide à passer par les trous. Divisé lui-même par ces orifices, il arrive au contact de l'eau, en filets très-déliés qui, traversant par un fractionnement considérable la nappe aqueuse superposée, lui abandonnent leur chaleur; il se trouve ainsi rafraichi et lavé, ramené, en définitive, à une température égale, ou à peu près, à celle du liquide traversé, incessamment renouvelé. Le ventilateur continuant de fonctionner et de faire passer de nouvelles quantités d'air, du compartiment inférieur dans le supérieur, celui-ci se dégorge, par un conduit de sortie E, auquel on peut adapter, selon les besoins et les directions désirés, des manchons ou des tuyaux distributeurs appropriés.

L'appareil, mis en action, par l'une des plus chaudes journées du mois d'août, a permis de constater ce résultat remarquable. L'air ambiant, aspiré par le ventilateur était à 30 degrés centigrades, l'eau ventilée, extraite d'un puits creusé au niveau de la *Seine*, était à 13 degrès, l'air travaillé passé dans l'appareil, en sortait ramené instantanément à 14 degrès 1/2. Le résultat était donc un abaissement subit de température de 15 degrés 1/2.

Dans un article *ex professo* qu'a publié la *Revue industrielle* du 8 septembre dernier, M. Ph. Delahaye a savamment exposé le mécanisme et la théorie de l'appareil, les conditions économiques de son emploi et ses principales applications.

Avant M. Delahaye, M. l'ingénieur A. Jouglet a publié un travail remarquable inséré, en avril 1873, dans le *Moniteur scientifique* du Dr Quesneville. Ce mémoire est un résumé complet et une savante appréciation des principaux systèmes de ventilation connus et essayés jusqu'à ce jour. Les procédés de MM. E. Duvoir, Baumhauer, Armengaud jeune et Paul Giffard, général Morin, Régnault, Anderson, Derschau, Piarron de Mondésir, Carré et Tellier y sont décrits, mis en parallèle d'abord, puis comparés avec le système Garlandat en faveur duquel M. Jouglet conclut d'une manière bien motivée.

MM. Delahaye et Jouglet ont suffisamment mis en lumière l'avantage qu'offre à l'industrie et à l'économie domestique l'appareil Garlandat. Nous n'avons pas, sous ce rapport, à compléter leurs indications et nous nous bornerons à signaler quelques unes des applications indiquées, nous étant surtout proposé pour but, nous l'avons dit au commençant, d'examiner la question principalement au point de vue de l'hygiène.

Pour certaines filatures, où un degré relatif d'humidité de l'air est nécessaire à la fabrication; dans d'autres cas encore: confection du chocolat, des produits chimiques, des bougies de stéarine, du sucre, de la gélatine, où l'on s'attache à combattre la chaleur; dans les cuisines et les cafés les appartements trop chauffés par le soleil de l'été, les espaces torrides où se meuvent les chauffeurs, tant dans les usines qu'au fond des navires à vapeur; dans la fabrication des dragées qu'on ne dessèche bien qu'au milieu d'un air frais et sec, des pâtes alimentaires, alors que l'élévation du thermomètre développe ces fermentations successives redoutées des usiniers; en été, quand la chaleur rend si difficile la conservation de la viande, du poisson, des légumes et des fruits, après quelques heures seulement; dans les réserves de nos marchés, des boucheries et des hôtels, etc., etc. que de facilités, que de bénéfices à espérer, d'un moyen efficace d'atténuer l'excès de la température ambiante, de conjurer tant de pertes dommageables! Dans les pays chauds, dont la climature est propre à la vigne, la conservation du vin, difficile à obtenir en raison de la chaleur qui pénètre jusque dans les caves les mieux construites, mériterait une sérieuse expérimentation des appareils de MM. Cuau aîné et Cie. Les viticulteurs algériens nous sauront gré de leur avoir signalé ce moyen de sauvegarder peut-être leurs cuvées, si compromises jusqu'à ce jour.

Si nous abordons maintenant la série des applications hygiéniques proprement dites, sans répéter ce que nous avons dit des théâtres, des hôpitaux et des casernes, quelle énumération ne resterait-il pas à faires des écoles, ateliers, salles de concerts et de bals, lieux de réunion d'agglomération de toutes sortes, ou après avoir pâti de longues heures entières des inconvénients d'un air confiné, raréfié, échauffé, méphitisé par la combustion des appareils d'éclairage et celle de la respiration de la foule, les assistants ont encore à craindre, en les quittant, les dangers de la transition du dedans au-dehors?

« En temps d'épidémies, ou, plus simplement, toutes les fois que l'on redou-
« tera des émanations putrides fait encore observer M. Philippe Delahaye, dans
« les amphithéâtres de dissection, salle de cholériques, varioleux, exanthéma-
« teux, typhoïdés, etc., rien n'est plus facile que d'imprégner l'eau ventilée d'un
« anti-septique tel que acide phénique, camphre, vinaigre, etc., etc. et d'atta-
« quer ainsi le germe morbifère à son origine. »

CHAUFFAGE ET VENTILATION

QUATRIÈME PARTIE
APPLICATIONS

SOMMAIRE.

Considérations générales. — Habitations privées. — Chambres à coucher. — Salles à manger. — Salons de réception. — Cuisines. — Water-Closets. Egouts. — Orifices de décharge. — Ventilation des égouts. — Appartements de location. — Maisons d'ouvriers. — Crèches. — Asiles. — Écoles primaires. — Écoles de dessin. — Lycées et collèges. — Amphithéâtres. — Bibliothèques publiques. — Bureaux. — Ateliers. — Usines. — Water-Closets des usines. — Casernes. — Postes. — Casemates. — Hôpitaux. — Hôpital de Guy. — Ambulances. — Maternités. — Système Tarnier. — Maternité de Saint-Pétersbourg. — Hospices. — Asiles de retraite et d'aliénés. — Prisons. — Églises. — Salles de bal, de concert, de grandes réunions. Cirques. — Théâtres. — Système du général Morin. — Théâtres lyrique. — Système d'Hamelincourt. — Opéra de Paris. — Système Sax. — Système du Dr Böhm. — Opéra de Vienne. — Système Davioud et Bourdais. — Palais du Trocadéro.

CONSIDÉRATIONS GÉNÉRALES.

En abordant l'importante question des applications du chauffage et de la ventilation, nous devons insister sur l'impossibilité d'appliquer les mêmes procédés et les mêmes appareils à tous les édifices d'une *même classe.*

Il faut de toute nécessité avoir égard à la disposition, à la destination spéciale et surtout aux habitudes particulières ou communes des habitants. Il faut encore faire une large part aux influences météréologiques de la localité considérée. Chaque application demande donc une étude spéciale, et il serait téméraire de prétendre résoudre toutes les nombreuses difficultés pratiques au moyen de quelques formules théoriques plus ou moins exactes.

Nous ne poserons donc ici que des principes généraux susceptibles de nombreuses exceptions et corrections, particulières à chaque application.

L'art du chauffage et de la ventilation étant surtout basé sur les principes des sciences naturelles, il faut bien se persuader qu'il en doit nécessairement suivre la marche rapidement progressive.

Les principes généraux suivis aujourd'hui, peuvent donc être perfectionnés et peut-être complétement renversés dans quelques années.

Pour la ventilation notamment, qui pourrait dire aujourd'hui ce qu'elle deviendra lorsque la composition de l'air libre ou confiné aura été dévoilée par les études microscopiques, et quand on aura élucidé la difficile et importante question des ferments et des miasmes?

Nous nous garderons donc bien, dans cette modeste étude, de considérer comme absolument résolus tous les graves problèmes qu'on rencontre à chaque pas dans la voie de ces applications.

Habitations privées. — Considérons d'abord le cas le plus simple, la maison isolée et occupée par une seule famille. Cette classe d'habitations comprend ordinairement un rez-de-chaussée sur caves occupé par la cuisine, la salle à manger et les pièces de réception.

Les étages supérieurs sont principalement réservés aux chambres à coucher. Ce type est généralement facile à chauffer et à ventiler, et on peut satisfaire à ces deux fonctions en employant d'abord dans chaque pièce une cheminée à feu découvert, pour assurer sa ventilation quand elle sera occupée, tout en y produisant un chauffage éminent agréable et hygiénique. Le chauffage général de l'habitation devra en outre être assuré à l'aide d'un calorifère chauffant toutes les pièces, et permettant de produire ce chauffage par l'entretien d'un seul foyer.

On obtiendra ainsi une grande simplicité de service, une plus grande sécurité contre l'incendie, et enfin, une économie considérable de combustible.

Si on se contentait, en effet, d'allumer du feu dans chaque cheminée pendant le jour, il en résulterait une grande dépense inutile de combustible pour les pièces non constamment occupées; car il faut bien se rappeler que la cheminée est surtout un appareil de chauffage ventilant. Or, pour les pièces inoccupées le jour, cette ventilation n'est pas toujours nécessaire; par exemple pour les chambres à coucher. Le chauffage de ces pièces pendant le jour est pourtant nécessaire si on tient à les trouver chaudes la nuit.

Il faut donc que ce chauffage puisse s'opérer sans produire une ventilation abondante donnant lieu à des pertes de chaleur par l'air extrait.

Le choix du système de calorifère à employer dépendra donc des conditions imposées au régime de la ventilation. Si elle doit être parfois nulle, il faudra employer des calorifères à surfaces de chauffe directe placées dans les pièces à chauffer.

Ces calorifères pourraient donc, dans ce cas, être à circulation d'eau chaude, à haute ou basse pression.

Si la ventilation doit être modérée mais constante, on devra employer des calorifères à air chaud, fournissant un volume d'air restreint et suffisamment chaud pour que malgré cette réduction de volume, il apporte cependant un nombre de calories suffisant pour faire face aux pertes de chaleur de chaque pièce.

Enfin si la ventilation doit être abondante ou pourra encore employer les calorifères à air chaud, mais en donnant de plus larges sections aux conduites d'air, afin de l'admettre à une température plus basse. Pour se garantir d'avance contre toute élévation anormale de la température de cet air chaud, on pourra employer comme surfaces de chauffe les calorifères à eau chaude à haute et basse pression, et les hydrocalorifères, placés dans la cave ou le sous-sol.

Après ces indications sur le chauffage général de l'habitation, nous allons donner quelques détails sur le chauffage particulier de chacune des pièces qui la composent.

Chambres à coucher. — Indépendamment du système général chauffant toute l'habitation, chaque pièce doit recevoir une bonne cheminée pouvant complètement assurer son chauffage et sa ventilation indépendants, en cas d'arrêt de l'appareil général.

L'emploi de la cheminée dans les chambres à coucher étant assez généralement admis, nous n'insisterons pas longuement sur leur utilité dans ce cas, et nous citerons seulement, à l'appui de ce conseil, les lignes suivantes dues au professeur Fonssagrives (1).

« La cheminée est par excellence *l'organe respiratoire* d'une chambre à coucher; et il conviendrait donc que toute pièce destinée à être habitée la nuit en fut munie, lors même qu'elle ne devrait pas servir au chauffage. Mais le chauffage des cheminées active singulièrement leur office purificateur en accélérant le mouvement de la colonne d'air contenue dans leur tuyau.

Lorsque sa vitesse atteint 2 mètres par seconde, l'air intérieur d'une chambre de dimensions moyennes, se renouvelle environ cinq fois par heure, c'est dire l'efficacité ventilatrice de la cheminée pendant l'hiver.

D'ailleurs, et l'hygiène ne saurait trop insister sur ce point, si la cheminée est *utile* pour maintenir l'hiver, une température agréable dans nos chambres, elle est *indispensable* pour en renouveler l'air intérieur. »

Salles à manger. — Les salles à manger devraient toutes êtres largement aérées, à cause des odeurs fortes qui s'y produisent au moment des repas, et qui finissent par saturer leurs parois de miasmes dégoûtants, dus à l'absence de ventilation.

Il faudrait donc absolument renoncer à employer pour le chauffage de ces pièces, les poêles dits de faïence qui y sont généralement appliqués. Ces poêles sont tout simplement composés d'une cloche en fonte , pl. II, qui rougissant sous l'action d'un feu ardent donne certainement lieu à une introduction de gaz oxyde de carbone dans la pièce, et par conséquent à une intoxication lente par ce redoutable gaz.

Ces poêles de fonte ne donnent d'ailleurs qu'une très-faible quantité d'air neuf, et ils l'introduisent desséché et surchauffé à une température de 200 degrés, ce qui produit une différence de température entre le plafond et le plancher s'élevant souvant à plus de 10 degrès, et plaçant ainsi la tête dans un courant d'air chaud sans réchauffer les pieds.

La ventilation des salles à manger n'est d'ordinaire prévue nulle part, car aucune bouche d'extration d'air vicié n'y est pratiquée; la porte et le cendrier du poêle, qui pourraient permettre une petite extraction d'air vicié, sont même ordinairement placés en dehors de la pièce.

Il résulte de l'ensemble de ces absurdes conditions habituelles de chauffage excessif et d'absence complète de ventilation, de sérieux inconvénients pendant les repas, et surtout ceux du soir qui comportent un éclairage échauffant et producteur de gaz irrespirables qui vient encore ajouter une nouvelle cause d'insalubrité.

Les vapeurs des mets et des vins viennent se mêler à toutes les émanations des lumières et aux produits de la respiration des convives, en formant ainsi rapidement une masse de gaz viciés et irrespirables, qui infectent non-seulement la salle, mais pénètrent souvent dans les salons voisins où ils sont appelés par le tirage des cheminées de ces pièces.

Il est donc nécessaire de renoncer à employer des dispositions aussi insalubres, qui ne sont d'ailleurs pratiquées que par esprit d'imitation et de routine.

La cheminée doit donc être appliquée dans les salles à manger, où elle est appelée à faire disparaître entièrement tous les inconvénients que nous venons

(1) La maison, Étude d'hygiène, 1871, p. 201 et 298.

de signaler. Chauffant avec modération, fournissant un grand volume d'air pur non surchauffé, et enlevant directement et sûrement tout l'air vicié, elle rendra là autant, si non plus, de services que dans les autres pièces de l'habitation.

Le professeur Fonssagrives conclut ainsi (1) à ce sujet:

« L'habitude des calorifères dans les salons à manger est regrettable, l'office purificateur de la cheminée trouvant là une occasion utile de s'exercer. »

Salons de réception. — Les salons de réception devraient être tous pourvus d'appareils de ventilation fort énergiques, introduisant sans courants gênants un grand volume d'air, et enlevant régulièrement l'air chaud et vicié qui se porte au plafond.

Il est cependant loin d'en être ainsi, et la plupart des salons n'ont aucun moyen de ventilation.

Le docteur Figuier donne à ce sujet les détails suivants (2):

« En général, les salles de bal ne sont pas ventilées. C'est pour cela que les invités ne tardent pas à être pris de véritables souffrances, auxquelles on porte remède par le moyen, dangereux et grossier, qui consiste à ouvrir les fenêtres quand la chaleur est devenue suffocante et l'air décidément irrespirable.

Non-seulement les salles de bal ne sont pas ventilées, mais le maître de la maison a grand soin, pour donner plus d'élégance à l'aspect du salon, de fermer le devant de la cheminée, avec des fleurs ou toute autre chose.

Le tuyau de la cheminée pourrait offrir une issue tutélaire à l'air vicié par la respiration de centaines de personnes et par des centaines de bougies: mais la fâcheuse habitude qui consiste à boucher le devant de la cheminée, ôte cette dernière planche de salut, et transforme le salon en une prison parfaitement close.

Nous sommes toujours surpris quand nous voyons cette vicieuse coutume mise en pratique dans les bals et les soirées donnés chez des hommes, pourtant fort instruits, des physiciens, des ingénieurs, des chimistes.

Cela prouve combien les principes et l'utilité de la ventilation sont encore mal compris et peu répandus

En raison de la poussière soulevée par les mouvements précipités des danseurs, par suite de l'augmentation de l'activité respiratoire qui est la conséquence de ces mêmes mouvements, en raison du grand nombre de personnes réunies dans le même lieu, les salles de bal devraient être soumises à une ventilation active. Mais, nous le répétons, *partout* on se contente d'ouvrir une fenêtre quand les invités se plaignent du manque d'air ou de la chaleur, et tout aussitôt un courant d'air froid fait irruption dans la salle, frappant des têtes et des épaules nues, prenant à l'improviste des personnes en état de transpiration, les exposant ainsi à des maladies sérieuses. »

L'éminent architecte Viollet-Le-Duc, constate également ainsi cette absence complète de ventilation dans les salons (3):

« Quant à la ventilation des salles de réunions, on ne s'en préoccupe pas: aussi n'est-il pas une salle à Paris ou l'on n'étouffe bientôt, un jour de réception, au milieu d'une atmosphère viciée par l'air chaud sortant des calorifères, par les lumières, l'absorption d'oxygène et le dégagement d'acide carbonique.

La ventilation des salons de réception, dans nos hôtels, est donc une des graves questions à résoudre. »

Les inconvénients anti-hygiéniques de ce manque complet de ventilation des

(1) La Maison p. 128.

(2) Merveilles de la Science, tome IV, p. 476.

(3) Entretiens sur l'Architecture, tome II, p. 296.

salons, sont d'ailleurs parfaitement exposés dans les lignes suivantes dues au professeur Daremberg (1), l'érudit et savant auteur de l'*Histoire des sciences médicales* :

« Quand on songe aux terribles et inévitables effets que produit immédiatement ou à la longue une atmosphère viciée par les êtres vivants; quand on a assisté à ces expériences où les animaux s'affaissent et périssent empoisonnés par leur propre respiration, on serait tenté de crier à *l'assassin*, toutes les fois qu'on entre dans ces salles basses et étroites où cent poitrines à la fois exhalent la pestilence, dans ces salons d'où les flots pressés de visiteurs ne songent même pas à s'échapper, quand déjà les bougies pâlissent, faute de ce gaz oxygène qui en alimentait la flamme.

Pour peu qu'on lise avec attention les cinquante pages que Péclet a consacrées au chauffage et à la ventilation des appartements, on reconnaît bien vite, que sous ce rapport nos architectes n'ont pas fait de grands progrès depuis les heureuses, mais insuffisantes réformes de Rumford.

Péclet voit le mal, il le signale avec énergie, mais il n'a pas le remède sous la main; il est persuadé que le procédé élémentaire qui consiste à ouvrir les fenêtres, c'est-à-dire à faire une prise d'air directe à l'extérieur, entraîne, en un grand nombre de cas, de graves inconvénients, et qu'il est même quelquefois impossible; mais il ne trouve guère pour y remédier, que des appareils imparfaits et non équilibrés, qui doivent servir en même temps au chauffage et à la ventilation.

Les cheminées qui donnent beaucoup de vent et peu de chaleur, et les poêles qui versent dans la chambre beaucoup de chaleur, mais en prenant peu d'air sans le renouveler.

Le jour où l'on aura pu persuader aux propriétaires et aux architectes, l'indispensable nécessité d'un renouvellement continu de l'air qui sert à la respiration, c'est-à-dire à l'entretien le plus direct de la vie, ce jour là l'hygiène aura fait une grande conquête, et la maladie aura perdu la moitié de ses droits. »

On comprend la haute importance de cette conclusion, émanée d'un des savants qui ont le plus étudié, pour tous les pays et pour toutes les époques de l'histoire, les causes de la formation et de la propagation des malades.

Les salons de réception où plusieurs causes d'échauffement et d'insalubrité se trouvent accumulées, présentent de réelles difficultés pour leur chauffage et leur ventilation. Il faut disposer d'appareils de chauffage assez puissants pour échauffer la salle sans la ventiler, avant l'arrivée des invités. Puis, lors de leur présence en nombre plus ou moins grand, il faut que ces appareils introduisent une masse d'air proportionnée en volume et en température à la somme des visiteurs présents. Il faut alors aussi extraire le volume variable d'air chaud et vicié qui se produit, et l'extraire là où il est le plus chaud et le plus vicié, c'est-à-dire au plafond.

Le nombre total des visiteurs subissant souvent des variations rapides dans les deux sens, il est donc indispensable de faire varier rapidement le volume et la température de l'air introduit.

Nous avons déjà vu (principes de ventilation) que l'air vicié se portait toujours au plafond; il en est de même pour l'air chaud et les gaz produits par l'éclairage. Il devient on le voit indispensable, dans ce cas, d'opérer l'extraction de l'air chaud et vicié par la partie supérieure de la pièce; car si on voulait l'extraire par en bas, on rabattrait ainsi l'air vicié et la chaleur dans la zône de la res-

(1) Des soins à donner aux malades, par Miss Nightingale, préface de l'édition française.

piration, et on empoisonnerait les assistants tout en les échauffant au maximum.

Pour satisfaire à toutes ces conditions, d'une façon simple et pratique, nous croyons qu'il suffira d'avoir recours à notre système de cheminée à prise d'air vicié au plafond (décrit à l'article cheminées).

Ce type permet facilement, en effet, ainsi que nous l'avons déjà expliqué, d'échauffer sans ventilation, la pièce avant l'arrivée des invités; pendant leur présence il peut fournir une masse d'air nouveau à la température désirée, fraîche ou chaude en passant par tous les degrés intermédiaires, et cela d'une façon instantanée, puisqu'il suffit d'un simple tour de clef de la soupape du tuyau de chauffe pour l'ouvrir à la chaleur du feu, ou le fermer en le tenant froid. Le registre d'air nouveau pouvant être plus ou moins ouvert, permet de régler aussi, instantanément, le volume d'air pur introduit.

On est donc complétement maître de régler *en quelques secondes*, la température et le volume de l'air nouveau introduit, et cela sans dérangement et sans sortir de la pièce.

Le registre de prise d'air vicié au plafond étant également à portée de la main, permet de régler en un instant, le volume d'air vicié sortant à volonté par en bas, avant la grande affluence des invités, pour échauffer la pièce, et par en haut pour la rafraîchir; il suffit pour cela d'abaisser le rideau ordinaire de la cheminée, qui vient alors masquer complétement le feu en l'empêchant de rayonner dans le salon, et d'ouvrir le registre d'air vicié de la prise au plafond.

On est donc toujours à même, avec cette cheminée de régler instantanément le volume et la température de l'air pur entrant, et le volume et le sens d'extraction, par en haut ou par en bas, de l'air vicié; le tout sans aucun déplacement et sans s'écarter même de la cheminée où toutes les clefs de réglement sont à la portée de la main.

Rien ne s'opposerait d'ailleurs, pour la ventilation des grands salons, à l'emploi de plusieurs cheminées placées, soit dans la même pièce, soit en des pièces à communication libre et permanente; car les cheminées à prise d'air extérieure indépendante n'ont point d'action nuisible les unes sur les autres.

Cuisines. (1) — La ventilation des cuisines est souvent imparfaite, il est cependant fort important qu'elle soit énergique et régulière, afin d'enlever complétement toutes les vapeurs fortes qui s'y développent et se répandent dans les pièces voisines.

Quand on dispose d'un fourneau chauffé assez fortement, il est toujours facile d'utiliser une partie de cette chaleur pour échauffer une cheminée d'extraction de l'air vicié. Il faut alors faire passer la fumée dans un conduit métallique spécial, placé dans un coffrage en maçonnerie qui donnera issue à l'air vicié s'échauffant au contact des parois du tuyau à fumée.

Une hotte couvrant tout le fourneau complète cette disposition en ne permettant pas aux vapeurs de se répandre dans la cuisine.

Quand on ne dispose que d'un fourneau potager chauffé au charbon de bois, et que la combustion n'y est point forte, il arrive alors parfois que la chaleur n'est plus suffisante pour donner au courant d'air vicié une vitesse capable de vaincre la résistance du tuyau de la cheminée. Cet effet se produit particulièrement en été au moment des grandes chaleurs. L'explication en a été d'ailleurs déjà présentée à l'article : Ventilation naturelle, où nous avons cité la description judicieuse qu'en a donnée Franklin.

(1) Les fourneaux de cuisine sont traités spécialement dans l'article : Appareils d'économie domestique, par M. Bouvet.

Pour combattre ce fâcheux effet, il faudrait placer dans le tuyau de la cheminée à hotte de la cuisine un petit ventilateur à hélice mis en mouvement par la chute d'un poids qu'on remonterait pendant la préparation des mets.

Les anciens modèles de tourne-broches à poids pourraient servir de type au mécanisme à combiner pour cet usage. Cette disposition simple et pratique suffirait parfaitement pour assurer le tirage pendant les plus grandes chaleurs. Son installation ne coûterait pas plus cher qu'une couronne de becs de gaz placée dans la cheminée, et elle aurait sur ce dispositif, recommandé par certains ingénieurs, l'avantage précieux de ne causer aucune dépense journalière, ce qui n'a pas lieu avec le gaz, dont le prix est fort élevé et qui produit peu d'effet pour l'échauffement intermittent des cheminées d'appel, ainsi qu'on l'a vu du reste, pour la houille, quand nous avons parlé des cheminées d'appel (article Ventilation).

La sortie de l'air vicié étant ainsi assurée, il faut pourvoir à l'entrée de l'air pur, qui devra pénétrer l'hiver en serpentant autour du fourneau pour s'échauffer un peu.

Afin d'éviter la rentrée de l'air infect des tuyaux d'évier, il faudra recouvrir l'origine de ce tuyau d'une bonde syphoïde toujours couverte d'une hauteur d'eau suffisante pour faire équilibre à la pression des vents et à la dépression due au tirage de la cheminée.

Ces tuyaux de décharge circulent souvent, pour éviter les congélations, dans toute la hauteur de la cuisine ; ils doivent alors présenter des joints *complètement étanches* afin de s'opposer à la rentrée des gaz infects. Cette condition *indispensable* est trop souvent négligée, et on emploie presque toujours pour ces décharges des tuyaux en fonte à emboîtement simple, dont le joint reste largement ouvert à tous les gaz infects et dangereux qui se développent dans l'intérieur du tuyau. Nous insistons donc pour la suppression de cet insalubre installation qui devrait d'ailleurs être formellement interdite par les règlements d'hygiène des habitations,

Pour assurer la salubrité des cuisines, il ne suffit pas d'y produire une bonne ventilation, mais il faut encore leur procurer une eau *abondante*, afin d'y permettre le nettoyage *journalier* de toutes les surfaces susceptibles d'être imprégnées ou salies par les opérations culinaires, c'est à cette condition indispensable, qu'on obtiendra une cuisine saine et sans odeur.

Il est également nécessaire, pendant l'été, de laisser les vasistas largement ouverts à l'air frais de la nuit. Enfin, et surtout, il est indispensable d'assurer toutes ces mesures par un contrôle fréquent, car il ne faut presque jamais s'en rapporter sur ce point à l'initiative des gens de service.

Water-closets. — Les cabinets d'aisances, presque toujours mal disposés, sont la cause d'une infection non-seulement fort gênante, mais qui peut encore avoir des suites graves, car il est reconnu aujourd'hui qu'un certain nombre de maladies épidémiques se propagent surtout par les miasmes des excréments des malades (1).

Il est donc absolument nécessaire de supprimer tous ces miasmes et d'empêcher complétement tout retour des gaz infects dans les pièces habitées et dans le cabinet lui-même. Les moyens actuellement employés, à Paris, sont tout à fait insuffisants et par cela même fort dangereux.

Les matières sont introduites dans un tuyau de chute en fonte à joints *non étanches*, qui les dirige dans une fosse de capacité assez grande, pour éviter de

(1) Voir Guéneau de Mussy, *Théorie du germe contage*. Paris, 1877.

fréquentes vidanges. Cette fosse est, en outre, munie d'un tuyau spécial d'évent montant jusqu'au faîte de la maison où il est supposé déverser les gaz de la fosse et du tuyau de chute en vertu d'une aspiration de bas en haut, qu'on a le tort de croire spontanément possible par tous les temps.

Or, cette aspiration est non-seulement souvent nulle, mais, chose plus grave, elle est très-souvent renversée et changée en pulsion ; il arrive donc alors que l'air extérieur descend par le tuyau d'aérage, s'infecte en passant dans la fosse, (1) et remonte ainsi infecté par le tuyau de chute jusque dans les cabinets. Si ces cabinets sont en communication avec des pièces chauffées par une cheminée, ils y laissent passer tous les gaz infects qui viennent ainsi empoisonner les pièces contiguës. Cet effet dangereux peut même se produire malgré l'interposition de *plusieurs portes fermées*, car les fissures des portes sont largement suffisantes pour donner passage à ces introductions de gaz infects.

Le siége d'aisances est parfois garni d'une soupape, mais il est bien rare que cette soupape soit recouverte d'eau, elle n'est donc point étanche. Il en est de même du couvercle en bois qui présente toujours des passages à l'air infect.

Pour empêcher ces introductions de gaz infects, il faudrait donc employer une fermeture *toujours* complétement *infranchissable aux gaz*, et qui puisse être en même temps *toujours franchie* par les matières et les urines.

Il suffira évidemment, pour remplir cette fonction, d'employer une fermeture hydraulique, un syphon toujours plein d'eau permettra aux matières et aux urines de s'écouler et il empêchera tout passage des gaz de la fosse.

L'ingénieur anglais Jennings a donné une excellente solution de ce difficile problème d'hygiène, ses appareils hydrauliques et automatiques nous paraissent réunir toutes les conditions d'une clôture absolue et d'une propreté complète.

Nous en conseillons donc l'emploi avec la plus entière confiance, ainsi que celui des urinoirs dûs au même ingénieur, dont la disposition est parfaite.

Pour compléter cette disposition il faudrait aussi employer des tuyaux de chute complétement étanches et à joints hermétiques, remplaçant les tuyaux de chute ordinaires dont les joints simplement emboîtés laissent des fissures donnant passage aux gaz infects.

Le système Jennings demande, il est vrai, une certaine dépense d'eau, mais cet emploi abondant de l'eau ne peut présenter que des avantages à tous les points de vue.

On objecte aussi contre ces appareils que l'abondance de l'eau employée occasionne de fréquentes vidanges, mais il est facile d'établir, dans les fosses, des appareils séparateurs laissant couler à l'égoût la plus grande partie des liquides, ce qui fait tomber l'objection contre l'emploi abondant de l'eau.

Il faut d'ailleurs bien se persuader que le système barbare et insalubre des fosses d'aisances sera certainement interdit, dès qu'on pourra disposer d'un réseau complet d'égoûts, et d'une distribution d'eau suffisante.

Un temps viendra, et nous espérons qu'il viendra vite, où les matières diluées dans une grande quantité d'eau, seront immédiatement dirigées sur l'égoût avant qu'elles n'aient pu fermenter.

Ces eaux d'égoût ainsi chargées d'engrais seront alors utilisées pour les irrigations, après avoir été ainsi purifiées et oxydées par leur filtration dans un sol aéré, ces eaux redevenues pures pourront faire retour au fleuve sans l'infecter, et on obtiendra enfin une utilisation rationnelle des matières qui ne sont encore aujourd'hui qu'une source d'embarras et d'insalubrité.

A l'appui de notre opinion relative au sort réservé aux fosses fixes, nous

(1) Expériences de la commission des logements insalubres. Paris, 1869.

citerons les extraits suivants dûs au savant ingénieur de Freycinet (1) (aujourd'hui ministre des travaux publics) :

« La salubrité des cabinets d'aisances se ressent directement du système de réceptacles employé. Il faut se représenter en effet tout réceptacle de matières comme un foyer plus ou moins actif de dégagements, duquel les émanations tendent incessamment, quoi qu'on fasse, à gagner les appartements. La véritable condition de l'assainissement des cabinets, c'est donc la suppression même des réceptacles, ou l'envoi direct des déjections aux égoûts.....

Tous les systèmes de fosses qui ont pour objet de garder la totalité des matières, comme aussi ceux où l'on veut retenir des éléments plus ou moins susceptibles d'être entraînés par l'eau, sont évidemment un grand obstacle à la salubrité.

Aussi pour avoir des cabinets véritablement dignes du nom de water-closets, a-t-on installé à Paris et à Lyon ces diviseurs soit fixes, soit mobiles, qui laissent filtrer la totalité des liquides et graduellement, par voie de dissolution ou d'entraînement, la plus grande partie des solides, si bien qu'il ne reste pour ainsi dire plus dans le réceptacle que des corps inertes, souillés de matières. Mais alors on se demande à quoi sert d'introduire dans le mécanisme de l'expulsion une semblable complication, qui, sans préserver efficacement les galeries d'égoût de l'infection qu'on redoute pour elles, entretient néanmoins autour du tuyau de chute une source de mauvaises odeurs ; car si la quantité de matière retenue par le filtre est insignifiante par rapport à celle qui passe, elle suffit cependant pour engendrer des émanations considérables. »

Les appareils à fermeture hydraulique que nous venons de décrire, suffisent dans tous les cas à éloigner complément tout retour de gaz infect ; mais leur emploi ne dispense point d'écarter les water-closets du voisinage immédiat des pièces habitées. Il faudra donc toujours ménager autour d'eux un passage aéré directement sur le dehors, qui devra être ouvert à l'air libre toutes les fois que le temps le permettra.

A l'aide de ces dispositions, et d'une surveillance attentive, on parviendra à supprimer absolument toute cause d'infection et d'insalubrité, et on évitera ainsi sûrement les conséquences, souvent funestes, que peut entraîner l'inobservation de ces importantes règles d'hygiène (2).

Le chauffage des water-closets devra être très-modéré, mais il faudra cependant y pourvoir à l'aide du calorifère général, afin d'éviter les refroidissements trop brusques des personnes malades ou souffrantes, et de s'opposer à la congélation de l'eau des conduits et de l'appareil. On y ménagera donc une petite bouche de chaleur ou un circuit d'eau chaude, et on complétera cette disposition en installant une gaîne d'évacuation d'air, prenant naissance à la hauteur du siége et débouchant au-dessus des toits. Pour assurer le tirage de cette petite cheminée, il suffira d'y allumer un très-petit bec de gaz servant en même temps à l'éclairage du cabinet.

Égoûts. Orifices de décharge. — Nous empruntons au savant travail de l'ingénieur de Freycinet (3), les considérations suivantes sur les moyens à employer pour empêcher toute exhalaison des égoûts de pénétrer dans les habitations, et sur les procédés les plus pratiques d'une bonne ventilation des égoûts :

(1) Principes de l'assainissement des villes, page 328.

(2) Comme exemple de ces graves dangers nous renvoyons aux Mémoires de d'Arcet, où il cite la mort de trois garçons de bureau, morts l'un après l'autre dans une pièce où passait un tuyau de chute.

(3) Principes de l'assainissement des villes, page 92.

« C'est naturellement dans l'intérieur des habitations que les exhalaisons offrent le plus de danger. Là, il est nécessaire d'y couper court absolument. Les choses doivent donc être disposées pour que toutes les communications existantes entre la maison et l'égoût restent hermétiquement closes, sauf pour livrer passage aux résidus. En conséquence, les tuyaux de décharge des eaux pluviales, de l'évier, de la cuisine, des cabinets d'aisances et autres semblables, sont parfois munis, à leur entrée dans l'égoût, de fermentures automobiles ouvrant de dehors en dedans sous la pression des liquides et ne s'ouvrant pas en sens opposé. Ce système assez usité autrefois, surtout en Angleterre, est de plus en plus abandonné : il est sujet à dérangements, aussi ne l'avons-nous mentionné que pour mémoire. Les fermetures hydrauliques de tous genres, ont définitivement prévalu. Leur principe est, comme on sait, d'avoir leurs joints toujours noyés dans le liquide, ce qui réalise une herméticité aussi simple que parfaite, à la condition, bien entendu, que le liquide ne manque jamais; or il est clair que pour les tuyaux servant aux usages domestiques, à la cuisine, aux water-closets ou aux cabinets de toilette, l'eau est constamment en abondance.

Quant au tuyau des eaux pluviales, le seul qui soit exposé à se trouver à sec, l'inconvénient est beaucoup moindre, puisque ce tuyau ne débouche pas dans les appartements mêmes; d'ailleurs on peut au besoin lui fournir de l'eau par la cour. La fermeture hydraulique pour les besoins privés, est donc un excellent moyen. Le type à syphon consiste, comme son nom l'indique, dans un syphon ordinaire, mais occupant une position renversée, de telle sorte que la courbure soit en bas, la plus longue branche allant vers la maison et la plus courte débouchant à l'égoût.

L'écoulement a lieu en vertu du poids du liquide qui afflue par la plus grande branche, et l'issue des gaz est interceptée par l'eau qui séjourne dans la courbure. Cette disposition est fort bonne pour les cabinets de toilette ; mais pour le water-closet et l'évier, on a le risque que les résidus s'accumulant à la partie inférieure, ne finissent par boucher entièrement le passage. Il est vrai qu'on peut d'ordinaire y remédier en versant brusquement de l'eau qui entraîne les obstacles; mais mieux vaut éviter l'emploi du remède en prévenant les obstructions elles-mêmes. A ce point de vue, on doit recommander la cuvette hydraulique adoptée à Paris, laquelle, par la sûreté de son jeu, est certainement le meilleur appareil qu'on puisse souhaiter, quand la disposition du branchement d'égoût en permet l'application. C'est simplement une cuvette en maçonnerie, reposant sur le sol du branchement et dans laquelle le tuyau de chute débouche verticalement, de telle sorte que l'orifice libre de ce tuyau se trouve un peu au-dessous des bords de la cuvette. Celle-ci étant maintenue pleine par les envois de la maison, l'orifice du tuyau est constamment dans le liquide, et le trop plein de la cuvette s'écoule en s'épanchant par dessus les bords. Les matières lourdes, au contraire, restent au fond. Rien de plus aisé, on le comprend, que de nettoyer un semblable appareil et d'éviter tout engorgement.

Indépendamment de ces fermetures, placées à l'entrée de l'égoût, il convient d'en placer d'autres à l'origine des tuyaux qui débouchent dans les appartements, afin de se prémunir contre les mauvaises odeurs qui peuvent se dégager, non de l'égoût avec lequel la fermeture inférieure intercepte la communication, mais des tuyaux eux-mêmes. C'est dans ce but que l'évier de la cuisine et la cuvette des cabinets sont ordinairement pourvus d'une soupape hydraulique. Elle n'est pas utile au tuyau des eaux pluviales, qui ne livre point passage à des matières nauséabondes.

Au moyen de ces diverses dispositions et d'un écoulement d'eau convenable dans les organes, on parvient à se mettre complètement à l'abri des mauvaises odeurs. Les water-closets des bonnes maisons anglaises en sont une preuve frappante. Ce sont de véritables cabinets de luxe, dont rien ne laisse soupçonner la véritable destination, et qui peuvent exister impunément au sein des appartements les plus somptueux.....

VENTILATION DES ÉGOUTS.

A l'inverse des orifices privés, les bouches de décharge des rues, dans un système d'égoûts bien ordonné, doivent être toujours ouvertes.

Si l'on suppose le réseau souterrain établi sur des bases rationnelles, de telle façon que toute matière putrescible y soit constamment en présence d'un excès d'eau et ne séjourne jamais plus de 24 heures dans les galeries, les exhalaisons ne sont pas de nature à incommoder sérieusement les habitants. Il suffit que ceux-ci ne les laissent point parvenir au sein de leurs demeures, mais ils peuvent sans danger les laisser s'échapper sur la voie publique. Dès lors, rien de plus facile que de ventiler largement les galeries : on n'a qu'à maintenir les bouches des rues toujours ouvertes, ainsi que les portes d'accès et autres orifices pouvant offrir un libre passage à l'air. C'est ainsi qu'on opère à Paris, et le renouvellement de l'atmosphère intérieur est si actif, qu'il semble presque, sur certains points, qu'on aurait plutôt à se garantir contre l'excès de la ventilation que contre son insuffisance. L'efficacité de ces dispositions simples est encore accrue par le mouvement même du flot liquide, qui ébranle continuellement la couche d'air en contact avec lui et transmet l'agitation à toute l'atmosphère de la galerie. Un renouvellement aussi complet réagit à son tour de la manière la plus favorable sur la salubrité de l'égoût et contribue à empêcher l'infection, car il maintient une température modérée et fournit une quantité d'oxygène qui s'oppose à la fermentation putride.

Malheureusement, bien peu d'égoûts ont été conçus sur un tel plan, et il en résulte que l'aération par les bouches des rues, rencontre de grandes difficultés, la santé des habitants se trouvant alors en opposition avec la salubrité intérieure de l'égoût.

Il faut donc, pour obtenir une bonne ventilation sans nuire à la surface, recourir après coup à des expédients plus ou moins coûteux et compliqués. On en a essayé un grand nombre, mais aucun n'a bien réussi. En dehors de la solution naturelle qui découle de l'installation même du réseau, on s'est toujours heurté à des obstacles qui semblent insurmontables. On a essayé à Paris l'aspiration par de hautes cheminées débouchant au-dessus des édifices ; elles ont même été rendues obligatoires pour tout propriétaire élevant une maison neuve. Cependant le service municipal de Paris n'a qu'une médiocre confiance dans cette ressource, La plupart du temps, en effet, ces cheminées sont *indifférentes*, c'est-à-dire qu'elles n'aspirent ni ne refoulent ; parfois même, le courant naturel se renverse, et l'air du dehors entre par les cheminées, tandis que l'air du dedans s'échappe par les bouches des rues.....

D'ailleurs, quand même ce moyen se montrerait plus efficace qu'il ne l'a été jusqu'ici, ce serait une question de savoir si l'on gagne beaucoup à renvoyer les émanations à quelques décimètres au-dessus des maisons, car on peut craindre que dans les grandes villes, cette faible hauteur ne soit insuffisante pour déterminer une diffusion convenable des éléments délétères dans la masse atmosphérique.

L'ingénieur Haywood, qui a traité cette question pour Londres avec un soin tout particulier, n'hésite pas à penser que le bénéfice, dans ces conditions, est illusoire. Il faudrait, selon lui, pouvoir décharger les gaz à 80 ou 90 mètres de haut et pénétrer ainsi au sein de la masse atmosphérique qui circule au-dessus de la métropole avec une vitesse de 7 à 8 kilomètres à l'heure. Alors la diffusion serait effective et les éléments nuisibles noyés en quelque sorte, dans les torrents d'air pur. Mais quand on les émet à quelques décimètres des appartements et dans une couche qui participe à peine au mouvement général de l'atmosphère, on ne doit pas compter sur une amélioration réelle de la santé publique. »

Nous conclurons donc, avec les savants que nous citons, qu'il faut surtout établir de larges galeries d'égoûts et les tenir à l'abri de l'infection par une abondante distribution d'eau ; leur ventilation naturelle sera alors facile et ne donnera lieu à aucune suite fâcheuse pour la santé publique.

Appartements de location. — Sous ce titre, nous entendons parler des appartements n'occupant qu'un seul étage, et même qu'une portion d'étage d'une maison habitée en commun par plusieurs locataires.

Les dispositions de ventilation et de chauffage spéciales à chaque pièce de ces appartements doivent être évidemment semblables aux dispositions indiquées ci-dessus pour les habitations non communes.

Mais il n'en est plus de même pour les calorifères généraux destinés à chauffer l'ensemble des pièces d'un appartement avec un seul foyer.

Il est souvent impossible d'employer dans ce cas les calorifères à air chaud, car ils nécessitent une différence de hauteur dont on ne dispose point ; de plus il faudrait conduire l'air chaud dans chaque pièce par de longues conduites d'une large section, et la place fait souvent défaut pour loger ces larges conduites d'air.

Il faudra donc adopter dans ce cas un calorifère à circulation d'eau à haute ou basse pression dont les conduites longeant les murs de l'appartement lui procureront une chaleur bien suffisante ; ces conduites pourront être posées sur le parquet et dissimulées au besoin par un grillage ornementé, dont les différentes parties devront être mobiles afin de permettre l'enlèvement des poussières.

La chaudière de ce calorifère sera placée dans la cuisine et son service sera ainsi fort commode et tout à fait indépendant pour chaque locataire ; avantage précieux que ne pourrait présenter le chauffage de tous les étages par un calorifère général à air chaud installé dans la cave ; cette installation présenterait d'ailleurs d'autres inconvénients tels que : difficulté d'une égale répartition de chaleur entre tous les étages, encombrement causé par le grand nombre de conduits d'air chaud, dissidences des locataires sur la température de l'air introduit, irrégularité du chauffage livré à la direction d'un concierge inintelligent, négligent, ou même hostile, gaspillage des combustibles, etc.

Nous pensons donc, à cause de tous ces inconvénients, qu'il faut que chaque locataire soit absolument maître de régler le chauffage de son appartement, et que dans ce cas, il est convenable d'employer le système à circulation d'eau chaude à haute ou basse pression avec chaudière placée dans la cuisine de chaque appartement.

Le chauffage et la ventilation de chaque pièce étant d'ailleurs assurés indépendamment au moyen d'une cheminée ouverte à simple circulation d'air chaud pour les chambres, et à prise d'air vicié au plafond pour les pièces de réception telles que la salle et les salons.

Maisons d'ouvriers. — Malgré les efforts des industriels les plus éclairés et les plus charitables, les maisons ouvrières laissent encore beaucoup à désirer sous le rapport de l'hygiène.

Si nous examinons les types les plus en vogue, ceux de Mulhouse, par exemple, nous trouvons que bien que chaque logement jouisse de deux expositions, et soit pourvu d'ouvertures en nombre suffisant pour assurer une forte aération, l'air qu'on y respire n'est cependant pas assez pur, en hiver surtout (1).

C'est que, dans un but d'économie, que ne justifie que trop le modeste budget de la plupart des ouvriers, la famille se tient au complet, pendant les heures de loisir de la journée, dans une même pièce, où un seul feu alimente la cuisine, réchauffe le corps et aide souvent au séchage de la lessive.

A l'ancienne cité de Mulhouse, où les lieux d'aisances sont dans l'intérieur du logement, leurs émanations achèvent quelquefois de vicier un air déjà bien malsain.

Il serait cependant facile en construisant une maison ouvrière d'y ménager des dispositions spéciales pour le chauffage de toutes les pièces par le feu de la cuisine; la ventilation s'obtiendrait d'ailleurs aisément en ménageant de simples conduits d'extraction d'air vicié dans l'épaisseur des murailles.

Pour assurer l'efficacité de ces moyens il faudrait disposer, pour le chauffage, un tuyau en fonte recevant la fumée du fourneau et placé à l'angle droit où se croisent les murs intérieurs.

Ce tuyau pourrait chauffer quatre pièces à chaque étage et huit pièces pour deux étages. Nous supposons, bien entendu, que la cuisine se fait sur un fourneau à foyer fermé.

Le chauffage des chambres du premier étage serait un peu moindre que celui des pièces du rez-de-chaussée, ce qui offre plus tôt des avantages que des inconvénients.

Pour éviter la chaleur de ce tuyau métallique pendant l'été, il suffirait de ménager, dans un des murs, un tuyau spécial au tirage du fourneau pendant la saison chaude.

Le chauffage serait ainsi obtenu presque gratuitement, et, toutes les pièces étant chauffées, il n'y aurait plus aucune raison d'encombrer la cuisine comme on le fait aujourd'hui à Mulhouse.

L'air pur pénétrerait facilement par les fissures des fenêtres et la porosité des murs, sous l'action du tirage naturel de la gaîne d'air vicié *spéciale à chaque pièce*; cette gaîne d'air vicié serait munie d'une valve pouvant se fermer quand la pièce serait innoccupée, pour éviter la perte de chaleur par l'air extrait; cette valve serait ouverte pendant l'occupation de la pièce, il serait ainsi très-facile de ventiler les chambres à coucher pendant la nuit.

Ces gaînes d'air vicié, spéciales à chaque pièce, devraient monter au-dessus du toit en formant tête de cheminée. Ce qui permettrait, au besoin, d'y faire déboucher la fumée d'une petite cheminée portative, en tôle ou fonte, qui pourrait augmenter la chaleur de chaque pièce et sa ventilation dans quelques cas exceptionnels, pour une chambre de malade, par exemple. On éviterait ainsi la dépense de construction d'une cheminée dans chaque pièce, tout en se ménageant la facilité de les construire plus tard, et on aurait enfin le précieux avantage de pouvoir extraire l'air vicié de chaque pièce, tout en y assurant une suffisante introduction d'air pur.

Crèches, Asiles, Écoles primaires. — Les appareils de ventilation et de chauffage destinés aux crèches et asiles de l'enfance, pouvant être semblables à

(1) *Bulletin de la société industrielle de Mulhouse*. 1878, p. 577.

ceux employés dans les écoles primaires, nous passerons tout de suite à l'examen des conditions à réaliser dans ces écoles.

La ventilation des écoles primaires a été l'objet d'un travail spécial publié par Péclet en 1842 (1). Mais le dispositif proposé par ce savant (qu'il a également conseillé pour les salles d'hôpital) est loin d'être satisfaisant.

Il consiste dans l'emploi d'un poêle calorifère placé près du bureau du maître, le tuyau de ce poêle parcourt horizontalement toute la longueur de la classe à la hauteur du plafond, et débouche dans une cheminée dont il atteint le sommet supérieur, en y échauffant par contact l'air vicié extrait par cette cheminée d'appel. Cette disposition échauffe trop fortement la partie supérieure de la classe. La fumée trop refroidie dans ce long parcours ne détient plus assez de chaleur pour échauffer l'air vicié de la cheminée d'extraction, dont l'effet salutaire se trouve ainsi presque toujours insuffisant.

L'appareil de Péclet présente en outre le grave défaut, qu'il partage d'ailleurs avec les appareils plus récents, de ne point permettre de faire varier promptement la température de l'air pur introduit, qui est toujours forcé de passer au contact des surfaces de chauffe du foyer, ce qui rend la ventilation solidaire du chauffage; défaut grave qu'il faudrait pouvoir éviter.

A ce sujet, nous devons signaler ici une tentative faite dans ce sens, il y a quelques années, par la maison Duvoir-Leblanc.

Nous empruntons au général Morin (2) la description de ce système, dont on trouvera une coupe pl. VI:

« L'air nouveau arrive par deux orifices, ouverts dans le mur de pignon et afflue dans deux coffres, disposés au fond de la salle *dans toute sa largeur*. Un calorifère avec cloche en fonte et des tuyaux horizontaux régnant sur deux rangs à droite et à gauche dans les coffres, échauffent l'air nouveau, qui, à l'aide *de deux registres*, peut être introduit, selon les besoins, en plus ou moins grande quantité.

Deux autres registres permettent de modérer ou d'activer la circulation de la fumée dans les tuyaux horizontaux pour varier l'échauffement de l'air, et un *cinquième registre* sert à régler l'échappement total ou partiel de la fumée dans la cheminée, selon que l'on veut cesser ou diminuer le chauffage, en se bornant à employer la chaleur à produire l'appel.

L'air nouveau doit être introduit par une corniche creuse, vers le plafond.

L'appel de l'air vicié se fait sous les bancs, en passant, pour se rendre à la cheminée d'appel, dans un espace vide réservé dans toute l'étendue du plancher. »

Cet appareil, d'une *complication excessive*, ne s'est point répandu, à cause de la place considérable qu'il exige, puisqu'il occupe d'abord, pour l'air pur, *tout le mur* pignon et d'énormes corniches creuses; puis, pour l'air vicié, *toute l'épaisseur du plancher*, qu'il transforme en magasin de poussières insalubres.

Enfin, il eut fallu dépenser un temps considérable à régler suivant les besoins *les cinq registres* reconnus nécessaires, et, en plus, la porte du foyer et le registre du cendrier, ce qui donnait en tout *sept* organes à manœuvrer.

On conviendra qu'un tel système était peu pratique et on comprend facilement qu'il soit encore peu répandu.

La Direction des travaux de Paris a récemment fait étudier, par une commission spéciale, les conditions particulières de la ventilation et du chauffage des écoles primaires.

(1) *Traité de la chaleur*, 2e édition, tome II, p. 455.
(2) *Etudes sur la ventilation*, tome II, p. 342.

Le rapport de la commission conclut ainsi (1):

« Avec l'appareil de combustion placé dans la classe même à chauffer, on évite les pertes assez notables de chaleur qui ont lieu dans le parcours de la canalisation des calorifères généraux, et les dépenses d'installation sont beaucoup moins élevées.

Quelque soit le système, les conditions les plus importantes auxquelles les appareils doivent satisfaire sont les suivantes:

Régularité du chauffage, c'est-à-dire uniformité de température dans toutes les parties de la classe et aux diverses heures de l'occupation; régularité de ventilation, c'est-à-dire passage d'air en quantité égale autour de chaque élève. Pour satisfaire à la première condition, quand l'appareil est placé dans la classe même, on comprend que le rayonnement de la surface doive être très-modéré, afin que son action ne se fasse pas sentir trop vivement sur les places voisines, au préjudice des places plus éloignées; par conséquent, il faut que l'appareil soit muni d'une enveloppe peu conductrice.

Le tuyau de fumée apparent qui, dans beaucoup d'écoles, traverse les classes, présente de nombreux inconvénients, et doit être abandonné. Mais comme ce tuyau constitue une notable partie de la surface de chauffe, il faut trouver un moyen d'en développer ailleurs l'équivalent. Or, si l'on observe que l'air chaud qui provient de l'appareil tend toujours à monter directement au plafond, qu'il y soit ou non conduit par une enveloppe fermée, on comprendra que rien n'est plus facile que d'utiliser au développement des surfaces de chauffe, tout ou partie de l'espace vertical situé au-dessus de la surface que cet appareil occupe sur le sol.

L'appareil se composera ainsi d'un foyer et d'une surface de chauffe placée au-dessus, le tout enfermé dans une enveloppe peu conductrice ouverte à la partie haute pour laisser échapper l'air chaud qu'elle contient. Il sera muni d'une ou, mieux, de deux prises d'air extérieur, percées sur les faces opposées du bâtiment. »

L'appareil ainsi décrit et conseillé par la commission offre, on l'a déjà compris, de grandes analogies avec la cheminée Wazon: Prise d'air extérieur, air pur chaud débouchant au plafond, surfaces de chauffe verticales placées au-dessus du foyer, et enveloppe peu conductrice de ces surfaces; tout cela est commun aux deux appareils. Mais celui de la commission n'est encore qu'un poêle calorifère à ventilation solidaire du chauffage, puisqu'on ne peut y faire varier la température de l'air pur entrant, car, et cela est commun à tous les poêles connus, l'air neuf est toujours forcé de passer sur les surfaces de chauffe du poêle, et comme il est impossible de refroidir ces surfaces, puisque le poêle est souvent chargé pour plusieurs heures, il en résulte un échauffement forcé de l'air neuf qui est constamment astreint à lécher ces surfaces de chauffe. Par l'emploi de la cheminée Wazon, (dont le brevet est d'ailleurs antérieur à l'estimable rapport de la commission) on peut facilement, comme on l'a déjà vu, et instantanément refroidir ou réchauffer à volonté, par un simple tour de clef, les surfaces de chauffe léchées par l'air nouveau; on est donc absolument maître de régler, à tout instant et à tout degré, la température et le volume de l'air pur introduit, et cela sans toucher au feu, qui peut être chargé de combustible pour un temps assez long.

Pour extraire l'air vicié, la commission propose un système compliqué et dispendieux, composé de canaux d'extraction logés dans l'épaisseur du plancher, et s'ouvrant dans le parquet de la classe au moyen de bouches horizontales grillagées. Ce dispositif complexe est destiné à prendre l'air soi-disant le plus-

(1) Narjoux, Des écoles publiques, p. 154.

vicié, autour de chaque élève, au ras du parquet. Nous avons déjà vu qu'au contraire l'air vicié se porte au plafond, et qu'on extrait ainsi, par en bas, l'air le plus pur, puisqu'il est le plus chargé d'oxygène et le moins mélangé d'acide carbonique. Il vaut mieux, comme le conseillait Péclet, extraire l'air à $0^m,8$ du sol, à la hauteur de la respiration des jeunes enfants assis. On aura en outre l'avantage d'empêcher ainsi les veines d'air froid, qui pénètrent par les fissures, de venir glacer les pieds des élèves.

On évitera aussi les dépenses d'établissement des longs canaux d'extraction qui, en pratique, ont présenté de graves inconvénients, car ils deviennent le réceptacle de toutes les poussières, miasmes et contages apportés par les chaussures des élèves et par les gaz viciés qui y passent. Ils constituent donc une nouvelle cause de grave insalubrité, justement signalée par l'architecte Narjoux (1).

La disposition généralement en usage pour l'extraction de l'air vicié des classes, consiste à établir la prise d'air vicié au bas d'une cheminée dans laquelle cet air s'échauffe, plus ou moins, au contact des parois du tuyau à fumée du poêle, qui passe au centre de cette cheminée dans toute sa hauteur.

Or, il y a encore là de graves défauts à faire disparaître. En effet, cette disposition coûteuse d'installation et d'entretien, car ces longs tuyaux de tôle s'oxydent rapidement, présente de plus le vice capital de lier étroitement l'extraction régulière et abondante de l'air vicié à un chauffage actif, qu'il est souvent impossible de produire par un temps doux. Car si la température extérieure s'élève, il faut bien forcément modérer le chauffage de la classe, en brûlant moins de combustible. Il en résulte alors que la faible quantité de chaleur que détient encore la fumée à son entrée dans le coffrage où l'air vicié doit s'échauffer, devient tout à fait insuffisante pour produire cet échauffement; et cela précisément au moment où cet air vicié aurait besoin d'une plus grande somme de chaleur, car on sait que le tirage des cheminées d'appel diminue considérablement quand la température extérieure s'élève.

Dans ses études sur la ventilation des écoles (2), le général Morin a fait ressortir clairement ce vice capital des appareils d'extraction de l'air vicié. Le savant général a constaté, par des expériences précises, que chaque enfant des écoles de Grenelle, à Paris, ne reçoit que $3^{m3},5$ par heure; quand il est admis maintenant par les hygiénistes qu'il faut de 15 à 20^{m3} par enfant et par heure!

Le général Morin conclut ainsi :

« Le chauffage ne devant avoir une certaine activité que pendant l'hiver, tandis que la ventilation doit fonctionner en tout temps, il faut prendre des dispositions pour que, au printemps et à l'automne, l'évacuation de l'air vicié, ainsi que l'arrivée de l'air nouveau, soient assurées *indépendamment du chauffage*.

Il faut donc en général que, tout en utilisant l'hiver une partie de la chaleur des appareils de chauffage par le passage des tuyaux de fumée dans les cheminées d'évacuation, on se ménage des moyens auxiliaires pour activer l'appel, lorsque le chauffage doit diminuer d'intensité ou cesser tout à fait.

Le mode le plus simple, et en même temps le plus avantageux, paraît être un foyer placé au bas de la cheminée d'évacuation. » Ce second foyer avait été déjà conseillé par Péclet, mais il impose des soins particuliers pour son allumage et son entretien, et on a depuis longtemps reconnu qu'il n'était jamais allumé. Il faut donc employer un appareil permettant de se passer de ce second feu. Notre cheminée, déjà conseillée, répond heureusement à cette condition, car

(1) Des écoles publiques, p. 279.
(2) *Études sur la ventilation*, tome II, p, 5 et 115.

on sait que son foyer ouvert est placé au bas du conduit d'extraction; il suffira donc d'appliquer cette cheminée à la ventilation des écoles pour être assuré d'avoir en toute saison une énergique et directe extraction de l'air vicié, et, par conséquent, un appel abondant et régulier d'air pur, ce qui constitue complétement les conditions nécessaires à une ventilation constante et hygiénique.

L'emploi des cheminées permet, en outre, aux élèves qui arrivent trop souvent mouillés, de se sécher rapidement, ce qu'ils ne peuvent faire avec un poêle ou un calorifère.

L'expérience a déjà prononcé en leur faveur en Angleterre(1), où elles sont d'un emploi général dans les écoles.

Le professeur d'hygiène, Riant, en indique ainsi les avantages(2): « Mais il faut ajouter que ce résultat (ventilation régulière) possible quand il existe dans les pièces un appareil de chauffage à tirage puissant, comme les vastes cheminées en usage en Angleterre, cesse de l'être, quand la cheminée est remplacée comme chez nous, le plus souvent par un très modeste poêle. Nous verrons, en parlant du chauffage scolaire, qu'il nous manque là un des éléments les plus importants de la ventilation. »

Le professeur Gallard, médecin de la Pitié, et auteur de remarquables travaux sur le chauffage et la ventilation, conseille ainsi l'emploi des cheminées pour les salles d'école (3) :

« En effet, si le foyer lumineux d'une cheminée est avantageux, ce sera surtout dans les salles d'étude, où les élèves séjournent environ huit heures par jour; c'est là que des cheminées ventilatrices seront nécessaires pour procurer une chaleur agréable, tout en assurant un renouvellement suffisant de l'air. »

On voit donc que l'emploi des cheminées dans les écoles, crèches et asiles, déjà pratiqué en Angleterre, et vivement conseillé par les hygiénistes français, n'est point un système proposé légèrement, mais qu'il s'appuie au contraire sur les principes essentiels de l'hygiène scolaire.

Écoles de dessin. — Ces écoles comportant un éclairage puissant, souvent effectué à l'air du gaz, il en résulte un échauffement considérable, qu'on combattra aisément l'hiver en employant une cheminée Wazon, à prise d'air vicié au plafond; ainsi qu'il a été d'ailleurs expliqué au chapitre : salons de réception.

Pendant l'été, il suffira d'ouvrir des vasistas à la partie supérieure des fenêtres, et, s'il est possible, sur les deux faces opposées de la salle.

Les écoles de dessin sont souvent éclairées par en haut, la lumière naturelle passant alors au travers d'un plafond vitré. Il y a lieu dans ce cas d'augmenter considérablement la surface de chauffe, car les formules de Péclet pour les vitrages verticaux (données page 136) deviennent : $M = 10 \times T$ pour le chauffage à l'eau chaude, et $M = 20 \times T$ pour le chauffage à l'air chaud.

Lycées et colléges. — Le professeur Michel Lévy s'exprime ainsi sur le manque de ventilation des lycées et écoles(4) :

« Ne craignons pas d'insister ici sur l'imperfection hygiénique d'un grand nombre d'établissements : lycées, collèges, institutions, écoles primaires, salles d'asile; où les enfants sont parqués, et le plus souvent soumis aux funestes influences de l'encombrement. Presque toujours les salles d'étude, les classes,

(1) Narjoux. *Ecoles publiques.*
(2) *Hygiène scolaire* p. 71.
(3) *Applications hygiéniques du chauffage*, p. 43.
(4) *Traité d'hygiène*, t. 2, p. 712.

ont une capacité disproportionnée avec le nombre de leurs habitants, et sont *dépourvues de tout moyen de ventilation régulière ;* on ouvre les fenêtres pendant l'intervalle des classes ou aux heures de récréation ; mais cette mesure est insuffisante, et en hiver on la néglige. Que l'on entre dans ces locaux une heure après le renouvellement de leur atmosphère, déjà on est frappé par une odeur d'air usé, confiné ou miasmatique. Assainir ces établissements, c'est améliorer la race humaine, c'est préparer au pays des générations valides et utiles. »

L'hygiène des lycées de France a été l'objet d'une enquête minutieuse et savante, due au professeur Vernois (1). Cet éminent hygiéniste insiste particulièrement sur la ventilation des classes, études et dortoirs, où les élèves sont forcés de faire un long séjour dans l'air confiné.

Il constate que dans les classes, le cubage de la pièce par élève est presque toujours très-insuffisant.

Voici quelques-uns de ces cubages :

Lycées :	d'Évreux, (classes)	5^{m3},2	par élève.
—	Mont-de-Marsan.	4 ,8	—
—	Tours.	4 ,7	—
—	Hâvre	4 ,4	—
—	Versailles	4 ,00	—
—	Bonaparte, à Paris	3 ,00	—
—	Bordeaux	1 ,50	—

On est véritablement effrayé des résultats que peut causer un encombrement poussé à cette limite extrême, et rendu d'autant plus redoutable que *presque toujours* ce défaut est accompagné d'un manque de ventilation.

Les salles d'étude offrent malheureusement des cubages dérisoires, et sont aussi dépourvues de moyens de ventilation. Nous citerons, par exemple, les cubages suivants des salles d'études de :

Lycées :	d'Angoulême, Bonaparte, St-Louis .	7^{m3},00	par élève.
—	Napoléon-Vendée	6 ,7	—
—	Auch	6 ,5	—
—	Bourges, Brest, Colmar, Orléans, Rouen, Toulouse	6 ,00	—
—	Grenoble	5 ,5	—
—	Bordeaux, Poitiers, Évreux.	5 ,00	—
—	Paris (Louis-le-Grand), Versailles. .	4 ,00	—

Les dortoirs ont des exigences non-seulement égales à celles des classes et des études, mais comme les élèves y sont rassemblés en bien plus grand nombre, comme ils y dorment, et que c'est pendant le sommeil que l'absorption des gaz et des vapeurs délétères est la plus active, comme dans les dortoirs il y a des causes multiples d'infection ou d'altération de l'air, il faut nécessairement qu'une situation meilleure sous tous les rapports, leur soit attribuée, dans toutes les conditions hygiéniques qui s'y rattachent.

Il est loin d'en être ainsi, et les dortoirs offrent souvent des cubages complétement insuffisants. Nous citerons les suivants :

Lycées :	d'Évreux. (Dortoirs).	15^{m3},00	par élève.
—	Angers	12 ,00	—
—	Brest.	10 ,00	—
—	Dijon, Saint-Brieuc.	8 ,00	—
—	Rouen.	7 ,00	—
—	Bourges.	4 ,00	—

(1) *État hygiénique des lycées*, *Annales d'hygiène*. 1868.

Quelques lycées ont un cubage plus élevé. Mais ce qui paralyse cette meilleure proportion, c'est le manque de ventilation presque général dans les lycées et collèges.

On voit donc, par ces chiffres et ces observations, que la ventilation des lycées n'existe même pas dans les centres les plus éclairés, tels que Paris et Versailles, que peut-elle être ailleurs? dans les petits collèges et institutions si nombreuses, où l'enfant est enfermé pendant de longues années dans des conditions véritablement déplorables, et certainement plus insalubres que celles qu'on rencontre aujourd'hui dans les prisons cellulaires, destinées à la correction des criminels! Que nous ont donc fait nos enfants, pour que nous leur imposions ces souffrances imméritées?

Il est du devoir du gouvernement de porter un prompt remède à cet état déplorable de nos établissements d'instruction; en acceptant la direction de l'Instruction publique, l'État encoure une grande responsabilité, et ses établissements d'instruction devraient toujours pouvoir être donnés comme des modèles, renfermant les meilleures conditions hygiéniques, afin que chaque élève y puise des habitudes de propreté et d'hygiène, habitudes qui pourront le suivre partout, et qu'il répandra plus tard dans sa maison, dans sa famille et dans les établissements qu'il sera appelé à diriger.

Pour fonder l'hygiène sur des bases solides, il faut d'abord l'introduire dans l'école. Les constructions scolaires doivent donc, à tous les points de vue, présenter les meilleures conditions sanitaires.

On peut constater, avec regret, en parcourant la section française, qu'il est loin d'en être ainsi. Nous avons particulièrement remarqué plusieurs plans et projets d'Écoles normales d'instituteurs, où *rien* n'a été prévu pour la ventilation. Comment alors obtenir de ces instituteurs une bonne direction hygiénique de leurs écoles?

Si, maintenant, nous étudions, avec le professeur Vernois, le chauffage des lycées, nous constaterons qu'il est, comme la ventilation, établi dans des conditions déplorables et insalubres. D'après Vernois, le chauffage est *notablement défectueux* dans 43 lycées sur 70, où les poêles de fonte sont exclusivement employés.

Le grand inconvénient de ces mauvais poêles de fonte, c'est de s'échauffer très-vite, de donner une température trop élevée, pendant laquelle il y a introduction de gaz oxyde de carbone; puis de s'éteindre rapidement, et d'exposer les enfants à des excès et à des abaissements de chaleur, et chose plus grave, à l'intoxication par l'oxyde de carbone, dont on connaît maintenant les redoutables conséquences.

Les dispositions hygiéniques à créer dans les lycées et collèges pour y réaliser une ventilation et un chauffage salubres, ont été parfaitement indiquées par le professeur Gallard (1), qui les décrit ainsi :

« Quant aux lycées qui, placés non-seulement sous la surveillance, mais même sous la direction de l'État, servent pendant de longues années d'habitation, pour ainsi dire unique, à des enfants, à des adolescents dont le corps a besoin de se développer en même temps que l'intelligence, il est nécessaire, indispensable, qu'ils présentent des conditions de bien-être et de confort hygiéniques au moins égales, sinon supérieures, à celles que ces enfants avaient dans leurs familles.

Or, nous avons établi, en commençant ce travail, que la chaleur lumineuse fournie par le foyer de l'âtre est une chose avantageuse (je ne dis pas absolument essentielle) pour le bon entretien de la santé; il y aurait donc inconvé-

(1) *Applications hygiéniques du chauffage et de la ventilation*, p. 42.

nient à en priver les enfants dont les familles ne se séparent, en s'imposant de lourds sacrifices, qu'à la condition d'être assurées que rien ne manquera à leur bien-être. D'où cette première conclusion, qu'il faut avoir dans un lycée, un certain nombre de foyers à feu découvert. En effet, si le foyer lumineux d'une cheminée est avantageux, ce sera surtout dans les salles d'études, où les élèves séjournent environ huit heures par jour; c'est là que des cheminées ventilatrices seront nécessaires pour procurer une chaleur agréable, tout en assurant un renouvellement suffisant de l'air; c'est là que je conseillerai surtout de les placer, parce que les salles d'études sont le véritable cabinet de travail du collégien, et qu'elles doivent réunir les mêmes conditions de salubrité que les cabinets ou les salons des maisons particulières.

Il faut aussi un calorifère général qui chauffe tous les locaux. Suivant le moment de la journée, on dirigera le calorique soit vers les classes et les études, soit vers les réfectoires, les salles de récréation et les dortoirs. »

Le calorifère général conseillé par le professeur Gallard, devrait, suivant nous, être à air chaud ou à vapeur, car ceux à eau chaude demandent d'abord un temps trop long pour échauffer les circuits de chaque pièce, et ils laissent ensuite en pure perte une grande quantité de chaleur emmagasinée dans ce circuit, pendant l'inoccupation de ces pièces. Ces calorifères, à air chaud ou à vapeur, doivent surtout être disposés pour un chauffage rapide. La ventilation devra d'ailleurs être assurée au moyen de larges cheminées ventilatrices, qui pourront suppléer au chauffage pendant les arrêts de fonctionnement du calorifère.

Nous croyons donc qu'il conviendrait de munir chaque pièce d'une ou plusieurs cheminées ventilatrices, et d'en placer même à chaque extrémité des réfectoires. Elles nous paraissent surtout indispensables pour les dortoirs, car elles permettent d'introduire la nuit un volume suffisant d'air pur légèrement échauffé, ce qui ne peut avoir lieu pendant le printemps et l'automne, quand le calorifère général n'est point chauffé le jour, et qu'il faut cependant introduire l'air extérieur pendant des nuits souvent froides.

Chaque dortoir devra donc recevoir à chaque extrémité une large cheminée ventilatrice placée à la portée des surveillants et des veilleurs. Il en sera, à plus forte raison, de même pour l'infirmerie, où la cheminée est *indispensable,* ainsi que nous le verrons au chapitre des hôpitaux.

Enfin le professeur Gallard conclut ainsi :

« Quant à la ventilation d'été, les fenêtres, les vasistas, et au besoin des ouvertures spéciales, suffiront pour l'assurer dans les meilleures conditions hygiéniques. Dans quelques collèges, et surtout dans un plus grand nombre d'institutions particulières, chaque élève a sa chambre; alors il importe de transporter dans chacune de ces petites chambres la cheminée des salles d'étude. En même temps, il faudra ménager une ouverture permanente sur le couloir, qui doit être fermé lui-même à chacune de ses extrémités, et chauffé par le calorifère général. Une bouche de calorifère ne nous semblerait pas suffisante pour une telle chambre, et un poêle y serait dangereux. Au surplus, la chambre d'un élève, au collège et dans une pension, ne doit pas être assimilée à la cellule d'un prisonnier, mais bien à la chambre à coucher d'une maison d'habitation privée, et elle doit réunir absolument les mêmes conditions d'hygiène que cette dernière. »

Amphithéâtres. — L'ingénieur Félix Leblanc a fait, en 1842 (1), l'analyse de l'air de l'amphithéâtre de physique et de chimie de la Sorbonne, dépourvu de moyens de ventilation, et d'une faible capacité puisqu'elle ne donne que

(1) *Annales de chimie et de physique*, 1842.

1^{m3},1 à chaque personne. Deux prises d'air vicié y ont été faites, l'une peu d'instants après l'ouverture d'une leçon de M. Dumas, l'autre à la fin de la leçon. Le nombre des auditeurs pouvait être évalué à 900 au moins; leur séjour avait été de 1 heure $^1/_2$ dans l'amphithéâtre d'une capacité de $1,000^{m3}$.

Pendant ce temps deux portes étaient restées ouvertes comme d'habitude. Néanmoins l'air recueilli à la fin de la leçon avait éprouvé une altération notable, car la quantité d'oxygène disparue a été de 1 $^0/_0$ environ en poids; l'acide carbonique surpassait la proportion de 1 $^0/_0$ en poids; chiffres qui parlaient assez haut par eux-mêmes pour que l'utilité d'un système de ventilation artificielle pour cette enceinte fut parfaitement démontrée (1). Le résultat de ces expériences était tellement frappant, et l'état qu'elles constataient si déplorable et si peu flatteur pour un établissement de haut enseignement, confié aux plus illustres organes de la science, qu'on aurait dû s'attendre à voir l'administration de l'instruction publique s'empresser d'y porter remède. Il n'en a rien été, et, après plus de trente années, ce déplorable état de choses est encore le même.

Nous donnons ici, d'après le général Morin (2) pl. V, la description des dispositions qu'il a fait appliquer aux amphithéâtres du Conservatoire des Arts-et-Métiers, à Paris :

Amphithéâtres du Conservatoire des Arts et Métiers. — « J'ai fait connaître, dans mes *Études sur la ventilation*, les principes qui m'avaient dirigé dans l'établissement des dispositions adoptées pour le chauffage et la ventilation des amphithéâtres du Conservatoire. Ces principes fort simples se réduisent :

1° A extraire l'air vicié le plus près possible des personnes ou des lieux où il est altéré;

2° A introduire l'air nouveau le plus loin possible des personnes et à une température voisine de celle que l'on peut conserver à l'intérieur;

3° A maintenir les cabinets, les passages, les escaliers, les couloirs d'introduction dans les amphithéâtres à une température au moins égale à celle de l'intérieur, et à les munir de portes fermant d'elles-mêmes de l'extérieur à l'intérieur.

Le volume d'air nouveau à introduire par heure et par auditeur avait été fixé à 25^{mc} environ, et l'introduction, comme l'extraction, devait se faire par le seul effet de l'aspiration.

Les résultats obtenus dans l'année 1862-63 et déjà publiés, ont montré avec quelle régularité les températures intérieures avaient pu être maintenues dans les deux amphithéâtres, quoique les dispositions à prendre pour le grand n'eussent pu être terminées pour cet exercice, et l'on a vu que le volume d'air total évacué s'était élevé à plus de 30000^{mc} par heure ; ce qui, en supposant 1000 auditeurs simultanément répartis dans les deux amphithéâtres, correspond à 30^{mc} par heure et par personne.

Il nous restait, en 1863, à compléter l'œuvre commencée pour le grand amphithéâtre, et à constater, par les résultats du service courant de tout un semestre de cours, la marche du service et les consommations en combustible. L'hiver de 1863-64 ayant été exceptionnellement long et assez rigoureux, les résultats obtenus peuvent être regardés comme des bases de dépenses qui ne seraient pas toujours atteintes.

L'analogie des amphithéâtres avec les salles d'assemblées, avec les grands salons

(1) *Annales du Conservatoire*, Général Morin, tome IX, p. 518.
(2) *Annales du Conservatoire*, tome V, p. 21.

de réception, montre que les dispositions qui ont réussi au Conservatoire des Arts et Métiers, pourraient être également adoptées pour tant d'autres lieux où l'on voit l'élite de la population éprouver le malaise et la souffrance là où elle va chercher l'instruction ou le plaisir.

Le service ne présente aucune difficulté, et un seul chauffeur, par l'observation de quelques thermomètres convenablement placés et la manœuvre facile de quelques registres, peut assurer la marche du chauffage et de la ventilation.

Description des appareils du grand amphithéâtre. — Les conditions locales ayant permis d'adopter et d'appliquer plus complétement pour cet amphithéâtre que pour le plus petit les principes développés dans les *Études sur la ventilation*, nous donnerons dans cette note la description des dispositions exécutées.

Deux calorifères à air chaud, C et L, fig. 1, Pl. V, sont destinés au chauffage de cet amphithéâtre et de ses abords, ainsi qu'à celui de l'air nouveau à y introduire.

Le plus grand, C, placé sous l'enceinte réservée, et sous la table du professeur, sert, avant l'entrée du public, au chauffage préalable de la salle, au moyen de quatre bouches FFFF, qui doivent être fermées à l'ouverture des séances.

Deux bouches EE placées dans les cabinets 1 et 2, qui conduisent à l'enceinte réservée, et deux bouches DD dans le laboratoire commun 3, servent à établir dans ces abords inférieurs une température assez élevée pour que le tirage qui se fait par les portes et même pour que l'ouverture complète de ces portes, pendant l'introduction et la sortie des appareils, ne donnent jamais lieu à des rentrées d'air incommodes. Il suffit, pour atteindre ce but, que la température de ces pièces d'accès soit tenue un peu supérieure à celle de l'intérieur de la salle.

Le petit calorifère L sert de même à maintenir dans le vestibule 4 du rez-de-chaussée et dans la cage 5 de l'escalier qui conduit en haut de l'amphithéâtre, une température un peu plus élevée que celle de la salle, afin que l'ouverture des portes extérieures et celle des portes intérieures n'aient pas d'inconvénients.

Toutes les portes d'accès de l'extérieur sont disposées de manière à se fermer d'elles-mêmes, de dehors en dedans, en obéissant à l'appel intérieur, ce qui a pour objet de réduire le plus possible les rentrées d'air extérieur. Des dispositions analogues sont adaptées aux portes intérieures.

A l'aide de ces précautions, les rentrées d'air auxquelles l'ouverture des portes donne lieu, ne présentent point d'inconvénient, même quand le service exige que celles du bas soient momentanément ouvertes en entier.

Le calorifère C est alimenté de l'air nécessaire à la combustion, par une galerie B, fig. 1, venant des caves, et il reçoit l'air nouveau à échauffer par une autre galerie TT, alimenté par l'air de la cour. Ces deux galeries sont isolées l'une de l'autre par une porte *b*, de sorte qu'il ne peut s'établir de communication entre l'air qui afflue au foyer et celui qui parvient dans l'amphithéâtre. Des dispositions analogues existent pour le petit calorifère.

L'extraction de l'air vicié se fait par des orifices *b*, *b*, *b*..., au nombre de 82, pratiqués dans les contre-marches des gradins, et qui offrent ensemble une surface libre de passage de $0^{mq},022$, que nous aurions désiré pouvoir faire plus grande si les constructions déjà existantes nous l'avaient permis, et que nous chercherons cependant encore à augmenter autant que possible.

La disposition des bâtiments n'ayant pas offert d'emplacement pour une cheminée d'appel particulière à chaque amphithéâtre dans son enceinte, nous avons été conduits à établir au milieu de la cour qui les sépare, une cheminée commune A, fig. 1, destinée à servir à l'évacuation de l'air vicié de tous les deux.

Cette cheminée tronconique a 18^m de hauteur, 2^m 60 de diamètre à sa base et $2^m,10$ à son sommet. A la base de cette cheminée débouchent deux galeries A' A'', venant de chacun des amphithéâtres, et ayant 2^m 45 de hauteur sur une largeur de 1^m 11, ce qui correspond pour chacune à une section de passage de $2^{mq},593$. Ces galeries sont en communication directe avec le dessous des gradins.

Des portes, dont on peut régler l'ouverture, sont placées vers l'origine de ces galeries, afin de permettre d'activer ou de modérer, selon les besoins, l'énergie des appels.

A la base de la cheminée, une grille de $1^m,22$ sur $1^m,22$, ou $1^{mq},502$ de surface, est placée à $1^m,66$ de hauteur au-dessus du sol, et reçoit un feu de houille dont la chaleur détermine l'appel de l'air vicié et subséquemment la rentrée de l'air pur.

Les constructions existantes antérieurement, et sur lesquelles reposent les gradins de l'amphithéâtre, ont opposé quelque gêne à l'ouverture des orifices d'évacuation et de passage, et dans des constructions nouvelles, il y aurait lieu d'augmenter toutes les sections de ces passages. L'on peut même voir sur la coupe longitudinale, fig. 2, que la charpente des gradins repose sur la voûte du vestibule inférieur 4, et qu'il en est résulté un obstacle à l'ouverture des orifices que l'on aurait voulu pratiquer dans les gradins supérieurs.

Malgré ces difficultés locales, les proportions adoptées se sont trouvées assez satisfaisantes pour que la ventilation ait pu acquérir l'énergie et la régularité nécessaires.

Admission de l'air nouveau. — Conformément aux principes que nous avons établis dans nos *Études sur la ventilation*, l'air nouveau est admis le plus loin possible des auditeurs, c'est-à-dire par le plafond de l'amphithéâtre, et des dispositions ont été prises pour qu'il n'y afflue qu'à une température très-peu différente de celle qu'il est convenable de maintenir dans la salle.

Un grenier, qui règne au-dessus de l'amphithéâtre, a été plafonné et destiné à servir de chambre à air pour opérer le mélange de l'air chaud fourni par les calorifères avec l'air froid appelé de l'extérieur. Mais, comme on avait deux calorifères, l'on a jugé prudent de séparer leurs effets et de diviser ce grenier, fig. 2 et fig. 3, en deux compartiments, par une cloison en briques.

Le premier H, de ces compartiments, reçoit l'air chaud fourni par le grand calorifère et qui y afflue par un conduit U, fig. 1 et 3. Parvenu à la hauteur du grenier, le conduit s'étend horizontalement en G, et s'épanouit dans ce sens sur toute la largeur G'G'' du grenier. L'air chaud débouche ainsi dans cette chambre par une série de 14 orifices offrant ensemble une section de 1^{mq} environ.

Pour modérer la température de cet air chaud, selon ce qu'exige celle de l'air extérieur, une large baie X, fig. 3 et 4, offrant une aire libre de 5^{mq} 95, a été ménagée sur le pan de la toiture qui verse du côté de l'église, et, au moyen d'un registre que l'on manœuvre à volonté, permet l'introduction d'un volume d'air frais plus ou moins considérable. La somme des orifices d'admission de l'air chaud ou frais est donc pour cette chambre du grenier égale à 6^{mq} 95.

Cet air, par la simple action de l'appel, s'introduit dans le comble, au-dessus des conduits de l'air chaud, et vient déboucher en X', fig. 2, précisément au-dessus de celui-ci avec lequel il se mélange nécessairement, attendu que le plus chaud et le plus léger des deux est au-dessous du plus froid ou du plus lourd.

Il résulte de cette disposition simple que, selon qu'on ouvre ou qu'on ferme les registres d'air chaud du conduit vertical U ou de l'orifice X d'air froid, la température de l'air dans la chambre de mélange peut varier rapidement.

Du côté du petit calorifère, qui envoie l'air chaud par un conduit O, fig. 3, dont le débouché a 0^{mq} 18 de section, une ouverture T, de 2^{mq} 25 de superficie, ménagée dans le toit et munie d'un registre, permet d'une manière analogue d'obtenir, dans la chambre à air correspondante X, un mélange d'air à une température convenable. La somme des orifices d'admission de l'air chaud et de l'air frais dans cette chambre est donc de 6^{mq} 95, ce qui donne en tout une section de 6^{mq} 95+2^{mq} 73=9^{mq} 68.

L'on verra plus loin que le volume d'air maximum extrait de cet amphithéâtre est à peine de 18000^{mc} par heure ou de 5^{mc} 00 par seconde. Par conséquent, la vitesse moyenne de passage par les orifices d'introduction atteint au plus $\frac{58.0}{9,68}$ = 0^{m} 50 par 1″, ce qui n'exige pas une action très-énergique de la part de l'aspiration.

Le passage de l'air de ces deux chambres de mélange dans l'amphithéâtre se fait par onze des douze caissons K, K, K, ménagés dans le plafond ; le douzième ayant été nécessairement couvert par le conduit G d'air chaud. Ces onze conduits offrent à l'introduction une surface libre de 11^{mq} 737, ce qui pour une ventilation qui doit s'élever au plus à 18000^{mc} par heure ou à 5^{mc} 00 en 1″, correspond (en supposant qu'au printemps tout l'air nouveau arrive en totalité par ces ouvertures) à une vitesse moyenne de 0^{m} 42, qui, à la distance où cet air arrive à une température modérée, ne saurait être gênante.

Quelques dispositions de détail ont été prises pour que les caissons les plus voisins des conduits d'arrivée d'air chaud ou d'air froid ne produisent pas des introductions plus abondantes que ceux qui en sont plus éloignés. L'on y est parvenu en établissant au-dessus de ces caissons des espèces d'écrans ou de mantelets, qui dirigent l'air un peu au delà de ces passages et l'obligent à n'y affluer qu'après un détour. Ces mantelets sont disposés dans le sens horizontal, comme *a* et *b*, fig. 2, ou dans le sens vertical, comme *c*° *c*, *c*, fig. 3, selon la direction naturelle des courants. Le développement à leur donner dépend évidemment des dispositions particulières et doit être modifié par suite de l'observation de leurs effets ; c'est une question de tâtonnement local qui ne présente aucune difficulté.

Les deux caissons K_1 et K_2, fig. 3 et 4, nous fournissent un exemple assez remarquable de la facilité avec laquelle, sous l'action d'un appel suffisant, l'on peut diriger l'air dans le sens que l'on juge convenable.

Pour y faire affluer l'air chaud, il avait été nécessaire de bifurquer, à droite et à gauche, vers chacun d'eux, le conduit principal G, mais il fallait aussi mélanger, selon les températures extérieures, cet air avec une proportion plus ou moins grande à l'air frais affluent par la baie X.

A cet effet, des languettes *e e*, fig. 4, ont prolongé le conduit partiel d'air chaud vers les caissons K_1 et K_2, et des mantelets *f f* qui les dépassaient en sens contraire ont obligé l'air froid à n'atteindre ces caissons qu'après s'être nécessairement mélangé avec l'air chaud qui arrivait au-dessous. Ce mouvement d'arrivée et de retour de l'air froid est très-sensible et facile à observer à l'aide d'une bougie allumée.

Par l'ensemble de ces dispositions, l'on est parvenu à obtenir dans les chambres de mélange une température convenable pour l'air nouveau que l'on veut faire affluer dans l'amphithéâtre et qui doit être, comme l'a montré l'observation, très-peu différente de celle que l'on veut maintenir dans cette salle.

L'on a ainsi réalisé en grand l'introduction de l'air nouveau pris à la partie supérieure d'un édifice, en le faisant, par l'action d'un appel agissant d'en bas, descendre dans le local à assainir, et en évacuant à l'inverse l'air vicié par la partie inférieure.

Les expériences ayant prouvé que le volume d'air ainsi introduit et évacué pouvait s'élever même à plus de 18000^{mc} par heure, l'on voit que, par des dispositions convenables et de bonnes proportions, il est facile de faire affluer dans un local donné et d'en extraire, sans produire de courants d'air gênants, tel volume d'air qui peut être nécessaire pour y maintenir la salubrité et la température à un degré satisfaisant. »

Malgré le succès relatif de la ventilation des amphithéâtres du Conservatoire, nous ne pensons pas que ces dispositions soient à imiter.

Il vaudrait mieux introduire l'air par dessous les siéges des gradins, et l'extraire par le plafond. On assurerait ainsi aux auditeurs la respiration d'un air plus pur. Le comble qui sert de chambre de mélange est d'ailleurs beaucoup trop chaud en été, et il est plus convenable de pratiquer la chambre de mélange au-dessous des gradins.

Pour assurer l'échauffement de la salle avant la présence des auditeurs, on devrait pouvoir y faire circuler l'air chaud des calorifères sans produire de ventilation, ainsi qu'on l'a très-justement fait à l'Opéra de Vienne. Puis pendant la leçon on ventilerait en appelant l'air vicié au plafond, et cela en toute saison, au moyen d'une cheminée d'appel placée directement au-dessus du comble et chauffée, pendant la leçon seulement, au moyen d'une couronne de becs de gaz, qui pourrait servir à l'éclairage de l'amphithéâtre, comme on le fait depuis d'Arcet dans tous nos théâtres.

Bibliothèques publiques. — Les bibliothèques publiques réclament les plus sages précautions pour la conservation des précieux dépôts qu'elles renferment.

Il est surtout indispensable d'éviter toutes les chances d'incendie. Il faut donc rejeter ici l'emploi des calorifères à vapeur nécessitant l'emploi de générateurs en pression, toujours dangereux, même dans des mains expérimentées.

Le chauffage des salles devra être surtout concentré près du sol, sous les pieds des lecteurs. Les calorifères à circulation d'eau sans pression, se prêtent parfaitement à cet usage.

D'un autre côté, il est indispensable d'introduire de l'air pur, plus ou moins chaud, afin de fournir aux besoins de la ventilation. Les calorifères à air chaud se prêtent parfaitement à cet emploi, par la rapidité de leur échauffement qui permet de faire face à toutes les conditions variées de la ventilation pendant les différentes heures d'étude.

Enfin, il faut disposer quelques cheminées d'appel pour enlever l'air vicié et assurer la rentrée de l'air pur.

Toutes ces dispositions ont été suivies pour le chauffage et la ventilation de la grande salle de la Bibliothèque Nationale, (plans exposés en 1878, par MM. Cuau et Cie) qui peut recevoir six cents lecteurs, et elles y ont obtenu un succès complet, qui fait honneur à l'ancienne et honorable maison Cuau aîné et Cie, de Paris, qui s'était chargée de cette délicate application, qu'elle a étudiée avec un talent remarquable, et exécutée avec les soins que réclamait le plus précieux dépôt de notre littérature nationale.

Bureaux. — Le professeur Gallard a parfaitement et spirituellement exposé les conditions spéciales aux bureaux (1).

« Dans les grandes administrations, il est, comme dans toutes les habitations communes, indispensable d'avoir un double système de chauffage. En premier lieu, un calorifère général pour tout l'édifice, et, il est d'autant plus indispen-

(1) *Applications hygiéniques du chauffage et de la ventilation*, p. 49.

sable ici que les couloirs, les antichambres, les salles d'attente, reçoivent un grand nombre d'individus et que des allées et venues continuelles y assurent de fréquentes rentrées d'air venant de l'extérieur.

En second lieu, une cheminée dans chaque pièce séparée, peut compléter le chauffage de ces pièces et en assurer la ventilation.

Ici donc, rien qui diffère de ce que nous avons adopté pour les maisons d'habitation, et nous n'avons plus aucune des raisons invoquées précédemment pour exclure les calorifères à air chaud. Cependant il est un point spécial sur lequel je crois devoir attirer l'attention.

Dans un grand nombre de ces administrations, principalement dans celles où se fait un certain mouvement de fonds, l'habitude est depuis longtemps consacrée de tenir les employés éloignés du public, au moyen d'une séparation effective.

Pendant longtemps, une simple grille, un treillage à claire-voie constituait cette séparation, qui était rendue plus complète au moyen d'un rideau opaque. Plus tard, on a remplacé la grille par un vitrage, et à cela il n'y avait pas grand inconvénient, lorsque le vitrage ne s'élevait pas jusqu'au plafond ; mais depuis quelque temps l'habitude paraît devoir se généraliser, de remplacer ces grillages à jour, ou ces cloisons vitrées incomplètes, par une cloison véritable, un mur percé seulement d'un guichet, à travers lequel l'employé, retiré dans son bureau, communique avec le public situé de l'autre côté. Il n'est pas douteux que cela est infiniment plus commode pour l'employé qui peut en fermant son guichet se livrer à un doux *far-niente*, recevoir des visites, ou lire son journal pendant que le bon public s'impatiente de l'autre côté de la cloison.

Mais, comme il ne paraît pas que les choses doivent être disposées de façon à permettre aux employés de fumer leur cigare dans la plus grande quiétude possible, et comme, au contraire, on doit supposer que le guichet de communication doit rester plus habituellement ouvert que fermé, il y a un inconvénient grave à le placer dans un mur plein, par cette raison que le bureau, se trouvant ainsi forcément séparé de la pièce livrée au public, ne profitera pas du chauffage de cette dernière. Il faudra donc établir dans ce bureau une cheminée, laquelle faisant appel déterminera un courant d'air rapide et désagréable, par le guichet, chaque fois que ce dernier sera ouvert. Ce courant d'air, perpétuel et très-actif, sera nuisible pour l'employé, au point de vue de sa santé comme au point de vue de son travail, car il est assez énergique pour attirer dans le feu tous les papiers placés sur la tablette ; j'en ai vu des exemples.

On ferait donc bien, toutes les fois que des employés devront être mis en communication avec le public, au moyen d'un guichet, d'installer leur bureau dans la salle même où le public est admis, en ne les séparant que par une cloison grillée, ou par une cloison incomplète, qui ne fasse pas de ce bureau et de la salle publique deux pièces séparées. »

Ateliers, usines. — Nous distinguerons deux classes d'ateliers : les usines fermées et les petits ateliers en chambre. Pour ces derniers il faut évidemment employer les procédés de chauffage et de ventilation en usage dans les maisons et appartements privés, en leur donnant bien entendu une énergie proportionnée au nombre des ouvriers et à l'insalubrité plus ou moins grande des travaux considérés.

Les grands ateliers usines sont ordinairement chauffés par des circulations de vapeur ou d'eau de condensation des machines. Ce procédé de chauffage est naturellement indiqué puisqu'on dispose toujours d'une certaine quantité de vapeur. Une précaution utile consiste à placer ces circulations au niveau du sol, car trop souvent on les suspend au plafond et alors leur rayonnement est trèsgênant pour les ouvriers, qui peuvent avoir la tête tro p chaude et les pieds froids

Quand on chauffe par circulation de vapeur il faut parfois ménager des récipients pour que l'eau de condensation puisse maintenir la chaleur pendant la nuit, ainsi que l'ont conseillé et appliqué sous deux modes différents les ingénieurs (1) Tredgold et Grouvelle (2).

La ventilation des grands ateliers a été l'objet d'études nombreuses et approfondies dues à l'ingénieur de Freycinet, le savant hygiéniste auquel nous avons déjà fait quelques emprunts.

Nous croyons donc ne pouvoir mieux faire que de citer une partie de l'important chapitre qu'il a écrit sur ce grave sujet (3) :

« La ventilation est le plus puissant moyen d'assainissement des ateliers.

Un grand nombre d'opérations donnent lieu à des poussières qui en voltigeant dans les salles deviennent à la fois une cause d'insalubrité pour les ouvriers et de détérioration pour le matériel. Sans parler même des industries où ces poussières sont si abondantes qu'on a dû se prémunir contre elles pas des dispositions spéciales, il est évident que dans tous les cas l'on a intérêt à s'en garantir.

En plus des poussières, l'atmosphère des salles est chargée, dans des proportions variables, d'émanations plus ou moins malsaines. Celles-ci proviennent tantôt de la fabrication, qui laisse échapper des gaz ou des vapeurs, tantôt der mécanismes, où se volatilise une partie de l'huile destinée aux rouages, tantôt enfin des exhalaisons du personnel, d'autant plus nuisibles que les travailleurs sont plus resserrés et que leur labeur est plus actif.

Pour ces divers motifs, le renouvellement de l'air est indispensable.

On a essayé de fixer par des formules théoriques la quantité d'air qu'il était nécessaire d'introduire dans chaque atelier en un temps donné. Mais ces formules, basées sur la consommation physiologique de l'homme, n'ont, en industrie, qu'un médiocre intérêt, car les circonstances accessoires ont souvent plus d'importance que le principal. Les éléments insalubres, étrangers à l'acte de la respiration, sont habituellement impossibles à chiffrer et cependant ils peuvent exercer une influence prépondérante. Le mieux est donc, dans chaque cas, de s'en rapporter à l'observation directe pour reconnaître si le renouvellement de l'air est ou non suffisant (4).

Pour produire une ventilation naturelle dans les ateliers on peut, outre les moyens ordinaires d'aérage, utiliser le tirage naturel des cages d'escalier et des monte-charge.

Dans les bâtiments en *rez-de-chaussée*, où par conséquent le plafond se confond avec la toiture, cette circonstance donne de nouvelles facilités pour l'aérage. On peut, sans grands frais, élever sur le toit de petites cheminées qui contribuent à expulser l'air. Mais la ventilation naturelle, quelle que soit la variété des agencements, est loin de toujours suffire. D'abord il est des opérations qui dégagent des vapeurs ou des poussières en telle abondance que nonobstant un grand nombre d'orifices et des circonstances atmosphériques très-favorables, les ouvriers se trouvent encore incommodés.

En second lieu, beaucoup de travaux se prêtent mal à être exécutés dans des locaux ainsi ouverts à tous les vents. Quelques-uns même ne peuvent être menés à bien que dans des salles absolument à l'abri des poussières du dehors; on a proposé, il est vrai, en ce cas, de munir les croisées de treillages serrés, mais

(1) *Principes de l'art de chauffer.*
(2) *Guide du Chauffeur.*
(3) *Traité d'assainissement industriel*, p. 11.
(4) Au tissage d'Arlen, il a fallu porter cette ventilation à 72^{m3} par ouvrier.

alors le renouvellement de l'air devient très-faible. Enfin, pendant l'hiver, on ne saurait songer, dans les pays du nord surtout, à laisser l'air extérieur pénétrer librement dans les ateliers; il faut préalablement le chauffer et en assurer la circulation par des dispositions appropriées. Bref, en une foule de circonstances, on est forcé de recourir à la ventilation artificielle...

L'aspiration par un foyer est un procédé économique, mais dont l'emploi dépend avant tout des circonstances particulières dans lesquelles on se trouve. On n'y doit songer que si l'on dispose d'un appareil puissant, nécessité par les besoins de l'industrie, et si le volume d'air que réclame la ventilation n'est pas assez fort pour entraver le tirage. En outre, les salles à desservir doivent être peu éloignées du foyer et à un niveau notablement inférieur à celui du faîte de la cheminée. Quand ces diverses conditions se trouvent réunies, ce procédé devient fort avantageux.

C'est ainsi que M. Taunzen, à Glascow, a pu assainir, en quelque sorte sans bourse délier, plusieurs ateliers de sa fabrique d'engrais artificiels. MM. Villeminot, Huart et Cie, à Reims, ont agi de même pour leur salle de filage où les poussières sont d'ailleurs peu abondantes. Cette salle, qui ne compte pas moins de 4000^{m2} de surface, est ventilée uniquement par la cheminée des chaudières.

Dans l'agencement de la ventilation, trois choses sont à considérer: 1° La prise d'air; 2° l'expulsion dans l'atmosphère; 3° le mode de distribution dans l'atelier.

La prise d'air joue un rôle très-important. Il va de soi que l'air admis dans les salles doit être pur, et que la prise doit, par conséquent, être à l'abri des causes qui tendent à le vicier. Cette condition est connue et elle peut, en général, être réalisée; nous ne nous y arrêterons donc pas. Mais il est un point qui, dans la pratique, donne lieu à de très-grandes difficultés : celui de la température; car s'il est toujours possible d'introduire de l'air chaud en hiver, il l'est beaucoup moins d'introduire de l'air frais en été, surtout quand la consommation est considérable. En vain place-t-on la prise d'air dans les conditions en apparence les meilleures, comme dans une cour à l'ombre, sous des arbres, etc. L'air frais ne tarde pas à être épuisé, et celui qui le remplace arrive avec la température de l'atmosphère ambiante. Ainsi, M. Fauquet, à Oissel, alimente sa filature à l'aide d'une galerie souterraine, de 30^m de long et de 2^m de large, qui débouche sur la Seine et à l'ombre des arbres de la rive, néanmoins, au bout d'un jour ou deux, l'air aspiré est sans fraîcheur, et la galerie elle-même s'est échauffée.

De même, à la manufacture des tabacs de Nantes, on a mis à profit une vaste cave de 200^m de long et 4^m de large pour y établir l'aspiration; mais après quelques jours la cave entière, sous l'influence du passage de l'air chaud, a pris la température de l'atmosphère extérieure.

On peut donc poser en principe que, sauf des circonstances tout à fait exceptionnelles, l'emplacement de la prise a peu d'effet sur la température de l'air introduit. Pour y suppléer, il faut recourir à un rafraîchissement artificiel, exercé sur l'air ou sur les parois des ateliers.

L'expulsion de l'air des salles, second point mentionné dans l'agencement de la ventilation, mérite grande considération, car elle doit avoir lieu de manière à n'incommoder ni les ouvriers ni les voisins. Quand il ne s'agit que de se débarrasser d'un air respiré et plus ou moins vicié par des gaz ou des vapeurs, il suffit, en général, de l'évacuer au-dessus du toit des ateliers. L'agitation de l'atmosphère extérieure en détermine promptement la diffusion, et aucun inconvénient n'est à redouter. Mais quand cet air est fortement chargé de poussières, ainsi que cela à lieu dans plusieurs industries, celle des matières textiles, de la papeterie, de la tannerie, etc.; on est exposé à ce que les impuretés retombent et rentrent dans les ateliers par les croisées ouvertes; c'est ce qui arrive, par exemple, dans la magnifique filature de la Lys, à Gand.

L'atelier de cardage du lin a été parfaitement assaini, grâce à une ventilation puissante, mais les poussières expulsées dans cinq puits ouverts au milieu de la cour, ne s'y trouvent pas suffisamment arrêtées et, quand le vent souffle, elles sont emportées dans les salles voisines. Il est donc nécessaire, en pareil cas, de prendre certaines précautions. Le problème se résout de lui-même dans les fabriques où les poussières ont de la valeur ; car alors on s'occupe tout naturellement de les recueillir, même au prix d'installations perfectionnées. Mais nous parlons ici des poussières inutilisables pour lesquelles, par conséquent, on veut éviter les frais.

Nous avons vu réussir trois dispositions différentes, qu'on peut appliquer suivant les circonstances.

La première, qui est peut-être la plus pratique et la plus sûre, consiste à décharger le courant impur dans un local assez vaste pour que la vitesse y soit très-faible : les débris se déposent alors, à l'instar de ce qui se passe pour l'eau trouble, dans les grands bassins de décantation. Ce procédé fonctionne parfaitement dans la filature de M. Saladin, à Nancy. La chambre à poussières y est constituée par une cave de 50^{m} de long et de 13^{m2} de section; la vitesse est ainsi très-ralentie, et l'air se débarrasse entièrement avant d'atteindre l'orifice de sortie. Quand on ne dispose pas d'un local aussi vaste, on peut y suppléer jusqu'à un certain point, en interposant sur le parcours de l'air un ou plusieurs treillages serrés, destinés à intercepter les filaments. Mais cette disposition, pour être tout à fait efficace, conduit à multiplier les treillages ou à les avoir très-serrés, ce qui peut faire naître une contre-pression nuisible au jeu des ventilateurs.

Le second procédé se résume à mettre la chambre à poussière en relation avec une cheminée d'appel et préférablement avec la cheminée même des appareils à vapeur, laquelle offre plus de tirage. On objecte à ce moyen le danger d'incendie; mais il serait facile de le prévenir en interposant quelques toiles métalliques avant l'entrée dans la cheminée.

Le troisième procédé efficace consiste à faire tomber dans la colonne d'air une pluie serrée, avant l'orifice de sortie; la plus grande partie des débris est ainsi entraînée vers le sol.

Reste enfin la question de la distribution de l'air dans les salles, ou si l'on préfère, de son mode de circulation. Quelques règles générales sont à observer.

La première, c'est que l'entrée de l'air soit placée le plus loin possible du point où s'engendrent les impuretés, et la sortie le plus près possible. La raison en est simple ; c'est afin de ne pas porter ces impuretés sur les autres travailleurs. Ainsi dans les filatures où on réunit le filage aux opérations préliminaires, l'air doit circuler des métiers aux batteurs ou aux cardes, et non des cardes aux métiers.

En second lieu, il convient d'introduire l'air froid au niveau du plancher et non pas en haut, afin de soustraire les ouvriers aux fâcheux effets qui résulteraient de la descente d'un air froid sur la tête. Cette disposition se concilie avec l'économie, en ce qu'elle permet de loger les conduites dans le plancher et d'éviter les frais de pose.

En troisième lieu, les appareils de chauffage doivent fonctionner le plus près possible des bouches d'introduction, si même ils ne les absorbent. C'est une faute que l'on commet dans certains ateliers, d'admettre l'air au niveau du plancher et de placer en même temps des tuyaux d'eau chaude et de vapeur à un ou deux mètres au-dessus et exclusivement le long des murs; car de la sorte, les ouvriers ont trop chaud à la partie supérieure du corps et trop froid à la partie inférieure; en outre, ceux qui travaillent au milieu de la salle profitent très-peu de la chaleur.

Le principe de l'introduction de l'air pur par en bas souffre cependant une exception; c'est quand les émanations ou poussières sont lourdes et en même temps assez dangereuses pour qu'il importe d'y soustraire immédiatement les ouvriers. Il est alors avantageux de faire circuler l'air de haut en bas pour rabattre plus sûrement les impuretés. Mais on doit se prémunir, en pareil cas, contre le danger de la descente d'une atmosphère froide sur la tête des travailleurs; il devient utile de chauffer l'air introduit.

Pour montrer la diversité des solutions à laquelle on est conduit en industrie, nous citerons trois exemples empruntés à de très-grands ateliers. Ces exemples sont relatifs : l'un à une atmosphère à peu près exempte de poussières, l'autre à une atmosphère moyennement chargée, et le troisième, à une atmosphère extrêmement chargée.

Le premier exemple est celui d'un atelier à confectionner les cigares, dans la manufacture de Nantes. Dans ces sortes d'ateliers, il se produit effectivement très-peu de poussières, mais on a à se prémunir contre les émanations de tabac humecté et surtout contre celles qu'engendre la grande agglomération des personnes. Le système de ventilation est mixte et basé à la fois sur le principe du chauffage et sur celui de la propulsion mécanique. L'air pur est puisé au dehors par des ventilateurs; il circule entre les solives du plancher et est émis dans l'atelier par des bouches de poêles chauffés pendant l'hiver; les orifices de sortie sont situés sur le plancher même; les conduites de dégagement, semblables à celles d'admission et ménagées comme elles entre les solives, se rendent à des cheminées d'appel au-dessus des toits. La prise d'air a lieu, comme nous avons dit, dans une grande cave qui permet, le cas échéant, de marcher à l'air frais pendant quelques jours.

Le second exemple est celui de la filature en rez-de-chaussée de M. Octave Fauquet, à Oissel, que nous avons déjà eu occasion de citer. La salle principale abritant à la fois le cardage et le filage mesure 6,000 mètres de surface; c'est pensons-nous, la plus grande de France.

La présence des cardes l'expose à un degré moyen de poussières dont il importe de préserver le département du filage. Une aération énergique est obtenue au moyen de deux ventilateurs centrifuges. Ils sont placés chacun dans une galerie souterraine et agissent aux deux extrémités de la salle, l'un pour introduire l'air, l'autre pour le rejeter. La circulation s'effectue à l'aide de conduites logées sous le plancher et munies de trente orifices grillés, dont moitié pour l'entrée et moitié pour la sortie. Le jeu des appareils peut être renversé à volonté et par conséquent la circulation peut avoir lieu dans un sens ou dans l'autre; mais selon une remarque antérieure, c'est le ventilateur placé près des cardes qui agit ordinairement pour expulser, afin de ne pas renvoyer les poussières sur le filage.

Le troisième exemple, qui est celui d'un atelier très-chargé de poussières, est fourni par la salle de cardage de la grande filature de lin de la Lys, à Gand. Cet établissement est peut-être celui où l'on s'est le plus préoccupé d'assainir cette opération, pratiquée d'ordinaire dans de si mauvaises conditions.

Toutes les machines à carder sont réunies dans une même salle de grandes dimensions percée de croisées sur les deux longs côtés. Pendant l'été, les cardes fonctionnent à l'air libre, les croisées étant ouvertes en grand. Mais pendant l'hiver, elles sont recouvertes d'une enveloppe bien close communiquant à un large canal souterrain qui longe l'atelier et dans lequel agit un ventilateur puissant. Les débris sont expulsés dans des puits creusés au milieu de la cour.

Indépendamment de cette disposition, il existe près de chaque machine un tuyau vertical qui communique au même canal et dont le rôle est d'aspirer les poussières qui voltigent auprès des cardes. D'autre part, un ventilateur moins puissant, situé entre le plafond et le comble, aspire l'air dans la région supérieure de la salle et le lance au-dessus du toit; et tout récemment encore on a dû installer deux petits ventilateurs supplémentaires, aux extrémités de l'atelier, où l'aspiration se montrait insuffisante.

Ainsi aux trois exemples que nous venons de citer correspondent trois solutions différentes. Pour une atmosphère très-peu chargée, on s'est borné à refouler l'air, l'aspiration étant presque nulle, puisqu'elle ne résulte que d'une cheminée d'appel peu élevée.

Pour une atmosphère plus chargée, on a employé à la fois le refoulement et l'aspiration mécanique, mais il a suffi de deux centres d'action éloignés.

Enfin, pour une atmosphère extrêmement chargée, on a employé exclusivement l'aspiration mécanique, mais en multipliant beaucoup les points d'action, afin de compenser la prompte diminution d'effet qui s'observe à mesure qu'on s'éloigne de chacun d'eux.

Ces solutions n'ont, bien entendu, rien d'absolu, et il ne serait pas difficile de citer des industries qui, placées, par exemple, dans le deuxième cas, ou même dans le premier, empruntent le mode de ventilation du troisième.

Toutefois, on trouve là une indication générale, conforme à la pratique la plus généralement suivie.

Ventilation du tissage d'Arlen. — MM. Ten Brink ont établi dans leur atelier de tissage, le système suivant, qui fonctionne bien depuis plusieurs années (1).

Sous des ventilateurs accouplés au nombre de 4, fournissant ensemble 240^{m3} d'air par minute, on a placé de grandes caisses en bois, dans lesquelles s'entrecroisent une série de lattes ; sur ce treillis, arrive lentement et constamment un courant d'eau froide en été, chaude en hiver ; on conçoit quelle violente évaporation se produit sur les claies humides sous l'action des ventilateurs, et quelle quantité d'air raffraîchi ou chauffé est lancé dans les salles.

La puissance des ventilateurs est de 240^{mc}. par 1′, soit 14,400 ^{mc}. par heure, soit 72^{mc} par heure pour chacun des 200 ouvriers.

Ce grand courant d'air ne nuit pas au travail, et c'est grâce à lui qu'on a pu obtenir des moyennes de 22° en été et de 15° en hiver ; cette température d'hiver est facilement obtenue en faisant arriver sur les claies l'eau de condensation des machines, et cela suffit pour entretenir dans les salles une température convenable, sans qu'il soit besoin de recourir à d'autres systèmes de chauffage.

Dans le début de cette installation on n'avait installé qu'un ventilateur, et ce n'est que successivement qu'on est arrivé au chiffre 4, la ventilation ayant été jusque-là toujours insuffisante, et elle n'a produit de bons effets qu'arrivée au volume de 72^{mc}. par ouvrier.

MM. Dolfus-Mieg, à Dornach, sont arrivés à la même conclusion après leurs expériences de ventilation par l'air comprimé (2) : Ventiler peu *ne sert à rien*, ventiler beaucoup, devient efficace et salutaire.

Water-closets des usines. — Une particularité sur laquelle il nous sera permis de dire quelques mots, parce qu'elle influe beaucoup sur la salubrité, est

(1) *Bulletin de la société industrielle de Mulhouse. 1878*, p. 581.
(2) *Bulletin de la Société industrielle de Mulhouse*, janvier 1877.

relative aux cabinets d'aisances, qui, dans bien des fabriques, sont situés tout à côté des ateliers et souvent même n'en sont séparés que par une porte dormante. Cette disposition prise en vue de ménager le temps des ouvriers et de prévenir les désordres, a le grand inconvénient de donner des odeurs aux salles, d'autant plus que ces sortes de locaux sont, en général, fort mal tenus. S'il est difficile, avec les habitudes du personnel, d'arriver à des conditions tout à fait satisfaisantes, on peut du moins par quelque procédé technique, diminuer beaucoup les émanations

Un moyen fort simple et très-efficace, qu'il est presque toujours possible d'appliquer, consiste à mettre le tuyaux de chute en communication avec une cheminée de l'usine. A défaut de ce moyen, on peut réaliser une aspiration à l'aide de quelque combustion lente et sans flamme, afin d'éviter les explosions du gaz des fosses.

En temps d'épidémie et, pour certaines industries, en tout temps, il peut être nécessaire de recourir à des agents chimiques pour détruire l'infection. Parmi les réactifs déjà anciens, le chlorure de chaux pour les lavages ou le saupoudrage; le chlorure gazeux et l'acide sulfureux pour les fumigations, paraissent être encore ce qu'il y a de mieux. Parmi les réactifs nouveaux on peut recommander le perchlorure de fer, le phosphate acide de magnésie, l'acide phénique et les composés qui le contiennent.

Les substances phéniquées surtout, même à très-faibles doses, paraissent destinées à rendre de grands services.

Les simples lavages à l'eau de goudron minéral, conseillés par le savant docteur Lemaire, produisent d'excellents effets, à cause de l'acide phénique contenu dans le goudron.

Une des préparations les plus appréciées, en Angleterre, est un mélange de phénate de chaux et de sulfate de magnésie, imaginé par le docteur Angus Smith, de Manchester, et connu sous le nom de composé Mac Dougall.

En résumé, dans tous les ateliers où à cause, soit d'une épidémie régnante, soit d'une grande agglomération de travailleurs, soit enfin de la présence de matières organiques sujettes à décomposition, on a lieu de redouter une infection plus ou moins sérieuse, on ne doit pas hésiter à recourir à des agents chimiques, et parmi ces agents, ceux que nous conseillons dans le plus grand nombre de cas, sont :

1° Pour les fumigations, le chlore gazeux et l'acide sulfureux; 2° pour les lavages, le chlorure de chaux et les composés phéniqués.

Il nous faudrait des volumes pour décrire les dispositions spéciales à chaque industrie et la place nous manque ici pour donner d'autres détails sur la ventilation et l'assainissement des ateliers. Nous rappellerons cependant que cette ventilation est toujours indispensable, dans l'intérêt du chef de l'établissement comme dans celui de ses employés, nous en avons donné la preuve convaincante en parlant de la ventilation de l'atelier d'Orival, où les bons effets de l'assainissement ont été démontrés d'une façon saisissante; nous n'insisterons donc pas plus longtemps sur cette important chapitre d'hygiène publique.

Casernes. Postes. En traitant de la nécessité de la ventilation, nous avons déjà exposé les heureux résultats obtenus, en Angleterre, par la réforme du casernement, et fait voir que la mortalité générale de l'armée anglaise était descendue de 17,5 à 7,72 par mille, après cette réforme.

Or, en France, la mortalité de l'armée est évaluée au *double* de la mortalité civile, par les professeurs du Val-de-Grâce, dont la compétence est entière sur ce sujet.

Le professeur Marvaud l'explique ainsi : (1)

« Mais quand à l'exemple du professeur Vallin, (2) on recherche non pas si la mortalité du soldat est égale à celle du milieu (grandes villes) dans lequel il vit, mais bien : Si l'homme, en devenant soldat, garde les chances de vie qu'il aurait eues loin du service, on constate, qu'il perd la moitié de ces chances par le fait même de la profession militaire ; en d'autres termes que la mortalité militaire est, par rapport à la mortalité civile dans les proportions de 2 à 1. »

Cette effrayante conclusion des savants professeurs du Val-de-Grâce, indique hautement qu'il est urgent de prendre les mesures les plus propres à empêcher l'encombrement, l'insalubrité et le méphitisme des salles de caserne, qui engendrent et propagent les maladies les plus funestes.

Le professeur Michel Lévy, décrit ainsi le manque d'aération des casernes : (3)

« En temps de paix, le soldat loge dans des casernes où les règlements actuels lui allouent un espace et un volume d'air tout à fait insuffisants, 12^{m3} dans les casernes d'infanterie, 14 dans celles de cavalerie. Les idées nouvelles sur la ventilation et le chauffage des édifices publics n'ont guère jusqu'ici pénétré dans les habitations militaires. Dans beaucoup de villes, on remplace les anciennes constructions de Vauban et les bâtiments mal appropriés, par des casernes monumentales, où de grands progrès sans doute ont été réalisés ; mais on peut leur reprocher leur immense étendue, qui oblige parfois 1700 hommes à vivre sous le même toit, (4) dans ce contact incessant qui favorise la propagation des maladies transmissibles. Trop souvent encore il y a à la fois encombrement, confinement et méphitisme. Les chambres où les lits sont accumulés et trop rapprochés, servent dans le jour de salles de réunion pour les repas, les revues de détail, les exercices les jours de pluie ; etc. La nuit elles servent de dortoirs.

La ventilation y est naturelle, c'est-à-dire insuffisante ; en hiver, les chambres, chauffées au moyen d'un poêle, sont tenues hermétiquement closes pour empêcher la déperdition du calorique ; les latrines mal tenues, mal installées où trop rapprochées, infectent souvent les salles ; chaque homme conserve près de lui les différentes pièces de son équipement, et parfois la sellerie et le harnachement, ses chaussures, ses vêtements imprégnés d'émanations malfaisantes : pendant l'hiver au milieu de la nuit, dans les casernes de cavalerie surtout, le méphitisme atteint d'ordinaire des proportions d'autant plus fortes que la propreté et les soins de la peau laissent plus à désirer. »

Le professeur Marvaud, du Val-de-Grâce, insiste également sur ce confinement prolongé et sur l'absence de ventilation (5).

« Une autre cause qui vient encore augmenter les effets de l'encombrement dans les casernes, c'est l'absence ou l'insuffisance de ventilation. Pendant le jour, celle-ci peut être assurée, il est vrai, dans une certaine mesure par les ouvertures naturelles, portes et fenêtres et surtout par les entrées et sorties des hommes.

Mais l'hiver, quand le temps est rigoureux, l'aération par les portes et fenêtres se fait beaucoup plus difficilement ; aussi l'air des chambres acquiert rapidement une odeur tellement forte qu'il indique suffisamment à la personne qui y pénètre les produits délétères qu'il renferme.

Pendant la nuit et dans les temps froids, la ventilation devient impossible,

(1) *Etude sur les casernes*. p. 21.
(2) *Annales d'hygiène* 1868.
(3) *Traité d'hygiène*, tome II p. 805
(4) La caserne de la Part-Dieu, à Lyon, peut loger 5000 hommes ! (Marvaud).
(5) *Etude sur les casernes* p. 12.

les chambres restant complétement fermées de sept heures du soir à six heures du matin, soit pendant onze heures environ.

Rien n'est alors plus désagréable que de pénétrer le matin dans ces vastes salles où les hommes sont couchés en grand nombre, au milieu d'une atmosphère fétide, malsaine et imprégnée des odeurs les plus repoussantes et des émanations les plus délétères. Il n'est pas d'officier et de médecin, dans l'armée, qui ne connaisse l'effet désagréable et fâcheux que produit, sur une personne qui n'y est pas habituée, l'entrée dans une chambrée au moment du réveil.

Il est vrai que divers procédés ont été proposés pour remédier à l'insuffisance de la ventilation naturelle dans les casernes; quelques-uns ont même été appliqués dans la plupart des casernes modernes : Mais il faut avouer que le plus souvent, ces procédés ont été laissés de côté, soit par indifférence, soit par crainte de dépenses trop considérables. Aussi la plupart de nos casernes sont encore aujourd'hui dépourvues de moyens suffisants de ventilation. »

Les casernes d'Angleterre sont maintenant chauffées et ventilées au moyen de cheminées ventilatrices système Belmas, type Douglas-Galton ; la ventilation obtenue est excellente, mais il n'en est pas de même pour le chauffage dont l'insuffisante énergie a donné lieu à des plaintes des soldats anglais (1), la chaleur des chambres ne pouvait, en certains hivers, atteindre 10 degrés, même avec un feu vif (2).

A plus forte raison ce type de cheminée ne peut être appliqué en France, où le combustible est plus cher qu'en Angleterre.

La cheminée est cependant indispensable dans les chambres de caserne. Elle seule permet, en effet, une ventilation directe et active, et, même quand elle est sans feu, elle donne encore lieu à une ventilation naturelle très-utile. Elle seule peut procurer aux soldats le moyen rapide et salubre de sécher leurs habits et chaussures, en enlevant promptement et complétement la vapeur d'eau produite. Ce qu'on ne peut obtenir avec les poêles.

La nécessité absolue d'une cheminée pour les chambres de caserne étant démontrée par la grande expérience faite en Angleterre, on doit choisir la plus économique au point de vue de l'utilisation du combustible.

Ceci étant admis, il est alors aisé de voir que l'emploi de notre système de cheminée économique, du type simple, se trouve ici tout naturellement indiqué pour les chambres de caserne; ainsi que pour les postes et corps de garde, où il est nécessaire de réchauffer doucement les sentinelles qui rentrent après leur faction, et non violemment, comme on le fait presque toujours avec des poêles de fonte portés au rouge; ce qui cause de brusques transitions fort dangereuses dans les deux sens et justement condamnées par le professeur Michel Lévy (3).

L'introduction d'appareils de chauffage et de ventilation dans les casernes, nécessitera, il est vrai, une certaine dépense d'établissement et d'entretien, mais quand on considère les résultats admirables obtenus en Angleterre, nous croyons qu'on ne saurait hésiter.

Le professeur Morache, conclut ainsi à ce sujet (4).

« Ces dépenses seront bien vite compensées largement par le pays, qui profitera de l'augmentation de la population. Car quand un homme arrivé à la pleine maturité de ses facultés morales et physiques, vient à succomber, le pays fait une perte sèche, absolue, que rien ne compense; cet homme, cet être productif, a été enlevé au moment même où, par son travail, il allait pouvoir ren-

(1) *Etudes sur la ventilation*, général Morin, tome I, p. 90.
(2) Blondel et Ser. *Hôpitaux de Londres*. p. 186.
(3) *Traité d'hygiène*, tome I, p. 610.
(4) *Traité d'hygiène militaire*, p. 279.

dre à la société ce qu'il lui avait coûté pendant son enfance et sa jeunesse encore improductive; sa mort est une banqueroute sans espoir de dividende. Dans notre société actuelle, on commence à comprendre ces grandes vérités économiques, on les comprend même fort bien lorsqu'il s'agit des animaux considérés comme des capitaux vivants; mais lorsqu'il s'agit des hommes eux-mêmes, on semble en moins apprécier l'importance et surtout on ne pousse pas la logique jusqu'à l'application.

Dans la vie civile, l'application des règles de l'hygiène est un devoir, sans doute, mais chacun est libre cependant, et, s'il ne porte préjudice à l'intérêt de tous, on ne saurait l'obliger à vivre de telle ou telle façon, à suivre telles ou telles règles; dans la vie militaire, il n'en est plus de même; en levant des armées pour notre défense, nous, société, contractons des obligations envers elles, et ces obligations sont précisément d'accord avec nos intérêts généraux, nous devons donc les remplir, quelques charges apparentes qu'elles entraînent.

Au point de vue des habitations, la science démontre les dangers de l'agglomération, l'influence qu'elle exerce sur la mortalité du soldat; il est donc indispensable de la combattre avec résolution; l'armée ne marchande jamais devant ses devoirs, ne lui marchandons pas la santé. » (1)

Casemates. Les logements à l'épreuve destinés à protéger les troupes assiégées, sont aujourd'hui presque partout construits sous le rempart, dans les courtines.

Déjà peu saines autrefois, quand cependant elle pouvaient être aérées directement par des meurtrières percées dans le mur d'escarpe, les casemates de rempart deviennent très-insalubres depuis que les perfectionnements de l'artillerie ont forcé le génie militaire à renoncer à cette disposition : Car elle exposait l'intérieur des casemates aux projectiles de l'assiégeant, après la démolition du mur d'escarpe, comme il est arrivé au fort d'Ivry pendant le siège de Paris, en 1870-71.

On a donc interposé entre le mur d'escarpe et le mur de tête de la casemate, une forte épaisseur de terre, ce qui supprime toute aération et tout éclairage au fond de la casemate, et introduit, de plus, une nouvelle cause d'humidité.

Ce modèle de casemate conserve cependant encore quelques ouvertures d'aération directe du côté de la place, ouvertures qu'il faut pourtant masquer, en temps de siége, par des madriers s'opposant à l'entrée des éclats d'obus.

Ce type de casemate déjà si difficile à ventiler n'est cependant applicable qu'aux fronts d'enceinte ou de forts non exposés à des feux de revers; le capitaine du génie Grillon, dit, en effet (2) :

« Pour les forts isolés ou autres ouvrages qui peuvent recevoir des projectiles de tous côtés, il sera sans doute nécessaire de réduire beaucoup la hauteur des casemates, et d'en défiler la façade au moyen de parados élevés, ou même de les envelopper de terre sur toutes leurs faces, sauf à adopter pour l'intérieur de ces casemates *un éclairage artificiel*, et des moyens de ventilation et de chauffage, dont les détails n'ont encore été qu'*incomplétement étudiés.* »

On a déjà compris toute l'insalubrité de pareils logements, *obscurs*, complétement entourés et couverts de terre humide, qui trop souvent infiltre d'eau leur voûtes et leurs murailles épaisses, et dépourvus enfin de toute aération naturelle.

Ces locaux sont cependant indispensables en temps de siège pour assurer le repos nécessaire aux défenseurs. Il faut donc analyser et étudier à fond tous ces inconvénients et tâcher de les faire disparaître au moins en partie.

(1) Le congrès international d'hygiène, de 1878, s'est hautement prononcé en faveur de l'introduction des cheminées ventilatrices dans les chambres de caserne. Séance du 10 août 1878; discussion sur la salubrité des casernes, par la cinquième section, après l'intéressante et savante communication de l'ingénieur Tollet, sur l'hygiène des casernes.

(2) *Mémorial du génie*, 1874, p. 147.

Le professeur Morache, du Val-de-Grâce, s'exprime ainsi sur l'hygiène des casemates :

(1) « Les casemates ou autres abris de ce genre sont essentiellement défectueux au point de vue de l'hygiène, toutes les causes d'insalubrité s'y réunissent à l'envi; les principales sources de danger consistent dans la difficulté de *l'assèchement*, de la *ventilation*, de l'*éclairage* et du *chauffage*.

La ventilation des casemates ou abris fortifiés est singulièrement compliquée par ce fait que tout orifice peut permettre au besoin l'entrée des projectiles et diminuer la sécurité non moins que la solidité de l'habitation ; en conséquence, les fenêtres, même sur la face opposée à l'attaque, ne sont pas toujours admissibles et sont uniquement remplacées par des meurtrières destinées à la mousqueterie. La ventilation qu'elles procurent étant totalement insuffisante, il est prudent de disposer des cheminées d'appel pour entraîner l'air au dehors ; à l'entrée de ces cheminées, qui doivent s'ouvrir très-largement, on établira un foyer avec grille ouverte; dans les cas d'encombrement, ou lorsque les abris seront remplis de la fumée de la poudre, comme pendant un combat, il sera nécessaire d'y allumer un grand feu pour activer puissamment le courant ascensionnel. Ces dispositions ont été appliquées avec succès dans certaines constructions militaires, au fort de Bitche en particulier, où trois étages de casemates se trouvent disposés au-dessus de la plate-forme du fort. Les cheminées d'appel ont fonctionné avec avantage pendant les péripéties d'un long siège (1870-71); les quelques casemates pourvues de cheminées, avec foyer intérieur, ont toujours joui d'une salubrité parfaite, aucun accident d'encombrement n'y a été signalé, et cependant elles étaient habitées par une garnison fort nombreuse; dans les casemates, au contraire, simplement aérées par des meurtrières, l'on pouvait constater chez les habitants, des signes non équivoques d'un manque d'air suffisamment réparateur, et ceux de l'empoisonnement par les miasmes humains. Malgré le danger auquel on exposait les hommes, il devint indispensable de faire évacuer ces locaux pendant plusieurs heures de la journée.

Le second danger des casemates est constitué par l'humidité, due soit à l'*absence de ventilation*, soit au mode de construction...

Le chauffage des casemates peut s'opérer, soit au moyen de poêles au bois et au charbon, soit au moyen de larges cheminées ouvertes qui servent également à la ventilation; ce dernier système est de beaucoup *le meilleur*.

L'*éclairage* des casemates est toujours *insuffisant*, pour la même raison que la ventilation; aussi devient-il nécessaire d'y entretenir presque constamment des lanternes ou autres sources de lumière artificielle, qui contribuent également à vicier l'atmosphère ambiante ; en un mot toutes les conditions d'insalubrité semblent s'y donner rendez-vous; il importe donc de les combattre avec plus de méthode que partout ailleurs, si l'on ne veut voir la garnison s'affaiblir par les maladies, tout au moins perdre cette vigoureuse santé qui est indispensable aux défenseurs d'une place assiégée. »

Après cette savante et complète analyse, il est aisé de voir que, *seule* la *cheminée* à foyer découvert répondra à tous les besoins signalés par le professeur Morache; elle permettra d'abord un asssèchement facile en enlevant la vapeur d'eau qui sera sûrement dispersée dans le grand volume d'air extrait; puis elle procurera le chauffage le plus salubre qu'on connaisse, qui donnera aussi aux soldats un moyen facile de sécher leurs habits; elle produira en outre un éclairage permanent exempt de toute émanation nuisible.

Enfin elle *seule* permet d'établir une ventilation puissante et hygiénique, dont

1) *Traité d'hygiène militaire*, 1874, p. 428.

les heureux effets ont été affirmés, d'une façon remarquable, par l'expérience du fort de Bitche.

Nous voyons donc que l'emploi de la cheminée à foyer découvert est absolument nécessaire à l'hygiène des casemates; mais, et surtout en temps de siège, le combustible est parfois rare, et il faut l'économiser avec soin. D'où l'emploi tout indiqué de la cheminée qui l'utilisera le mieux.

On est donc encore conduit logiquement ici, à employer notre système de cheminée à haute utilisation, du type le plus simple, pour la ventilation énergique et le chauffage hygiénique de tous les genres de casemates.

Hôpitaux. — La ventilation des hôpitaux a été depuis près d'un siècle l'objet de travaux considérables, de la part des savants et des constructeurs, et, malgré ces nombreux efforts, on peut certainement affirmer qu'elle n'est point encore résolue par les appareils et les systèmes actuellement mis en usage en France.

Dès l'année 1786, les savants Bailly et Lavoisier signalaient ainsi, à l'Académie des Sciences, l'urgence de ventiler et d'assainir l'Hôtel-Dieu de Paris : (1)

« L'air qui circule à l'Hôtel-Dieu d'une extrémité des salles à l'autre, et du rez-de-chaussée au quatrième étage, n'est qu'une grande masse d'air corrompu. L'air extérieur n'y pénètre que difficilement et lentement; il y a peu de croisées, rarement elles sont opposées pour chasser directement l'air altéré des salles, il faut qu'il circule, qu'il fasse de longs détours avant de sortir; et l'air du dehors, qui a le même chemin à faire, n'arrive dans certaines salles que chargé de la corruption de toutes les autres; c'est la grande cause de l'insalubrité de l'Hôtel-Dieu.

Nous avons un témoignage qui dépose du danger de l'infection de l'air, c'est celui de Dionis, démonstrateur d'anatomie sous Louis XIV, et premier chirurgien de Madame la Dauphine : A Paris dit-il, le trépan est assez heureux, et encore plus à Versailles, où l'on n'en meurt presque point; mais les trépanés périssent tous à l'Hôtel-Dieu de Paris, à cause de l'infection de l'air qui agit sur la *dure-mère* et qui y porte la pourriture.

Quant aux femmes en couches, la mauvaise disposition des salles ne peut que leur être funeste; aussi voit-on qu'il en périt un grand nombre; Vesou, médecin de cet hôpital, indique le défaut de la situation des salles, et attribue cette grande mortalité aux vapeurs infectes qui s'élèvent de la salle des blessés...

Le pays le plus sain est le pays où l'on vit le plus longtemps; l'hôpital le plus insalubre est celui qui perd le plus de malades en proportion de ceux qu'il a reçus, il perd plus d'hommes, parce qu'il oppose plus d'obstacles à leur guérison, parce qu'il réunit plus de causes d'insalubrité.

Nous allons donc déterminer la mortalité de plusieurs hôpitaux pour la comparer à celle de l'Hôtel-Dieu :

Tableau de la mortalité des différents hôpitaux.

Hôpital			
Hôpital :	d'Édimbourg	1 mort sur	25 $^1/_2$
—	Saint-Esprit à Rome	1	11
—	Lyon	1	11 $^2/_5$
—	autre à Lyon	1	13 $^2/_3$
—	Saint-Denis	1	15 $^1/_3$
—	Versailles	1	8 $^2/_5$
—	Saint-Sulpice à Paris	1	6 $^1/_2$
—	Charité à Paris	1	7 $^1/_2$
—	Hôtel-Dieu de Paris	1	4 $^1/_2$

(1) *Œuvres de Lavoisier*, t. III, p. 646.

Cette grande mortalité est la suite des causes d'insalubrité que nous avons remarquées; elle est la démonstration complète de l'action de ces causes et des effets funestes qui en résultent. »

Pour réaliser une ventilation méthodique, Bailly et Lavoisier, proposaient les dispositions suivantes :

« Mais nous avons pensé que la chambre la plus aérée ne peut l'être qu'autant qu'on en ouvre les fenêtres, et, lorsque le froid se fait sentir, nous savons bien qu'elles restent presque toujours fermées, quoiqu'on ordonne de les ouvrir à certaines heures. Il faut donc procurer un renouvellement d'air qui n'incommode ni les malades, ni ceux qui les servent, et qui se fasse de lui-même.

Nous observerons que les ventouses d'Angleterre sont simples, et seulement au plancher supérieur; celles que nous avons dessein de faire seront doubles; les unes au plancher inférieur, et les autres au plafond pour leur correspondre.

Si l'on veut que la circulation soit complète, il ne suffit pas de ménager à l'air intérieur une issue pour sortir, il faut encore ouvrir à l'air du dehors un passage, pour entrer et pour chasser l'air du dedans. On pourrait même perfectionner ce moyen de renouvellement et en obtenir un avantage de plus : ce serait de faire passer le tuyau qui apporte l'air du dehors à travers un poêle, et pendant l'hiver l'air renouvelé serait à la fois pur et chaud. »

Ces dispositions ingénieuses ne furent point mises en usage; les temps troublés de cette époque ne permirent pas de réaliser les projets de ces deux savants illustres, qui payèrent de leur tête l'audace de s'être occupés des hautes questions d'hygiène publique!

De l'année 1786 il faudra nous reporter à l'année 1840, pour trouver, en France, une trace de projet de ventilation d'hôpital. A cette époque, le savant D'Arcet, étudia un projet de ventilation pour l'hôpital Necker, à Paris, mais il constate lui même (1) qu'aucune suite ne fut donnée à ce projet.

En 1843 (2) Péclet constate qu'il n'y avait encore en France, qu'un seul hôpital, celui d'Alais, qui fût pourvu d'appareils de ventilation, dont il ne donne pas la description.

Le système Duvoir fut essayé en 1847 à l'hospice de Charenton, mais la ventilation par les cendriers de fourneaux ne réussit point.

Ce ne fut qu'en 1846 qu'on se décida enfin, à Paris, à essayer l'application d'un système général de ventilation et de chauffage, ainsi que le constate Husson, ancien directeur de l'assistance publique; cet essai fut suivi de quelques autres, dont nous empruntons la description succinte au grand travail de Husson (3):

« Aussitôt que se produisit le système Duvoir, qui unissait le chauffage à la ventilation, l'administration s'empressa de traiter avec l'inventeur, et, en 1846, elle appliquait son double appareil de chauffage et de ventilation à l'un des pavillons de l'hôpital Beaujon, où il devint bientôt pour les savants un objet d'observations et d'études.

La construction de l'hôpital Lariboisière fournit une occasion de renouveler ces expériences. On sait que l'autorité supérieure, indécise sur le système auquel elle devait donner la préférence, décida que les deux qui présenteraient les meilleures garanties de bonne exécution seraient appliqués concurremment.

Etablis en 1853 dans cet hôpital, les appareils de ces deux systèmes y ont depuis constamment fonctionné.

Dans les pavillons de droite sont placés les appareils à vapeur construits par Farcot (système fusionné des ingénieurs Thomas, Laurens et Grouvelle), procu-

(1) *Annales d'Hygiène*, 1842.
(3) *Traité de la chaleur*, tom. II p. 460.
(2) *Étude sur les Hôpitaux*. p. 55.

rant le chauffage et la ventilation des salles par *insufflation*, au moyen de machines ventilantes, pl. VI.

Dans les pavillons de gauche sont les appareils *aspirateurs* à circulation d'eau chaude, de l'invention de Duvoir Leblanc, avec chaleur d'appel et chambre à air dans le comble de chaque pavillon, pl. VI.

Chacun de ces systèmes, aux termes de l'engagement des constructeurs, doit procurer une température moyenne de 16 à 18° dans les salles, et une ventilation soutenue de 60 M³ par heure et par malade. Il a été depuis constaté, à la suite d'un travail de comparaison, que l'application simultanée des deux systèmes était à l'avantage de celui de Laurens, Thomas, et Grouvelle, qui donnait un chauffage satisfaisant et une ventilation de jour et de nuit de 90 M³ par heure et par malade ; tandis que le système Duvoir, avec égalité de chauffage, ne procurerait, suivant Grassi, que 30 M³ par malade et par heure.

Enfin, un troisième système, dont un belge, le docteur Van-Hecke, est l'inventeur, celui de la ventilation par insufflation et de chauffage par calorifères à air chaud, a été plus récemment expérimenté à Beaujon et à Necker.

Ainsi les trois principaux systèmes de chauffage et de ventilation actuellement connus sont appliqués dans les hôpitaux civils de Paris.

Tous les trois, aux termes des marchés passés avec les entrepreneurs, ont pour but d'opérer un renouvellement permanent de l'air des salles, dans une proportion fixée à 60 M³ par heure et par malade. Dans chacun de ces systèmes, l'air vicié sort pas des canaux que l'on a disposés dans toute la hauteur des murs latéraux des salles, et qui le conduisent jusqu'au-dessus du toit, tandis que l'air pur s'introduit par des canaux horizontaux placés dans le milieu des planchers. En hiver cet air s'échauffe avant de pénétrer dans les salles.

Mais les systèmes diffèrent entre eux quant à la manière dont ils provoquent l'introduction de l'air pur et la sortie de l'air vicié.

Duvoir fait appel à l'air vicié. en réunissant tous les canaux verticaux, pl. VI dans une cheminée commune où il place des poêles à eau chaude ; l'air pur entre par les canaux horizontaux, de lui-même, en raison du vide produit par le départ de l'air vicié.

Au contraire, Thomas et Laurens, pl. VI, et pareillement Van-Hecke, introduisent par propulsion, au moyen d'un ventilateur, l'air pur dans les salles, et la masse de celui-ci force l'air vicié à sortir par les conduits verticaux.

Dans le premier cas, c'est la ventilation par aspiration et par différence de température. Dans les deux autres cas, c'est une ventilation par insufflation et par moyen mécanique.

Dans les systèmes Thomas-Laurens et Van-Hecke, le ventilateur est mis en mouvement à l'aide d'une machine à vapeur.

Les modes employés pour le chauffage des salles par ces inventeurs diffèrent également entre eux.

Duvoir établit une circulation continue d'eau chaude au moyen de tuyaux et de réservoirs à eau qu'il place dans les salles et dans une cheminée d'appel.

L'eau s'échauffe dans une chaudière, à rez-de-chaussée, monte au réservoir le plus élevé, et redescend par d'autres conduits, en passant dans les poêles de chaque étage et retourne à la chaudière pour s'y échauffer de nouveau.

L'air pur s'échauffe au contact de ces tuyaux et à celui des poêles à eau.

Thomas et Laurens ont aussi des poêles à eau, mais ils les échauffent au moyen de vapeur circulant dans des tuyaux disposés dans les canaux horizontaux.

Van-Hecke pousse par un ventilateur l'air pur dans un calorifère à air chaud, avant de le conduire dans les salles.

L'installation des trois systèmes Duvoir, Thomas-Laurens, et Van-Hecke, devant forcément se combiner avec la construction des ouvrages principaux de l'édifice, ne saurait, à moins de dépenses que la situation des finances hospitalières interdit de faire, être étendue à la généralité des hôpitaux et hospices dont les anciennes distributions se *prêtent mal* aux applications de la *ventilation artificielle.* »

Les dépenses d'installation et d'entretien de ces systèmes de ventilation sont, en effet, extrêmement élevées. A Lariboisière, l'installation a coûté 480,000 fr., et l'entretien, charbon compris, revient à plus de 80,000 fr. l'an (1).

Cependant, malgré ces énormes dépenses, ces systèmes n'assurent point une ventilation complète et rationnelle, et ils laissent encore beaucoup à désirer même au point de vue purement mécanique.

Le professeur Ser, ingénieur en chef des hôpitaux de Paris, le constate ainsi (2) :

« On a employé pour la ventilation, et sous diverses formes, soit le procédé de l'aspiration de l'air vicié, soit celui de l'insufflation de l'air pur. De nombreuses expériences comparatives ont été faites, afin de rechercher quel est le mode le plus avantageux pour la salubrité des salles de malades ; mais les opinions sont encore partagées. On reproche à l'un comme à l'autre système de ne pas assurer suffisamment une circulation régulière et efficace de l'air dans la salle. Il nous paraît, en effet, qu'aucun des deux, employé d'une manière exclusive, ne saurait remplir toutes les conditions indispensables à une ventilation salubre. »

Cette opinion du professeur Ser a été affirmée par l'expérience de Lariboisière. On a reconnu qu'il était nécessaire d'ajouter au système de pulsion Thomas et Laurens, une aspiration énergique et continue, afin d'éviter les retours d'air qui s'étaient produits par les gaînes d'extraction.

(3) Il a été établi dans la cheminée centrale d'évacuation de chacun des trois pavillons, un réservoir de chaleur alimenté par la vapeur. La surface de chauffe de cet appareil est de 24 M^2, et elle est à peine suffisante en été.

Ainsi, malgré les frais énormes de la première installation, 800 fr. par lit, il a encore fallu en faire de nouveaux, et malgré toutes ces dépenses, le résultat final est déplorable au point de vue de la mortalité des malades, qui est certainement supérieure à celle des autres hôpitaux de Paris ventilés naturellement en ouvrant les fenêtres.

De tels résultats ont appelé l'attention des médecins et des chirurgiens. En 1861-62, l'Académie de médecine de Paris s'en est occupée longuement, elle a été unanime pour condamner tous ces systèmes compliqués et funestes aux malades et aux blessés, et elle a conclu qu'il était préférable d'employer de simples cheminées ouvertes, pour effectuer le chauffage et la ventilation des hôpitaux. Nous donnons ici quelques-unes des opinions émises par les hygiénistes à ce sujet (4) :

Malgaigne s'exprime ainsi : « Ce qui me frappe, c'est de voir que les salles des hôpitaux de Londres sont beaucoup mieux aérées que les nôtres ; qu'elles sont pourvues de *grandes cheminées* qui établissent des courants d'air. »

Devergie : « Les autres changements (dans les hôpitaux de Paris) ont été opérés sans l'appui des données de la science, et alors on a vu en fait de chauffage, par exemple, les *vastes cheminées* des salles, qui contribuaient à leur assainissement, remplacées par des poêles. »

Larrey : « Quoiqu'il en soit du perfectionnement de la ventilation artificielle,

(1) *Etude sur les hôpitaux*, p. 348 et 353.
(2) Rapports du jury de 1867, t. III, p. 356.
(3) Péclet, 4me édition, t. III . p. 471.
(4) *Bulletin de l'Académie de Médecine*, t. XXVII, p. 177, 388, 439, 486, 489, 490, 500 779.

l'aération naturelle, par les fenêtres opposées des salles reste le moyen le plus simple et le plus facile à employer, en y joignant des ouvertures mobiles à leur partie supérieure ou des vasistas, pour préserver les malades du contact direct de l'air. Cette disposition existe dans la plupart des hôpitaux militaires, et paraît aussi le système le meilleur dans les hôpitaux de la Marine, dont le chauffage est généralement établi par de *grandes cheminées*, si favorables en même temps à l'élimination des miasmes délétères qu'elles attirent, en les chassant au dehors, et à la récréation des malades qui s'attristeraient de ne point voir la lumière du foyer. »

Gosselin : « Les calorifères conviendraient pour chauffer les galeries et les escaliers de nos hôpitaux ; mais dans les pièces occupées par les malades, *il faut du feu*, non-seulement pour fortifier et renouveler l'air, mais pour détruire toutes les parties du pansement qui ne sont pas susceptibles d'être blanchies et toutes les ordures provenant du nettoyage des salles... Comme hygiène je préfère de beaucoup les *vastes cheminées* anglaises, avec leur brasier de charbon de terre et leur disposition qui permet de donner des bains sur place aux malades les plus graves... Donc point de ventilateurs artificiels, mais de *grandes cheminées* et de grandes fenêtres. »

Enfin, une illustre étrangère, Miss Nightingale, dont le dévouement est bien connu depuis la guerre de Crimée, écrivit à l'Académie pour lui donner son avis, elle concluait en proposant l'établissement de *cheminées* à foyer ouvert.

A la Société de chirurgie de Paris, les mêmes conclusions furent adoptées, à l'unanimité, par les professeurs : Broca, Giraldés, Guérin, Gosselin, Larrey, Léon-Lefort, Marjolin, Verneuil, Trélat.

L'éminent hygiéniste Michel Lévy, était également très-partisan du chauffage par les cheminées, voici ce qu'il dit à ce sujet (1) :

« Le problème physiologique du chauffage n'est résolu que par les cheminées à foyers découverts, c'est-à-dire par la chaleur rayonnée lumineuse. Autre chose est de recevoir la chaleur par l'intermédiaire de l'air qui sort de canaux chauffés, qui se dégage du poêle, la chaleur obscure, où d'un foyer incandescent qui exerce sur l'organisme un peu de cette influence pénétrante et plastique qui est le propre de la radiation solaire.

Si la vue du feu nous est réjouissante, c'est qu'instinctivement nous sentons qu'elle nous est favorable.

Nous avons parlé de l'anémie des habitants sédentaires des hôtels chauffés par calorifères ; on l'observe dans toutes les classes sociales, dans les pays où les poêles de fayence, de tôle et de fonte sont les appareils les plus généralement usités.

De nouvelles recherches sont à faire sur la composition et les propriétés de l'air circulant dans une longue série de tuyaux obscurs, surchauffés ; à coup sûr, ce n'est plus de l'air normal. »

Enfin, le professeur Gallard exprime nettement son avis à ce sujet, en traitant de la ventilation des hôpitaux, il dit (2) :

« Mais ce ne sont là que des moyens accessoires et le principal, l'essentiel, celui qui doit toujours fonctionner, surtout lorsque les fenêtres sont fermées, c'est la *cheminée*. La cheminée fait évacuer 1400 M^3 d'air par heure et par kilog. de houille brûlée, et cela suffit pour assurer largement la ventilation dans une salle de malades, alors même qu'elle renfermerait 28 ou 30 lits.

Dans les saisons froides, j'en conviens, tout en fonctionnant de manière à

(1) Traité d'hygiène, t. II. p. 478.
(2) Applications hygiéniques du chauffage. P. 35.

procurer aux malades *la chaleur lumineuse* de leur foyer, et, à favoriser en même temps l'assainissement des salles par l'évacuation de l'air vicié, les cheminées pourraient ne pas suffire pour chauffer convenablement tout un hôpital. Mais qui est-ce qui empêche de leur associer alors un autre système de chauffage plus économique. Un calorifère distribuant une chaleur uniforme dans toutes les pièces de l'établissement, escaliers et couloirs compris. »

Tout récemment, les professeurs, Fauvel et Vallin, dans leur beau rapport sur les hôpitaux, conseillent encore le chauffage et la ventilation par des feux nus (1).

Nous partageons entièrement l'opinion de tous ces savants, et nous pensons, avec le professeur Gallard, qu'il faut chauffer et ventiler les salles d'hôpital au moyen des cheminées ouvertes, en y suppléant pendant les grands froids, pour le chauffage des couloirs et des escaliers, au moyen de calorifères à air chaud.

On obtiendra ainsi par ces systèmes simples, un service facile *et peu coûteux*, ne nécessitant point la présence de mécaniciens et chauffeurs, et une dépense d'installation réduite au minima.

Enfin, et par-dessus tout, on disposera d'un chauffage éminemment hygiénique et bien supérieur en cela aux systèmes de ventilation artificielle, dont les résultats, sous ce point de vue, sont profondément déplorables, ainsi qu'on peut s'en assurer au moyen du tableau suivant, que nous avons dressé en nous basant sur les chiffres officiels extraits d'un travail du professeur Bouchardat (2).

Mortalité des malades dans les hôpitaux généraux de Paris.
Moyenne de dix années : 1860 à 1869.

HOPITAUX VENTILÉS ARTIFICIELLEMENT.		HOPITAUX VENTILÉS NATURELLEMENT.	
Necker.	100 morts. / 942 malades.	Saint-Antoine.	100 morts. / 1,116 malades.
Lariboisière.	100 morts. / 944 malades.	Hôtel-Dieu.	100 morts. / 1,166 malades.
Beaujon.	100 morts. / 1,050 malades.	Pitié.	100 morts. / 1,188 malades.
		Cochin.	100 morts. / 1,236 malades.
		Charité.	100 morts. / 1,418 malades.
Moyenne.	100 morts. / 978 malades.	Moyenne.	100 morts. / 1,224 malades.

$$\text{Rapport } \frac{1,224}{978} = 1,25.$$

(1) *Congrès d'hygiène* de 1878. Question 6. p. 20.
(2) *Revue scientifique*, 1873.

Ainsi, quand il se produit 100 décès dans les hôpitaux généraux de Paris ventilés naturellement, il s'en produit alors 125 dans ceux ventilés artificiellement, soit *un quart en plus !*

De pareils résultats sont trop graves pour qu'il soit besoin d'insister plus longuement sur l'insuccès effrayant des coûteuses ventilations artificielles employées à Paris, qui, on le voit, sont *absolument condamnées* par la statistique la plus impartiale.

Hôpital de Guy, à Londres. Fig. 36, 37, 38, 39, 40, 41 (1). — Les bâtiments élevés sur les plans de M. Rhode Hawkins, se composent de deux ailes principales réunies par un pavillon central, contenant un vestibule et de vastes escaliers qui conduisent aux deux ailes, dont chacune a cinq étages, parmi lesquels trois sont destinés à recevoir les malades.

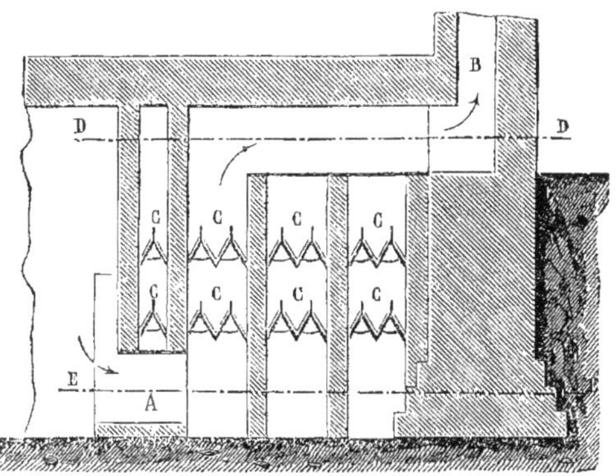

Fig. 36. — Calorifère à eau de l'hôpital de Guy.

La façade antérieure du pavillon central est flanquée de deux tours carrées A A, surmontées par des tourelles octogonales, qui servent de cheminées d'appel de haut en bas, pour l'air nouveau à introduire dans les salles des deux ailes. Cet air est ainsi puisé dans l'atmosphère à une hauteur d'environ 29 mètres aud-essus du sol extérieur, fig. 38.

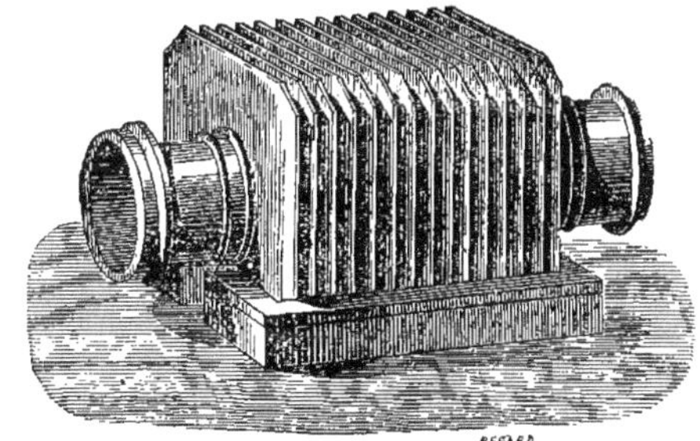
Fig. 37. — Tuyau de vapeur armé d'ailettes pour le chauffage de l'air par contact.

Au milieu de la façade postérieure du même pavillon s'élève une tour carrée B, surmontée par une lanterne octogonale et un clocheton en fonte à jour. Cette tour dont la hauteur au-dessus du sous-sol sur lequel sont établis les foyers est de $59^{m},50$, est la cheminée unique d'évacuation de l'air vicié dans les salles, ainsi que de la fumée des fourneaux et de tous les foyers qui existent dans le bâtiment, comme on le verra plus loin.

L'édifice a cinq étages, au rez-de-chaussée sont les salles de réception pour les malades extérieurs, venant en consultation, les salles de toilette correspondantes pour les hommes et les femmes, les salles de bains, les cabinets de consultation du médecin et du chirurgien, la pharmacie, les laboratoires, les

(1) *Annales du Conservatoire*, t. III.

Hôpital de Guy, à Londres.

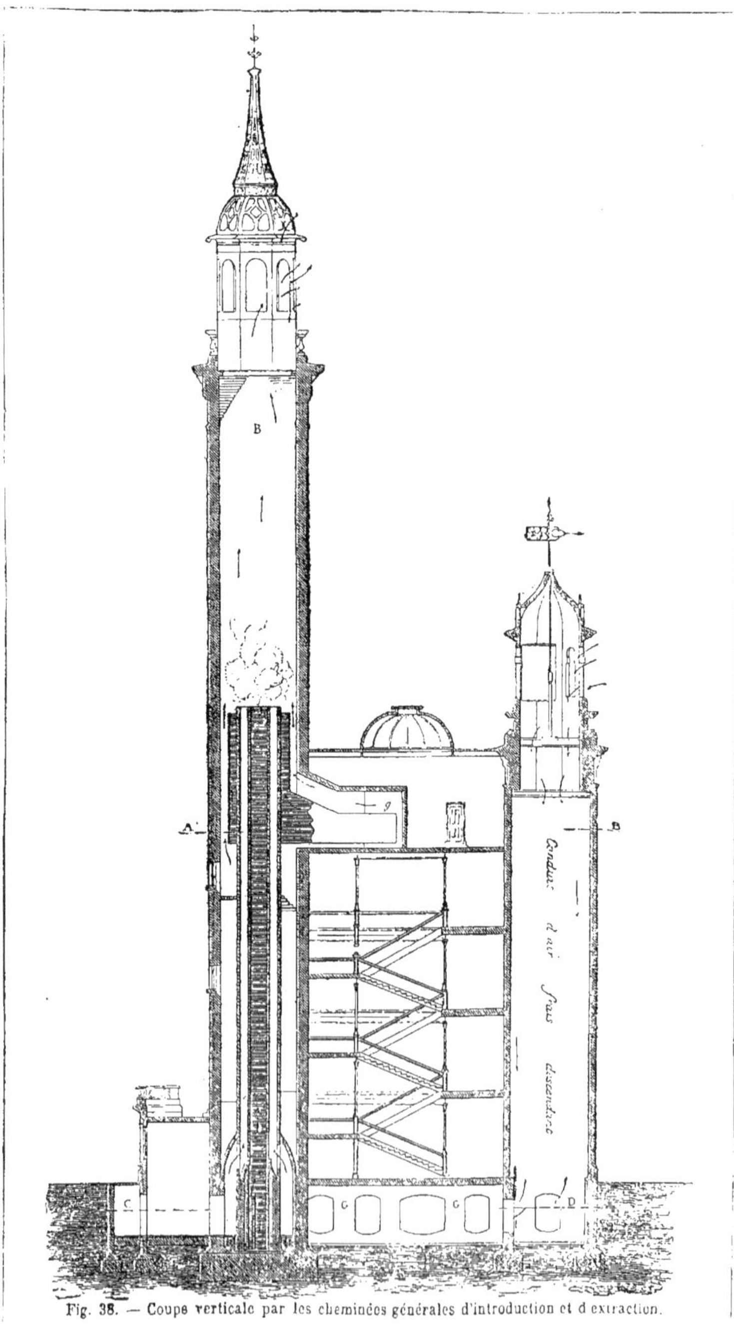

Fig. 38. — Coupe verticale par les cheminées générales d'introduction et d'extraction.

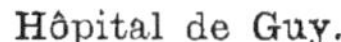

Hôpital de Guy.

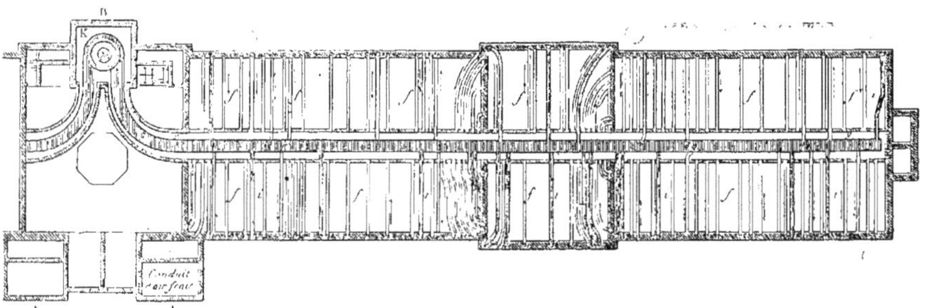

Fig. 39. — Plan du comble suivant AB de la coupe verticale.

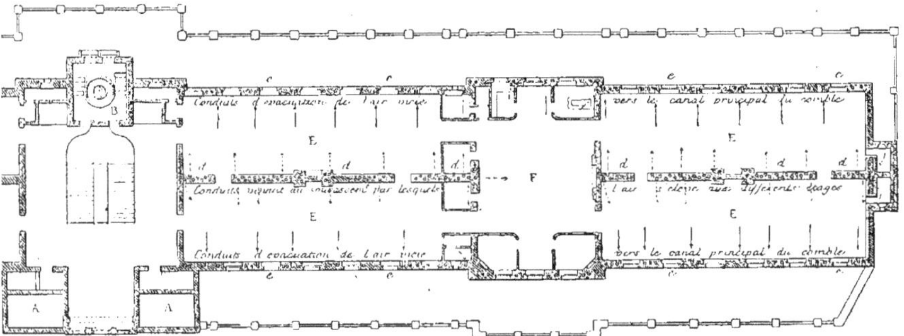

Fig. 40. — Plan du 1er étage.

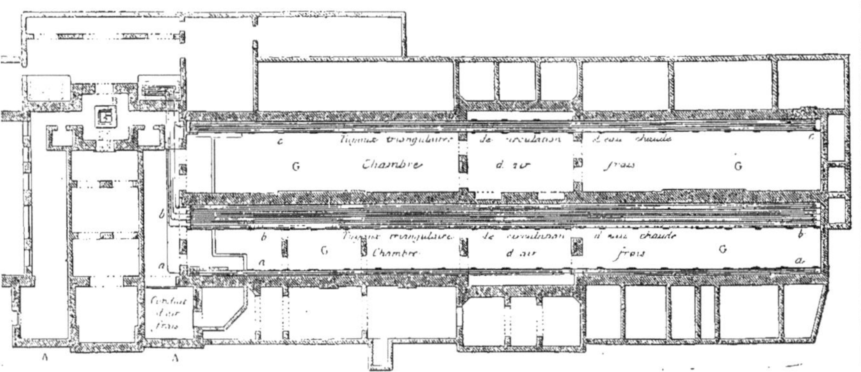

Fig. 41. — Plan du sous-sol (suivant CD de la coupe verticale) contenant l'appareil à eau chaude.

cabinets particuliers du médecin et du chirurgien, le cabinet du dentiste, les logements des gens de service, des laboratoires, etc.

Le 1er, le 2e et le 3e étage forment trois divisions, disposées sur un plan uniforme et comprenant chacune quatre grandes salles E E de 70 pieds anglais ou 21m,35 de longueur, 21 pieds anglais ou 6m,40 de largeur, 14 pieds anglais ou 4m,27 de hauteur; et une grande salle de réunion F, pour la journée, ayant 48 pieds anglais ou 14m,64, sur 38 pieds anglais ou 9m,15, située à la rencontre des salles, avec des chambres pour les sœurs, des lavoirs, une chambre de bains, un cabinet d'aisances et une étuve qui s'ouvre au dehors. Chaque salle particulière a, en outre, ses lieux d'aisances, ces derniers étant, dans tous les cas, en dehors des salles.

Le nombre des malades admis dans chaque salle est de 150, dont 50 dans chaque division du 1er, du 2e et du 3e étage. Les salles de subdivision E E, contiennent de 12 à 13 lits. Il y a six personnes attachées à chaque division, savoir: deux sœurs et quatre gardes pour les 50 malades.

Le volume d'espace alloué pour chaque lit dans les salles est de 1 600 à 1 700 pieds cubes ou de 44m c,8 à 47m c,6.

A l'étage supérieur sont les dortoirs des gardes et des autres personnes du service.

La totalité du bâtiment, à l'exception du vestibule central, du grand escalier et de quelques-uns des logements des employés au rez-de-chaussée, est chauffé et ventilé artificiellement par appel. L'espace ainsi chauffé et ventilé est d'environ 500,000 pieds cubes anglais ou 14,000 mètres cubes.

Dans le système de ventilation adopté, qui est celui de l'aspiration, l'air nouveau pris à une grande hauteur, afin d'assurer sa plus grande pureté, descend par la cheminée d'appel jusqu'au bas de l'édifice, où il débouche dans de vastes galeries G G appelées chambres d'air frais, qui règnent sous toute l'étendue du bâtiment. De ces chambres il se rend dans des conduits verticaux établis dans l'épaisseur des murs, mais après avoir passé entre des groupes de tuyaux horizontaux de circulation d'eau chaude pour le service d'hiver.

L'air nouveau ainsi chauffé vient déboucher dans chacune des salles à chauffer, ou à ventiler, par des orifices ménagés près des plafonds.

Le long du mur de face antérieur et à sa base, il n'y a que deux rangées de tuyaux horizontaux *a a*, l'un pour le départ, l'autre pour le retour de l'eau, parce qu'ils ne sont destinés qu'au chauffage du rang de pièces simples placées de ce côté au rez-de-chaussée.

En avant et dans toute la longueur du mur de refend, il y a sept rangées de tuyaux horizontaux *b*, *b*, *b*, pour le départ et autant pour le retour de l'eau. Ils sont destinés à chauffer l'hiver l'air nouveau qui doit ventiler les trois étages des salles de malades.

En avant et dans la longueur du mur de face postérieur, il y a trois rangées de tuyaux horizontaux *c c*, pour le départ et autant pour le retour de l'eau chaude. Ils sont destinés à chauffer l'hiver l'air d'alimentation des pièces habitées du rez-de-chaussée correspondantes, et qui sont plus nombreuses que de l'autre côté.

Les tuyaux de circulation d'eau chaude sont à section triangulaire et disposés comme l'indique la figure 36.

Cette forme a pour objet d'obliger l'air à passer le long de surfaces de chauffe plus grandes que celles qu'offriraient des tuyaux cylindriques.

On pourrait aussi employer des tuyaux cylindriques armés de nombreuses ailettes, ainsi que l'indique la fig. 37, qui reproduit un tuyau à vapeur employé à Londres, pour le chauffage du Parlement.

L'air qui a circulé entre les tuyaux gagne ensuite, comme on l'a dit, des conduits verticaux *d d* ménagés dans l'épaisseur des murs.

A tous les étages l'air arrive près des plafonds; au rez-de-chaussée il est fourni, comme on l'a dit, par les tuyaux *a*,*c*, placés le long des façades, et aux autres étages par ceux du milieu, *d*, *d*.

Des conduits verticaux *e*, *e*, *e*, établis dans l'épaisseur des murs de face et ouverts à fleur du plancher, dirigent séparément l'air vicié de chaque étage, au moyen d'autres conduits horizontaux *f f* dans un grand conduit principal *g g*, fig. 39, établi dans le comble, et qui se termine à la tour d'évacuation établie au pavillon central, laquelle reçoit aussi la fumée des fourneaux d'eau chaude et des chaudières.

Il y a dans chaque division 79 conduits d'introduction d'air dans les salles, et 63 conduits d'évacuation, pour 150 lits, sans compter ceux de la salle de réunion de jour et des différents cabinets. L'on a eu soin de ne placer dans les lieux d'aisances que des cheminées d'évacuation, afin que l'appel de l'air s'y fasse toujours de l'extérieur vers l'intérieur de ces cabinets. A l'intérieur du grand conduit *g g* d'air vicié, qui a environ $1^{m},80$ de largeur, passe un tuyau principal de fumée *h h* en fonte, de $0^{m},90$ à peu près de diamètre, dans lequel viennent déboucher tous les conduits de fumée *i i* des foyers des appartements particuliers et des salles. Un tuyau de circulation d'eau chaude parcourt aussi ce grand conduit et assure la ventilation d'été.

Ce conduit principal aboutit à un autre *k*, *k*, vertical, qui verse dans la grande cheminée d'évacuation B, tous les produits de la combustion de ces foyers et l'air vicié qu'ils ont contribué à aspirer.

L'on voit que ces tuyaux de fumée, outre l'effet direct de ventilation qu'ils produisent dans les salles, peuvent aussi, par la chaleur de leurs parois métalliques, contribuer à activer l'appel de l'air vicié qui les entoure dans le canal *gg*.

Enfin, au centre et dans l'axe de la cheminée générale B fig. 38, s'élève le tuyau de fumée des calorifères, qui y verse ses produits à une hauteur supérieure à celle du comble. Il résulte de cette disposition, dans la saison du chauffage, un appel énergique et une élévation notable de la température de l'air vicié, dès qu'il a atteint les conduits supérieurs, ce qui donne l'hiver une grande activité à cet appel.

Il y a lieu de remarquer que la circulation d'eau chaude se fait principalement, dans les appareils employés, dans le sens horizontal, et que la distance verticale des tuyaux de départ et des tuyaux de retour n'excède guère $0^{m},50$. Cette disposition n'est peut-être pas favorable pour obtenir, d'une surface donnée de tuyaux, l'échauffement du plus grand volume d'air possible, mais d'un autre côté, l'établissement au rez-de-chaussée, dans des galeries closes et non habitées, de ces tuyaux, dont le développement est de plus de 550 mètres, pour chaque aile, diminue beaucoup l'inconvénient des fuites d'eau. Aussi est-ce le mode le plus généralement employé en Angleterre pour les chauffages par circulation d'eau chaude. La forme de prismes triangulaires donnée aux tuyaux et les dispositions prises pour assurer l'échauffement de l'air sont d'ailleurs favorables, et les tuyaux n'étant soumis à aucune pression cette forme n'a pas d'inconvénients.

Dans cet édifice l'on paraît avoir réalisé avec succès le problème pour lequel M. Reid avait échoué au Parlement, et qui consiste à n'avoir qu'une seule cheminée générale d'évacuation, non-seulement pour l'air vicié, mais encore pour la fumée de tous les feux d'un même bâtiment.

Le système de ventilation ainsi établi est tout à fait indépendant des moyens accidentels de ventilation des salles, auxquels on peut recourir, quand le temps permet d'ouvrir les fenêtres. Dans la distribution des grandes divisions l'on a porté une attention particulière à obtenir tous les avantages possibles de ce que l'on nomme la ventilation naturelle. Les salles particulières de chaque division sont placées deux à deux l'une à côté de l'autre, de manière qu'un mur de refend allant jusqu'au centre de l'édifice les sépare. Chaque salle n'a de fenêtres que d'un côté, mais il y a dans le mur de refend de larges arcades ouvertes, par lesquelles il peut s'établir un courant d'air au travers des deux salles contiguës, quand les fenêtres sont ouvertes ; à peu près comme si chacune de ces salles avait des fenêtres des deux côtés. Les fenêtres sont ouvertes comme des châssis ordinaires à coulisses verticales, et leur ouverture ne trouble en rien le système de ventilation.

La ventilation constante d'été du bâtiment est calculée pour fournir, en 1', 70 pieds cubes (1,96 mètres cubes) 117^{mc},60 par heure et au delà à chaque malade. Dans l'hiver, le volume d'air nouveau à fournir est calculé de manière à concilier le maintien d'une ventilation efficace avec la conduite économique de l'appareil de chauffage. Pendant le froid très-rude qui a eu lieu en février et mars (1862), l'on a fait une série d'expériences pour déterminer la ventilation effective, et la comparer à la consommation de combustible nécessaire pour chauffer cet air.

Le volume d'air introduit dans la cheminée d'appel a été mesuré à diverses reprises à l'aide de l'anémomètre. L'ouverture par laquelle l'air passe de cette cheminée dans les conduits d'air froid est munie d'une ventelle à coulisse, au moyen de laquelle l'aire de l'orifice d'introduction peut être agrandie ou diminuée à volonté ; à chaque observation l'on mesurait cette ouverture. Pendant la première partie de la période sur laquelle les expériences s'étendent, l'alimentation d'air neuf fut entièrement supprimée pendant la nuit, ainsi que le chauffage des appareils. Cette marche avait été suivie dans l'hôpital pendant les deux derniers hivers, et semble avoir pour origine la tendance à donner plus d'importance aux considérations d'économie qu'à celles qui sont relatives à la salubrité, tendance qui se manifeste souvent là où l'on devait le moins s'y attendre à la rencontrer. Ainsi qu'on pouvait le prévoir, la suspension de la ventilation pendant la nuit avait déterminé dans les salles une odeur désagréable particulièrement sensible le matin.

Ce règlement ayant été abandonné, l'air nouveau fut aussi introduit pendant la nuit, le volume admis étant toutefois proportionné à la puissance calorifique conservée par l'appareil de chauffage, dont le feu n'était pas alimenté pendant la nuit, mais simplement remué.

Le volume d'air nouveau admis pendant la nuit en opérant ainsi n'ayant été qu'une seule fois égal à 25 pieds cubes en une minute (42^{mc},00 en 1 heure) seulement par lit et ayant été souvent le double, on peut en conclure que la ventilation de nuit n'a jamais été trop insuffisante.

La ventilation de jour des salles s'est élevée en moyenne à 67 pieds cubes par minute (108^{mc},96 par heure) et par lit ; et dans une seule occasion elle n'a été que de 37 pieds cubes anglais (62^{mc},16 par heure).

Les pièces du rez-de-chaussée ne sont pas constamment occupées, mais dans les salles d'attente pour consultations, il y a souvent un très-grand nombre de personnes réunies pour un temps assez court ; pendant environ 2 heures, ces salles contiennent quelquefois 300 personnes, et la ventilation est donnée à raison de 3,300 pieds cubes en une minute, ou 5,544 mètres en une heure, soit 11 pieds cubes par minute pour chaque individu (18^{mc},4 par personne et par heure). Même avec ce volume de ventilation, l'atmosphère est altérée par les émanations des vêtements de ce grand nombre d'individus serrés les uns contre les autres, qui appartiennent principalement aux classes les plus pauvres, et cet effet est principalement sensible quand le temps est humide. La continuité de la ventilation dissipe cependant promptement toute trace de mauvaise odeur quand les malades sont sortis.

Les lieux d'aisances ne donnent aucune mauvaise odeur ; ceux qui dépendent des salles sont, comme on l'a dit, placés à l'extérieur de la partie principale du bâtiment et sont, ainsi que les autres, ventilés séparément, au moyen d'une conduite d'extraction. »

Nous ne saurions approuver en entier les dispositions prises pour la ventilation de cet hôpital; nous pensons qu'il eût été préférable, et moins coûteux, de se contenter de ventiler par les cheminées débouchant directement dans l'atmosphère, et non dans un carneau commun aux gaînes d'air vicié, ce qui occasionne parfois des refoulements de fumée dans ces gaînes et dans les salles.

Le chauffage par calorifère à eau chaude est, au contraire, parfaitement disposé et il peut être considéré comme un modèle d'une rare perfection.

Ambulances temporaires. — Nous sommes convaincu que les ambulances temporaires, établies dans des baraques ou des constructions légères, doivent être chauffées et ventilées par les mêmes appareils que ceux conseillés pour les grands hôpitaux : Cheminées ouvertes et calorifères pour augmenter la chaleur pendant les grands froids.

Il faudra, de plus, ménager dans les parois des murs et du toit, des ouvertures nombreuses permettant à volonté une énergique aération naturelle. A l'aide de ces dispositions simples on assurera facilement, et à peu de frais, le chauffage hygiénique et la ventilation méthodique de tous les hôpitaux improvisés pendant les épidémies, ou pour les blessés militaires.

Maternités, *Système Tarnier.* — On désigne sous le nom de maternités des établissements destinés à recevoir les femmes enceintes arrivées à la dernière période de leur grossesse, à les assister dans leur accouchement et à leur donner les soins nécessaires jusqu'à leur rétablissement complet (1).

Depuis longtemps on savait que la mortalité était considérablement plus élevée dans ces établissements qu'en ville et à domicile, mais c'est surtout depuis la publication de la thèse de S. Tarnier qu'on a été frappé de l'énorme disproportion de mortalité dans les deux cas. Tarnier consigna le résultat effrayant auquel il était arrivé, à savoir : la mortalité est 17 fois plus considérable à la maternité qu'en ville.

Ce résultat une fois bien connu, il se produisit une grande agitation autour de cette importante question hospitalière ; l'enquête fut ouverte, et l'administration chargea le professeur Léon Lefort d'aller dans les différentes capitales de l'Europe, examiner les maternités et contrôler les résultats obtenus. L. Lefort conclut de cette enquête les chiffres suivants : 1 décès sur 29 dans les hôpitaux ou maternités ; 1 décès sur 212 pour les femmes accouchées à domicile.

La mortalité dans les maternités est donc un fait évident, général, indiscutable.

On a donc tout naturellement proposé *d'isoler* les femmes en couches dans une chambre particulière, afin de les placer, autant que possible, dans les conditions générales du domicile particulier, en groupant cependant ces chambres pour la facilité du service.

Ces conditions sont exactement remplies dans le système qu'a proposé Tarnier en 1864, et dont voici la description :

(1) Nouveau Dictionnaire de médecine et de chirurgie pratique, article Hôpital, par Sarazin.

La maternité de Tarnier se compose d'un grand bâtiment et d'un pavillon isolé. Le rez-de-chaussée du bâtiment, parcouru dans toute sa longueur par un couloir intérieur qui le partagerait en deux parties, présenterait sur ses deux faces des chambres placées à côté les unes des autres et adossées au couloir intérieur. Chaque chambre s'ouvrirait au dehors par une porte et deux fenêtres, et n'aurait aucune communication ni avec les chambres voisines, ni avec le couloir intérieur, ni avec aucune partie de l'hôpital. Pour entrer dans chacune des chambres, il faudrait donc absolument faire par dehors le tour du bâtiment et aller de porte en porte. Afin de protéger le personnel contre les injures du temps, une marquise serait placée au-dessus de ce rez-de-chaussée.

Tel était le premier plan de S. Tarnier, en 1864. Vers 1866, il l'améliora encore par la suppression du couloir intérieur, et lui donna la forme d'un pavillon carré formant quatre chambres complétement isolées entourant un office central. Une marquise dessert les deux faces du pavillon et c'est sous elle que s'ouvrent toutes les portes de communication desservant l'office et les quatre chambres.

La société médicale des hôpitaux a donné son approbation à ce plan ingénieux, qui est aujourd'hui conseillé par un grand nombre d'hygiénistes, comme préférable aux autres systèmes.

Ce système fonctionne depuis deux ans à la maternité de Paris, et les résultats obtenus sont fort encourageants, puisque la mortalité n'est plus que 1 % des accouchements (1).

Le chauffage et la ventilation d'une telle maternité sont, on le conçoit, très-faciles à combiner, puisqu'au fond il ne s'agit que de chauffer une chambre à un seul lit.

Une bonne cheminée dans chaque chambre suffira donc complétement pour assurer, dans les meilleures conditions hygiéniques, le chauffage et la ventilation de cet excellent modèle de maternité. C'est aussi, d'ailleurs, l'unique appareil conseillé par le savant auteur du projet, S. Tarnier; et nous sommes heureux de le constater ici, car c'est une nouvelle preuve de l'opinion des médecins au sujet de la supériorité hygiénique de la cheminée.

Maternité de Saint-Pétersbourg. — Nous empruntons (fig. 42, 43, 44,) au général Morin (2) la description de cet hôpital spécial. Bien que cet établissement soit antérieur au système de Tarnier, qui lui est préférable, il présente un certain intérêt pour les pays du Nord, où le système Tarnier donnerait lieu à certains inconvénients pour le service fait à l'extérieur :

« Il a été construit, dans ces dernières années, à Saint-Pétersbourg, un vaste hôpital d'accouchement destiné à recevoir environ cent trente femmes, et dans lequel toutes les précautions propres à en assurer la salubrité ont été prises avec une largeur et une connaissance des besoins à satisfaire, qui font le plus grand honneur au gouvernement qui en a supporté la dépense et aux ingénieurs chargés de la construction.

Au lieu d'y agglomérer les femmes en couches dans des salles mal aérées où, réunies en grand nombre, elles sont exposées aux ravages de la funeste épidémie qui les décime si souvent, on les a réparties dans des chambres nombreuses, parfaitement éclairées et ventilées, communiquant avec des corridors, bien chauffés et aérés. Tandis qu'en France, nous croyons, non sans raison,

(1) Rapport des professeurs Fauvel et Vallin au congrès d'hygiène de 1878.
(2) *Annales du Conservatoire*, t. V, p. 502.

Fig. 42. — Maternité de Saint-Pétersbourg, ventilation système Derschau.

réaliser un immense progrès sur l'état actuel des maisons d'accouchement existantes, en demandant que le nombre des lits, dans chaque salle, n'excède pas douze, on l'a réduit à quatre dans cet hôpital et par respect pour la morale publique, l'on y a séparé avec soin les femmes mariées des filles mères.

Maternité de Saint-Pétersbourg.

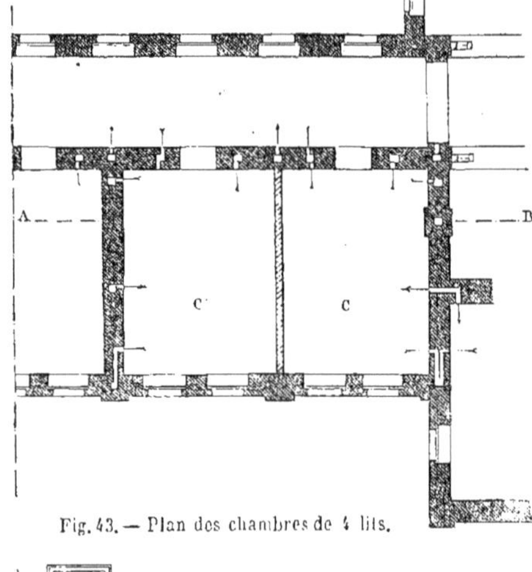

Fig. 43. — Plan des chambres de 4 lits.

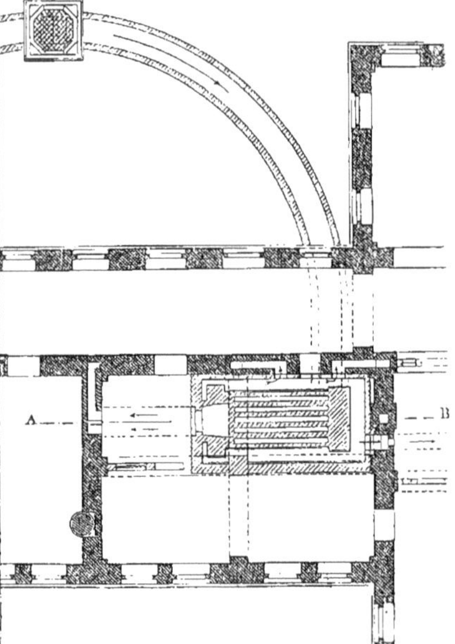

Fig. 44. — Plan des calorières, par M. N.

Le bâtiment principal, composé d'un corps formant façade sur la rue Nadezdinskaia et de deux ailes, est d'ailleurs divisé au milieu par de vastes escaliers et par des salles de service qui le fractionnent en quatre grandes sections.

Par une disposition qu'ont peut-être commandée les conditions climatériques du pays, le rez-de-chaussée est consacré aux divers services, le premier étage aux sages femmes et aux élèves sages-femmes, au nombre de cinquante, que l'on forme dans l'établissement, le troisième et le quatrième aux femmes en couches.

Il y a en tout 104 lits pour femmes en couches. En outre, il existe 28 lits pour les femmes enceintes, de sorte que l'hôpital contient 132 lits disponibles pour les femmes qui viennent y réclamer les secours de l'assistance publique.

La capacité cubique allouée par lit varie de 50 à 60 mètres cubes. La rigueur du climat a sans doute empêché de l'augmenter et de la porter à 100 mètres, comme on le demande en France, mais l'abondance du renouvellement de l'air, qui est de plus de 90 mètres par heure et par lit, suffit largement à assurer la salubrité.

L'admission et l'évacuation de l'air sont produites par le seul effet de l'aspiration, et toutes les dispositions adoptées à cet effet par l'habile ingénieur, M. le baron de Derschau, auquel on les doit, sont d'accord avec les principes que j'ai développés dans mes *Études sur la ventilation*, et dont l'observation confirme chaque jour l'exactitude.

Les prises d'air au nombre de quatre, dont chacune sert à deux calorifères, sont faites dans les jardins de l'hôpital à 3 mètres au-dessus du sol. Des cheminées bien couvertes et entourées de verdure les mettent à l'abri de toute introduction étrangère au service.

Les calorifères, au nombre de huit pour les salles de malades et les dortoirs, sont en briques réfractaires, ne contiennent aucun tuyau métallique et fournissent de l'air à 30 ou 40° centigrades au plus. Chacun est placé dans une chambre à air dans laquelle est disposée une bâche toujours pleine d'eau. Chaque calorifère suffit pour le chauffage et la ventilation de la partie de l'édifice qui lui correspond, et dont la longueur horizontale n'excède pas 12 à 15 mètres.

L'air est admis dans les salles vers la partie supérieure.

L'air vicié est évacué à hauteur des planchers. Tous les conduits d'évacuation correspondant au salles chauffées par un même calorifère, sont réunis aux greniers dans des caniveaux collecteurs, qui aboutissent à une cheminée unique d'évacuation. Il y a ainsi autant de cheminées que de calorifères.

La différence naturelle des températures intérieure et extérieure suffit pendant la plus grande partie de l'année pour donner à l'appel l'activité nécessaire; mais lorsqu'elle est trop faible, et dès que la température extérieure s'élève à 5° au-dessus de zéro, des becs de gaz placés dans la cheminée d'évacuation y sont allumés jour et nuit.

Cette cheminée est surmontée d'un tuyau à girouette qui s'oriente naturellement, de manière à profiter de l'action du vent pour favoriser l'évacuation de l'air vicié.

L'on trouvera la description sommaire des dispositions adoptées dans la note rédigée à cet effet par l'auteur et pour l'intelligence de laquelle nous renvoyons aux figures 42, 43, 44.

Avant la mise en service de cet hôpital une commission formée par le gouvernement a procédé à des expériences de réception nombreuses, et faites pour constater la marche et les résultats des appareils de ventilation.

Nous rappellerons que l'on doit aussi à M. le baron de Derschau l'idée et l'exécution du premier anémomètre à compteur électrique, dont l'emploi permet de constater automatiquement et à toute heure la régularité de la marche d'un service de ventilation; ce n'est pas un des moindres titres de cet habile et savant ingénieur à l'estime de ceux qui s'occuppent de ces questions.

Notice et résultats d'observations sur le chauffage et la ventilation de la maison d'accouchement de Saint-Pétersbourg, par M. le baron de Derschau. — « Jusqu'à l'année 1863, il n'existait point, en Russie, d'hôpital qui fût chauffé et ventilé rationnellement. J'ai eu le premier l'honneur d'appliquer la théorie à la pratique dans les conditions désavantageuses de notre climat.

L'effet des appareils devait être calculé pour un maximum de 52° centigrades de différence entre les températures intérieure et extérieure.

Quand j'ai été appelé à préparer mon projet, le bâtiment de la maison d'accouchement était déjà couvert; aussi ai-je été très-limité dans les dispositions à prendre afin de ne pas trop augmenter les dépenses.

Le prix du marché était de 24,000 roubles ou 96,000 francs; mais par le fait, j'ai dû dépenser 29,000 roubles ou 116,000 francs.

Par ce sacrifice volontaire, je suis arrivé à obtenir en grande partie la solution du problème dont l'application, à l'avenir, donnera des résultats très-utiles, sous le rapport de l'hygiène des hôpitaux en Russie.

Le rapport ci-joint sur la maison d'accouchement de Saint-Pétersbourg, peut être compris sans les dessins, au moyen des détails particuliers qui suivent :

Il y a dans cet établissement, pour les femmes en couches, cent lits qui sont distribués dans les deux étages supérieurs que nous nommons troisième et quatrième étages. Dans le deuxième étage, se trouvent les appartements destinés à 50 élèves sages-femmes avec leurs dortoirs, réfectoires et salles d'infirmerie. Il y a aussi dans cet étage les salles d'admission des malades.

Le premier étage (qui est véritablement ce qu'on nomme en France le rez-de-chaussée) est occupé par les gens de service et les neuf calorifères qui chauffent et ventilent l'hospice.

Ces calorifères ne contiennent dans leurs chambres, ainsi que dans leurs foyers, aucune pièce métallique. Ils sont construits en briques réfractaires, et, pour donner à l'air de ventilation le degré d'humidité convenable, dans le haut de la chambre de chaque calorifère, on a disposé une nappe d'eau d'une surface de 9 mètres carrés.

L'air extérieur est pris dans le jardin à la hauteur de 3 mètres et communique par des galeries souterraines avec le bas des chambres des calorifères.

L'évacuation de l'air vicié se fait par huit cheminées d'appel partant du grenier. A ces cheminées viennent aboutir tous les caniveaux de ventilation qui ont leurs ouvertures dans les pièces à ventiler, près du plancher de chacune de ces pièces, pour tout le temps de chauffage. Ces caniveaux de ventilation s'ouvrent près du plafond pour la ventilation d'été, et dans les cas où il faut abaisser la température de la chambre.

Les dimensions des cheminées d'appel sont calculées de manière que la ventilation normale de 50 mètres cubes par heure et par lit s'obtient naturellement par les différences des températures extérieure et intérieure jusqu'à la limite de 5 degrés centigrades au-dessus de zéro. Quand la température extérieure est supérieure à 5 degrés centigrades, on allume des becs de gaz qui sont disposés dans chaque cheminée et qui brûlent jour et nuit.

Le combustible employé pour le chauffage des calorifères est le bois de pin qui contient encore 30 % d'eau hygroscopique. »

Hospices, asiles de retraite et d'aliénés. — Les systèmes de chauffage proposés pour les hôpitaux et les ambulances, peuvent également s'appliquer dans tous les hospices. Ainsi, chaque pièce devra recevoir une ou plusieurs cheminées, et l'ensemble de l'établissement devra en outre pouvoir être chauffé modérément par un calorifère général.

Une seule exception devra être faite pourtant dans le cas où l'hospice renfermerait des aliénés; il importerait alors que le feu découvert ne puisse jamais rester à la portée des malades, afin d'éviter les accidents qui pourraient être causés par l'inconscience des aliénés; il faudra donc, pour ces asiles, se contenter d'y placer un calorifère général : ou si, on juge les cheminées nécessaires à la ventilation naturelle, avoir soin d'en fermer l'ouverture par une grille fermant à clef.

Prisons. — La loi du 5 juin, 1875, ayant fixé le mode de construction des prisons, qui doivent désormais être toutes du système cellulaire, afin d'isoler les condamnés à plus d'un an de prison, nous n'avons donc à nous occuper ici que des systèmes de ventilation et de chauffage applicables aux prisons cellulaires.

La prison Mazas, à Paris, était autrefois chauffée et ventilée au moyen de dispositions spéciales dues à l'ingénieur Grouvelle; bien que ces dispositions soient loin d'être parfaites, nous en donnerons cependant une description d'après Péclet, (1) figures 45 et 46.

Disposition des bâtiments. — La prison cellulaire des prévenus est composée de six corps de bâtiments qui rayonnent autour d'un centre commun. Au milieu de chacun de ces bâtiments se trouve un grand corridor qui s'élève jusqu'à la toiture; il est fermé à son extrémité par un vitrage qui règne sur toute la hauteur. De chaque côté, au rez-de-chaussée et aux deux étages supérieurs, se trouvent une série de cellules, contiguës, d'une capacité de 20^{m3}; leur nombre total est de 1200.

Principe du chauffage, fig. 45. — Le principe sur lequel repose le système de chauffage de Grouvelle, est le chauffage de l'air par son contact avec des tuyaux de circulation d'eau chaude. Ce qui particularise ce système, c'est la transmission de la chaleur à l'aide de la vapeur partant de générateurs placés dans les caves et se rendant dans des réservoirs d'eau placés à différents étages et servant à la circulation.

Dans ce système, la circulation d'eau chaude n'a lieu que sous une pression très-faible, et les divers étages d'un même bâtiment ne sont pas solidaires sous le rapport du chauffage, qui peut être interrompu pour un étage non occupé.

Ventilation, fig. 46. — La ventilation est produite par l'appel d'une vaste cheminée de quatre mètres carrés de section et de 29^{m} de hauteur, placée au centre des bâtiments.

L'air appelé dans l'intérieur des cellules et destiné à la ventilation est chauffé en hiver au contact des tuyaux à eau chaude. La totalité de l'air expulsé des cellules par la ventilation descend par les tuyaux qui servent à l'écoulement des déjections des prisonniers. Chaque cellule renferme un siége, terminé par un tuyau de descente qui se dirige sous la cave. La ventilation a pour but de maintenir pure l'atmosphère des cellules, en leur fournissant une quantité d'air extérieur suffisante pour remplacer celle qui est viciée par la respiration et les émanations du prisonnier; elle doit être assez grande pour s'opposer aux émanations du tuyau de descente.

Dispositions des appareils dans les bâtiments. — Dans chaque bâtiment et le long des corridors, se trouvent, au premier et au deuxième étage, des balcons sur lesquels s'ouvrent les cellules. Au-dessous de ces balcons, placés à droite et à gauche, se trouvent des caniveaux dans lesquels des tuyaux en fonte forment deux circuits parallèles que l'eau chaude parcourt en sens contraires, afin que sur chaque point la température soit à peu près constante. Pour le rez-de-chaussée, ces tuyaux sont placés dans un canal situé au-dessous du sol du corridor et toujours au pied des cellules. Les caniveaux sont séparés dans la direction des murs des cellules, par des cloisons transversales. Chacun de ces intervalles communiquait primitivement avec l'atmosphère par un canal creusé dans le sol de la cellule; depuis, cette disposition a été remplacée par des communications avec l'air du corridor. Ces mêmes espaces communiquent avec les cellules par un canal qui se termine par plusieurs grilles. Chaque circuit des tuyaux à eau chaude communique avec un réservoir dans lequel l'eau est chauffée par la condensation de la vapeur qui circule dans un serpentin. Six chaudières peuvent fournir la vapeur à tous les réservoirs au moyen d'une conduite générale.

Dans chaque cellule se trouve un siége d'aisances, composé d'une cuvette en

(1) Nouveaux documents sur le chauffage et la ventilation. 1854. p. 7.

fonte et d'un tuyau de descente aboutissant à un tonneau de vidange. Tous les tonneaux d'un même bâtiment sont rangés dans une galerie souterraine ayant toute la longueur du corridor sur lequel s'ouvrent les cellules.

Les six galeries souterraines aboutissent par leurs extrémités les plus rapprochées, à un canal commun, annulaire, en communication avec la cheminée d'appel. Les autres extrémités des galeries communiquent avec l'extérieur, mais elles sont fermées par de doubles portes parfaitement closes, et peuvent laisser passage à un chariot roulant sur un chemin de fer destiné au transport des tonneaux.

Il résulte des dispositions que nous venons d'indiquer, que l'eau des réservoirs étant chauffée par la vapeur circulant dans les serpentins, il s'établit, en vertu de l'inégalité de température, une circulation entre les réservoirs et les tuyaux qui partent de ces réservoirs et longent les cellules. La circulation s'établit d'une manière continue, car l'eau des tuyaux se refroidit constamment et revient s'échauffer dans les réservoirs. Le foyer de la cheminée d'appel, placé dans les caves, étant constamment allumé, il en résulte un appel de l'air des cellules à travers les tuyaux de descente. Cet air traverse les galeries souterraines et gagne le foyer d'appel. Les portes de ces galeries fermant bien, il ne peut y avoir appel direct de l'air extérieur. A mesure que l'air sort des cellules, il est remplacé par de l'air venant des corridors et échauffé par son contact avec les tuyaux de circulation d'eau chaude. »

Fig. 45. — Prison Mazas, chauffage, système Grouvelle. C. C, réservoirs d'eau chauffés par la vapeur : E. E, vases d'expansion ; P, eau froide ; Q, air vicié.

En 1872, une commission fut chargée d'examiner les perfectionnements qui pourraient être apportés à cet ingénieux système. Nous extrayons ce qui suit de l'intéressant travail du professeur Trélat, rapporteur de cette commission (1) :

« Ce très-intéressant système a su faire application de toutes les ressources que la science et l'expérience mettaient à la disposition du constructeur pour résoudre un problème entièrement nouveau. Il fait le plus grand honneur à son auteur, feu Grouvelle. Pourtant, après vingt années d'observation sur son fonctionnement, alors que l'état d'usure des appareils nécessite une réinstallation, et au moment où il faut faire un choix parmi les dispositions à prendre, on

(1) *Gazette des architectes*, nos 8 et 9, 1872.

doit reconnaître que le chauffage de la prison Mazas restait insuffisant à bien des égards.

On peut dire qu'en fait, les cellules n'ont jamais été ni complétement ni suffisamment chauffées. Par les temps froids, la température atteignait difficilement 12°, et par tous les temps de chauffage, la chaleur introduite dans la cellule se cantonnait aux abords de l'entrée, en laissant se refroidir le reste de la pièce.

Quand on se rappelle que l'air est le véhicule introducteur de la chaleur dans la cellule, on se rend compte de ce défaut par les dispositions et les proportions des surfaces chauffantes sous les balcons et par la place de l'orifice d'introduction dans la pièce :

1° Les surfaces de chauffe sont des tuyaux horizontaux qui ne peuvent avoir qu'une longueur limitée, puisqu'en conséquence du parti pris, chaque cellule est chauffée par une section de tuyaux isolée au droit des deux murs séparatifs des cellules. Le développement circulaire de la surface des tuyaux est luimême limité par l'espace disponible entre les branches des consoles de fonte, qui soutiennent les balcons et la gaîne. Par cette double cause, chaque cellule ne bénéficie que d'une surface de chauffe de $0^{m},75$, surface insuffisante qui n'a jamais pu être augmentée, malgré le désir qu'en avait l'auteur du système.

Fig. 46. — Prison Mazas, ventilation, système Grouvelle; A. Balcons; C. C, siéges d'aisances aspirant l'air vicié; H, fenêtres; L. L, bouches d'arrivée d'air pur; N. N, vases d'expansion de l'eau chaude.

2° En passant dans la gaîne pour se chauffer, l'air venu de la galerie chemine *horizontalement* le long ou au-dessus des surfaces de chauffe. C'est la disposition la plus ingrate, la plus pauvre en effet utile, c'est-à-dire la moins favorable au prompt dépouillement de la chaleur du métal au bénéfice de l'air. De ce second chef, il résulte que l'air utilise mal la chaleur des tuyaux.

3° Enfin, l'air plus ou moins bien chauffé, entre sur le côté au milieu de la profondeur de la cellule. Aussitôt engagé dans la pièce, il se dirige suivant le cours de l'appel et gagne, par un détour diagonal, l'orifice du siége d'aisances, sans avoir voyagé vers la fenêtre, dont la contrée demeure inchauffée. »

A la suite de ce rapport et du concours qu'il concernait, l'ingénieur d'Hamelincourt fut chargé de modifier le système et d'appliquer les dispositions suivantes (1) :

Les dispositions générales de l'ancien système ont subsisté en ce qui concerne

(1) Péclet, 4e édition. tome III, p. 416.

la ventilation, mais deux modifications principales sont intervenues : Le remplacement du chauffage à l'eau par le chauffage à vapeur, et l'emploi d'un appareil mécanique pour produire l'appel dans la cheminée générale d'extraction.

Sur les tuyaux de vapeur, qui circulent dans les galeries au niveau du sol, se branche au droit de chaque cellule un tuyau de $0^{m},015$, muni d'un robinet ; chacun de ces tuyaux passe dans un caniveau pratiqué sous le sol de chaque cellule et aboutit à l'angle opposé au siége d'aisances, là il se recourbe et vient pénétrer dans le tuyau vertical de chauffage où il s'enfonce d'un mètre ; un autre tuyau part du bas du tuyau de chauffage et, placé parallèlement au premier, ramène l'eau de condensation dans le tuyau de retour.

Les tuyaux de chauffage sont en fonte, à joints de caoutchouc ; ils sont logés dans des gaînes placées, une dans chaque cellule, à l'angle vertical opposé au siége d'aisances ; ces tuyaux ont toute la hauteur des trois étages de cellules et traversent le plancher du premier et du deuxième étage ; ils sont terminés à la partie supérieure par une calotte qui porte un robinet à air et, dans le bas, par une bride recevant une plaque en fonte sur laquelle sont taraudés les tuyaux d'arrivée de vapeur et de retour d'eau.

L'air pur est introduit dans les galeries et subit un premier échauffement à son entrée au moyen de poêles à vapeur, disposés aux extrémités des galeries, puis il pénètre dans chaque cellule par un canal horizontal placé sous le sol de la cellule et aboutissant au pied de la gaîne verticale, qui contient le tuyau de chauffage ; cet air sort échauffé à la partie supérieure de la gaîne, traverse diagonalement la cellule et en sort par le siége d'aisances, pour se rendre à la cheminée d'appel. L'appel dans cette cheminée est produit au moyen d'une hélice, mise en mouvement par une machine Farcot, de quatre chevaux.

Nous ferons d'abord remarquer que cette modification du système de l'appel ne nous parait pas heureuse, elle a l'inconvénient grave de lancer dans l'atmosphère 27,000^{mc} d'air vicié par heure, à une température qui peut être inférieure à celle de l'air extérieur! Il peut donc arriver que cet air vicié retombe immédiatement sur la prison. Or, il faut bien observer que cet air est profondément insalubre, puisqu'il a dû parcourir les tuyaux de descente des siéges d'aisances, il est donc infecté au plus haut degré ; de plus, en temps d'épidémie, il pourrait certainement se charger de miasmes et germes contagieux fort dangereux. La ventilation ainsi pratiquée, nous paraît donc éminemment dangereuse pour la prison et pour le quartier qui l'entoure, et il nous est impossible de conseiller l'application de dispositions aussi insalubres.

Voici les dispositions qui nous paraîtraient les meilleures :

Le chauffage serait effectué soit à la vapeur, comme il est installé maintenant à Mazas, avec cette modification que le tuyau distributeur de vapeur serait placé dans le comble au-dessus des dernières voûtes, en évitant ainsi les dépôts d'eau condensée dans ce tuyau.

Ou bien, ce chauffage serait opéré au moyen d'une circulation d'eau longeant le mur extérieur de la cellule à la hauteur du parquet, ainsi que l'a proposé l'ingénieur Grouvelle fils ; cette circulation serait chauffée à la vapeur comme celle primitive de Mazas. Ce procédé aurait l'avantage d'éloigner toute crainte de fuite de vapeur dans les cellules ; fuites qui présenteraient de grands dangers pour un prisonnier enfermé, qui ne pourrait les éviter.

Cette disposition de tuyau de chauffage horizontal est d'ailleurs admise par le ministère de l'intérieur, et il l'a fait appliquer au modèle de cellule de l'Exposition de 1878, (Pavillon du Ministère de l'Intérieur). (1)

(1) La ventilation du modèle de cellule exposé ne nous semble pas bien comprise, et nous la croyons contraire à tous les principes sanitaires.

La ventilation pourrait être obtenue d'une façon hygiénique, en employant le dispositif suivant :

L'air vicié s'échappe par un conduit de 0m,20 de diamètre, *spécial à chaque cellule*, montant dans l'épaisseur des murs jusqu'au dessus du toit où il débouche *directement* dans l'atmosphère; chaque cellule comporte donc un *tuyau de cheminée* qui lui est particulier; ce tuyau reçoit directement les produits de la combustion du gaz, et il contient même le bec de gaz éclairant la cellule, ce qui contribue à assurer son appel pendant les saisons intermédiaires. Ce bec de gaz pourrait d'ailleurs, au besoin, être tenu constamment allumé, en temps d'épidémie, par exemple. Il est aisé de voir que la ventilation de chaque cellule serait ainsi parfaitement assurée d'une façon indépendante et complète, et que l'air vicié rejeté directement dans l'atmosphère par le *plus court chemin* serait immédiatement *dispersé* dans l'air ambiant, sans avoir passé par de longs circuits infects, augmentant sa résistance et son insalubrité, et le concentrant dans une cheminée centrale pour en former une cascade de miasmes retombant du haut de cette cheminée sur la prison et ses abords.

Afin d'éviter tout retour des gaz infects provenant des siéges d'aisances, nous proposons d'adopter le siége hydraulique système Jennings, du type le plus simple. L'eau étant déjà admise dans les cellules pour la cuvette de toilette, il serait, on le voit, très facile d'installer ces siéges hydrauliques, indispensables d'ailleurs pour se mettre à l'abri de tout retour des gaz, ainsi que nous l'avons déjà expliqué au chapitre Water-closets.

Cet excellent système de siéges hydrauliques a d'ailleurs été conseillé, avant nous, par un éminent hygiéniste, le professeur Gallard (1), qui s'exprime ainsi :

« A la prison Mazas, on fait sortir l'air vicié en l'aspirant par le tuyau de descente de la latrine, placée dans chaque cellule. Ce mode d'évacuation n'est pas sans inconvénient; il expose à des rentrées d'air quand on ouvre la fenêtre, et alors le courant s'établissant en sens contraire, rapporte, d'abord dans la cellule, puis dans le reste de la prison, un air sensiblement altéré par son passage à travers les tuyaux destinés exclusivement à son extraction.

Il vaudrait infiniment mieux avoir des conduits de latrines fermés hermétiquement, et largement balayés par un fort courant d'eau, comme ceux qui, depuis quelques années, sont installés dans plusieurs hôpitaux de Paris. »

Eglises. — Le chauffage des églises peut être obtenu en employant les calorifères à air chaud ou à vapeur, quand ce chauffage doit être intermittent; ou par l'intermédiaire d'une circulation d'eau, quand il doit être permanent.

La ventilation des églises doit être prévue, car il s'y produit parfois un véritable encombrement; il faut donc ménager, vers le sommet des voûtes, des ouvertures suffisantes pour l'évacuation de l'air vicié, et dans les parties inférieures, un nombre suffisant de prises d'air extérieur assurant la facile entrée de l'air pur, passant au besoin sur des surfaces de chauffe, ou dans des conduits de mélange, permettant de l'introduire à la température désirée.

Les églises renferment parfois des salles de catéchisme, recevant de nombreux enfants. Ces salles doivent pouvoir être chauffées et ventilées isolément; ce qui s'obtiendra facilement en leur appliquant les procédés indiqués plus haut pour les écoles primaires.

Salles de bal, de concert, de grandes réunions, cirques, théâtres. — Toutes ces salles pouvant être ventilées et chauffées par les mêmes systèmes que ceux des théâtres, nous aborderons tout de suite l'étude de ces systèmes.

(1) *Applications hygiéniques du chauffage et de la ventilation*, p. 47.

Système d'Arcet, pl. VI. — Le savant chimiste d'Arcet a publié, en 1827 (1 une étude approfondie sur cette difficile question; nous en extrayons l passages suivants :

« *Chauffage*. — Le chauffage des théâtres doit se faire par trois procédés diff rents : il faut établir des caisses chauffées au moyen de la vapeur, et placé au niveau du sol, dans le vestibule, au foyer et à chaque étage, dans les corrido de la salle.

Le désir que l'on a en France de voir le feu, exige qu'il y ait au foyer u ou deux cheminées ordinaires, et il faut, en outre, établir dans les caves d théâtre, de bons appareils calorifères, capables d'échauffer tout l'air ne qu'exige l'assainissement de la salle.

On voit qu'en réunissant ces trois moyens de chauffage, et qu'en s'en servai de la manière la plus convenable, l'on doit facilement arriver à procurer à l salle la température nécessaire.

Quand à l'échauffement de la scène, nous pensons qu'on ne doit l'opér qu'au moyen de la vapeur, afin d'y diminuer les dangers d'incendie.

Ventilation. — Il y a cinq conditions principales à réunir pour assainir u théâtre. Il faut que la température de l'air y soit celle que l'on désire; que cet température y soit à peu près constante pendant la durée du spectacle; qu l'air y soit continuellement renouvelé, pour qu'il ne s'y trouve surtout ni miasm ni gaz délétères en quantité nuisible; que la ventilation n'établisse pas de cou rants gênants; enfin que cet air soit chargé autant que possible en arrivant da la salle, de la moitié de l'eau qu'il doit contenir pour être saturé. Nous allon décrire maintenant les appareils à employer pour opérer dans la salle la venti lation forcée, nécessaire à son assainissement, pl. VI.

Ayant constaté que la combustion de l'huile ou du gaz servant à l'éclairag des lustres, donnait une chaleur plus que suffisante pour bien opérer la ventila tion, nous n'avons eu qu'à établir les appareils nécessaires pour employer c élément, et régulariser à volonté ce moyen d'appel.

Il nous a suffi pour cela de faire élever, à l'aplomb du lustre, une cheminé de grandeur convenable, montant au-dessus de la toiture, ne communiquan avec la salle que par l'ouverture percée au-dessus du lustre, et portant ass haut dans l'atmosphère tout l'air vicié qui doit être évacué.

Nous avons fait établir, en outre, une seconde cheminée d'appel, en tout sem blable à la première, au-dessus de la scène, et nous avons fait garnir ces che minées de trappes à deux ventaux, servant à en diminuer à volonté les ouver tures.

Ces deux cheminées d'appel nous donnent le moyen de chasser au-dehors l'ai renfermé dans le théâtre, soit du côté de la scène, soit du côté de la salle.

Il reste alors à prendre les mesures les plus convenables pour introduire da le théâtre l'air pur nécessaire à la ventilation, sans gêner en rien les spe tateurs.

L'expérience ayant prouvé que c'était dans la salle même qu'il fallait renou veler l'air, et non sur la scène, nous avons pensé à faire entrer l'air des corri dors dans la salle, par des ouvertures ménagées dans les planchers des loges et qui amènent l'air chaud ou frais au bas de leur devanture. On conçoit qu'e multipliant ces tuyaux, qu'en prolongeant le faux plafond tout autour de la salle et en en plaçant à chaque rang de loges, on arrivera facilement à pouvoir intro duire ainsi dans la salle, l'air pris au haut des corridors, en assez grande quan tité pour suffire à la ventilation exigée, et que commande l'appel du lustre. O

(1) *Annales d'hygiène*. t. I.

a, en outre, fait établir une communication directe entre chaqu e loge et la grande cheminée d'appel, au moyen d'un système de tuyaux de petit diamètre ce qui donne le moyen d'établir une légère ventilation au fond de chaque loge. Au haut de chaque porte de loge a été aussi ménagé un petit vasistas grillé, pour que le spectateur puisse introduire à volonté, dans sa loge, l'air pur du corridor sans en être incommodé. Enfin, on a établi une communication directe entre le plafond de l'amphithéâtre du cintre avec la grande cheminée d'appel, au moyen de gaînes en bois qui y établissent une ventilation co nstante. »

Système du général Morin, *appliqué aux théâtres Lyr ique et du Châtelet* fig. 47. — Ce système emploie les mêmes moyens que d'Arcet pour l'introduction

Fig. 47. — *Théâtre Lyrique.* Ventilation, système Morin. A. A, Cheminée d'appel de l'air vicié du parquet; B. B. Comble; C. C, Calorifères à air chaud; H, Chambre d'appel de l'air vicié; K. K, Arrivées d'air pur; N, N, Air pur; O, Cheminée d'évacuation de l'air vicié de la salle.

de l'air pur, qui pénètre dans la salle par des vides ménagés dans les planchers des loges.

Mais l'extraction de l'air vicié est produite d'abord au niveau du parterre et de l'orchestre, et au fond de chaque loge. Cet air vicié ne peut donc plus s'échapper par le trou du lustre, qui, dans ce système, est remplacé par un plafond continu en verre, laissant passer la lumière par transparence. Il n'existe donc aucune ouverture supérieure au centre de la salle, et il en résulte forcément une chaleur intolérable, puisque l'air, plus ou moins frais, introduit par les planchers des loges tombe, en vertu de sa plus forte densité, et va gagner *immédiatement* les orifices du parterre, sans pouvoir rafraîchir le haut de la salle, où l'air chaud et vicié reste confiné par zônes de plus en plus chaudes et de plus en plus insalubres.

Système d'Hamelincourt, *appliqué à l'Opéra de Paris, exposé en 1878.* — La scène du théâtre de l'Opéra est chauffée au moyen de calorifères à eau chaude, afin de fournir un air plus pur. La salle est chauffée par des calorifères à air chaud, afin de pouvoir faire varier plus rapidement la température de l'air introduit.

L'air pur pénètre dans la salle, comme dans les deux systèmes précédents, par le vide réservé entre les planchers des loges. L'air vicié est extrait au *niveau du parterre* et au fond de chaque loge, par une bouche percée au *niveau du plancher*. Enfin, le lustre est surmonté d'une cheminée laissant passer une *petite quantité* d'air vicié.

L'ensemble de ces dispositions laisse beaucoup à désirer, car on voit que l'air est partout extrait aux points les plus bas de chaque étage, il en résulte qu'on extrait justement ainsi l'air le plus pur et le plus frais, et, qu'au contraire, l'air chaud et vicié reste cantonné dans toutes les parties supérieures.

La ventilation des couloirs est également insuffisante, et on y respire un air vicié échauffé par les appareils d'éclairage au gaz, dont les produits se répandent librement dans toute la salle.

Ce système nous semble donc absolument contraire à tous les principes d'une ventilation hygiénique.

Système Sax. — Adolphe Sax, l'ingénieux et savant inventeur, a proposé un système particulier dont nous lui empruntons la description (1).

« J'isole le foyer d'éclairage par un double verre, et je le mets en communication avec l'air extérieur par une cheminée d'appel. Ce foyer ainsi isolé ne peut s'alimenter d'air que par une sorte de système de conduits artériels extrêmement multipliés et qui vont au moyen d'artérioles s'évasant en pomme d'arrosoir percées d'un tamis très-fin, aspirer sur tous les points de l'atmosphère intérieure de la salle.

Cette atmosphère ainsi continuellement épuisée par l'aspiration de la cheminée d'appel, ne pourra se renouveler que par une vaste cloison percée de trous, en tamis, et située tout à fait au fond du théâtre. L'air qui proviendra de cette aspiration continuelle pourra être introduit à une température agréable, fraîche l'été, tiède l'hiver, passant de la scène dans la salle, et de la salle dans les couloirs, il servira naturellement de véhicule au son, et le portera dans son intégrité aux places les plus reculées, sans pour cela établir un courant d'air appréciable. »

Ce système n'ayant point été appliqué, on ignore jusqu'ici quels en seraient les effets. Mais il nous paraît bien difficile que l'air pur suive *précisément* le chemin qui lui est si savamment indiqué par l'ingénieux inventeur.

Système Bohm. *Appliqué à l'Opéra de Vienne et à l'Opéra de Londres*, fig. 18. — La ventilation de l'Opéra de Vienne est considérée aujourd'hui, par presque tous les ingénieurs et les hygiénistes, comme un modèle approchant beaucoup de la perfection ; on lui reproche seulement une certaine complication, mais il

(1) Salle du Théâtre Sax, p. 5.

serait facile de simplifier ce système en lui conservant pourtant tous ses précieux avantages.

Nous en empruntons la description à une brochure publiée par un des architectes de l'Opéra, Sicard de Sicardsburg (1), fig. 48.

« Le mouvement de l'air occasionné par la ventilation se fera suivant les lois

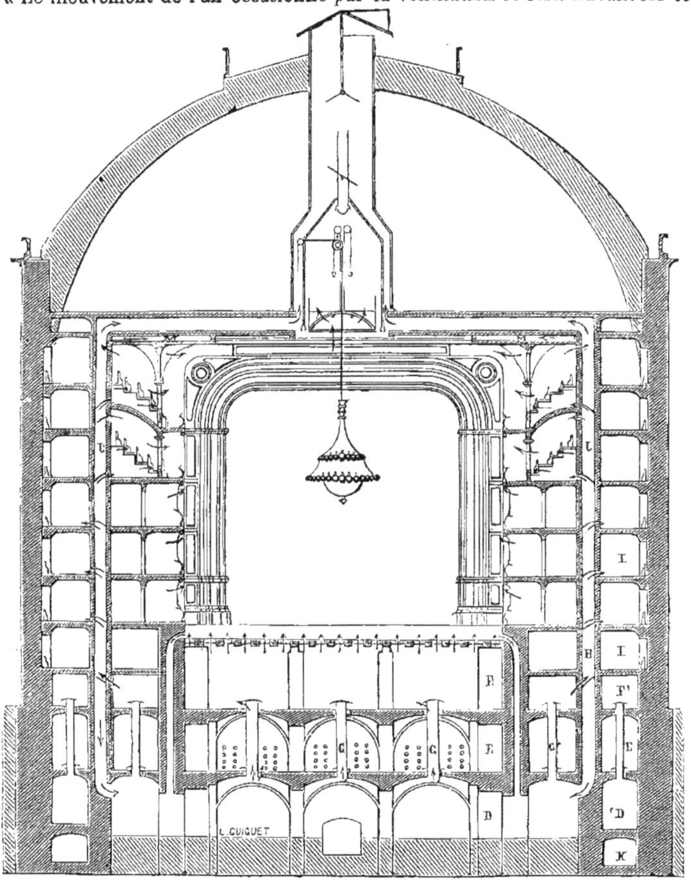

Fig. 48. — *Opéra de Vienne*, système Bohm. DD'. Chambres d'air froid ; E' E. Chambres d'air chaud ; F' F. Chambres de mélange d'air ; G' G. Tuyaux d'air froid ; H. J. Tuyaux d'air pur ; I. I. Couloirs ; K. K. Canaux d'air froid pour l'été ; M. M. Débouché d'air froid supplémentaire pour l'été, provenant des canaux K. K.

naturelles, de bas en haut, l'air incommodément chaud (air vicié) pouvant s'élever et s'échapper par l'ouverture du lustre, pendant que l'air, frais ou échauffé suivant les besoins, sera introduit par le plancher du parterre et aux points les plus bas de toute les loges et galeries, avec une vitesse très-modérée et insensible.

(1) Stand der Ventilations-Frage.

La provision d'air à régler, suivant les besoins, la partie la plus difficile de la tâche, est assurée par une machine à vapeur de 16 chevaux qui met en mouvement rotatoire un petit ventilateur de Heger, lequel, suivant les circonstances de température dans la salle et en tenant compte du nombre des spectateurs, insufflera au minimum 90,000 M³ par heure, c'est-à-dire plus de 30 M³ par tête et par heure, avec une vitesse de $0^m,31$ par seconde.

Suivant ces traits de base déterminés à l'avance, la ventilation fut installée de la manière suivante :

L'air arrive de l'extérieur par deux puits qui sont pratiqués des deux côtés du théâtre, dans les annexes du jardin, dans des localités souterraines de $7^m,6$, de haut, qui forment, pour ainsi dire un grand réservoir dans lequel l'air se rafraîchit en été et se réchauffe en hiver. De là, cet air va vers le ventilateur à vis, qui le met spécialement en mouvement et qui, selon sa vitesse de rotation, fait entrer plus ou moins d'air dans l'espace situé sous le parterre et les couloirs des loges D.

Ces deux espaces se divisent en trois étages. L'étage inférieur D reçoit l'air tel que le lui livre le ventilateur; de là cet air monte, soit directement dans l'étage supérieur par des conduits cylindriques, G, de 1 mètre de diamètre, soit par des ouvertures annulaires autour des conduits dans l'étage moyen E, la chambre de chaleur, dans laquelle circulent des tuyaux de vapeur, qui doivent la chauffer dans la saison froide.

De la chambre de chaleur, l'air chaud monte autour des conduits dans l'étage supérieur F, la chambre de mélange où il se marie à l'air froid venu directement d'en bas par les conduits, et où il prend la température à laquelle on veut l'introduire dans la salle.

L'air sort de la chambre de mélange avec une vitesse de $0^m,31$, par seconde, et entre par le plancher percé à jour du parterre, sous les siéges de ce parterre, et, par les conduits verticaux H mentionnés, dans les corridors du parterre, des loges du parterre, des premières et deuxièmes galeries. De la partie annulaire extérieure de la chambre de mélange, l'air monte aux troisièmes et quatrièmes galeries par les tuyaux J.

Une telle séparation de l'air destiné aux galeries supérieures, et de celui pour le parterre et les galeries inférieures (baignoires) paraît nécessaire, car, si on pourvoyait à tous les étages, par un espace commun, les étages supérieurs le seraient désavantageusement.

L'air conduit dans les couloirs I des loges des différents étages, par les conduits H, verticaux, passe de ces couloirs dans les loges elles-mêmes par des ouvertures ménagées dans les portes de celles-ci.

L'air qui part de la chambre annulaire de mélange pour les galeries supérieures, entre dans l'espace vide situé sous les siéges de l'amphithéâtre et, par les degrés de celui-ci, arrive jusqu'au public qui s'y trouve.

L'air incommodément chaud (air vicié) se meut des loges et des galeries vers la salle, d'où, réuni avec celui du parterre, il s'élève de lui-même, d'après les lois physiques, et s'échappe par l'ouverture au-dessus du lustre, car les brûleurs-soleils agissent comme force d'appel.

(Un ventilateur hélice à vapeur a été ajouté, en cet endroit, à ce moyen d'appel.)

Des amphithéâtres des 3e et 4e galeries, où un plus grand nombre de personnes sont réunies, et où le plafond s'élève en allant vers l'arrière, l'air est encore extrait par des conduits qui partent du bord le plus élevé du mur d'arrière et qui débouchent au-dessus du plafond dans l'espace cylindrique qui entoure les brûleurs-soleils ; là il est fortement chauffé par ceux-ci.

L'air vicié extrait par ces différents chemins et affluant dans la chambre d'éclairage, s'échappe à l'extérieur par une cheminée de $4^m,16$, de diamètre, dans laquelle l'évacuation est réglée, à l'aide d'un registre, proportionnellement à la quantité d'air envoyée par la machine ; de cette sorte, même en ouvrant les portes, il n'est donné à l'air extérieur aucune cause de pénétrer à l'intérieur de la salle.

Avant l'entrée du public, quand le ventilateur est sans action, il s'agit simplement d'échauffer toute la salle, alors, l'air froid suit un chemin inverse, s'écoule par tous les canaux verticaux vers l'étage inférieur, sous le parterre, pour remonter, échauffé, par le plancher. Pour le parterre on a même pratiqué sous le parapet des loges de baignoires, dans le mur d'enceinte, des conduits d'écoulement pour l'air froid, lesquels doivent être fermés quand on fait fonctionner la ventilation.

Dans les jours chauds de l'été, l'air qu'on introduirait par les moyens que nous venons d'indiquer peut ne pas suffire, et il peut être très-avantageux de s'arranger pour que l'on puisse directement par le haut, au plafond, insuffler de l'air dans la salle.

Dans ce but, il existe sous le canal annulaire D', existant au-dessous des couloirs des loges, un second canal K (canal d'été), qui peut être alimenté d'air à l'aide du registre principal placé derrière le ventilateur, et qui peut amener cet air dans la partie creuse du plafond par les puits verticaux qui sont dans les quatre coins de la salle, et, par les parties du plafond M en forme de bandeau qui existent sur toute la périphérie, il entre ainsi plus de 26,000^{m3} d'air par heure, qui ne gêne personne (Sicard de Sicardsburg). »

Le succès incontestable obtenu par les habiles dispositions du docteur Bohm ne nous surprend point, car il s'accorde parfaitement avec toutes les idées que nous avons précédemment exposées ici : Nous avons d'abord prouvé que l'air chaud et vicié se portait toujours au plafond et que c'était là qu'il devait être extrait et non au ras du parquet, ainsi qu'on le fait encore presque partout.

D'un autre côté, le système Bohm possède le précieux avantage de placer les spectateurs dans un courant d'air pur, puisque l'arrivée de cet air est très-voisine de leur corps, ils respirent donc un air parfaitement sain et exempt de tout miasme, ce qui ne peut être obtenu par les systèmes produisant l'extraction près du spectateur et l'arrivée loin de lui.

On a objecté que ce système donnait lieu à une grande surveillance, qui, disait-on, n'était point nécessaire avec l'introduction par le plafond, loin du spectateur.

Cependant cette surveillance attentive a été reconnue nécessaire pour ce dernier système, par le général Morin, quand il fut chargé de ventiler la chambre des députés (1), où il se vit forcé d'installer un cabinet central pour la manœuvre des registres d'arrivée d'air froid et chaud, et des registres de départ d'air vicié, ainsi que la concentration des indications de la température ; ce qui n'a pas empêché les plaintes des députés au sujet des courants d'air.

Nous croyons, d'ailleurs, qu'un courant d'air tombant sur un crâne plus ou moins chauve, où sur les épaules découvertes des femmes, est beaucoup plus à redouter qu'un courant n'atteignant que les parties inférieures du corps, toujours bien abritées contre le froid et la chaleur. Ces courants d'air sont, du reste, complétement inoffensifs à l'Opéra de Vienne, grâce à d'ingénieux appareils d'avertissement et de manœuvre, placés dans le poste de l'ingénieur chargé de la haute direction des appareils.

Nous ne saurions donc trop conseiller l'emploi de cet excellent système, qui répond parfaitement, en théorie et en pratique à toutes les conditions réclamées par le chauffage méthodique et la ventilation rationnelle et hygiénique de tou-

(1) *Annales du Conservatoire*, tome IX.

tes les salles de spectacle, de cirque, de bal, de concert, et de grandes réunions publiques.

Système Bourdais et Davioud. *Palais du Trocadéro*, fig. 49.— Nous extrayons d'un travail de l'ingénieur Casalonga, les explications communiquées sur ce système, à la Société des ingénieurs civils, par un des architectes du palais :

« M. LE PRÉSIDENT donne la parole à M. Bourdais pour l'exposition du projet de chauffage et de ventilation de la grande salle des fêtes du palais du Trocadéro, étudié par MM. Bourdais et Davioud, les architectes de ce palais.

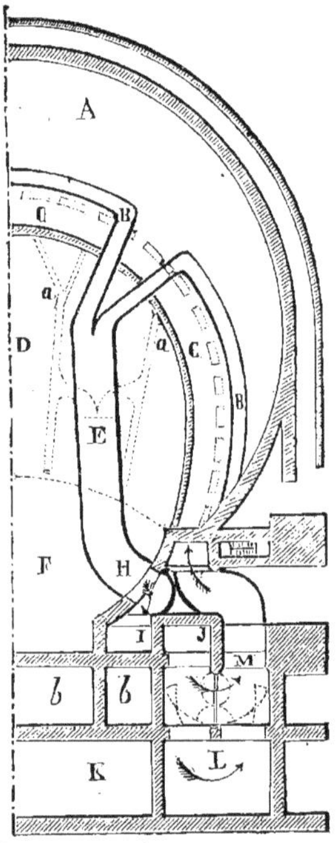

M. BOURDAIS explique que dès les premiers jours, on s'est préoccupé de préparer, dans l'édification du Palais, tout ce qui était nécessaire à l'installation d'appareils puissants, non-seulement pour la ventilation, à raison de 200,000 mètres cubes à l'heure, mais encore pour le chauffage qui devrait être ultérieurement organisé par les soins de la Ville de Paris, aussitôt qu'elle aurait pris possession du monument.

Le premier point à établir était celui qui concernait le sens du mouvement de l'air. En considérant successivement la manière dont se comportent les veines fluides quand elles pénètrent dans un vaste milieu, et quand elles en sortent pour s'écouler au dehors à travers des orifices nombreux, on a été amené à conclure que l'air pur devait arriver par le haut, loin du spectateur, mais pouvait être évacué par des ouvertures situées près de lui.

Ce principe admis, la circulation de l'air devait-elle se produire par appel, produisant une dépression dans la salle, ou par compression ?

Si la salle est en dépression, toute porte ouverte y produira un courant d'air désagréable. Il est donc préférable d'y maintenir une faible pression à l'aide d'appareils mécaniques refoulants.

Fig. 49. — Palais du Trocadéro. 1/2 Plan de la ventilation.

A. Amphithéâtre; B. Petits canaux d'air vicié; C. Loges; D. Parquet; E. Grand canal d'air vicié; F. Orchestre; H. Hélice aspirant l'air vicié; I. Cheminée de départ de l'air vicié; J. Prise d'air pur; K. Machines motrices; L. Calorifère; M. Hélice insufflant l'air pur; a, a, air vicié du parquet b. b. caves.

Le volume d'air à introduire par seconde étant de 56 mètres cubes, on a divisé l'édifice en deux parties symétriques ayant chacune un égal système de ventilation, devant fournir 28 mètres cubes, soit, pour une vitesse de 4 mètres, $\frac{28}{4}$ =7 mètres carrés pour la section des conduits.

Entre la conque de l'orchestre et le mur pignon du côté de la place du Roi-de-Rome, il a été ménagé de chaque côté trois cheminées. L'une, partant du sol même des carrières du Palais et s'élevant au-dessus de l'édifice, permet de puiser l'air pur, soit dans les carrières mêmes du Trocadéro, soit dans la région située au-dessus du monument.

L'autre, s'élevant jusqu'à la coupole, verse par le haut dans la salle, l'air pur aspiré et refoulé par un propulseur.

La troisième sert à l'évacuatien de l'air vicié, lequel, à travers 5,000 bouches inférieures versant dans de nombreuses ramifications, y est appelé par un autre propulseur qui le rejette définitivement dans l'atmosphère.

La figure 49, indique la position relative de ces trois cheminées.

Le développement des conduits et leurs divers coudes, donnent lieu à des frottements que, d'après D'Aubuisson, on peut déterminer par la formule :

$$P = 0,000,003 \frac{l}{D} v^2, = 0,000,003 \frac{200}{3} 4^2 = 0^m,0032$$

P étant, exprimée en hauteur d'eau, la pression nécessaire pour vaincre les frottements de l'air marchant avec une vitesse v, dans des conduits de longueur l et de diamètre D.

Mais, pour imprimer à cet air la vitesse v, abstraction faite des frottements, la pression correspondante sera déduite de la formule théorique

$$V^2 = 2gh = 2gx \frac{1000}{1,30}$$

en remplaçant la hauteur d'air h par la hauteur équivalente en eau $\frac{1000}{1.30}$, qui représente le rapport des densités des deux fluides ; d'où $x = 0,001$ à ajouter à la pression correspondante aux frottements, soit une pression totale de $0^m,0042$, ou, pour se mettre en garde contre tous autres obstacles, 6 millimètres.

Une telle pression pourrait rendre incommode l'ouverture et la fermeture des portes qui auraient à supporter 6 kilog. par mètre carré de leur surface ; elle donnerait lieu en outre à une déperdition sensible d'air.

On l'a donc divisée en deux pressions égales : l'une positive, donnée par l'organe de propulsion ; l'autre négative, produite par l'organe aspirateur ; ce qui permettra de régler la pression de la salle au degré voulu de pression positive.

Les 5,000 bouches d'évacuation, correspondant aux 5,000 spectateurs que doit contenir la salle, au lieu d'être placées sur le parquet et d'être obstruées par les poussières et par les vêtements des femmes, seront placées à des hauteurs variables du parquet, étant pratiquées dans l'espace triangulaire laissé entre deux retours opposés des dossiers de siége. Les ramifications sous le parquet sont en outre disposées de telle façon qu'elles concourent, avec un même parcours, vers un point d'appel central, de manière que chacune d'elle se trouve dans des conditions identiques d'aspiration, qu'indique suffisamment la fig. 49.

Restait à déterminer le système d'aspiration et de propulsion. L'étude des divers ventilateurs usités dans les mines, a convaincu qu'indépendamment du rendement qui aurait pu être faible, l'emploi de ces ventilateurs produisait un bruit considérable qui les rendrait inapplicables dans le Palais du Trocadéro.

A la suite des résultats que M. Ser, professeur à l'École Centrale, avait obtenus à l'Hôtel-Dieu où il avait fait usage d'une hélice, on a cru devoir songer à l'emploi de ce moyen, et MM. Geneste et Herscher furent chargés d'examiner l'ensemble du projet, pour lequel ils firent des expériences qui pourront faire l'objet d'une prochaine et intéressante communication.

Résumant sa communication, M. Bourdais dit que la salle du Trocadéro, contenant 5,000 spectateurs, alimentera d'air, chacun d'eux, à raison de 40 mètres cubes par heure ; l'air arrivera par le haut de la salle, frais en été, chaud en hiver, descendra uniformément jusqu'au sol, et sera évacué par 5,000 bouches égales, réparties sur la surface du sol ; la pression de l'air dans la salle sera positive et réglée à une mesure aussi faible que possible, au moyen des inégalités de vitesse de marche des hélices soufflantes et des hélices aspirantes ; l'air pur sera pris à volonté, soit au sommet des toits, soit dans les carrières du Trocadéro, il sera en tout cas expulsé loin des prises d'alimentation. »

L'expérience n'a point confirmé les prévisions de l'ingénieur Bourdais, et, loin d'avoir à redouter, pour l'ouverture des portes, les effets de la pression intérieure, il se produit, au contraire, par l'ouverture de ces portes, de violents courants d'air entrants, fort incommodes même en été. Nous avons parfaitement constaté la violence de ces courants. Le jeudi, 11 juillet 1878, nous occupions un fauteuil de parquet à l'est du palais (rang 17, n° 38), et, malgré l'éloignement de l'entrée la plus voisine placée à environ 10 mètres de nous, et une belle brise de l'Ouest, il se produisait des courants assez intenses pour agiter fortement les plumes des coiffures des dames placées devant nous.

D'un autre côté, aux étages supérieurs la chaleur est parfois assez forte pour devenir gênante, et nous sommes bien forcé de déclarer que la ventilation de cette salle ne répond nullement aux effets qu'en espéraient ses auteurs.

Nous n'en sommes d'ailleurs point surpris, car au lieu d'extraire l'air chaud et vicié au plafond, on enlève, au contraire, l'air le plus frais et le plus pur, près du parquet.

L'air pur, au lieu de pénétrer par en bas et de monter en s'échauffant tout en rafraîchissant la salle, pénètre, à l'inverse, par en haut, où il se mélange en partie à l'air vicié avant de parvenir aux poumons des spectateurs.

On a donc méconnu, dans cette application, les principes les plus élémentaires de la ventilation, et il eut été bien surprenant que les effets fâcheux que nous signalons ne se fussent pas produits après une telle absence de méthode.

Nous croyons donc, plus fermement que jamais, que c'est en s'inspirant du système Böhm, appliqué avec tant de succès à l'Opéra de Vienne, qu'on réussira le plus aisément à résoudre les grandes difficultés qu'on rencontre toujours dans l'application de la ventilation aux salles de théâtre et de concert.

En terminant ici ces sommaires études sur le chauffage et la ventilation des édifices privés et publics, nous tenons à faire observer qu'elles sont particulièrement basées sur les plus récents travaux des savants hygiénistes de tous les pays. Ce qui nous a permis d'aborder les diverses questions traitées, sans autre préoccupation que celle de satisfaire, avant tout, aux préceptes supérieurs de l'hygiène.

CHAUFFAGE DES SERRES.

Considérations générales. — Le chauffage des serres présente de grandes difficultés, à cause des énormes pertes de chaleur qui se produisent au travers des parois vitrées et des pertes d'air chaud qui s'échappe par les nombreux joints du vitrage. Cette ventilation par les joints étant presque toujours suffisante pendant les temps froids, il n'y a pas, en général, à se préoccuper de la ventilation des serres pendant la saison du chauffage. Nous ne traiterons donc, ici, que du chauffage des serres.

Nous avons vu, au chapitre *Chauffage*, que les pertes de chaleur par les vitrages verticaux pouvaient se calculer au moyen de la formule de Péclet pour une seule vitre : $M = 4 \times T$. Cette formule peut encore être employée pour les vitrages de serres recouverts de paillassons, car, d'après Grouvelle (1), il faudrait pour ces serres, et pour une différence T de 30 degrés, 1 mètre carré de tuyaux chauffés à l'eau chaude pour 5^{m2} de vitrage. Or, un mètre carré de tuyaux

(1) *Dictionnaire des Arts et Manufactures, article Chauffage.*

donne, d'après Péclet (1), une quantité de chaleur égale à $Q = 8T$, T étant l'excès de température. Si le tuyau est chauffé à 90 degrés et la serre à $+15°$, on aura $T = 90 - 15 = 75$; il vient donc dans ce cas $Q = 8 \times 75 = 600$ calories.

D'un autre côté, la formule de Péclet pour les vitrages donne $M = 4 \times 30$. Quand il y a par exemple — 15 degrés de froid à l'extérieur, et + 15 degrés de chaleur à l'intérieur ; il vient donc $M = 120$ calories dans ce cas, et pour 5 mètres carrés nous aurons $5M = 120 \times 5 = 600$ calories, nombre identique avec celui obtenu en suivant la méthode de Grouvelle.

Malgré cette heureuse concordance, nous avons cru devoir nous renseigner directement auprès des praticiens et des horticulteurs, afin d'être bien fixé sur ce point important : M. Grenthe, ingénieur, constructeur de serres, à Pontoise, donne la formule suivante : Surface $0^{m^2},007$ de tuyau par degré de différence T de température et par mètre carré de surface vitrée. Cette formule donne pour 30 degrés $0^{m^2},007 \times 30 = 0^{m^2},21$ de tuyau par mètre carré de vitrage.

M. de Vendeuvre, ingénieur constructeur à Asnières nous a communiqué les deux formules suivantes :

Pour 100^{m^2} de vitrage de serres basses couvertes de paillassons, 12^{m^2}, de tuyaux en fonte. Pour 100^{m^2} de vitrage de serres élevées ou jardins d'hiver 24^{m^2} de tuyaux.

M. A. Outendirck, l'éminent horticulteur de Beaumont-Persan, grand prix en 1878, nous a fourni le renseignement suivant ;

Une serre chaude de Persan est aisément chauffée par une surface de 32^{m^2} de tuyaux, cette serre possède environ 144^{m^2} de vitrage; cette proportion conduirait à 22^{m^2} de tuyaux pour 100^{m^2} de vitrage.

Enfin, nous avons personnellement observé dans notre *serre froide* un excès de $+15°$, avec 8^{m^2} de tuyaux pour 80^{m^2} de vitrage, ce qui aurait demandé une surface de 16^{m^2}, pour un excès de 30°; surface identique à celle que donnerait la formule de Grouvelle. En récapitulant toutes ces observations nous avons formé le tableau ci-dessous.

Péclet, surface de tuyaux par mètre carré pour 30° de différence	$0^{m^2},20$
Grouvelle	0 ,20
Grenthe	0 ,21
De Vendeuvre, serres basses	0 ,12
— hautes	0 ,24
Outendirck et de Mastaing	0 ,22
Wazon	0 ,20
Surface moyenne $= 0^{m^2},1985$	$= \frac{1,39}{7}$

Ce nombre est très-voisin de $0^{m^2},20$ pour un mètre carré de vitrage. Nous croyons donc qu'il y a lieu d'avoir confiance dans la formule de Grouvelle et qu'on peut se contenter de donner 1^{m^2} de surface de tuyaux chauffés à l'eau chaude pour 5^{m^2} de surface vitrée couverte de paillasons.

Si les tuyaux de chauffage étaient placés sous le sol de la serre, dans un caniveau recouvert d'une grille, il y aurait lieu d'augmenter leur surface de moitié, car dans ce cas la formule de Péclet donnant $Q = 4T$ pour les tuyaux enveloppés, on n'aurait plus qu'une transmission de $Q = 4 \times 75 = 300$ calories par mètre carré de tuyau d'eau chaude à 90°, dans un local à 15°; il y a donc une

(1) *Traité de la chaleur*, tom. II p. 402, 3me *édit.*, n° 1737.

grande économie à placer les tuyaux de circulation d'un façon apparente, tout autour de la serre, au pied des parois verticales. En formant ainsi une barrière de chaleur, on *empêchera la gelée d'entrer*, suivant la juste expression des jardiniers.

Le chauffage par les poêles à air chaud donnerait lieu à une perte de chaleur (1) cinq fois plus forte et il aurait, de plus, de graves inconvénients : dessèchement de l'air, introduction de fumée, de suie, de cendres; nettoyages salissant toutes les plantes, chaleur trop intense et de trop courte durée, oxydes de fer ou condensations acides des gaz brûlés tombant sur les plantes, etc.

La pratique des horticulteurs a donc rejeté le chauffage par les poêles et calorifères à air chaud, et nous pouvons affirmer par notre propre expérience qu'il n'y a pour les serres aucun appareil de chauffage qui puisse présenter les avantages du thermosyphon, qui sont :

1° Une température égale et modérée de l'air de la serre et un bon état hygrométrique.

2° La propreté de la serre, car toutes les opérations de chauffage se font en dehors, et aucune suie ni cendres ne s'introduit en dedans.

3° Réduction du nombre des foyers, un seul fourneau pouvant suffire au chauffage de plusieurs serres, et des bâches à multiplication.

4° Longue durée du chauffage qui s'oppose aux grands froids de la nuit, grâce à la grande quantité de chaleur contenue dans l'eau chaude, car on sait que l'eau possède une chaleur spécifique très-élevée, dont on jugera par l'exemple ci-dessous :

La quantité de chaleur contenue dans un mètre de tuyau de $0^m,1125$ de diamètre, plein d'eau chaude à 100 degrés, égale 1000 calories.

Or, ces 1000 calories peuvent échauffer de 1 degré $\frac{1000}{1,3 \times 0,237} = \frac{1000}{0,308} =$ $3,246^{m3}$ d'air, et de 10 degrés, un volume de 324^{m3} d'air.

Ainsi, une serre cubant 324 M^3 d'air chauffé à 10 degrés ne contient pas plus de chaleur que celle contenue dans un mètre de tuyau de $0^m,112$ diamètre, contenant 10 litres d'eau chauffée à 100 degrés ; elle en contient même moins, car nous n'avons eu égard, dans cet exemple, à la dilatation de l'air qui diminue sa capacité calorifique.

Ce simple aperçu suffit cependant pour faire voir qu'elle est l'énorme somme de chaleur que l'on peut accumuler dans les tuyaux d'un thermosyphon.

D'un autre côté, il faut bien observer que cette grande somme de chaleur doit être rapidement fournie par la chaudière, il faut donc éviter l'emploi de tuyaux d'un diamètre trop grand. La pratique semble donner la préférence aux tuyaux de $0^m,10$ à $0^m,12$ de diamètre, qui suffisent parfaitement pour conduire l'eau chaude à une grande distance.

La surface de chauffe de la chaudière exposée au rayonnement du feu et au contact des gaz, est ordinairement de 1 mètre carré pour 4 kilogrammes de houille, ou 8 kilogrammes de bois, à brûler par heure.

Cette chaudière doit toujours être surmontée d'un vase d'expansion de l'eau, d'une capacité égale au $^1/_{20}$ de l'eau contenue dans tout l'appareil.

Le tuyau de départ de l'eau chaude doit être branché tout à fait au sommet de la chaudière, afin d'éviter les coups de bélier que pourrait causer la vapeur en repoussant l'eau. Pour éviter plus sûrement cet effet il faudrait que les tuyaux fussent posés en pente vers le point de retour.

(1) Le général Morin a trouvé, par des expériences directes faites au château de Ferrières, que M prend alors la valeur $M = 20 \times T$, pour un vitrage simple, et $M = 15 \times T$, pour un vitrage double.

Il faut aussi que le vase d'expansion soit placé au-dessus du dôme et mis en communication avec lui par un large tuyau.

Sur les tuyaux de chauffe il faut ménager des tuyaux d'évent pour l'air et la vapeur.

Il faut aussi que ces tuyaux reposent sur des rouleaux facilitant leurs mouvements de dilatation et de contraction.

Au passage des portes on fait passer ces tuyaux dans un caniveau couvert d'une grille, et la circulation de l'eau n'en souffre point.

Il faut avoir soin de peindre ces tuyaux à l'huile, en employant une peinture mate et grenue. On doit surtout s'abstenir de les polir, car leur rayonnement serait diminué de moitié.

Les tuyaux en cuivre rouge brasé, sont d'un excellent usage, mais ils coûtent fort cher.

La fonte de fer suffit parfaitement pour les tuyaux.

Ceux avec joints en caoutchouc se posent rapidement et sans grands frais.

Les tuyaux doivent être munis de robinets ou de valves réglant la circulation de l'eau dans les différents circuits et permettant ainsi facilement de proportionner la chaleur émise par les surfaces de chauffe à celle perdue par les surfaces vitrées.

Le fourneau et la chaudière toujours placés en dehors de la serre doivent cependant être abrités par une petite chambre de chauffe, mettant le chauffeur à l'abri des intempéries et permettant de régler plus facilement le tirage.

La cheminée du fourneau doit être construite en maçonnerie, afin d'en assurer le tirage même avec une combustion lente.

Enfin, il serait nécessaire de placer dans la serre un thermomètre électrique avertisseur, dont la sonnerie posée dans la chambre du jardinier, pourrait l'avertir d'un écart trop grand de température de la serre, en plus ou en moins.

Le thermomètre Lemaire, de Paris, à maxima et minima mobiles, produit parfaitement ces indispensables avertissements automatiques, qui peuvent ainsi permettre aux jardiniers et aux horticulteurs de dormir sans inquiétude au sujet de la gelée, où même d'une vaporisation de l'eau ; vaporisation qu'il faut toujours éviter, car elle donne lieu à une perte de 637 calories par litre d'eau vaporisée, et, de plus, elle prive la serre d'une réserve de chaleur de 100 calories par litre d'eau vaporisée.

Pour être averti de cette vaporisation par le thermomètre électrique de Lemaire, il suffit de placer près de lui un tuyau amenant la vapeur à son contact, il en résulte nécessairement un mouvement vers le maxima et un contact électrique qui produit un courant intermittent dans la sonnerie d'alarme.

On a bien proposé d'employer des régulateurs d'ébullition, mais les différents systèmes essayés n'ont point encore réalisé toutes les conditions nécessaires à un bon fonctionnement ; il est donc utile de régler, la nuit surtout, le tirage du fourneau de façon à empêcher l'ébulition de l'eau. On y parvient facilement en couvrant le feu, préalablement bien chargé de menu combustible, avec des cendres et escarbilles mouillées.

Après ces considérations générales nous allons passer à la description des appareils exposés en 1878 ; car nous n'avons point, ici, la prétention de faire un traité du chauffage des serres, traité qui demanderait de trop longs développements pour qu'ils puissent trouver place dans ces études sommaires.

Systèmes Mathian, *Système vertical.* — La maison Mathian, de Lyon, construit deux types principaux du système à circulation verticale ; le premier, dont nous donnons une coupe pl. VII, est portatif et destiné aux petites serres, il est enveloppé d'une petite chemise en terre réfractaire. La disposition générale de cet appareil ne nous paraît pas heureuse ; l'absence de porte de foyer en rend l'allumage incommode ; la forme donnée à la colonne d'alimentation du combustible pourrait favoriser la production de l'oxyde de carbone, puisque les gaz brûlés traversent le coke dans toute la hauteur de la colonne, un tirage réduit, pour assurer la durée de la combustion, produirait donc de l'oxyde de carbone, c'est-à-dire, une perte de $^1/_2$ aux $^2/_3$ du combustible.

Le tuyau de départ de fumée *f* est placé trop haut et il faudrait l'abaisser au point W, afin de chauffer toute la paroi extérieure de la chaudière.

Les observations précédentes sont applicables au type vertical fixe, sauf pour la porte de foyer qu'on y a ajouté.

Système Mathian, *horizontal*, pl. VII. — Ce type est également portatif, mais il est destiné au chauffage par la houille. La circulation et le départ de la fumée nous semblent bien disposés, mais nous ne sommes pas partisan des petits foyers intérieurs complétement entourés d'eau, nous pensons que les gaz n'ont pas le temps de se brûler et qu'ils ont une tendance à distiller.

Nous n'admettrions donc cette forme que sous de grandes dimensions.

Ce type devrait être muni d'une porte de cendrier permettant de réduire le tirage.

Système Michel Perret, pl. VII. *Mathian, constructeur*, (*exposé dans la serre belge*, n° 15.) — Le foyer à étages de Michel Perret a été appliqué au thermosyphon. Nous pensons qu'il est appelé à rendre quelques services pour le chauffage des serres chaudes, puisqu'il procure un moyen de brûler toutes les poussières de charbon de bois, de houilles, cokes, etc. ; mais nous croyons que le prix d'achat de ce calorifère est de beaucoup trop élevé, et qu'il est indispensable de l'abaisser à un taux raisonnable.

La circulation des gaz dans le thermosyphon est méthodique et bien combinée pour l'utilisation de la chaleur.

Nous pensons cependant que le point de départ de la fumée *f*, est encore placé trop haut et qu'il y aurait avantage à l'abaisser au point W.

Le grand avantage de cet appareil est de pouvoir être, au besoin, chargé pour 12 ou même 24 heures, ce qui supprime tout service de nuit.

Le réglement des températures est facilement obtenu à l'aide du registre de la cheminée.

Ce calorifère n'est cependant point applicable au chauffage des serres ordinaires, car sa mise en feu est longue et difficile, et la continuité de son chauffage en rendrait l'entretien trop coûteux pour les serres qui n'ont besoin que d'un chauffage de nuit. Nous craignons que cet ingénieux appareil soit peu économique, car il doit y avoir production d'oxyde de carbone, puisque l'air comburant est forcé de passer lentement sur cinq étages de combustible et qu'il n'arrive au combustible neuf qu'après s'être dépouillé de son oxygène au contact du combustible des quatre étages précédents. Il pourrait ainsi se produire une perte des deux tiers de la puissance calorifique du combustible.

Système Barillot et Berger, pl. VII. — Les circulations d'eau et de fumée sont, dans ce système, entièrement verticales ; la colonne de coke n'étant pas traversée par les gaz ne donne point lieu à une production d'oxyde de carbone, et la chaleur serait assez bien utilisée dans cet appareil si on pouvait garnir la plaque horizontale supérieure avec un corps isolant.

Il faudrait aussi le munir d'une porte de cendrier permettant de modérer le tirage.

La surface de chauffe des tubes à fumée est mal utilisée, car on sait qu'en montant les gaz chauds ne se répartissent pas également dans les tubes et qu'ils passent par ceux qui leur offrent le moins de resistance. La surface de chauffe extérieure de la chaudière pourrait être mieux utilisée en plaçant le départ de la fumée au point W.

Système Lebœuf-Gervais. — L'ancienne maison Gervais, si connue par l'excellente exécution de tous ses appareils, expose plusieurs chaudières verticales tubulaires. Nous aurions à faire à leur sujet les critiques déjà présentées au sujet de la chaudière Berger.

Nous préférons toutefois le système Gervais, qui est muni d'une large porte de foyer, et nous pensons qu'il suffirait de placer le départ de fumée *tout à fait en bas* de l'extérieur de la chaudière, pour constituer un assez bon appareil de chauffage économique.

La maison Gervais expose aussi des types horizontaux, bien connus des horticulteurs, et qui sont d'un excellent usage, à la condition de les poser à une assez grande hauteur au-dessus de la grille et de donner ainsi au foyer une dimension assez grande pour pouvoir recevoir la nuit une charge assez forte de cendres et d'escarbilles mouillées, qui peut parfaitement maintenir le feu jusqu'au matin, en utilisant tous les résidus du combustible.

Système de Vendeuvre. (D'Asnières), pl. VII. — Cet excellent système est constitué en principe sur les dispositions générales données au poêle de Vendeuvre, pl. II; seulement l'appareil au lieu de chauffer de l'air, chauffe l'eau qui l'enveloppe en entier, grâce à une chemise extérieure en tôle contenant le tout.

La colonne à combustible est bien disposée, et, n'étant point traversée par les gaz, on peut l'emplir de combustible sans donner lieu à une production d'oxyde de carbone.

La grille en forme de V, permet aux cendres une descente automatique qui évite le tisonnage et la production des mâchefers.

Cet appareil demande donc peu de surveillance et son service est très-commode. Il est de plus parfaitement fumivore. Nous pensons cependant que la sortie de fumée placée au point *f*, devrait être reportée au point W, ce qui permettrait d'utiliser toute la surface extérieure de la chaudière, sans employer les deux coulisses latérales dont l'appareil est muni, coulisses d'ailleurs trop courtes et donnant lieu à une manœuvre qu'on peu supprimer entièrement

Nous croyons donc qu'avec cette simple modification du départ de fumée, on obtiendra de l'appareil de Vendeuvre un excellent service, à la fois commode, économique, et assurant, de plus, un chauffage prolongé.

Système de Mastaing. — Appliqué aux serres de Persan, appartenant à M. A. Outendirck.

Cet ingénieux et excellent système consiste à chauffer les tuyaux d'eau chaude au moyen d'une injection directe de vapeur. Une seule chaudière à vapeur suffit donc au chauffage de toutes les serres d'un grand établissement horticole et il n'est besoin que d'un seul fourneau et d'un seul chauffeur. Les différentes rangées de tuyaux ayant chacune une injection de vapeur qui leur est spéciale, il devient très-facile de graduer à volonté la température de chaque serre. Aucune pression n'est donnée à supporter aux tuyaux d'eau chaude, qui sont munis de tuyaux d'échappement de vapeur. Nous ne saurions donc trop recommander cet excellent système pour les grandes installations horticoles comportant un certain nombre de serres. Ce système perdrait une grande partie de ses avantages dans les petites applications qui peuvent se passer d'un chauffeur de nuit.

Son inventeur, le professeur de Mastaing, ingénieur distingué, a été fatalement tué par un éclat de turbine, huit jours avant la mise en expériences de cet excellent système, et il n'a pu, malheureusement, constater le succès complet de son projet, succès que se plaît à proclamer hautement M. A. Outendirck, l'intelligent propriétaire des serres de Persan.

Thermosyphons Anglais. *Systeme Keith's*, pl. VII. — Les thermosyphons anglais sont fort solides, mais ils sont généralement très-mal disposés pour l'utilisation du combustible, ils sont chargés d'une grande hauteur de coke, donnant lieu à une production abondante d'oxyde de carbone. Ceux qui ne sont pas munis de ces colonnes d'alimentation ont généralement une sortie de fumée placée tout en haut de l'appareil, quand il faudrait l'avoir tout en bas.

Le système Keith's, pl. VII, est portatif et assez bien combiné, mais nous ne saurions approuver cette disposition de chaudière sans enveloppe, qui donne lieu à une perte considérable de chaleur, à moins de placer l'appareil dans la serre, ce qui offrirait de nombreux inconvénients.

Système Harlow's, pl. VII. — Cet appareil à chaudière et grilles tubulaires présente une grande solidité, mais le combustible disposé en hauteur doit produire de l'oxyde de carbone, ce qui joint à la fâcheuse position donnée au départ de fumée doit donner lieu à d'importantes pertes de chaleur.

Nous pensons aussi que la grille à barreaux tubulaires n'est pas à recommander, il doit s'y former des incrustations internes et l'air destiné à la combustion y est trop refroidi.

RENSEIGNEMENTS SUPPLÉMENTAIRES.

Foyer fumivore. — On sait que fréquemment sous l'action du vent, de la pluie, ou par suite d'une mauvaise construction des tuyaux de fumée, les cheminées ont un tirage défectueux, elles fument, et rendent insupportable le séjour dans les appartements. Parmi les nombreux foyers qu'on a imaginés pour assurer le tirage, en même temps que pour obtenir une meilleure utilisation du calorique, il en est un, connu sous le nom de *Foyer Fumivore* (Système Mousseron).

Fig. 50. — FOYER FUMIVORE. — Foyer simple, foyer disposer spécialement pour brûler le charbon, le coke et l'anthracite, etc.

Le foyer fumivore se compose de deux parties, le foyer et le dispositif fumivore, dans lequel une partie des gaz chauds du foyer circule avec une grande rapidité tout en brûlant les parties charbonneuses que la fumée emporte toujours avec elle.

Au moment de l'allumage les gaz chauds s'échappent, partie, par l'orifice supérieur et partie, par le conduit *fumivore*. Le courant très-violent qui s'établit dans le conduit fumivore détermine dans la cheminée générale une sorte d'entraînement des produits de la combustion analogue aux effets de l'injecteur Giffard, et qui suffit, généralement, à combattre les effets si désagréables des retours de fumée dans les appartements.

On comprend quels services peut rendre un tel appareil partout où les cheminées ont un mauvais tirage.

A Paris seulement, c'est par milliers qu'il faut compter les applications du foyer fumivore, et pourtant on peut dire qu'à Paris les conduits de cheminées

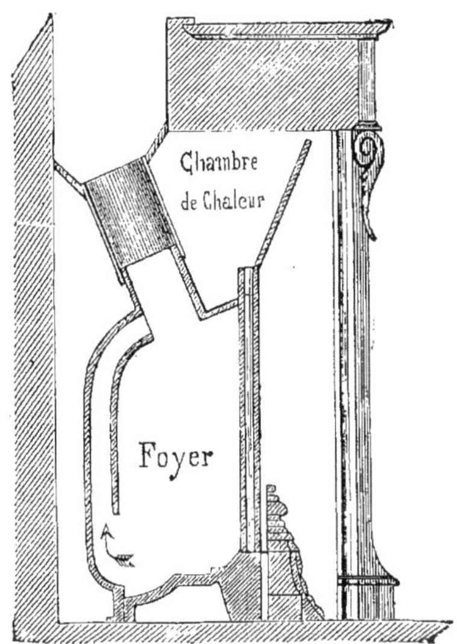

Fig. 51. — Coupe du foyer fumivore montrant le raccordement de l'appareil avec le tuyau de cheminée.

ont, en général, une section convenable; mais en province, à la campagne, et surtout au bord de la mer et dans les pays montagneux où les vents sont violents ou plongeants, on peut dire que la plupart des cheminées laissent à désirer.

Dans ces circonstances le foyer fumivore est réellement précieux, car il n'exige point de combustible spécial, il brûle également bien le bois et toutes les variétés de houille, grâce à des dispositions spéciales à chaque type de foyer chez M. A. Bouvet ingénieur civil, à Paris.

Wazon

ERRATA.

Pag.	Sens.	Lig.	*Au lieu de :*	*Lisez :*
25	H	1	Fumivorités.	Fumivorité (titre).
133	H	1	Combutions	Combustions.
137	H	12	Q=	V=
151	B	22	Doulas Galton	Douglas-Galton.
157	B	10	Réchauflr	Réchauffer.
160	H	10	l'appliquer	les appliquer.
161	H	21	peu vif	un peu vif.
161	B	12	Sainte-Claire, Deville	Sainte-Claire-Deville.
162	B	23	l'intérieur	l'extérieur.
172	B	4	1877	1871.
185	H	10	Brevet	
187	B	5	l'apparei	l'appareil.
191	H	8	purgeur	purgeurs.
191	H	11	vastes	larges.
193	H	18	combustion	construction.
197	B	1,2.	(Supprimer les 2 lignes de la page 197). (Reporter ces 2 lignes page 200).	
199	H	1	Chauffage.	Ventilation.
210	B	8	65+4,41	65×4,41.
212	B	17	Payon	Payen.
215	B	22	d'Arcert	d'Arcet.
219	B	2	*des*	*der.*
222	B	20	ces	ses.
229	H	7	Alluart	Alluard.
229	B	7	—	—
230	B	1		(Reporter le tableau p. 231.)
231	B	15	l'appareil d'entraînement par l'eau.	la ventilation intermittente pendans la saison chaude.
231	B	11	par l'eau	entraînement par l'eau.
233	H	6	(Supprimer) ce titre.	
233	H	13	bases.	buses.
234	H	10	Ventilateur à hélice	Ventilateurs hélices.
243	H	10		Lloyd aspirant (titre).
244	H	6	Gwyne	Gwynne.
251	H	24	reusé	creusé.
253	H	14		Système d'Arcet.
261	B	8	ingénieur.	l'ingénieur.
263	H	5	Ventilation des égoûts (gros titre)	Ventilation des égoûts (petit titre).
283	B	4	Waters-closet	Water-closets.
284	H	1	d'aisance	d'aisances.
287	B	2	Tolet	Tollet.
304	B	3	calorières	calorifères.

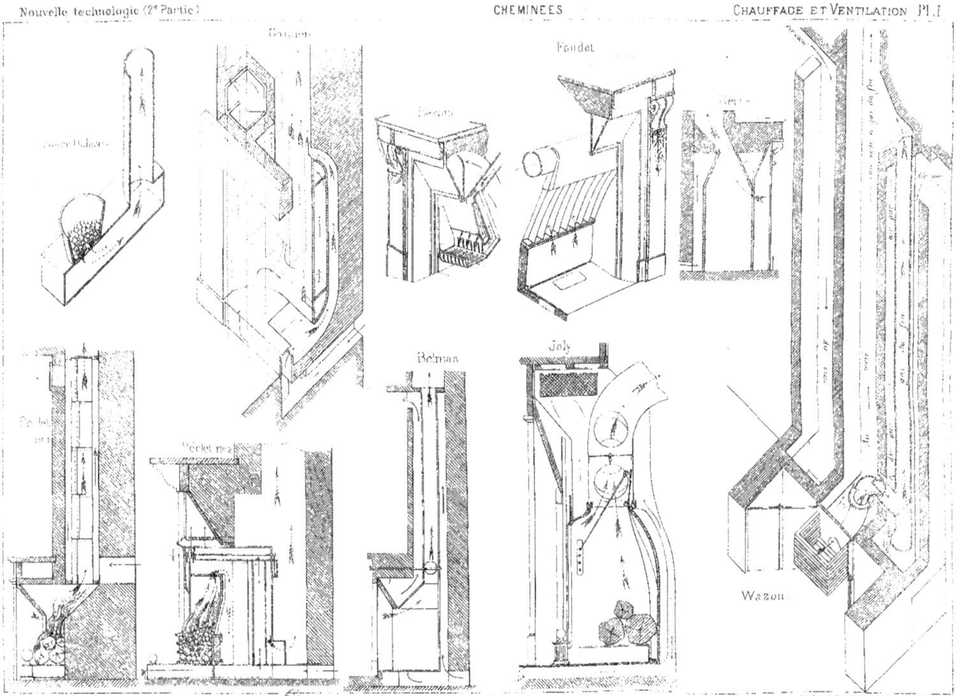

Fondet

Belmas

Joly

Wazon

Paris, Eugène LACROIX et Cie, Editeurs, 12 boul.d Vaugirard

POÊLES ET CALORIFÈRES.

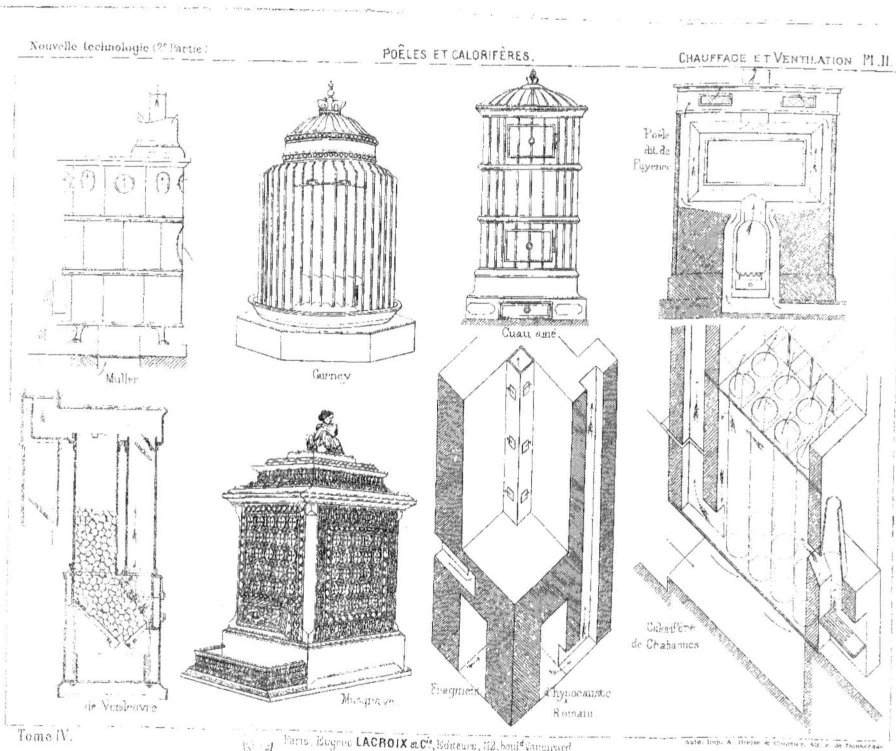

Paris, Eugène LACROIX et Cie, Éditeurs, 112, boulᵈ Vaugirard

Auto. Imp. A. Broise & Courtier, 43, r. de Dunkerque

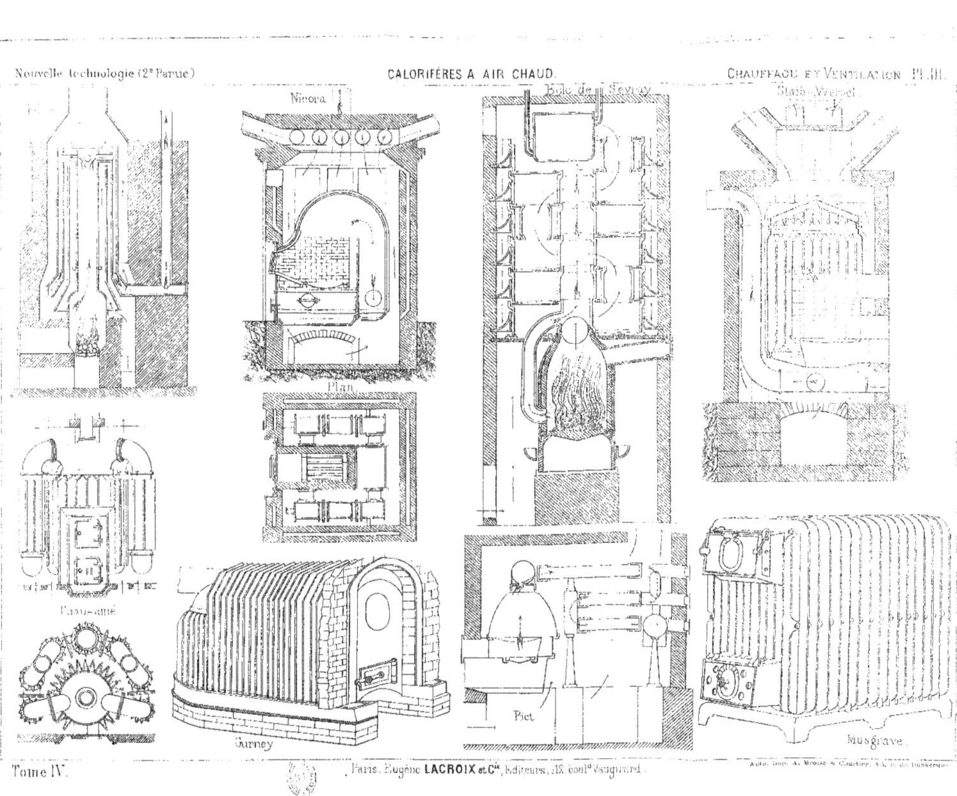

Paris. Eugène LACROIX et Cie, Éditeurs, 112, boul.d Vaugirard.

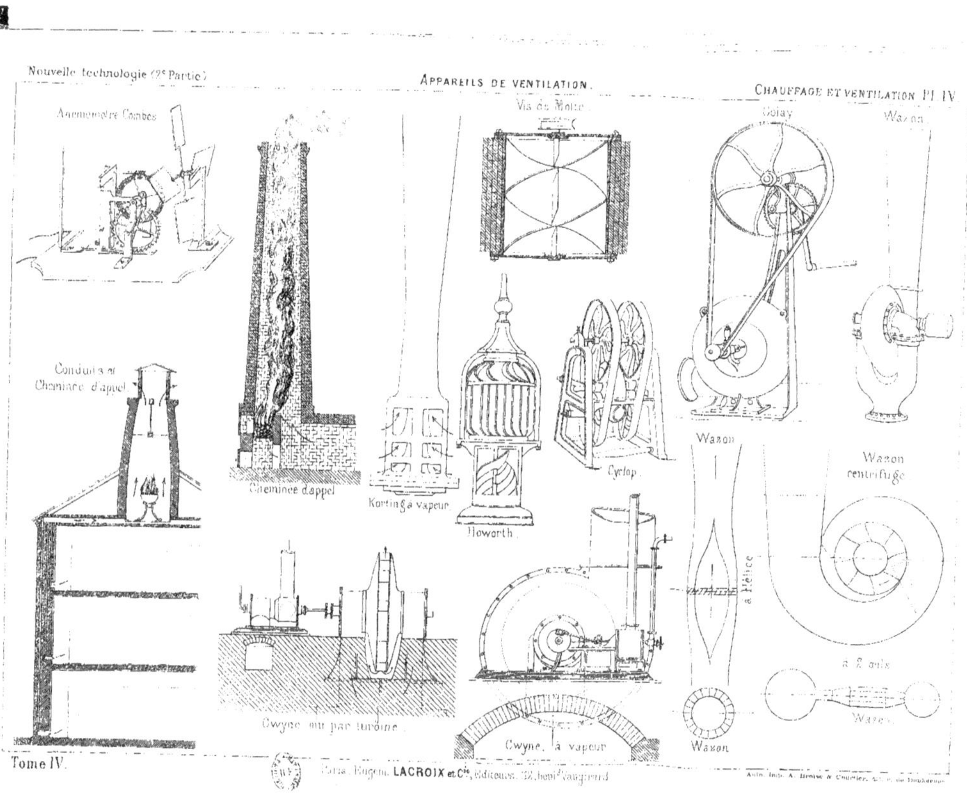

Nouvelle technologie (2e Partie)
Appareils de ventilation.
Chauffage et ventilation Pl. IV
Anémomètre Combes
Vis de Motte
Golay
Wazon
Conduits et Cheminée d'appel
Cheminée d'appel
Korting à vapeur
Howorth
Cyclop
Wazon
Wazon centrifuge
à hélice
Gwyne ou par turbine
Gwyne, à vapeur
Wazon
Wazon
Tome IV.
Paris, Eugène LACROIX et Cie, Éditeurs

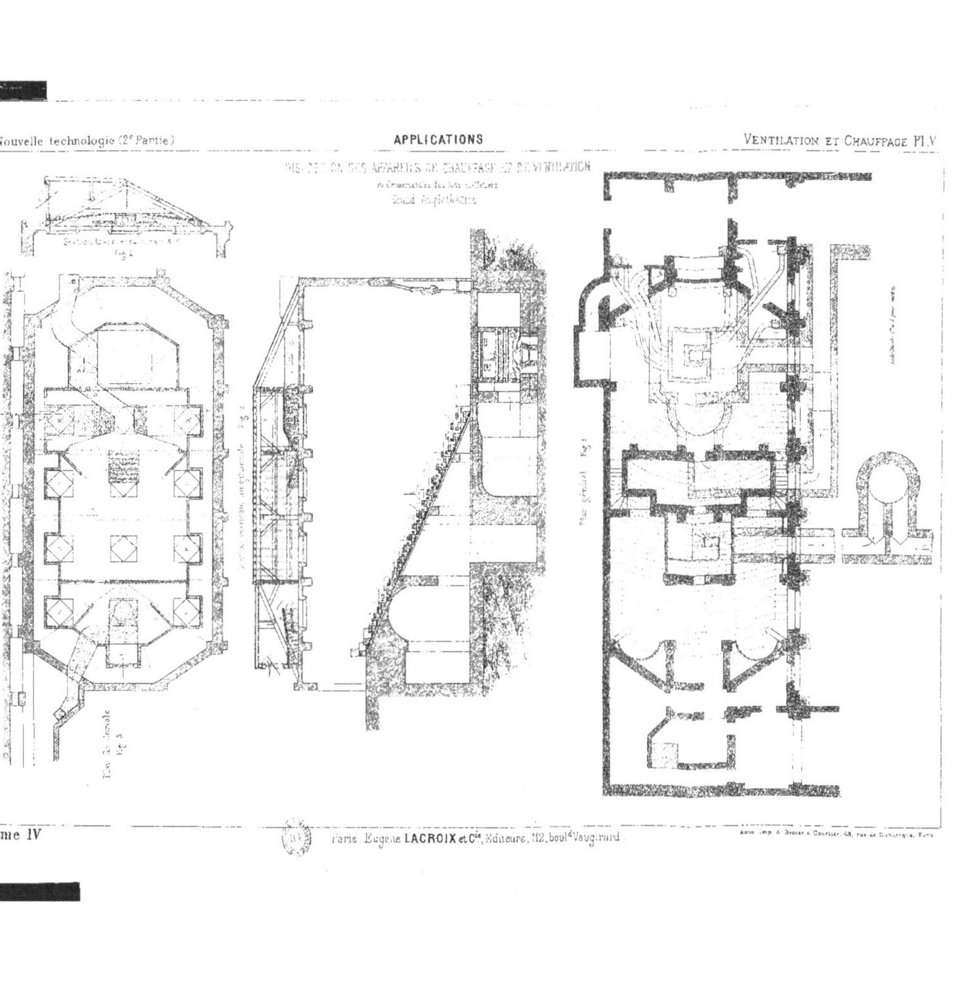

Paris. Eugène LACROIX et Cie, Éditeurs, 112, boulᵈ Vaugirard

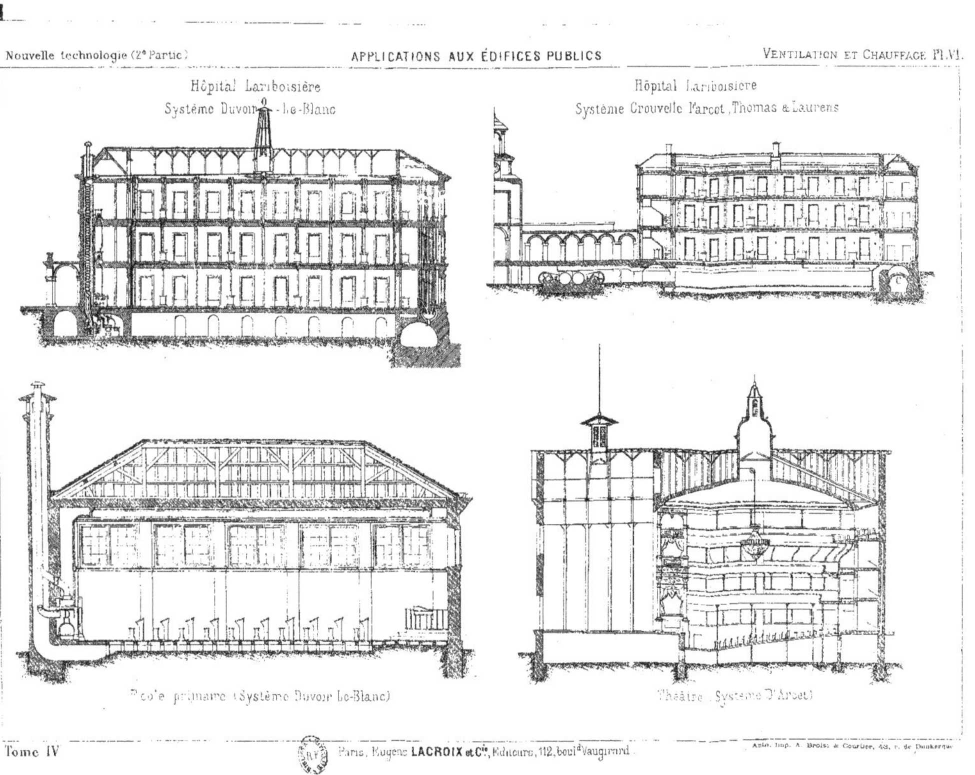

École primaire (Système Duvoir Le-Blanc)

Théâtre (Système D'Arcet)

Paris, Eugène LACROIX et Cie, Éditeurs, 112, boul^d Vaugirard.
Asn. Imp. A. Broise & Courtier, 43, r. de Dunkerque

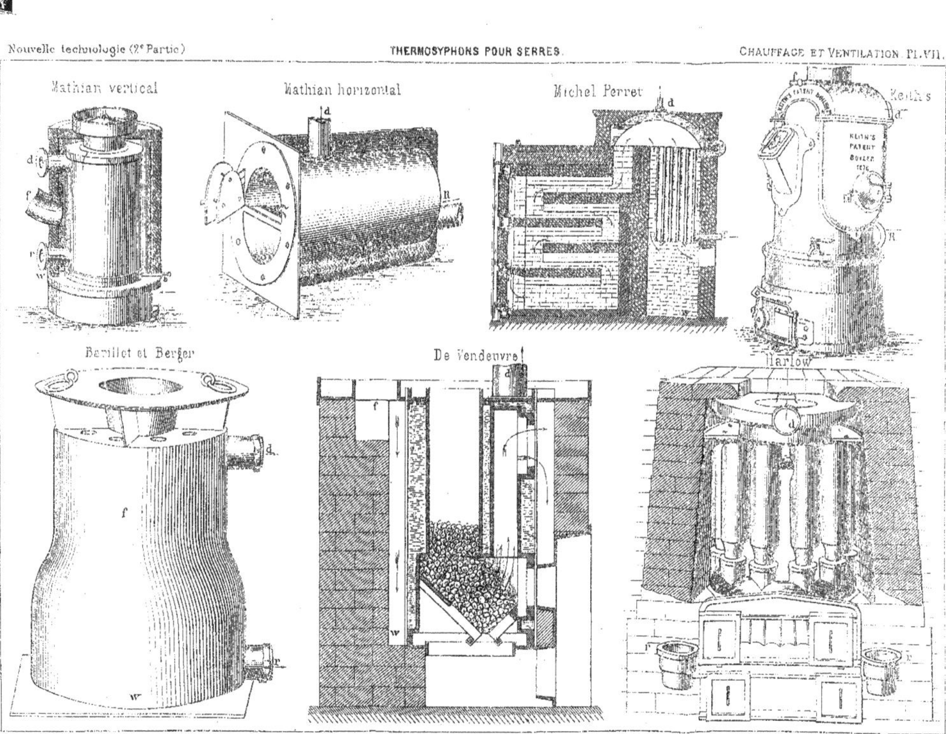
Mathian vertical
Mathian horizontal
Michel Perret
Keith's
Barillet et Berger
De Vendeuvre
Harlow

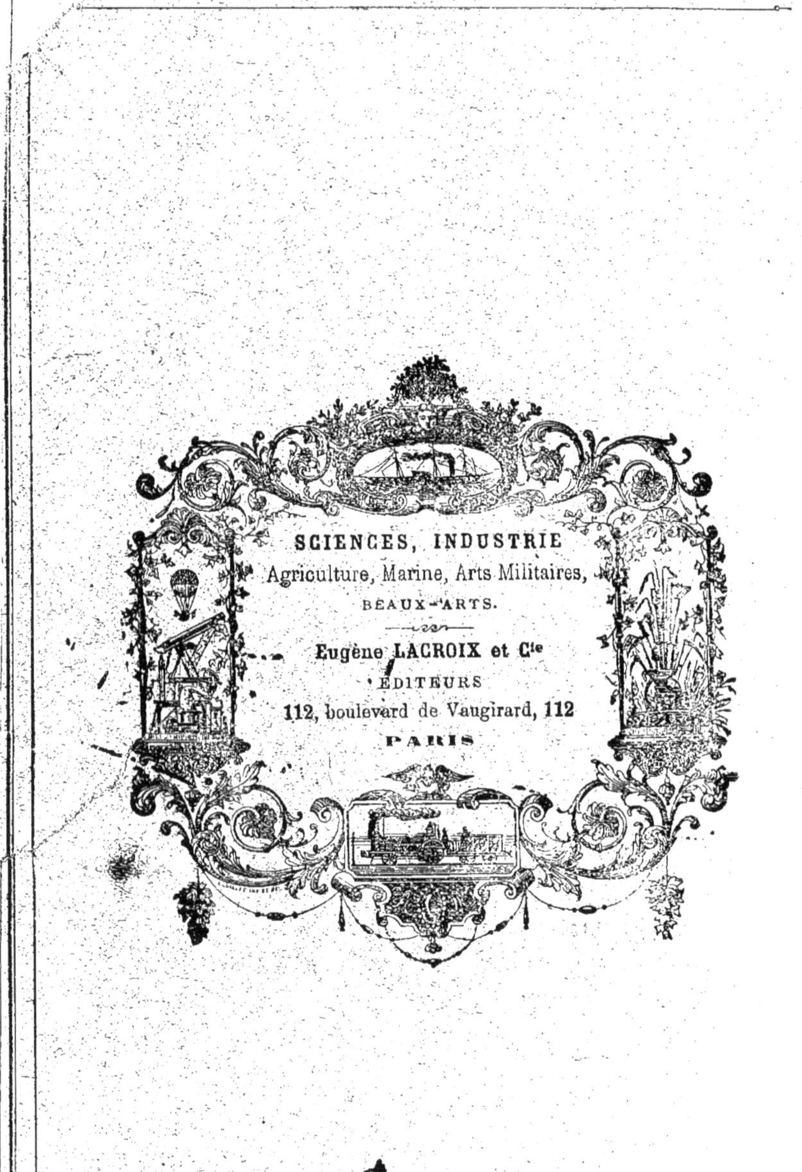

PARIS. IMP. DEURBERGUE.

www.ingramcontent.com/pod-product-compliance
Ingram Content Group UK Ltd.
Pitfield, Milton Keynes, MK11 3LW, UK
UKHW020316230726
13925UKWH00002B/442